高职高专特色课程规划教材

化工装备密封技术

主编　毛　佳
主审　武海滨

东北大学出版社
·沈　阳·

图书在版编目（CIP）数据

化工装备密封技术 / 毛佳主编. — 沈阳 ：东北大学出版社，2021. 1

ISBN 978-7-5517-2623-8

Ⅰ. ①化… Ⅱ. ①毛… Ⅲ. ①化工过程—化工设备—密封—技术—高等职业教育—教材 Ⅳ. ①TQ051

中国版本图书馆 CIP 数据核字（2020）第 268216 号

出 版 者：东北大学出版社
地址：沈阳市和平区文化路三号巷 11 号
邮编：110819
电话：024-83687331(市场部)　83680267(社务部)
传真：024-83680180(市场部)　83680265(社务部)
网址：http://www.neupress.com
E-mail:neuph@neupress.com
印 刷 者：辽宁一诺广告印务有限公司
发 行 者：东北大学出版社
幅面尺寸：185 mm×260 mm
印　　张：17.75
字　　数：388 千字
出版时间：2021 年 1 月第 1 版
印刷时间：2021 年 1 月第 1 次印刷
策划编辑：牛连功
责任编辑：周　朦
责任校对：杨世剑
封面设计：潘正一

ISBN 978-7-5517-2623-8　　定　价：48.00 元

前　言

本书适用于高职院校化工装备技术专业，主要讲解密封技术的基础理论及相关内容，突出实用性，有利于对学生进行理论、实践一体化的培养，以提高其综合素质。

在内容编排上，本书贴合石化企业对密封技术的理论、实践要求，满足高职院校化工装备专业毕业生从事石化行业工作对密封技术技能的需求。结合石化企业相关密封配备的理论和实践内容，重点培养学生在学习理论和实践操作过程中发现问题、分析问题、解决问题的能力。全书文字通俗易懂，图文并茂。全书内容共分五章，分别是密封概述、化工装备和管道静密封、机械密封、非接触密封、填料密封。

本书由辽宁石化职业技术学院毛佳担任主编，武海滨担任主审。其中，第二章内容由隋博远完成编写工作；第三章部分内容和图片来源为约翰克兰科技（天津）有限公司、约翰克兰科技（天津）有限公司锦州分公司。本书在编写过程中得到了密封技术研究前辈们的大力支持，杨雨松、金雅娟、孙建、王丹等同事也提出了许多宝贵意见，在此一并表示感谢！

由于编者水平有限，书中难免存在不妥之处，敬请广大读者和任课教师提出意见和建议。

编　者

2020 年 7 月

目　录

第一章　密封概述

第一节　泄　漏

一、泄漏的定义

泄漏是指介质(如液体、气体等)由孔或缝透过、排出到设备外的现象。它是一种常见现象，广泛存在于生活和工业生产中。例如，生活中的水龙头滴漏、汽车轮胎漏气、煤气泄漏等；工业生产中的生产、运输、储存等各个环节，常常伴随的“跑、冒、滴、漏”现象。这些泄漏不仅会造成能源的浪费、物料的流失，而且如果泄漏的介质具有高温、有毒、有害、易燃、易爆、强腐蚀等特性，还会危及人身安全，造成巨大的经济损失。

二、泄漏的形式

泄漏的形式包括界面泄漏、渗漏和扩散。

(一)界面泄漏

通常将通过密封面间隙的泄漏称为界面泄漏。此时，被密封流体在密封件两侧的压力差作用下，通过宏观或微观的缝隙泄漏。因此，界面泄漏是单向泄漏。

(二)渗漏

在密封件两侧压力差作用下，被密封流体通过密封件材料的毛细管泄漏称为渗漏。渗漏也是单向泄漏。

(三)扩散

在浓度差的作用下，被密封介质通过密封间隙或密封材料的毛细管产生的物质传递，叫作扩散。介质通过密封件的扩散泄漏可分成三个阶段：①密封件吸收介质；②介质通过密封件扩散；③介质从密封件的另一侧析出。扩散过程是双向进行的，且扩散作用的介质泄漏量要比其他两类泄漏量小得多。

综上所述，造成泄漏的原因有两个方面。一是密封连接处有间隙(包括宏观间隙和微观间隙)。对于很多设备，由于机械加工造成产品的表面存在各种形状缺陷和尺寸偏差，因此设备的连接处或相对运动部位不可避免地存在间隙。二是密封连接处两侧存在压力差或浓度差。在很多情况下，工业生产的介质多数是流体（液体或气体）及包含固体的流体。由于各种原因，使密封连接处两侧存在压力差或浓度差，从而造成泄漏。

消除或减少任一因素都可以阻止或减少泄漏。就一般设备而言，减小或消除间隙是阻止泄漏的主要途径。

三、泄漏的危害

泄漏不仅会造成物料的流失、能源的浪费、环境的污染、设备的损坏，甚至会酿成火灾、引起爆炸、造成停产，直接危及人身安全，带来巨大的经济损失。

石油化工等工业的生产、加工、储存、运输等各个环节，常常伴随泄漏现象。而石油化工企业涉及的介质大多是高温、高压、易燃、易爆、腐蚀和有毒介质，一旦泄漏，后果严重。泄漏是石油化工等大型流程企业中机械设备最常见的故障。例如，换热器、塔器、反应器、压力容器、管道、管件、阀门等一旦发生泄漏，轻则造成物料和能源的大量浪费或设备停工，重则导致设备损坏甚至报废，如果引发火灾或爆炸，会使整个工厂或系统陷于瘫痪，导致严重的人员伤亡和环境污染事故。

据国外媒体报道，在石油化工企业等大型流程企业中，发生事故的前十大原因中，泄漏引发的事故排在首位。日本炼油行业的燃烧爆炸事故调查结果表明，灾难性事故中70%以上是由于泄漏造成的。在世界范围内，每年因密封意外失效导致的直接经济损失有几十亿美元。

1984 年 12 月 3 日，设在印度博帕尔农药厂的美国联合碳化物公司发生异氰酸酯储罐泄漏，造成 3000 多人死亡，12.5 万人中毒，其中 5 万人失明。印度最高法院裁定由该公司赔偿损失 4.7 亿美元。

1986 年 1 月 28 日，美国“挑战者”号航天飞机升空后不久爆炸。造成这场航天史上悲剧的主要原因是右侧火箭助推器连接处 O 形环密封圈失效而引起泄漏。就是这小小的密封圈，导致 7 名宇航员全部遇难，价值 12 亿美元的航天飞机也瞬间化为乌有。

1986 年 4 月 26 日凌晨，苏联切尔诺贝利核电站 4 号核反应堆发生核泄漏事故。该事故导致 31 人当场死亡，300 人受伤，使 20 多个欧洲国家的 4 亿多人受到放射性污染的伤害。核辐射的后患迄今未绝。

第二节　密　封

一、密封的意义

“密封”是相对“泄漏”而言的。

据统计，在日常的机器设备使用和维修中，对于机泵，40%~50%的工作量是用于轴封的维修；离心泵的维修费大约有70%用于处理密封故障；在离心式压缩机失效原因中，润滑和密封系统的故障占55%~60%，且密封系统的维修费占机组费用的20%~40%。美国的密封技术工作者认为，仅汽轮机密封技术的开发，每年就能节约3亿美元能源费用。全世界轴承年销售额为90多亿美元，而在具体使用年限上，其中90%的轴承都未达到设计寿命，而在轴承早期失效原因中，有75%是由于油封失效，仅此一项就花费60多亿美元。因此，对于工业生产来说，防止机器设备泄漏，提高密封系统的可靠性和使用寿命是十分重要的。

二、密封的方法

密封的本质是设法防止或减少泄漏。目前，密封方法可归纳为以下几种。

(一)尽量减少密封部位的数量

设计化工工业设备时，在满足工况及性能要求的前提下，应尽量减少密封部位的数量，尤其是在处理易燃、易爆、有毒、强腐蚀性等介质时。例如，选择单级单吸或单级双吸离心泵输送上述介质物料时，宜选用前者，因为单吸离心泵比双吸离心泵少一处密封。

(二)堵塞或隔离泄漏通道

在静密封中，应采用各种密封垫、密封胶、胶黏剂实现堵塞或隔离泄漏通道。而对于动密封，泄漏主要发生在高低压相连通且具有相对运动的部位。由于有相对运动，则必然存在间隙。此时，用软填料密封，设法把间隙堵塞住，即可做到减少或防止泄漏。隔离泄漏通道是在泄漏通道中设置障碍，使通道被切断(泄漏亦被切断)。机械密封、油封等接触式密封都属于这种密封。

(三)引出或注入

引出或注入的密封方法是将泄漏流体引回吸入室或通常为低压的吸入侧(如抽气密封、抽射器密封等)，或将对被密封流体无害的流体注入密封室，防止被密封流体的泄漏(如缓冲气密封、氮气密封等)。

(四)增加泄漏通道中的阻力

流体介质在泄漏通道中流动时会遇到阻力，阻力的大小与通道两端的压差、通道的长短、壁面的粗糙度及通道中是否开槽(突然扩大或缩小)等有关。因此，在相同压差下，可将通道加设很多齿或开各式沟槽，以增加泄漏时流体的阻力，从而防止或减少泄漏。例如，迷宫密封、间隙密封等。

(五)在通道中增设做功元件

在通道中增设做功元件，工作时做功元件对泄漏介质产生反压力，与引起泄漏的压差部分抵消或完全平衡(大小相等，方向相反)，以防止介质泄漏。离心密封、螺旋密封即属于这种密封。

(六)几种密封方法的组合

通常，可把两种或两种以上密封方法组合在一起，以获得更好的密封效果，如填料-迷宫密封、螺旋-填料密封、迷宫-浮环密封等。

(七)其他新型密封

其他新型密封有磁流体密封、封闭式密封、刷式密封、指尖密封等。

三、密封的分类

密封技术应用广泛，几乎涉及各个行业。密封种类很多，但工作原理各不相同，大致分为两大类：静密封和动密封(如图 1-1 所示)。静密封是指两个相对静止的零件的接合面之间的密封，如各种容器、设备和管道法兰接合面间的密封，阀门的阀座、阀体及各种

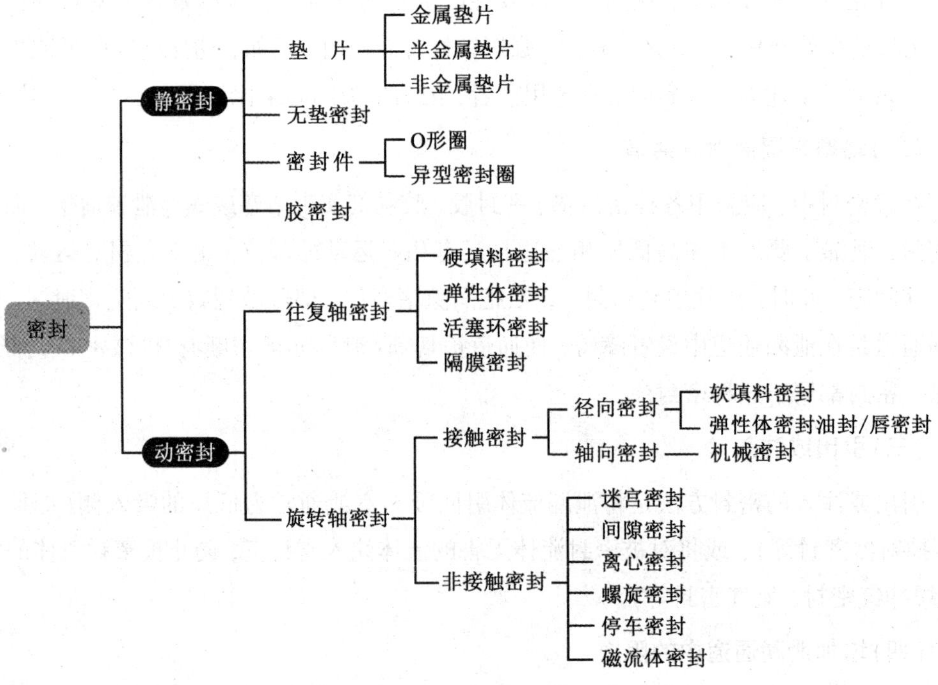

图 1-1　密封的分类

机器的机壳接合面间的密封等。动密封是指两个相对运动的零件的接合面之间的密封，如阀门的阀杆与填料函，泵、压缩机等的螺旋杆、旋转轴或往复杆与机体之间的密封等。

第三节 密封对石油化工企业的重要性

虽然很多行业都涉及泄漏和密封问题，但石油化工行业的密封问题比其他行业更加突出。由于石油化工企业多处理高温、高压、易燃、易爆、有毒或腐蚀性的介质，一旦发生泄漏，会造成极为严重的后果。以下为石油化工企业的密封失效事故案例。

2004 年 9 月 6 日，某石化公司炼油厂的加氢裂化装置进行停车检修，检修结束后即组织开车，并对催化剂进行初始硫化和氢气循环(此时该装置未进行投料)，装置运行平稳。当日 18 时 40 分，操作人员在巡检时听到高压分离器处突然传来一声闷响，他马上上报情况，然后装置工程师及时到达现场并安排当班班长和装置生产助理查找泄漏点。19 时左右，当二人检查至高压分离器的玻璃板液位计二段时，其右侧高压垫片泄漏点处喷出的高压氢气突然着火(泄漏点的泄漏物含有高浓度硫化氢)，致使当班班长全身烧伤，并送医抢救。现场人员报警，公司应急领导小组按照应急预案组织灭火，消防支队于 19 时 40 分将火扑灭。当班班长送医抢救无效死亡，事故直接经济损失 19.65 万元。

2006 年 6 月 28 日凌晨 3 时左右，某石化 40 万吨/年气体分馏装置在进行停车大检修后，进行进料开车。4 时左右，C-502(脱乙烷塔)开始进料循环。7 时 38 分，操作人员在巡检时发现 C-502 塔顶冷凝器(E-507/1, 2)的 4 个封头处泄漏，并立即告知 DCS 操作员，让他通知开工保运人员进行消漏处理。7 时 56 分，保运人员到达现场，发现大量液体和蓝色气体由封头泄漏处喷出，响声剧增。于是他当机立断，迅速撤离现场。8 时 5 分左右，C-502 塔顶冷凝器(E-507/1, 2)的 4 个封头泄漏处着火，当班班长立即报火警，同时操作人员对装置进行降温泄压，并将事故发生部位相连接的管线切断处理，使所有与装置连接的界区阀门关闭，装置紧急停工。8 时 15 分，将气体分馏装置电源切断。该公司消防支队 8 时 6 分接到火警，8 时 9 分到达现场，共出动各类消、气防车辆 26 台，全力灭火。8 时 40 分左右，由于火势较大，C-501 塔顶抽出至回流罐(D502)管线(DN250)破裂，物料泄出，导致 E-507 管箱侧(东侧)火势突然扩大，致使现场抢险的 1 名消防队员牺牲，6 名消防队员重度烧伤，4 名消防队员中度烧伤。

2011 年 3 月 1 日 7 时 40 分，某石化公司化工一车间一套异丙醇装置反应器丙烯进料泵 B-401B 突然泄漏。泄漏丙烯迅速扩散，7 时 41 分左右，B-401B 周围发生爆燃起火。初泄漏时，车间员工听到异常声音并立即将情况电话报告操作间岗位员工。与此同时，车间主控室的可燃气体报警仪也发出警报，内操人员发现报警后也向班长进行电话报告。B-401B 周围发生爆燃起火，联合操作间员工立即拨打火警电话报警。该公司消防支队接到报警后立即出警，到现场实施灭火。造成该事故的原因是丙烯进料泵机械密封突然泄漏，高压丙烯物料喷出过程中产生静电起火，事故未造成人员伤亡和环境污染。

2012年1月14日13时46分，某石化二催化车间的操作员，通过监控发现分馏塔顶部循环回流泵P-204/B轴承箱处有打火花现象，马上派外操人员去泵房现场检查。外操人员到现场后发现回流泵P-204/B着火，立即报火警，并用泵房内的消防蒸汽、灭火器灭火，抑制火情。13时55分，供电车间切断P-204/B电源。14时10分，消防队将火扑灭。该事故是循环回流泵P-204/B轴承密封失效，物料(顶循汽油组)泄漏进入轴承箱遇到磨红的轴承导致的。该事故造成机泵密封泄漏失效、轴承失效、轴弯曲、轴承箱破碎，总计损失约1.7万元。

2015年4月10日22时57分，某石油化工有限公司的主控室操作员，在视频监控中发现加氢裂化装置汽提塔附近泵区着火。经确认是汽提塔塔底泵泄漏着火。该公司对装置进行紧急泄压，切断隔离汽提塔进出料管线阀门，装置操作退守到稳定状态，消除事故进一步扩大的可能性。23时，公司消防车辆到达现场对装置进行灭火冷却。23时30分，火势减弱，由于电缆线过火，需手动关闭全部切断阀。为确保人员安全，在不发生次生灾害前提下，待汽提塔、塔底泵彻底隔离，确保安全后，于11日1时35分扑灭塔底泵明火。为防止可燃气体聚集再次发生事故，采取消防冷却控制燃烧的方式对管线开裂处火点留明火，待管线及其连通装置内的油气基本燃尽后，余火于4时50分完全熄灭，并成功封堵管线及装置内残存的油气。该事故是产品汽提塔(C1201)塔底泵P1202A密封失效，泄漏着火造成。事故无人员伤亡，造成经济损失16.6万元。

石油化工企业由于密封失效导致事故频发，造成严重后果。因此石油化工企业对密封越来越重视，以预防事故为主，实施严格的设备检修维修、安全生产、设备运行监测、加强消防设施安置、应急措施管理等制度、措施。

第二章 化工装备和管道静密封

第一节 垫片密封

一、垫片密封简介

垫片密封是过程工业装置中压力容器、工艺设备、动力机器和连接管道等可拆连接处最主要的静密封形式。其所处的工况条件十分复杂，包含的流体介质范围相当广泛。防止液体或气体在通过接头处泄漏，是工厂面对的最重要也是最困难的任务。

法兰接头与泵轴、阀杆、搅拌器轴等密封相比，泄漏量不及后者大，但法兰接头的数量相对较多，因此法兰接头成为过程装备泄漏的主要部位。泄漏会造成环境污染、产品损失，所以垫片密封的重要性也就不言而喻了。由于在工业装置中通常采用螺栓法兰连接结构，因此装配时要将螺栓预紧到足以达到初步密封的要求，而精确地控制预紧水平是一个十分棘手的问题；其次，螺栓法兰连接结构中的垫片更是一个受很多因素影响的密封元件。

垫片的应用范围极其广泛，其需要的压紧载荷各不相同。例如，低压水泵薄法兰用的垫片，需要的压紧载荷较低；而压力容器和管道法兰垫片，需要较大的压紧载荷和刚性较好的连接结构。后者通常有标准可查，但对特殊要求的垫片密封，并没有标准的连接件尺寸(如法兰厚度、螺栓尺寸、螺栓间距等)，这就需要考虑专门设计。

由于中低压、高压设备和管道对垫片、法兰的选型及螺栓紧固等要求不同，垫片在中低压和高压环境所承受的压力也不同，因此，垫片密封的选型、选材、结构也不同。本章主要从中低压、高压设备和管道的垫片密封两方面进行详细的阐述。其中，中低压设备和管道的垫片密封包括垫片材料及分类、垫片选择、垫片的使用注意事项、垫片失效分析、螺栓紧固法兰接头的基础等内容；高压设备和管道的垫片密封包括高压设备密封和高压管道密封等内容。

二、垫片密封的基本结构及密封机理

垫片是一种置于配合面间的几何形状符合要求的薄截面密封件。其作用是在预定的

使用寿命内，保持两个连接件间的密封。垫片必须能够密封接合面，使密封介质不渗透，同时不被密封介质腐蚀，并能经受温度和压力等的作用。

（一）垫片密封的基本结构

典型的垫片密封结构，一般由连接件（如法兰）、垫片和紧固件（如螺栓、螺母等）组成，如图 2-1 所示。通常把整个连接结构作为一个系统进行考虑，以确定某个接头的密封性能。垫片工作正常与否，除了取决于设计选用的垫片本身性能外，还取决于密封系统的刚度和变形、接合面的粗糙度和不平行度、紧固载荷的大小和均匀性等。

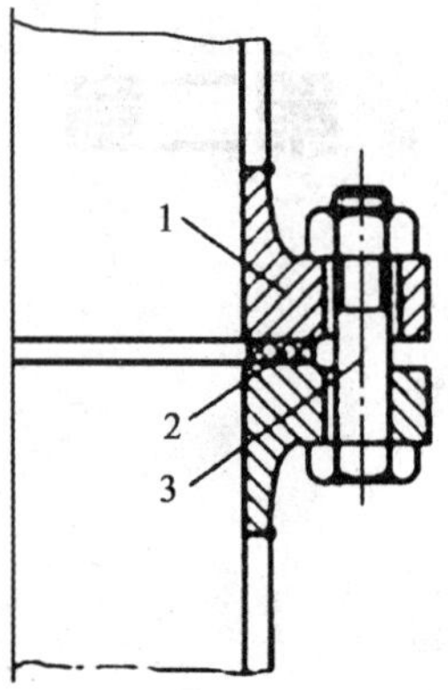

图 2-1　垫片-螺栓-法兰连接

1—法兰；2—垫片；3—螺栓、螺母

垫片密封结构发生泄漏，有时并不一定是垫片本身失效，应该把整个密封结构作为一个系统，考虑每个组件的特性和问题，并及时解决。最终将系统内的组件进行整合，以获得良好的综合密封效果。

（二）垫片密封的泄漏情况

通常，密封流体在垫片接合处有以下三种泄漏形式，如图 2-2 所示。

1. 界面泄漏

从机械加工的微观纹理来看，两连接件表面（即密封面）存在粗糙度和变形，它们与垫片之间总是存在泄漏通道，由此产生的流体泄漏称为界面泄漏。其泄漏量占总泄漏量的 80%～90%。

2. 渗透泄漏

对非金属材质而言，从材料的微观结构来看，本身存在微小缝隙或细微的毛细管，具有一定压力的流体自然容易通过它们渗漏出来，由此产生的泄漏称为渗透泄漏。其泄漏量占总泄漏量的 10%～20%。

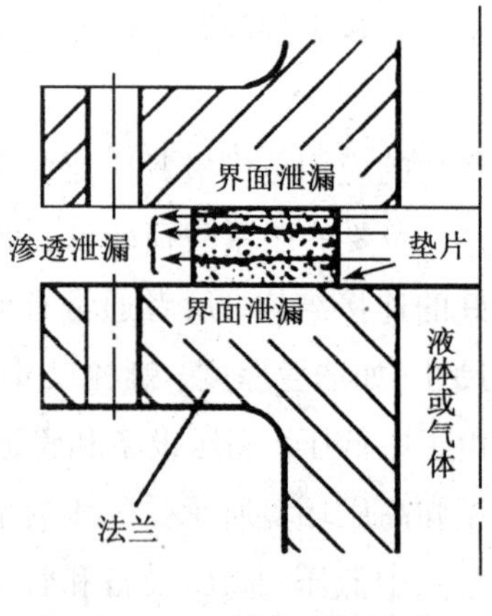

图 2-2　垫片泄漏形式

3. 吹出泄漏

吹出泄漏与前两者不同，它属于事故性泄漏。其泄漏方式分为以下两种：① 当夹紧垫片的总载荷因某种原因减少到几乎等于作用在连接件端部的流体静压力时，密封面将趋向分离，导致大量泄漏；② 密封面仍保持接触，但由于压紧载荷减小，这时若增加密封面的压力，对于机械完整性很差的垫片（如操作期间材料发生劣化）来说，沿垫片径向作用的流体压力会将其撕裂，从而引起密封流体的大量泄漏。

对于渗透泄漏，通常可采用不同材料的复合或机械组合形成不渗透性结构，或者使用较大的夹紧力使材料更加密实，减少以至消除泄漏；而界面泄漏和事故性泄漏的发生与垫片材料的性质、接头的机械特征、密封面的性质与状态、密封流体的特性及紧固件夹紧程度有关。所以它们也是解决垫片密封设计、安装、使用及失效分析等问题的关键。

（三）密封机理

垫片密封的基本原理是靠外力压紧密封垫片，使其本身发生弹性或塑性变形，以填满密封面上的微观凹凸不平来实现密封，即利用密封面上的比压使介质通过密封面的阻力大于密封面两侧的介质压力差来实现密封。它包括初始密封和工作密封两部分。

1. 初始密封

垫片用于对两个连接件密封面产生初始装配密封和保持工作密封。在理论上，如果密封面完全光滑、平行，并有足够的刚度，它们可直接用紧固件夹持在一起，不用垫片即可达到密封的目的（即直接接触密封）。但在实际生产中，连接件的两个密封面上存在粗糙度，并不是绝对平行的，刚度也是有限的，加上紧固件的韧性不同及分散排列，因此垫片接受的载荷是不均匀的。为弥补不均匀的载荷和相应变形，在两连接密封面间插入一个垫片，使其适应密封面的不规则性，以达到密封的目的。显然，产生初始密封的基本要求是使垫片压缩，在密封面间产生足够的压紧力，即垫片预紧应力（也称初始密封比压），以阻止介质通过垫片本身的渗漏，同时保证垫片对连接件有较大的适应性（即垫片压缩后产生弹性或塑性变形），使其能够填塞密封面的变形及因其表面粗糙度而出现的微观凹凸不平，以堵塞介质泄漏的通道。

2. 工作密封

当初始垫片应力加在垫片上之后，它必须在装置的设计寿命内保持足够的压紧应力，以维持允许的密封度。因为当接头受到流体压力作用时，密封面将被迫发生分离，此时要求垫片释放出足够的弹性应变能，以弥补这一分离量，并且留下足以保持密封所需的工作（残留）垫片应力。此外，剩余弹性应变量还要补偿装置在长期运行过程中，任何可能发生的垫片应力松弛。因为各种垫片材料在长期的应力作用下，都会发生不同程度的应力降低。此外，接头不均匀的热变形（如连接件与紧固件材料的不同，热膨胀系数不同，引起各自的热膨胀量不同），也会导致垫片应力的降低或升高；或者紧固件因受热引起应力松弛而减少作用在密封垫片上的应力等。

综上所述，任何形式的垫片密封，首先要在连接件的密封面与垫片表面之间产生一种垫片预紧力，其大小与装配垫片时的“预紧压缩量”及垫片材料的弹性模量等有关，而其分布状况与垫片截面的几何形状有关。从理论上说，垫片预紧应力越大，垫片中储存的弹性应变能也越大，因而可用于补偿分离或松弛的余量也就越大（当然要以密封材料本身最大弹性变形能力为极限）。就实际使用而言，垫片预紧应力的合理取值取决于密封材料与结构、密封要求、环境因素、使用寿命及经济性等。

三、中低压设备和管道的垫片密封

(一)垫片材料及分类

垫片的种类很多，按其构造的主体材料可分为金属、半金属和非金属垫片三大类，如图 2-3 所示。

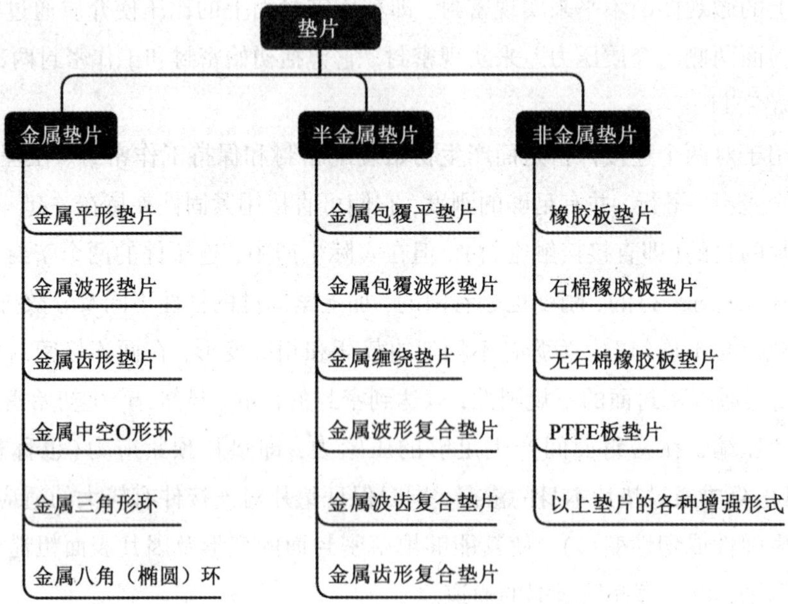

图 2-3　垫片的分类

1. 金属垫片

在高温高压及载荷循环频繁等苛刻操作条件下，各种金属材料仍是密封垫片的首选材料，常用的材料有铜、铝、低碳钢、不锈钢、铬镍合金钢、钛、蒙乃尔合金等。为了减少螺栓载荷和保证结构紧凑，除了金属平垫片尽量采用窄宽度外，各种具有线接触特征的环垫结构也是其优选的形式。

金属垫片的截面形状有平形、波形、齿形、椭圆形、八角形等，如图 2-4 所示。本书主要介绍前三种金属垫片。

图 2-4　金属垫片类型

(1)金属平形垫片。

金属平形垫片使用时分为宽垫片和窄垫片两种。宽垫片因预紧力要求大，易引起螺栓和法兰变形。当压力超过 1.96 MPa 时，在光滑面的法兰上很少使用宽垫片。窄垫片容易预紧，可在压力为 6.27~9.80 MPa 的管道上使用。

(2)金属波形垫片。

金属波形垫片的金属板厚度一般为 0.25~0.80 mm。垫片厚度一般为波长的 40%~50%。波形金属垫片适用于光滑密封面、压力为 3.43 MPa 的管道。

(3)金属齿形垫片。

金属齿形垫片齿顶距约为 1.5 mm，齿顶、齿根角均为 90°，密封性能比平垫好，压紧力也比平垫小，多用于压力为 6.27~9.80 MPa 的管道上。

常用金属垫片的类型、断面形状和使用条件如表 2-1 所列。

表 2-1 常用金属垫片的类型、断面形状和使用条件

类型		断面形状	使用条件	
			最高温度/ ℃	最大压力/ MPa
金属平形垫片	铝		430	50
	碳钢		540	
	铜		320	
	镍基合金		1040	
	铅： 有约束 无约束		 200 100	
	蒙乃尔合金： 蒸气工况 其他工况		 430 820	
	银		430	
	不锈钢： 0Crl9Ni9(304) 0Crl7Nil2Mo2(316) 0Cr23Nil3(309S)		 510 680 930	

表 2-1(续)

类型		断面形状	使用条件	
			最高温度/ ℃	最大压力/ MPa
金属波形垫片	铝		430	7
	碳钢		540	
	铜		320	
	镍基合金		1040	
	铅： 有约束 无约束		 200 100	
	蒙乃尔合金： 蒸气工况 其他工况		 430 820	
	银		430	
	不锈钢： OCrl9Ni9(304) 0Crl7Nil2Mo2(316) 0Cr23Nil3(309S)		 510 680 930	
金属齿形垫片	铝		430	15
	碳钢		540	
	铜		320	
	镍基合金		1040	
	铅： 有约束 无约束		 200 100	
	蒙乃尔合金： 蒸气工况 其他工况		 430 820	
	银		430	
	不锈钢： OCrl9Ni9(304) 0Crl7Nil2Mo2(316) 0Cr23Nil3(309S)		 510 680 930	

表 2-1(续)

类型		断面形状	使用条件	
			最高温度/ ℃	最大压力/ MPa
金属环形垫片(八角形或椭圆形垫片)	铝		430	70
	碳钢		540	
	铜		320	
	镍基合金		1040	
	铅： 有约束 无约束		 200 100	
	蒙乃尔合金： 蒸气工况 其他工况		 430 820	
	银		430	
	不锈钢： OCrl9Ni9(304) 0Crl7Nil2Mo2(316) 0Cr23Nil3(309S)		 510 680 930	
金属中空 O 形垫片			815	280

2. 半金属垫片

非金属材料虽然具有柔软性、压缩性好和螺栓载荷低等优点，但它的主要缺点是强度不高、回弹性差，不适合高压、高温场合。因此，结合金属材料强度高、回弹性好、耐高温的特点，形成将两者组合的垫片，即为半金属垫片，又称金属复合垫片。

半金属垫片是用不同材料的金属薄板把非金属材料包裹起来压制成型的。金属材料在外层，可耐高温；非金属材料在内层，使垫片具有良好的弹性和回复性。这样组合后的垫片可满足高温和较高压力的使用要求。

半金属垫片主要有金属包覆垫片、金属缠绕垫片、金属波形复合垫片、金属齿形复合垫片等。

(1)金属包覆垫片。

金属包覆垫片以非金属为芯材，外包厚度为 0.25 ~ 0.50 mm 的金属薄板。按包覆状态，可分为全包覆、半包覆、波形包覆、双层包覆等。

金属包覆垫片的金属薄板应根据材料的弹塑性、耐热性、耐蚀性选取，主要有铜、镀锌铁皮、不锈钢、钛、蒙乃尔合金等。其中，使用较多的是铜、镀锌铁皮和不锈钢。

作为金属包覆垫片的芯材，耐热性是主要考核指标。一般采用石棉板或低橡胶石棉板、耐高温性能好的碳纤维或瓷质纤维及柔性石墨板材等。

金属包覆垫片的另一特点是能制成各式异型垫片。可以满足各种热交换器管箱和非圆形压力容器密封的需要，而其他复合垫片不具备这一特点。

(2)金属缠绕垫片。

金属缠绕垫片是由薄金属波形带与石棉或柔性石墨等非金属带交替绕成螺旋状，并将金属带的始末端点焊接制成，国外亦称为螺旋垫片。

常用半金属垫片的类型、断面形状和使用条件如表 2-2 所列。

表 2-2　常用半金属垫片的类型、断面形状和使用条件

<table>
<tr><th colspan="2" rowspan="2">类型</th><th rowspan="2">断面形状</th><th colspan="2">使用条件</th></tr>
<tr><th>最高温度/ ℃</th><th>最大压力/ MPa</th></tr>
<tr><td rowspan="2">金属缠绕垫片</td><td>填充 PTFE：
有约束
无约束</td><td rowspan="2"></td><td>
290
150</td><td rowspan="2">42(有约束)
21(无约束)</td></tr>
<tr><td>填充柔性石墨：
蒸气介质
氧化性介质
填充白石棉纸
填充陶瓷(硅酸铝)</td><td>
650
500
600
1090</td></tr>
<tr><td rowspan="2">金属包覆垫片</td><td>内石棉板</td><td rowspan="2"></td><td>400</td><td rowspan="2">6</td></tr>
<tr><td>内石墨板</td><td>500</td></tr>
<tr><td rowspan="2">金属包覆波形垫片</td><td>内石棉板</td><td rowspan="2"></td><td>400</td><td rowspan="2">4</td></tr>
<tr><td>内石墨板</td><td>500</td></tr>
</table>

注：表中最高温度为非金属材料的使用温度。

3.非金属垫片

非金属垫片质地柔软、耐腐蚀、价格便宜，但耐温和耐压性能差，多用于常温和中温的中、低压容器或管道的法兰密封。

非金属垫片有橡胶板垫片、石棉橡胶板垫片、柔性石墨垫片和聚四氟乙烯(PTFE)板垫片等，截面形状大多为矩形。

(1)橡胶板垫片。

制作橡胶板垫片的主要材料有天然橡胶、丁腈橡胶、氯丁橡胶、丁苯橡胶、乙丙橡胶、硅橡胶、氟橡胶等。由于橡胶材料质地柔软，所以需要经常在橡胶板中加入各种织物，如加入尼龙布、涤纶布、玻璃纤维布及金属丝网等。橡胶板垫片因具有组织致密，质地柔软，回复性好，容易剪切成各种形状，且便宜、易购等特点而被广泛应用于容器和管道密封。

(2)石棉橡胶板垫片。

石棉橡胶板垫片是由石棉、橡胶和填料经压制而成的，一般石棉纤维占60%~85%。根据配比工艺、性能及用途的不同，其主要可分为高压石棉橡胶板垫片，中、低压石棉橡胶板垫片和耐油石棉橡胶板垫片。

石棉橡胶板垫片有适宜的强度、弹性、柔软性、耐热性等性能，用它制作垫片，既方便又便宜，因此在化工企业中，尤其是在中小型化工企业中得到广泛应用。

(3)柔性石墨垫片。

柔性石墨是一种新颖的密封材料，有良好的回复性、柔软性、耐温性，在化工企业中得到迅速推广和应用。

(4)聚四氟乙烯(PTFE)板垫片。

聚四氟乙烯以其耐化学性、耐热性、耐寒性、耐油性而优于其他塑料，有“塑料之王”之称。它不易老化，不燃烧，吸水性近乎为零。其组织致密，分子结构无极性，用作垫片，接触面可做到平整光滑，对金属法兰不黏着。除受熔融碱金属及含氟元素气体的侵蚀外，它能耐多种酸、碱、盐、油脂类溶液介质的腐蚀。但是聚四氟乙烯受压后易冷流，受热后易蠕变，影响密封性能。通常可以加入部分玻璃纤维、石墨、二硫化钼，以提高其抗蠕变和导热性能。

聚四氟乙烯板垫片通常由板材裁制而成，它还可与石棉橡胶板、石棉板制成聚四氟乙烯包垫。

常用非金属垫片的类型和适用条件如表2-3所列。

表 2-3　常用非金属垫片的类型和适用条件

类型		适用条件		
		最高温度/ ℃	最大压力/MPa	介质
纸质垫片		100	0.1	燃料油、润滑油等
软木垫片		120	0.3	油、水、溶剂
天然橡胶		100	1.0	水、海水、空气、惰性气体、盐溶液、中等酸、碱等
丁腈橡胶(NBR)		100	1.0	石油产品、脂、水、盐溶液、空气、中等酸、碱等
氯丁橡胶(CR)		100	1.0	水、盐溶液、空气、石油产品、脂、制冷剂、中等酸、碱等
丁苯橡胶(SBR)		100	1.0	水、盐溶液、饱和蒸气、空气、惰性气体、中等酸、碱等
乙丙橡胶(EPDM)		175	1.0	水、盐溶液、饱和蒸气、中等酸、碱等
硅橡胶(MQ)		230	1.0	水、脂、酸等
氟橡胶(FKM)		260	1.0	水、石油产品、酸等
石棉橡胶板垫片		150	4.8	水、水蒸气、空气、惰性气体、盐溶液、油类、溶剂、中等酸、碱等
聚四氟乙烯(PTFE)板垫片	纯车削板	260(限 150)	10.0	强酸、碱、水、蒸气、溶剂、烃类等
	填充板	260	8.3	
	膨胀带	260(限 200)	9.5	
	金属增强	260	17.2	
柔性石墨垫片		650(蒸气) 450(氧化性介质) 2500(还原性、惰性介质)	5.0	酸(非强氧化性)、碱、蒸气、溶剂、油类等
无石棉橡胶板垫片	有机纤维增强	370(连续 205)	14	视黏接剂(SBR，NBR，CR，EPDM 等)情况而定
	无机纤维增强	425(连续 290)		

(二)垫片选择

影响垫片密封的因素和泄漏状况与被密封介质的物性、工况条件，法兰密封面的粗糙度、压紧应力及垫片的基本特性、尺寸、加载卸载历程等诸多因素有关。

垫片的选择应根据工作系统的温度、压力及被密封介质的种类、化学性能(如腐蚀性、毒性、易燃易爆性、污染性等)、物理性能(密度、黏度等)和密封面形状等考虑。一般要求垫片材料不污染工作介质，具有良好的变形能力和回弹力；垫片的耐用温度应大于操作温度；要有一定的机械强度和适当的柔软性；在工作温度下不易变质硬化或软化。同时，应考虑介质的放射性、热应力和外力等对法兰变形的附加影响，检修更换垫片是否容易，垫片现场加工是否可能，经济性及材料来源等问题。

在垫片的使用中，压力和温度两者是相互制约的。随着温度的升高，在设备运转一段时间后，垫片材料发生软化、蠕变、应力松弛现象，机械强度也会下降，密封的压力也随之降低。下面就其具体情况进行分析。

1. 垫片材料的选择

选择垫片材料，除了要考虑各项材料性能之外，还要考虑以下因素。

(1)易挥发有机物的逸出要求。

从健康和环境保护的角度出发，应严格控制易挥发有机物的逸出，减少来自法兰接头的泄漏已成为优先考虑的因素。因此，出现了多种密封性能更好的材料，包括无石棉材料的垫片。由于它们具有不同的性能和局限性，所以应正确选择、安装、使用和维护这类垫片，以得到其最佳的性能。

(2)密封介质。

垫片要在全程工作条件下不受密封介质的影响，就要具有抗高温氧化性、抗化学腐蚀性、抗溶剂性、抗渗透性等。显然，垫片材料对介质的化学耐腐蚀性是选择垫片的首要条件。

(3)温度。

所选用垫片应在最高和最低的工作温度下有合理的使用寿命。为了在工作条件下保持密封，垫片材料应能耐蠕变，以降低垫片的应力松弛。室温下，大多数垫片材料没有大的蠕变，不影响密封性能，但随着温度的升高(超过 100 ℃)，蠕变变得严重。因此，最容易区分垫片质量优劣的因素是垫片在不同温度下的蠕变松弛性能。除了短期能耐受最高或最低的工作温度外，还应考虑允许连续工作温度的影响，通常该温度应低于最高工作温度且高于最低工作温度。

(4)工作压力。

垫片必须能承受最大工作压力。这种最大工作压力有时可能是试验压力，因为它可能是最大工作压力的 1.25~1.50 倍。对于非金属材料的垫片，在选择其最大工作压力的同时，要考虑垫片所能承受的最高工作温度，尤其是饱和水蒸气，因为蒸气压力越大，其温度也越高。用于真空操作的垫片也需做特殊考虑，如一般真空操作可采用橡胶黏结纤维压缩垫片；对于较高真空操作，可采用橡胶 O 形环或矩形模压密封条；对于真空度很高的操作，需采用特殊的密封材料和结构形式。

(5)法兰密封面粗糙度。

法兰密封面粗糙度是影响密封性能的重要因素之一，但不同形式的垫片和应用场合，对粗糙度有不同的要求，应具体情况具体分析。

(6)其他考虑。

还有许多影响选择垫片材料和结构形式的因素。

①循环载荷。若温度或压力存在频繁波动，则必须选择有足够回弹能力的垫片。

②振动。若管线有振动，则垫片必须能经受反复的高循环应力作用。

③污染性。如密封的饮用水、血浆、药品、食品、啤酒等，则要考虑垫片材料本身的化学物质是否会对其造成污染，这时应采用符合食品和医药卫生要求的 PTFE 或橡胶等材料。

④磨损。某些含悬浮颗粒的介质会磨损垫片，缩短垫片的使用寿命。

⑤法兰腐蚀。某些金属(如奥氏体不锈钢)有应力腐蚀的倾向，应保证垫片材料不含有会引起各种腐蚀的超量杂质。例如，核电站不锈钢耐酸法兰用的柔性石墨垫片中的氯离子的质量分数要求不超过 5×10^{-5}，总硫的质量分数不超过 4.5×10^{-4}。

⑥安全性。如密封高度毒性的化学品，则要求垫片具有更大的安全性。例如，对缠绕垫片而言，应选用带外环形式，以使之具有很高的抗吹出能力；此外，对石油炼厂，还有防火的要求。

⑦经济性。虽然垫片材料相对比较便宜，但确定垫片的品质、类型和材料时，应考虑泄漏造成的物料流失、停工损失和发生重大破坏造成的经济后果。所以应综合考虑垫片的性能与价格之比。

2. 垫片尺寸选择的一般原则

(1)尽可能选择薄的垫片。垫片要求的厚度与其形式、材料、直径、密封面的加工状况和密封介质等有关。例如，对大多数非金属垫片而言，随着垫片厚度减少，其抵抗应力松弛的能力会增加。薄的垫片，其周边暴露于密封介质的面积也少，沿垫片本体的渗漏量也随之减少。为保证垫片必须填补法兰密封面的凹凸不平的要求，垫片的最小厚度取决于法兰表面的粗糙度、垫片的压缩性、垫片应力、法兰的偏转程度等。如果法兰是平行的，则对于非金属平垫片，其最小厚度可由下式计算：

$$t_{\min}=\frac{2\times\text{法兰粗糙度的最大深度}\times 100}{C} \tag{2-1}$$

式中，C——给定垫片应力下的压缩率。

(2)尽可能选择较窄的垫片。在同样的螺栓载荷下，垫片越窄，垫片应力就越高，密封压力也就越高(但垫片应不至于被压裂或压溃)，同时要考虑具有必需的径向密封通道长度和足够的吹出抗力。一般的板状垫片，通常可根据公称直径和公称压力选取(如图2-5所示)，并按照实际法兰和使用情况做适当的修改，例如，法兰密封面粗糙度值低或密封介质黏度低，则需要增加宽度。

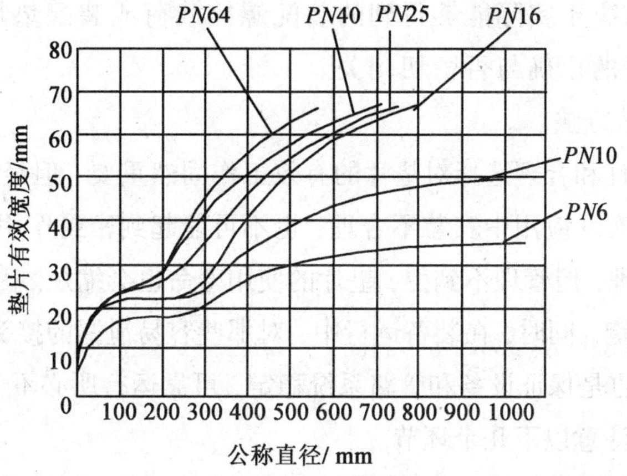

图 2-5　垫片宽度选择参考

(3)不要让垫片内径伸进管道内，也没有必要过分增加垫片的外径。前者会导致管内介质冲刷垫片，不但污染介质，增加流动阻力，还会因垫片材料被介质浸胀而损坏压缩部分的垫片；后者会因受环境的腐蚀，损害垫片。对于密封面为突面或全平面的法兰，当垫片仅位于螺栓孔中心圆内时，通常出于安装定位的需要，将垫片外径(或外环外径)取为螺栓孔中心圆直径减去螺栓孔(或螺栓)直径。

(三)垫片的使用注意事项

1. 保管注意事项

为防止垫片出现老化及破损，在保管时需要注意以下事项。

(1)垫片尽可能呈包装状态保管，不得淋雨或置于高温潮湿、易腐蚀的地方，应置于无尘干净的阴暗处，以防浸胀或老化。

(2)除橡胶板垫片外，其他各种垫片不允许弯折和在直径方向受挤压。

(3)垫片挂在钉子上会导致变形或破损。

(4)一般石棉橡胶板的储存期限为两年；耐油石棉橡胶板储存期限为一年半，并应存放在10~30 ℃的室内，防止曝光照射而氧化。若石棉橡胶板长期置于10 ℃以下的环境中，还会产生不同程度的失弹、发脆等现象。

2. 安装、连接注意事项

人们经常听到“垫片泄漏”的说法，严格地说，这种说法是不确切的。因为垫片仅是组成法兰接头的零件之一，将所有的因法兰设计不周密、装配方法不适当及运行过程中的热波动、压力变化和振动等引起的法兰变形所造成的泄漏，都归咎于垫片，是不准确的。法兰接头的密封性能与整个系统的特性有关，当在选择垫片、设计法兰、装配垫片和规范运行等方面做了周密考虑之后，垫片才能真正发挥其密封作用。统计表明，在引起法兰接头泄漏的原因中，装配垫片应力不足就占了75%。如前所述，法兰接头发生密封失效，最直接的原因是操作垫片应力不足，而操作垫片应力水平主要取决于实际能够得到的装配螺栓载荷或装配垫片应力的大小。而后者与垫片装配方法的正确与否密切相关。

(1)垫片的安装方法。

垫片的精心设计和合理选择对垫片的有效工作固然重要，但经过详细计算和合理选择的垫片，如果在实际应用中安装不合理，也不可能起到密封作用，不能达到预期的密封效果；若安装合理，但管理不到位，垫片的使用寿命也会缩短。因此，合理安装垫片是达到有效密封的关键。同时，在装备运行中，对那些容易泄漏的接头，有针对性地、有重点地维护和管理，也是保证设备和管路系统稳定、可靠运行所必不可少的措施。

安装垫片需要注意以下几个环节。

①安装工具。需要专门的工具用于清理和拧紧紧固件(包括采用转矩扳手、液压或其他螺栓拉伸器等)。此外，应采用规范的安全设施和遵守安全操作规程。

②安装准备——检查、清理和润滑。首先，检查法兰密封面有无裂纹、划痕(尤其是径向划痕)、工具锤击痕迹、腐蚀凹坑等影响密封的缺陷，确认密封面类型与所用的垫片形式是否相符，确认垫片是否符合规定的尺寸和材料，检查垫片有无缺陷和损伤，检查紧固件有无裂纹、擦伤等缺陷。其次，清除所有存在于密封面、紧固件(包括螺栓、螺母和垫圈)上的外来杂物和残留物。最后，选择合适的润滑剂，并均匀地涂覆在螺栓、螺母和垫圈的承载表面，注意不要将润滑剂沾染在密封面或垫片表面上。

③法兰调整。确认法兰对的不同轴度及法兰密封面与轴线的不垂直度和本身的不平度是否在允许公差范围内(注意不要试图通过使用螺栓和垫片去过分调整上述偏差)。将垫片小心放入两法兰密封面之间，并确认其已位于两法兰密封面的中央。将两法兰闭合，确保垫片不被挤压损坏。

④紧固件安装和拧紧。使用合适的拧紧工具，按照有关转矩的规定，以交叉方式拧紧螺栓。具体拧紧步骤如下：

步骤一，用手拧紧所有螺母(较大的螺母需要用小的扳手拧紧)；

步骤二，拧紧每一螺母至全部转矩值的30%左右；

步骤三，拧紧每一螺母至全部转矩值的60%左右；

步骤四，拧紧每一螺母至全部转矩值(大直径法兰需要增加拧紧次数)；

步骤五，按照顺时针方向以全部转矩值拧紧所有螺母，直至螺母没有进一步的转动

（大直径法兰需要增加拧紧次数）。

⑤再次拧紧。对处于频繁热循环操作下的螺栓需要进行再次拧紧，该操作通常于操作压力和温度下运行 24 h 后进行。所有的再次拧紧作业应在室温和常压下进行。

（2）垫片的实际安装过程。

①安装前，应检查法兰的形式是否符合要求，密封面的粗糙度是否合格，有无机械损伤、径向刻痕和锈蚀等。

②对螺栓及螺母进行下列检查：螺栓及螺母的材质、形式、尺寸是否符合要求；螺母在螺栓上转动应灵活自如，不晃动；对于螺纹，不允许有断缺现象；螺栓不允许有弯曲现象。

③对垫片进行检查：垫片的材质、形式、尺寸是否符合要求，是否与法兰密封面相匹配；垫片表面不允许有机械损伤、径向刻痕、严重锈蚀、内外边缘破损等缺陷。

④安装椭圆形、八角形截面金属垫圈前，应检查垫圈的截面尺寸是否与法兰的梯形槽尺寸一致，槽内表面粗糙度是否符合要求。在垫圈接触面上涂红铅油，检查接触是否良好，如接触不良，应进行研磨。

⑤安装垫片前，应检查管道及法兰安装质量是否有下列缺陷。

❖偏口（管道不垂直、不同心，法兰不平行）。两法兰间允许的偏斜值：使用非金属垫片时，应小于 2 mm；使用半金属垫片、金属垫片时，应小于 1 mm。

❖错口（管道和法兰垂直，但两法兰不同心）。在螺栓孔直径及螺栓直径符合标准的情况下，不用其他工具可将螺栓自由地穿入螺栓孔为合格。

❖张口（法兰间隙过大）。两法兰间允许的张口值(除去管子预拉伸值及垫片或盲板的厚度)：管法兰的张口应小于 3 mm；与设备连接的法兰应小于 2 mm。

❖错孔（管道和法兰同轴，但两个法兰相对应的螺孔之间的弦距偏差较大)。螺栓孔中心圆半径允许偏差：螺孔直径不大于 30 mm 时，允许偏差为±0.5 mm；螺孔直径大于 30 mm 时，允许偏差为±1.0 mm；相邻两螺栓间弦距的允许偏差为±0.5 mm。

任何几个孔之间的弦距的总误差：$DN \leqslant 500$ mm 的法兰，允许偏差为±1.0 mm；$DN=600 \sim 1200$ mm 的法兰，允许偏差为±1.5 mm；$DN=1300 \sim 1800$ mm 的法兰，允许偏差为±2 mm。

⑥两法兰必须在同一中心线上并且平行。不允许用螺栓或尖头钢钎插在螺孔内对法兰进行校正，以免螺栓承受过大剪应力。两法兰间只允许加一张垫片，不允许用多加垫片的办法来消除两法兰间隙过大的缺陷。

⑦垫片必须安装准确，以保证受压均匀。对于大直径垫片，最好由两人以上安放。为防止垫片压缩过度，应边测量边拧紧螺栓。尤其对基本型的缠绕垫，必须格外注意。否则在开始使用时，会造成缠绕垫压散现象。一般 4.5 mm 厚的缠绕垫压至 3.3~3.5 mm 为宜。对带内、外环的缠绕垫，压缩厚度可在 3.6~3.7 mm，极限值不低于 3.1 mm。为此，法兰

面可采用截止型结构，如图 2-6 所示。该结构的优点在于能防止过度压紧和压偏；缺点在于不能二次压紧，需测量螺栓压紧力。

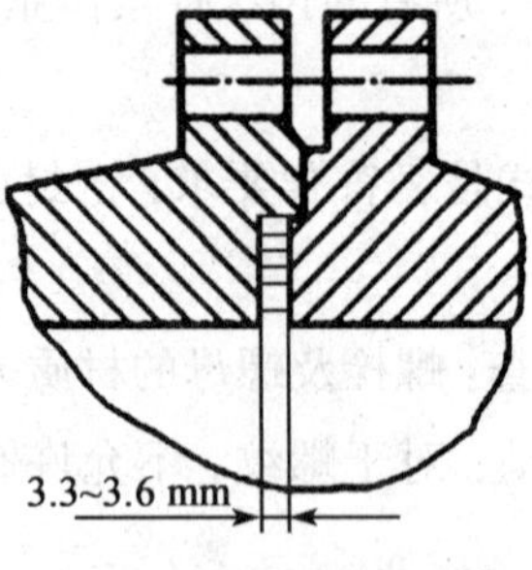

图 2-6　截止型法兰面

⑧为防止石棉橡胶板垫片粘在法兰密封面上，不便于清理，可在垫片两面均匀涂上一层薄薄的密封糊料或石墨涂料。石墨可用少量甘油或机油调和。金属包垫、缠绕垫表面不需要涂石墨粉。有的单位在安装八角垫、椭圆垫时，也在其表面涂一层鳞状石墨涂料，但曾出现过在高温下因使用涂料而在法兰的沟槽处发生腐蚀的现象。

⑨安装螺栓、螺母时，螺栓上钢印的位置应便于检查。螺栓的螺纹部分应涂抹石墨粉或二硫化钼。

⑩拧紧螺母应如图 2-7 所示的数字顺序对称、多次、均匀地进行。

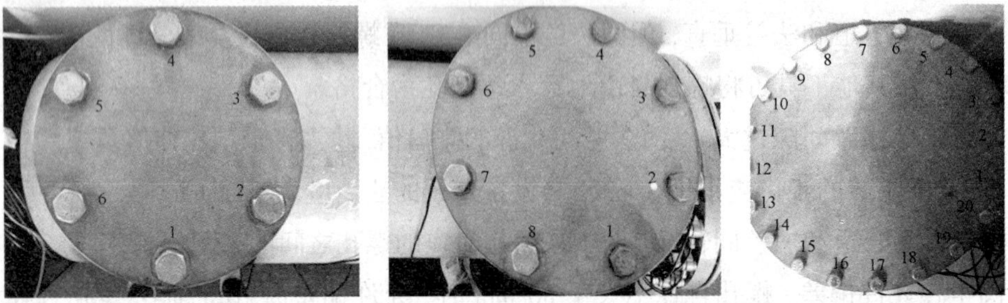

(a)6 个螺栓　(b)8 个螺栓　(c)20 个螺栓

图 2-7　螺栓拧紧顺序

⑪拧紧 M22 以下的螺母可使用力矩扳手。M10～M16 的螺栓采用 1.5～2.0 MPa · m 的力矩扳手，M18～M22 的螺栓采用 2.5～3.0 MPa · m 的力矩扳手。M27 以上的螺母，应采用液压扳手。

高压设备螺栓的拧紧，提倡使用液压拉伸器。一般高压设备的大盖、人孔的螺栓直径比较粗大，以往采用人工锤击或吊车、卷扬机拉动长柄扳手拧紧螺栓，劳动强度大、工作效率低、用力不均匀，往往造成螺栓力不足或过大。而液压拉伸器是拧紧螺栓较为理想的装置。液压拉伸器使用方便，其由三部分组成：高压油泵、油压传送管和拉伸器头。高压油泵一般为手动泵，油压传送管为高压橡胶管。高压油泵和油管可通用，只需根据高压螺栓直径配套一定数量的拉伸器即可，高压螺栓端部适当加长。用液压拉伸器均匀地施加螺栓力，有利于减轻劳动强度、缩短检修周期，对中、小型化工企业具有实用价值。国内已研制出最高压力为 150 MPa 的液压拉伸器，并投入小批量生产。

⑫无论使用何种工具，必须多次拧紧螺栓。一般中、低压设备分 2~3 次拧紧，高压设备分 4~5 次拧紧。例如，对于尿素装置高压设备，检修规程有如下规定：第一周期，油压为终压的 8%；第二周期，油压为终压的 21%；第三周期，油压为终压的 41%；第四、第五周期，油压分别为终压的 66%，100%。

实际操作中，有些大口径高压设备曾以三个周期拧紧螺栓，结果发生泄漏事故。

⑬一般对操作温度超过 300 ℃的设备，在升温运行一段时间后，需进行热紧。这是因为垫片在压缩状态下会产生应力松弛现象。例如，某种石棉橡胶板垫片，初始压紧应力为 30 MPa，升温至 300 ℃并运转 10 h 后，压紧应力下降为 18 MPa；而常温下 10 h 后，压紧应力下降为 26 MPa。一般在通入介质后的 1~2 h，压紧应力的下降占总下降的 70%~80%，2 h 后下降变得缓和。

⑭换装垫片时，对那些输送易燃介质（如氢、液化天然气和液化石油气等）的管道，应使用安全工具，以免因工具与法兰或螺栓相碰产生火花，导致火灾。安全工具的材料为铍铜合金（含铍 0.6%、含钴 2.5%的铜合金），其在 6.4 MPa · m 的冲击能量之下在沼气（主要成分是甲烷）中仍不产生火花，且具有作为工具使用的强度和硬度。

垫片初装时，因管内尚无介质，可不使用安全工具。

（四）垫片失效分析

垫片密封可靠性既取决于最初的周密设计，还与现场中完善的工程实践有关。密封不能起作用或不能保持满意的密封状态（即发生超过“允许泄漏率”或“密封失效”），有一系列的原因。影响垫片密封连接，导致泄漏的主要因素有以下几个方面。

1. 被密封介质物理性能的影响

采用同样的密封连接形式，在同样的工况条件下，气体的泄漏率大于液体的泄漏率，氢气的泄漏率大于氮气的泄漏率。这主要是由于被密封介质的物理性能参数不同。在被密封介质的物理性质中，黏性的影响最大。黏度是流体内摩擦力的量度。对于黏度大的介质，其泄漏阻力大，泄漏率就小；对于黏度小的介质，其泄漏阻力小，泄漏率就大。

2. 工况的影响

垫片密封的工况条件包括介质的压力、温度等。不同的压力、温度下，其泄漏率的大小不同。密封面两侧的压力差是泄漏的主要推动力，压力差越大，介质就越易克服泄漏通道的阻力，泄漏就越容易。温度对连接结构的密封性能有很大的影响。研究表明，垫片的弹、塑性变形量均随温度升高而增大，而回复性能随温度升高而下降，蠕变量则随温度的升高而增大。且随着温度的升高，垫片的老化、失重、蠕变、松弛现象会越来越严重。此外，温度对介质的黏度也有很大的影响。随着温度的升高，液体的黏度降低，而气体的黏度增大，所以温度越高，泄漏越容易发生。

3. 法兰密封面粗糙度的影响

相同的垫片预紧应力下，法兰密封面粗糙度不同，泄漏率也不同。通常，密封面粗糙度值越小，泄漏率越小。研磨过的法兰密封面的密封效果要比未研磨的法兰密封面好，这主要是由于粗糙度值小的密封表面的凹凸不平易被填平，从而使得界面泄漏大为减少。

4. 垫片压紧应力的影响

垫片上的压紧应力越大，其变形量就越大。垫片的变形一方面会有效填补法兰密封面的不平度，使界面泄漏大为减少；另一方面会使得垫片本身内部毛细孔被压缩，泄漏通道的截面减小，泄漏阻力增加，从而大大减小泄漏率。但如果垫片的压紧应力过大，则易将垫片压溃，从而失去回弹能力，无法补偿由于温度、压力引起的法兰面的分离，导致泄漏率急剧增大。因此，要维持良好的密封，必须使垫片的压紧应力保持在一定的范围内。

5. 垫片几何尺寸的影响

(1)垫片厚度的影响。

在同样的压紧载荷、介质压力作用下，泄漏率随垫片厚度的增加而减小。这是由于在同样的轴向载荷作用下，厚垫片具有较大的压缩回弹量。在达到初始密封条件的情况下，弹性储备较大的厚垫片比薄垫片更能补偿由于介质压力引起的密封面间的相对分离，并使垫片表面保留较大的残余压紧应力，从而使泄漏率减小。但不能说垫片越厚，其密封性能越好。这是因为，垫片厚度不同，建立初始密封的条件也不同。由于端面上摩擦力的影响，垫片表面呈三向受压的应力状态，材料的变形抗力较大；而垫片中部受端部的影响较小，其变形抗力也较小，在同样的预紧载荷下，垫片中部较垫片表面更易产生塑性变形。此时，建立初始密封也较困难，故当垫片厚度达到一定数值以后，密封性能并无改变，甚至恶化。此外，垫片越厚，渗透泄漏的截面积越大，渗透泄漏率也就越大。

(2)垫片宽度的影响。

在一定的范围内，随着垫片宽度的增加，泄漏率成线性递减。这是因为，在垫片有效宽度内，介质泄漏阻力与泄漏通道的长度(正比于垫片宽度)成正比。但不能说垫片越宽越好，因为垫片越宽，垫片的表面积就越大，这样要在垫片上产生同样的压紧应力，宽垫片的螺栓力就要比窄垫片的大得多。

企业的高压气体事故调查报告显示，导致垫片失效的因素有很多，大部分是配管法兰接头、热交换器法兰接头造成的，事故原因和导致因素如表 2-4 所列。

表 2-4　配管法兰接头、热交换器法兰接头造成的事故原因和导致因素

事故名称	事故原因	导致因素
配管法兰接头事故	紧固管理不当	紧固扭矩不足
		温度变化导致紧固力下降
		过度紧固
		法兰冻结
		螺栓腐蚀
	密封管理不当	垫片劣化
		垫片龟裂
		垫片腐蚀
	误操作、误判	法兰打开
	施工管理不当	垫片安装不当
	自然灾害	地震导致松动
	制作不当	配管晃动
	设计不当	详情不明
	操作标准不完善	法兰打开
	事故原因不明	振动导致松动、垫片劣化
热交换器法兰接头事故	紧固管理不当	温度变化导致紧固力下降
		紧固扭矩不足
	施工管理不当	垫片安装不当
	制作不当	垫片槽制造不当

(五)螺栓紧固法兰接头的基础

1.法兰

法兰是通用的机械零件。在过程装备中，无论是容器和设备法兰，还是管道法兰，国内外已经形成了包括法兰、垫片和螺栓的系列化的标准体系。

法兰类型主要有以下分类方式：根据用途，分为容器法兰和管道法兰两类；根据法兰密封面的宽窄，分为宽面法兰和窄面法兰；根据制造材料，分为金属法兰和非金属法兰，其中前者又分成钢制法兰、铸铁法兰、有色金属法兰；根据形状，分为圆形、矩形、椭圆圆形；根据与容器或管道的连接方式，分为焊接结构和非焊接结构等。

尽管各种法兰标准中的法兰的结构形式不尽相同，按照我国化工行业标准《钢制管法兰、垫片、紧固件(PN 系列)》(HG/T 20592~20635—2009)，可将法兰类型分为 10 种，如表 2-5 所列。

表 2-5 标准法兰类型

焊接形式	法兰类型	结构图
非焊接结构	平焊环松套法兰	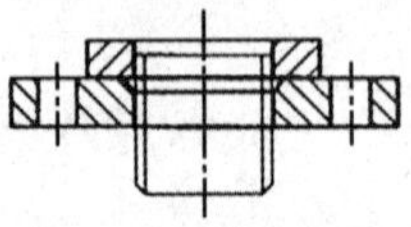
	对焊环松套法兰	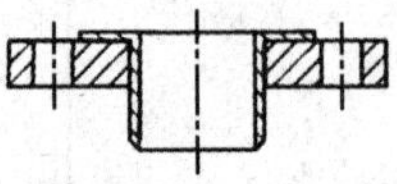
	螺纹法兰	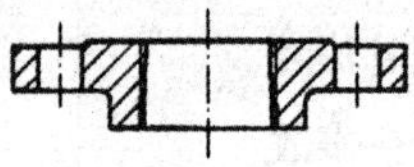
	法兰盖	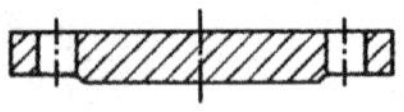
	衬里法兰盖	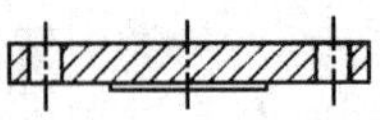
焊接结构	板式平焊法兰	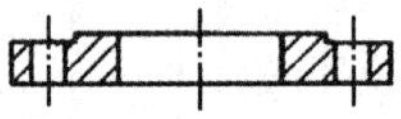
	带颈对焊法兰	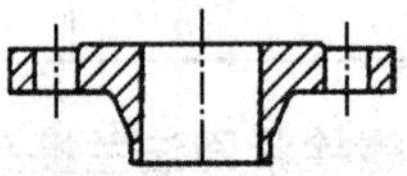
	带颈平焊法兰	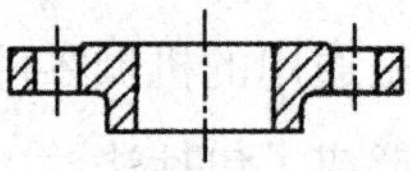
	承插焊法兰	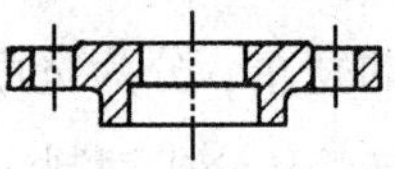
	整体法兰	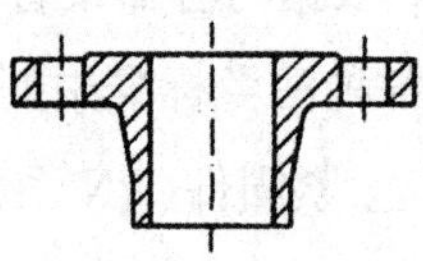

国内外其他法兰标准中的法兰结构一般都在上述类型中有所取舍。上述焊接结构中除板式平焊法兰外，其余法兰由于用一锥形短颈加强法兰环，而锥颈小端再与圆筒形壳体或管子焊在一起，增加了法兰的旋转刚度，从而降低法兰中的应力，也改善了垫片密封条件(即提高了接头的安全与可靠性)，相比用增加法兰环的厚度或直径的方法，更经济有效，因此推荐用于中、高压力的场合。但随着压力和直径的增加，经济性下降，所以其直径与压力范围也有限制。

非焊接结构的主要形式为松套法兰，其相对法兰基本上能自由旋转，当筒体或管子用耐腐蚀的昂贵合金材料制造，且用较低压力又出于经济考虑时，松套法兰环可用经济性好、强度较高的材料(如碳钢)制造。有时为了增加法兰环的刚度，法兰环也可带上颈部。显然，板式平焊法兰介于两者之间，适用中低压力场合，$PN \leqslant 40$ MPa，且 $DN>600$ mm 时，$PN<10$ MPa。

2.法兰密封面

法兰密封面的形式、大小与垫片的形式、使用场合及工作条件有关。常用的法兰密封面形式有全平面、突面、凹凸面、榫槽面和环连接面等。按照垫片内外周边是否受到约束，可分有约束、半约束、无约束、自紧式四种类型，如表 2-6 所列。常用的几种结构如图 2-8 所示。

表 2-6 密封面形式

垫片内外周边是否受到约束	有约束	半约束	无约束	自紧式
法兰密封面形式	榫槽面	凹凸面	全平面	O 形环槽面
	环连接面	—	突面	O 形环凹面

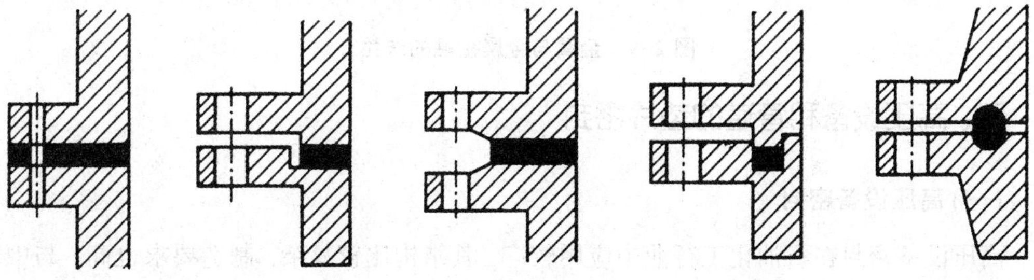

（a）全平面（b）突面（c）凹凸面（d）榫槽面（e）环连接面

图 2-8 常用的几种密封面结构图

无约束指紧固螺栓时，垫片在法兰密封面间可自由向内或(和)向外移动。

全平面的法兰，垫片覆盖整个法兰密封面。由于垫片与法兰的接触面积较大，给定的螺栓载荷下垫片上的压缩应力较低，因此全平面法兰密封面适用于柔软材料垫片或铸铁、搪瓷、塑料等低压法兰的场合。

对于突面法兰，尽管为了定位通常需要将垫片的外径延伸到与螺栓接触，但起密封作用的仅是螺栓圆以内法兰凸面与垫片接触的部分。因此相对于同样螺栓载荷下的全平面法兰，它可以产生较高的垫片应力，适用于垫片材料较硬和压力较高的场合。

半约束的凹凸密封面形式，使垫片免于遭受吹出的危险。

有约束的榫槽面和环连接面则比上述形式的密封面更具严密性，因此适用于压力、温度有波动，对介质密封性要求较高的场合。

在上述的法兰对之间放入垫片，当预紧螺栓时，通常两法兰的金属面不发生接触，但是一种称为"控制压缩垫片"的密封新概念正在逐渐流行，即尽管存在垫片，在螺栓预紧后，法兰也会发生金属与金属的接触(图 2-9)。这种结构的主要特点是将垫片压缩到预定的厚度后，继续追加螺栓载荷直到与法兰接触。所以当存在介质压力和温度波动时，垫片上的密封载荷不发生改变，以使接头保持在最佳的泄漏控制状态；同时螺栓也不承受循环载荷，减少了发生疲劳或松脱的危险，显然它还减少了法兰的转角。

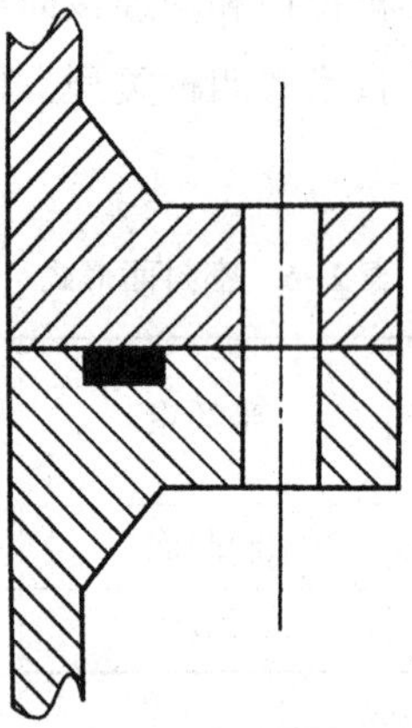

图 2-9　金属与金属接触的法兰

四、高压设备和管道的垫片密封

(一) 高压设备密封

高压设备密封在石油化工行业中应用较广，其结构比较复杂，制造要求也高，与中、低压设备和管道密封相比，有以下几个特点。

①一般采用金属垫片。为使垫片达到足够的预紧密封比压和操作密封比压，以保证密封性能而又不至于将垫片压溃，一般采用金属垫片，且垫片与密封面的接触面甚窄，有时近乎线接触。

②采用窄面密封。为减小包括主螺栓在内的密封件尺寸，密封面的直径应尽可能小，密封面应尽量靠近筒体内壁处，且往往采用筒体端部法兰，并配以双头螺柱结构，以尽

可能地减小端部法兰的直径。

③尽可能采用自紧式或半自紧式密封。为达到预期的密封性能，尽可能采用自紧式或半自紧式密封结构，即尽量利用操作压力对垫片构成操作密封比压。

④尽量少占用高压空间。因高压设备的高压空间十分宝贵，所以密封结构应尽量少占用高压空间。

根据密封作用力的不同，高压密封可分为强制式密封、半自紧式密封和自紧式密封三种结构。高压密封的类型、特点及典型结构如表 2-7 所列。

表 2-7 高压密封的类型、特点及典型结构

类型	特点	典型结构
强制式密封	依靠螺栓的拉紧力来保证顶盖、密封元件和筒体端部法兰之间具有一定的接触压力(或密封比压)来达到密封。这种密封要求具有大的螺栓力，以保证工作状态下垫片与顶盖、筒体端部之间有可靠的密封性能	平垫密封、卡扎里密封、透镜垫密封
半自紧式密封	利用螺栓预紧力使密封元件产生弹性变形并提供建立初始密封的比压，当压力升高后，密封面的接触应力也随之上升，从而保证密封性能	双锥环密封、八角垫、椭圆垫
自紧式密封	通过自身结构特点，使垫片、顶盖与筒体端部之间的接触应力随工作压力升高而增大，并且高压下的密封性能更好。这种密封可以不使用大直径的螺栓，建立初始密封所需的螺栓力比使用强制式密封时所需的螺栓力要小得多	C 形环密封、O 形环密封、三角垫密封、楔形垫密封、伍德密封

石油化工生产向高压和大型化方向发展，随之而来的是所用容器直径的增大，强制式密封和半自紧式密封将可能逐渐被自紧式密封所代替。

设计或选用高压密封时应依据下列原则：①工作可靠，在正常操作或压力、温度有波动时，仍能保证容器的密封性能；②结构简单，装拆和维修方便；③结构紧凑，密封构件少；④加工制造方便，不要求有过高要求的加工粗糙度和精度；⑤所用紧固件应简单轻巧；⑥密封元件耐腐蚀，并能多次重复使用；⑦造价低廉。

1. 强制式密封

(1)平垫密封。

平垫密封结构如图 2-10 所示，它由筒体端部、金属平垫片、顶盖、主螺栓等组成，是最常见的强制密封。这种结构与中、低压容器密封中常用的法兰垫片密封相似，只是将非金属垫片改为金属垫片，将宽面密封改为窄面密封。通过预紧螺栓力的作用，使垫片发生变形而填满密封面不平处，以达到密封的要求。平垫片的位置要尽量靠近筒体内壁，以减小介质对顶盖的总压力、主螺栓的直径和法兰的尺寸。为避免垫片向外侧流动，垫片应放在榫槽或梯形面中。为改善密封性能，有的平垫密封面上开有 2~3 条三角形截面的沟槽。沟槽的深度和宽度为 1 mm。

这种密封一般仅适用于温度不高、压力不大和直径较小的高压容器。当容器直径大、压力和温度高(200 ℃)或温度、压力波动较大时，所需预紧力大，密封性能差，螺栓较粗，结构粗笨，每次检修几乎都要更换垫片，那么这种密封结构就不再适合了。但其制造、安装方便，使用历史久远，在直径小于 800 mm、压力低于 32 MPa、温度低于 200 ℃的设备上使用比较成熟。

平垫密封所用的材料主要有退火铝(15~30 HBS)、退火铜(30~50 HBS)、10 钢。

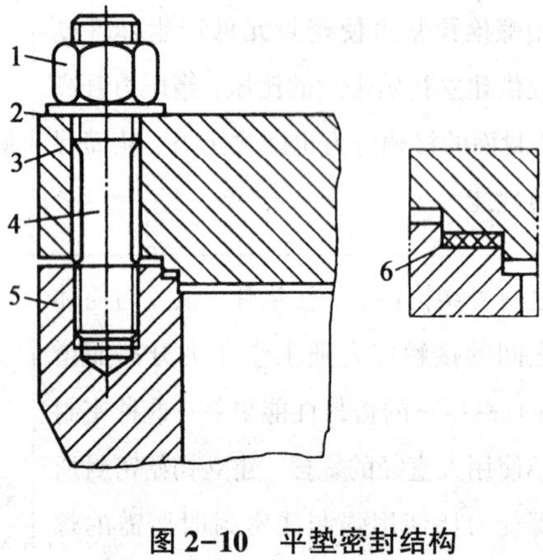

图 2-10　平垫密封结构

1—主螺母；2—垫圈；3—顶盖；4—主螺栓；5—筒体端部；6—平垫片

(2)卡扎里密封。

卡扎里密封属于强制式密封，有内螺纹卡扎里密封、外螺纹卡扎里密封和改进卡扎里密封三种形式。

内螺纹卡扎里密封占高压空间多、笨重；螺纹受介质影响，工作条件差；拧紧时不如外螺纹卡扎里密封省力，在较小直径的高压设备上使用较为合适。

外螺纹卡扎里密封是一种较好的强制式高压密封结构，在国内应用也比较广泛，通常简称为卡扎里密封，其结构如图 2-11 所示。它是通过拧紧预紧螺栓，使压环紧压垫片，并贴紧顶盖和筒体端部而建立初始密封的。操作过程中若发现螺栓有松动现象，可以继续上紧，因而密封可靠。这种密封结构中无主螺栓，紧固件是一个带有上、下锯齿形螺纹的长套筒，其中下段螺纹为连续的，它和容器筒体端部螺纹相临合。而顶盖及与顶盖连接的上半段套筒开有 6 个间隔角度为 θ(10°~30°)凹凸槽的间断螺纹，安装时，先套好下段螺纹，然后将顶盖放入套筒内。由于上、下两段螺纹可以设计成反向的，即一为右旋螺纹、一为左旋螺纹，这样只需将顶盖的凸部装入套筒的凹部并旋转 θ 角度，就可将顶盖和筒体压紧。

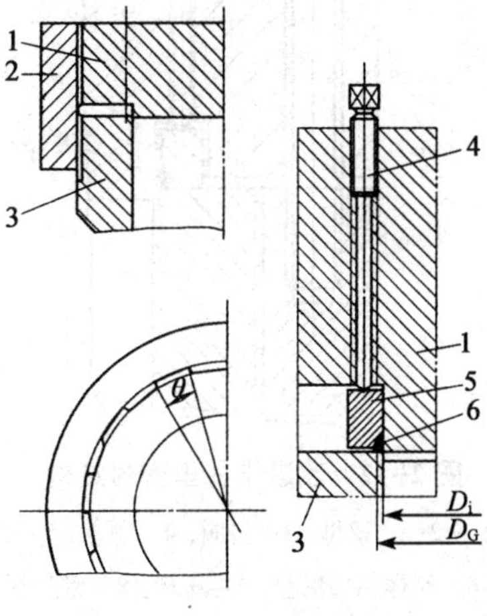

图 2-11　卡扎里密封结构

1—顶盖；2—螺纹套筒；3—筒体端部；4—预紧螺栓；5—压环；6—密封垫

卡扎里密封结构的优点：①紧固件采用锯齿形螺纹的长套筒，从而省去大直径的主螺栓；②凹凸槽的锯齿形螺纹套筒装拆方便(一般还配有专用工具)；③相同压力下套筒轴向变形小于螺栓轴向变形，所以安装时所需预紧力较小，有利于安装；④所用垫圈很窄，容易达到密封比压，密封可靠，且加工精度要求不高，安装和拆卸也比金属平垫片方便。

卡扎里密封结构的缺点：大直径的锯齿形螺纹加工困难；精度要求高；筒体螺纹损坏后很难修复。

这种密封结构适用于大直径和较高压力的场合。一般用于内径 $D_1 \geqslant 1000$ mm，工作温度 $t \leqslant 350$ ℃，压力 $p_i \geqslant 30$ MPa 的场合。

卡扎里密封结构的压环材料应采用强度高、硬度高的钢材，推荐采用 35CrMo,35 和 45 优质碳钢。其密封垫片材料与金属平垫密封中的平垫材料相同。

改进卡扎里密封结构(如图 2-12 所示)同时采用主螺栓和预紧螺栓，主要是为了改善套筒螺纹锈蚀给拆卸带来困难的情况。它的端面上螺栓较多，显得拥挤和笨重，不如其他两种卡扎里密封那样具有快速装拆的优点，但主螺栓无须拧得太紧，所以装拆时较为省力。与平垫密封相比，在操作温度和压力波动较大时，仍有良好的密封性能，但与双锥环密封相比，改进卡扎里密封结构无明显优越性，还增加了制造上的困难。

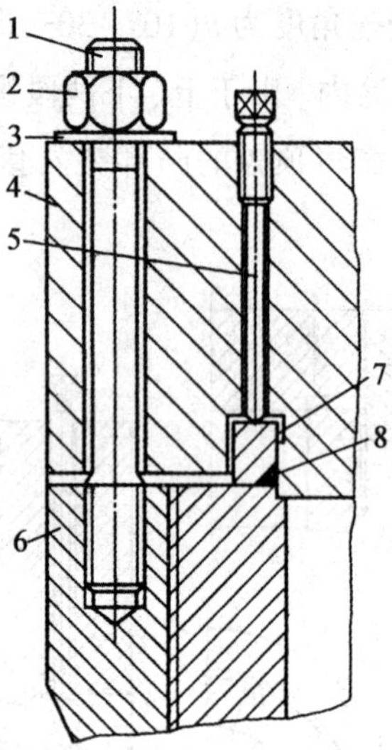

图 2-12　改进卡扎里密封结构

1—主螺栓；2—主螺母；3—垫圈；4—顶盖；5—预紧螺栓；
6—筒体端部法兰；7—压环；8—密封垫

2. 自紧式密封

(1) 双锥环密封。

双锥环密封结构如图 2-13 所示。它保留了主螺栓，采用软钢或不锈钢制作双锥面密封 垫，两个30°锥面是密封面，属于自紧式密封。它由筒体端部、金属双锥环、软金属

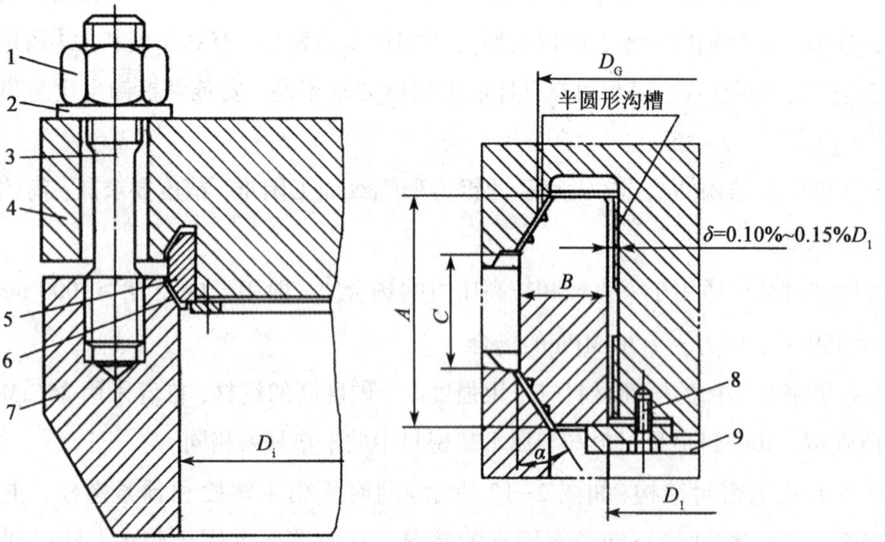

图 2-13　双锥环密封结构图

1—主螺母；2—垫圈；3—主螺栓；4—顶盖；5—双锥环；6—软金属垫片；
7—筒体端部；8—螺栓；9—托环

垫片、平垫圈、托环和主螺栓组成。双锥环置于筒体与顶盖之间，借用托环将双锥环托住，以便装拆，托环用螺钉固定在顶盖的底部，通常密封面上还放有 1 mm 左右的金属软垫片，靠主螺栓使软垫片发生塑性变形从而达到初始密封。为了增加密封的可靠性，在双锥环的密封面上还开有 2~3 条槽沟和深约 1 mm、半径为 1.0~1.5 mm 的半圆形槽或三角形槽。

双锥环在安装时，其内侧面和顶盖支承面处于间隙状态。预紧时，主螺栓使衬于双锥面上的软金属和平封头、筒体端部的锥面相接触并压紧，以保证两锥面的软金属衬垫上达到足够的预紧密封比压；同时，双锥环本身受到径向压缩，使双锥环的内侧面和顶盖支承面间的间隙 δ 值消失而贴合在一起（为保证密封，两锥面上的比压要达到足够的、该软金属垫所需的预紧密封比压值）。当介质压力上升，介质进入双锥环与顶盖的环形间隙，使螺栓等连接件发生变形（主要是螺栓伸长），受压锥环也相应产生回弹；此外，在介质压力作用下，双锥环向外扩张，从而弥补了由于螺栓等连接件的变形导致的密封比压下降。为保证良好的密封性，两锥面上的比压不能小于该软金属垫所需要的操作密封比压。双锥面上的密封比压，是由金属双锥环的回弹及金属环在介质内压作用下所引起的径向扩张导致的。前者相当于平垫密封中平垫的回弹作用；后者则由介质内压引起，并且锥面上的密封比压随介质压力的升高而增加。这种密封机理属于自紧式密封机理。有些观点认为双锥环密封有强制和自紧式密封两种机理，属于半自紧式密封。

双锥环密封结构简单，对加工精度要求不是很高，装拆方便，适用于压力与温度波动的场合。双锥环材料应有好的韧性，以使它在压缩状态下有足够的回弹力，常用材料有 25 钢、35 钢、20MnMo、15CrMo、1Cr18Ni9Ti 等。双锥环密封适合于设计压力为 6.4~35.0 MPa，温度为 0~400 ℃，内径为 400~2000 mm 的高压容器。国外曾将双锥环密封成功应用于 ϕ2800 mm 的缠绕式高压容器和压力为 196 MPa 的高压聚乙烯反应器中。

(2)伍德密封。

伍德密封是一种较早使用的自紧式高压密封结构（如图 2-14 所示）。它由顶盖、筒体端部、牵制螺栓、牵制环、四合环、拉紧螺栓、楔形压垫等元件组成。其中，楔形压垫为关键零件，其外锥面上开有 1~2 条约 5 mm 深的环形沟槽，既增加了楔形压垫的柔度，使之更易与密封面贴合，又减少了密封面的接触面积，提高了密封比压。该密封的密封面均有较高的粗糙度要求，需经研磨，以保证密封可靠。

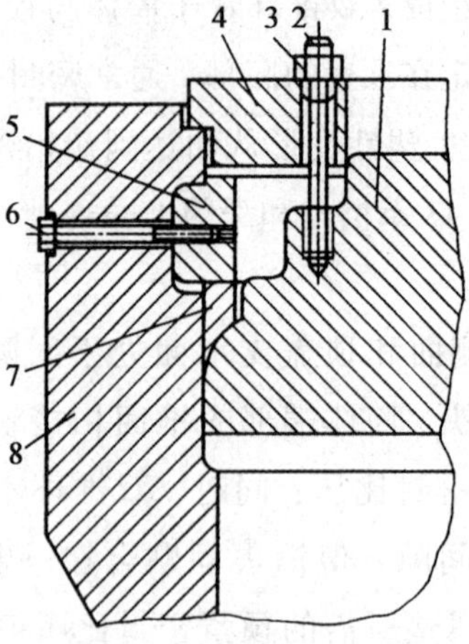

图 2-14　伍德密封结构

1—顶盖；2—牵制螺栓；3—螺母；4—牵制环；

5—四合环；6—拉紧螺栓；7—楔形压垫；8—筒体端部

伍德密封中的四合环是由四块元件组成的圆环，每块元件上均有一螺孔。

伍德密封安装时，依次放入顶盖、楔形压垫、四合环和牵制环，再由牵制螺栓将顶盖吊起，并压紧楔形压垫和封头之间的线接触面(实为一狭窄环带)，达到预紧密封内压升高后，顶盖向上浮动，使顶盖球面部分和楔形压垫间的压紧力增加，保证密封，并且介质压力越高，楔形压垫上的密封比压越大，密封越可靠。所以，伍德密封属轴向自紧式密封。

该密封的主要优点：①全自紧式密封，当压力和温度波动时不会影响密封的可靠性；②介质产生的轴向力经顶盖传给楔形压垫和四合环，最后均由筒体承担，无需主螺栓，并使筒体和端部的锻件尺寸大大减小，装拆方便；③由于顶盖是圆弧面，组装时顶盖即使有些偏斜，升压过程也可自行调整，不至于影响密封的效果。

其缺点主要是结构复杂、笨重、零件多、加工精度要求高、顶盖占据高压空间较多。

伍德密封的适用范围：$D_i \leqslant 1000$ mm，$t \leqslant 350$ ℃，$p_i \geqslant 30$ MPa。

楔形压垫材料一般采用 20 钢、20CrMo、1Cr18Ni9Ti、0Cr18Ni9；顶盖材料要求比压垫材料硬，常用的材料有 14MnMoVB，18MnMoNb，20MnMo。要求抗氢的场合可用 12Cr3NiMoA，20CrNiMoA，24CrMnNi。顶盖圆弧处表面粗糙度要求不低于 1.6 μm。

(3)C 形环密封。

C 形环密封属于弹性垫自紧式密封，其局部结构如图 2-15 所示。环的上下面均有一圈突出的圆弧，它是依靠两个突出的圆弧面与顶盖及筒体端部的线接触而实现密封的。当拧紧连接螺栓时，C 形环受到轴向弹性压缩，甚至允许有少量的屈服以建立初始密封。当内压升高时，顶盖上浮，一方面密封环回弹张开，另一方面由于有内压作用在环的内腔而使环进一步张开，使原来线接触处仍旧压紧，且内压力越高，压得越紧。

C 形环应具有适当的刚性，刚性过大虽然回弹力会增大，但受压后张开困难而使自紧作用不够。同时，C 形环预紧时的压缩量(即顶盖与筒体端部之间在放置 C 形环后仍保留的轴向间隙)也是一个重要的设计参数。若间隙过大，则下压量过大，将使 C 形环压至屈服；若间隙过小，下压量过小，将使 C 形环预紧力不足。

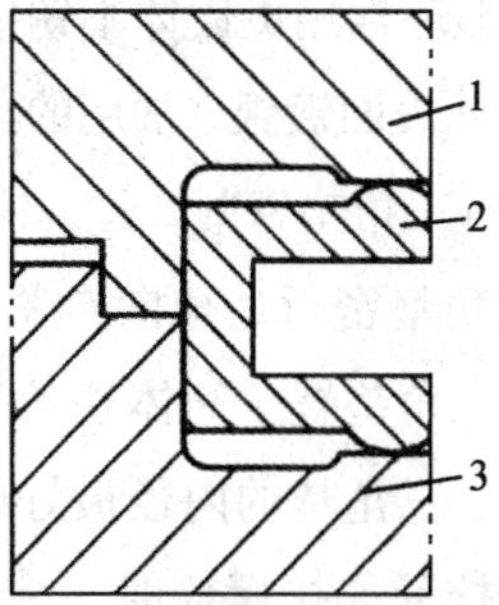

图 2-15　C 形环密封的局部结构

1—顶盖或封头；2—C 形环；3—筒体端部

C 形环密封的优点：①预紧力较小并能严格控制；②结构简单、紧凑；无主螺栓，加工方便；③特别适用于快开连接，但由于使用大型设备的经验不足，一般只用于内径小于 1000 mm、压力小于 32 MPa、温度低于 350 ℃的场合。

(4)O 形环密封。

O 形环密封属于弹性垫轴向自紧密封，其局部结构如图 2-16 所示。

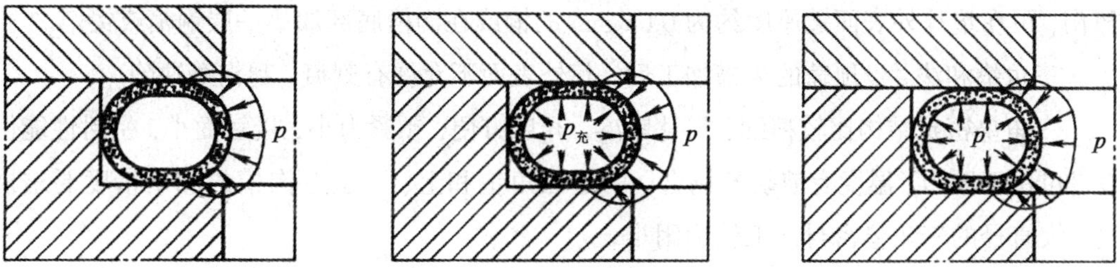

(a) 普通O形环　　(b) 充气O形环　　(c) 自紧O形环

图 2-16　O 形环密封的局部结构

空心金属 O 形环是用无缝金属圆管弯制而成的。它放在密封环槽内，预紧时由预紧件将 O 形环压紧，其回弹力即为 O 形环的密封面压紧力。

普通 O 形环所能达到的密封比压和真空度较低，故使用不多。

充气 O 形环的环内可填充惰性气体或易汽化的固体材料(可形成 3.5~10.5 MPa 的压力)，如干冰、偶氮二异丁腈。使用时，填充材料受热升华，气体膨胀产生压力(温度越高，管内压力也越高)，可补偿金属材料强度降低所造成的密封下降，所以这种结构宜用于有高温介质的容器上。

自紧 O 形密封环在环的内侧钻有一些小孔，它是靠 O 形环本身的弹性回弹和环截面受内压后膨胀而实现自紧作用的。在高压、超高压设备中采用这种结构，能获得较好的密封效果。

O 形密封环的结构简单，预紧力小，密封可靠，使用成熟。其可用于 $D_i \leqslant 500 \sim 1000$ mm，$t \leqslant 350$ ℃的场合。其中，充气环可用到 400~600 ℃，$p_i \leqslant 280$ MPa，个别甚至达到 350~700 MPa 的场合。这种密封结构的缺点是对接焊比较困难，环身也不易达到精度要求。O 形环常用奥氏体不锈钢小管(直径不超过 12 mm)制成。为改善其密封性能，常在 O 形环外表面镀银。常用的预紧件为螺栓、卡箍或紧固件。

(5)三角垫密封。

三角垫密封是径向自紧式密封，其结构如图 2-17 所示。将三角垫置于筒体法兰和顶盖的 V 形槽内，考虑到密封效果，三角垫的内径最好要比顶盖及法兰槽的直径略大些。当拧紧连接螺栓时，三角垫受径向压缩与上、下槽贴紧，并有反弹的趋势；在三角垫上、下两端点产生塑性变形，建立初始密封。

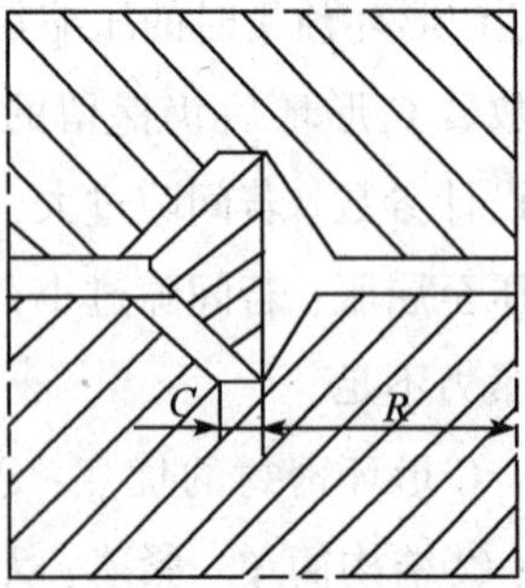

图 2-17 三角垫密封结构

升压后，介质压力的作用使刚性小的三角垫片向外弯曲，两斜面与上、下 V 形槽的斜面贴紧(压力越高，贴得越紧)，并由之前的线接触变为面接触，这就是三角垫的自紧作用。

三角垫的材料一般采用 20 钢或 1Cr18Ni9Ti。为防止上、下槽错动而造成环与槽表面擦伤，可在垫片外表面镀厚度约为 0.05 mm 的铜或在沟槽底部加垫一层铜箔或银箔。

三角垫和法兰、顶盖的沟槽加工后，其外表面不允许有刻痕、刮伤等缺陷。

三角垫密封结构比较精细，尺寸紧凑，开启方便，预紧力小，接触面小，密封性能优良，可用于压力、温度有波动的场合。但是三角垫和上、下法兰沟槽的加工精度要求极高，大直径的三角垫密封加工较为困难。

三角垫密封的适用范围：$D_i<1000$ mm，$t\leqslant350$ ℃，$p_i>10$ MPa，但也有用于 $D_i>1000$ mm，$p_i=20\sim35$ MPa 场合的。

(6)其他形式密封。

如图 2-18 所示的其他几种密封形式均属于特殊形式的密封垫片，它们具有结构紧凑、接触面小、加工精度高的特点。尤其是 B 形环，要求在密封槽内有一定的过盈量，这样使制造与安装的要求大大提高。B 形环是依靠工作介质的压力而使密封垫径向压紧，以产生自紧作用并达到密封目的。这种密封结构在石油化工工业中较早使用，从中低压到高压以至在高温下都有较好的密封性能，但其自紧作用较小。八角环垫与椭圆环垫密封是炼油和加氢装置中习惯采用的密封结构。

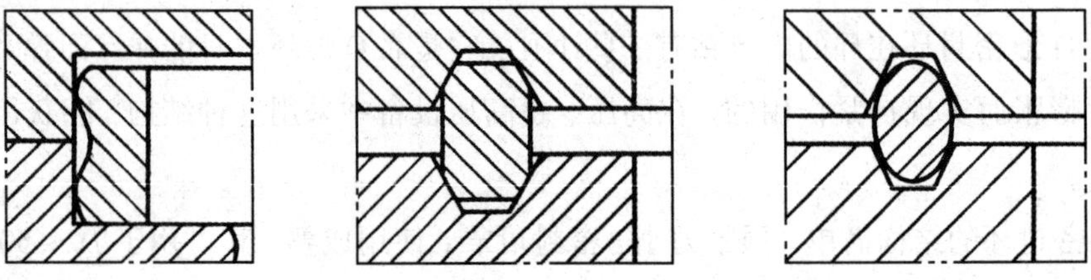

(a) B形环　　(b) 八角环垫　　(c) 椭圆环垫

图 2-18 其他几种密封形式

(二)高压管道密封

高压管道密封通常为强制密封。由于高压管道通常是在现场安装的，所以对连接尺寸精度要求不如容器高，加之管道振动、有热载荷等，给法兰连接带来很大的附加弯矩或剪力，造成密封困难。因此，应特殊考虑高压管道连接结构设计。管道与法兰的连接不用焊接，而采用螺纹连接，这样当连接的管道不直或管道振动有热载荷时，法兰的附加弯矩会大为减少；同时采用球面或锥面的金属垫片，形成球面与锥面或锥面与锥面的接触密封。常用的有透镜垫密封，八角环、椭圆环密封，齿形垫片密封等。

1. 透镜垫密封

在高压管道连接中，广泛使用透镜垫密封结构，如图 2-19 所示。透镜垫两侧的密封均为球面，与管道的锥形密封面相接触，初始状态为一环线。在预紧力作用下，透镜垫在接触处产生塑性变形，环线状变为环带状。

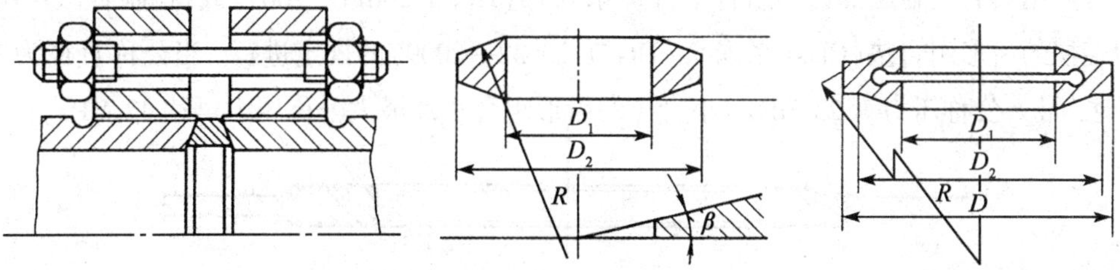

(a) 一般透镜垫　　(b) 高温透镜垫

图 2-19　高压管道的透镜垫密封结构

透镜垫密封性能好，但由于它属于强制式密封，结构较大，密封面为球面与锥面相触，故易出现压痕，零件的互换性较差。

2. 八角环、椭圆环密封

八角环、椭圆环密封在石油化工行业中应用较为广泛，其结构如图 2-18(b) 和图 2-18(c) 所示。垫片安装在法兰面的梯形环槽内，当拧紧连接螺栓时，受轴向压缩与上、下梯形槽贴紧，产生塑性变形，形成一环状密封带，建立初始密封。升压后，在介质压力作用下，使八角环或椭圆环径向扩张，垫片与梯形槽的斜面更加贴紧，产生自紧作用。但是，介质压力的升高同样会使法兰和连接螺栓变形，造成密封面间的相对分离、垫片密封比压下降。因而，八角环、椭圆环密封可以认为是半自紧式密封连接。

八角环、椭圆环的材料一般采用纯铁、低碳钢、1Cr5Mo、0Cr13、0Cr18Ni9、00Cr19Ni10 等，其硬度应比法兰材料低 30~40 HBS。

八角环、椭圆环垫片和法兰面上的梯形槽加工精度要求极高，其密封表面不允许有刻痕、刮伤等缺陷。

八角环、椭圆环的密封设计可按照《钢制压力容器》(GB 150—1998) 附录 G 的规定进行。我国石油化工行业标准《石油化工管道器材标准》中的《管法兰用金属环垫》(SH

3403—96)和化工行业标准《钢制管法兰、垫片、紧固件》中的《钢制管法兰用金属环形垫(PN系列)》(HG/T 20612—2009)或《钢制管法兰用金属环形垫(Class系列)》(HG/T 20633—2009)对垫片的尺寸和技术条件做了明确的规定，设计和选用时可参照进行。

3. 齿形垫片密封

高压管道的连接也可采用齿形垫片的密封结构。齿形垫片通常用08，10，0Cr13，0Cr18Ni9材料制造，上、下表面加工多道同心三角形沟槽，如图2-20(a)所示。螺栓预紧后，垫片三角形的尖角处与上、下法兰密封面相接触，产生塑性变形，形成多个具有压差空间的线接触密封。与平垫密封相比，其所需要的压紧力大大减小。为提高连接的密封性能，可在金属齿形垫片的上、下表面覆盖柔性石墨或聚四氟乙烯制成的齿形组合垫片，如图2-20(b)所示。

齿形垫片密封的设计可按照我国化工行业标准《钢制管法兰、垫片、紧固件》中的《钢制管法兰用具有覆盖层的齿形组合垫(PN系列)》(HG/T 20611—2009)或《钢制管法兰用具有覆盖层的齿形组合垫(Class系列)》(HG/T 20632—2009)的规定进行。当公称直径为300 mm时，最大公称压力为25 MPa，小直径的齿形组合垫片最大公称压力可达42 MPa。

(a) 金属齿形垫片

(b) 齿形组合垫片

图2-20　齿形垫片

第二节　胶密封

密封剂是主要起密封作用的胶黏剂，又称“密封胶”，也有称液体垫片(填料)或高分子液体密封剂的。其主要是以高分子材料为基体配制而成的在各种机械配合中(特别是能较容易地填充在法兰、阀门、弯头、接头、插口、筒体及接合面较复杂的螺纹连接等部分的间隙中)起到密封作用的材料，防止内部介质(气体或液体)泄漏和外部介质(雨雪、风沙、粉尘等)侵入。同时，密封剂还有黏接、减振、降噪、防腐、防毒、防爆、保温等功能。现代密封剂比传统密封剂的材料品种更多、性能更优、使用更耐久。

密封胶既不像涂料涂在机械产品表面起保护作用，又不像黏合剂靠胶的结合力将设备各部件连接在一起，而是作为一种密封填料，加在设备各部件的接合面之间或泄漏点处起密封作用。密封胶具有流动性，不存在固体垫片和填料起密封作用时必须要有的压缩变形，因而没有内应力、松弛、蠕变和弹性疲劳破坏等导致泄漏的因素。

密封胶一般呈液态或膏状，具有较好的密封性能，又有良好的耐热、耐压、耐油、耐化学试剂等特性，且使用方便、价格便宜，因此在机械行业中得到广泛应用。采用密封胶进行密封的技术称为胶密封技术。根据密封胶使用方法、使用场合的不同，胶密封技术可分为带压注剂密封技术和黏接密封技术。带压注剂密封技术为带压堵漏，即不停车堵漏技术的一种。所谓不停车堵漏是指在发现生产系统中的介质泄漏后，在无须停车和降低操作压力及温度的情况下所进行的堵漏作业。带压注剂密封亦称注胶堵漏，它是通过注胶枪将密封胶注入泄漏点周围预先设置好的护胶卡具内，待密封胶固化后起到堵塞泄漏通道、实现密封的目的。黏接密封通常是指将密封胶涂敷在连接的接合面处，或对泄漏点(如管道、容器上的孔洞、裂纹)进行涂胶贴补，待胶固化后形成一定的黏接强度，从而阻止流体介质泄漏，起到密封的作用。

密封胶可以解决“三漏”(漏水、漏气、漏油)，实现“三防”(防风、防尘、防水)。胶密封技术可用于石油、化工、航空、航天、军工、舰船、建筑、汽车、水力设施、电力工程、天然气输送等的管道、法兰、储罐、油箱、水箱、变压器、水坝等的静密封，还可进行带压、带温、带油、带水等的不停工堵漏密封，既快速安全，又方便可靠。

一、带压黏结密封技术

(一)密封胶的分类及其特性

1. 分类

密封胶是指用于机械接合面起密封作用的一种胶黏剂，亦称液态垫片。密封胶一般呈液态或膏状，通常可按照化学成分、应用范围、固化特性、强度及涂膜特性进行分类。

(1)按照化学成分分类。

按照化学成分分类，即按照基料所用的高分子材料，可将密封胶分为以下几类。

①树脂类：如环氧树脂，聚氨酯等；

②橡胶类：如丁腈橡胶、聚硫橡胶等；

③混合类：如聚硫胶和酚醛树脂、氯丁胶和醇酸树脂等；

④天然高分子类：如虫胶、阿拉伯胶等。

按照该分类，并根据高分子材料的性能，可推测出密封胶的耐热性、机械强度及对介质的稳定性。

(2)按照应用范围分类。

按照应用范围，可将密封胶分为耐热类、耐寒类、耐压类、耐水类及耐化学腐蚀类等。该分类对用户较为方便。

(3)按照强度分类。

按照强度，可将密封胶分为结构类和非结构类。

①结构类：胶层有较高的强度和承载能力，主要用于耐压密封；

②非结构类：强度不高，承载能力较小，主要用于低压密封。

(4)按照固化特性分类。

按照固化特性，可将密封胶分为固化密封胶、非固化密封胶和厌氧型密封胶。

①固化密封胶。其固化方法有以下几种。

❖一元系加热催化固化法：在加热状态下实现固化过程，固化过程中密封胶组分发生化学变化。其固化时间取决于配方和固化温度。

❖一元系蒸汽催化固化法：将密封胶置于水蒸气的环境中，经化学变化实现固化。相对湿度增加通常会加速固化过程。

❖二元系固化法：室温下将密封胶与固化剂或催化剂混合，使之发生化学变化而实现密封胶的固化。

❖溶剂挥发固化法：使用时，因密封胶中的溶剂挥发而固化，无化学变化。

❖水乳化固化法：将密封胶置于水中使之乳化，乳化后水蒸发过程即为固化过程。

②非固化密封胶。这类密封胶是软质凝固性密封胶，施工后仍保持不干性状态。

③厌氧型密封胶。其以丙烯酸酯为主，添加少量引发剂、促进剂和稳定剂配制而成。胶液在空气中不固化，在隔绝空气即无氧情况下发生聚合，遂从液态转变为坚韧结构的固态。油、水和有机溶剂均可促进固化。

(5)按照涂膜特性分类。

按照涂膜特性分类，可分为不干性黏接型密封胶、半干性黏弹型密封胶、干性固化型密封胶和干性剥离型密封胶。

①不干性黏接型密封胶：一般以合成树脂为基体，成膜后长期不固化，保持黏接性和浸润性。基体材料为聚醋酸乙烯酯和有机硅树脂，部分以聚酯树脂、聚丁二烯及聚氨酯树脂为基体。

②半干性黏弹型密封胶：其介于不干性和干性密封胶之间，溶剂迅速挥发后成软皮膜，其黏弹性均保持在剥离之前。半干性黏弹型密封胶一般采用柔韧而富有弹性的线型合成树脂作为基体，主要有聚氨酯树脂、石油树脂和聚四氟乙烯树脂，部分采用聚丙烯酸酯和液体聚硫橡胶为基体。

③干性固化型密封胶：胶液涂敷后，溶剂迅速挥发而固化，膜的黏弹性及可拆性较差。干性固化型密封胶的基体主要有酚醛树脂、环氧树脂和不饱和聚酯等热固性树脂，部分采用天然树脂(如阿拉伯胶)等。

④干性剥离型密封胶：液态胶涂敷后，溶剂挥发成膜，快干并可剥离。干性剥离型密封胶一般以合成橡胶或纤维素树脂等为基体，主要有氯丁橡胶和丁腈橡胶，部分采用纤

维素树脂(如乙基纤维素)和聚酰胺树脂(如醇溶性共聚尼龙)。

为直观起见，现将上述分类方法列于图 2-21。

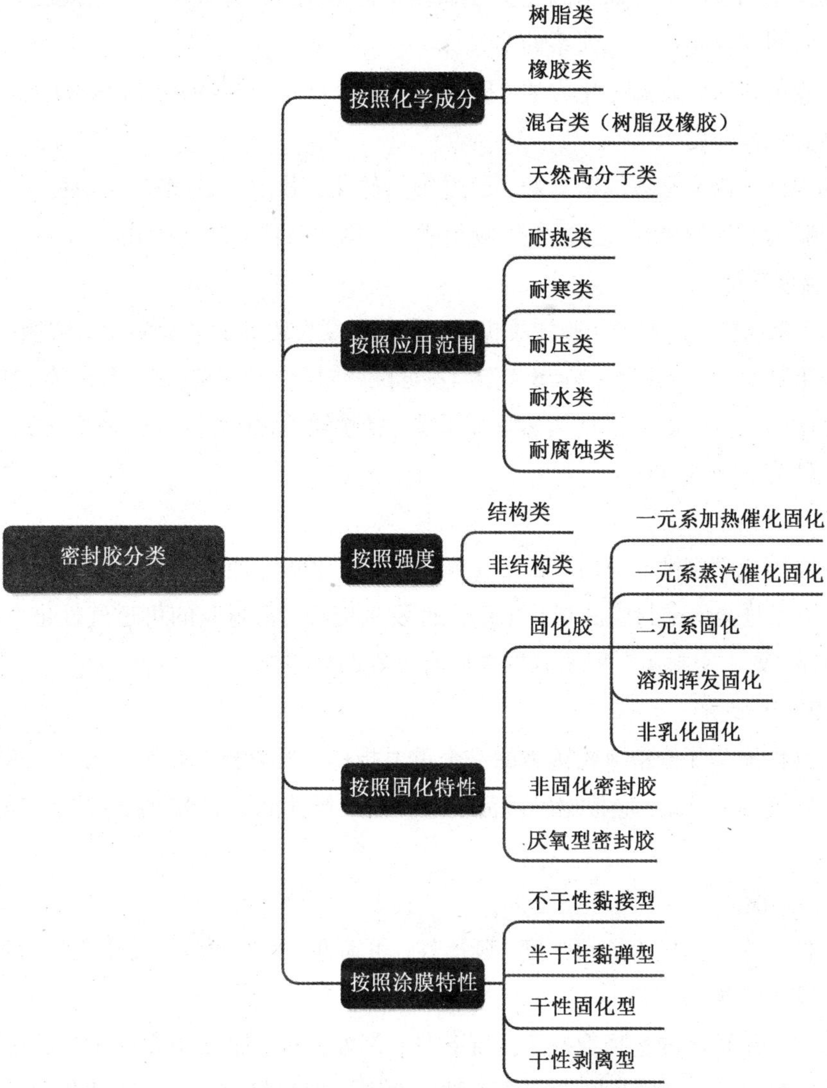

图 2-21　密封胶分类

2. 特性

密封胶的特性是通过它的固化特性、温度性能、化学性能、耐天候性能、力学性能、黏附性、电性能、色泽稳定性、可燃性、毒性、可修复性、可回用性、工艺性能等进行综合评价而总结出来的。

(1)固化特性。

固化型密封胶的固化时间、温度性能、耐天候性能、力学性能、可燃性、毒性、可修复性、可回用性，以及温度、固化方式和相对湿度等是固化过程的主要影响因素。

固化型密封胶的固化时间随基本材料的固化方式、温度和相对湿度的不同而不同，可从不足几个小时到几天甚至几个星期。

加入催化剂虽然可以加速固化，但却缩短了密封胶的有效期。相对湿度对一元系密封胶固化时间的影响比对二元系的明显。

密封胶大多采用室温固化方法，提高温度不但可缩短某些密封胶的固化时间，而且可以提高其工作强度。

以热塑性树脂为基体的密封胶，通过加热软化，其固化过程中不发生化学变化。以热固性树脂为基体的密封胶，受热影响很小，其固化时伴有化学变化。

(2)温度性能。

温度性能包括密封胶的工作温度极限、承受温度变化的能力及温度变化频率。密封胶的长期工作温度一般为93.6~204.6 ℃，有些硅酮密封胶可在260~371 ℃连续工作数小时。

密封胶的温度性能可根据其热收缩系数、弹性模量(随温度变化而变化)、延展性的降低和弹性疲劳来估计。

(3)化学性能。

密封胶因化学腐蚀而分解、膨胀和脆化。这种化学腐蚀往往又会污染被密封的工作介质。微量水分会使密封胶的耐化学腐蚀性发生变化，密封胶的可透气性也会影响化学性能。因此，要求密封胶对所密封的介质有良好的稳定性。

(4)耐天候性能。

耐天候性能是评价密封胶优劣的一个重要指标。因为密封胶常在日光、冷热和某种自然环境中使用，因此，应根据实际需要选择耐天候性能好的密封胶，防止其早期龟裂、老化。

(5)力学性能。

力学性能主要指标为抗拉强度、延展性、可缩性、弹性模数、抗撕裂性、耐磨性及动态疲劳强度性能等。

密封胶力学性能的选择取决于工况条件。例如，调节胀缩接头的密封胶应具备高的延展性和弹性模量；考虑耐磨性宜选用黏弹性固化型密封胶；承受动载荷的部分应选择黏弹性较大的固化型密封胶；振动情况下，应选择由弹性体制成的泡沫黏弹性固化型密封胶，少数的非固化型密封胶也具有良好的减振效果。

(6)黏附性。

黏附性是密封胶的重要特性之一。它取决于密封胶与被密封表面的相互作用力，与胶黏剂作用相似，只是选择角度不同。密封胶根据其密封介质的能力来选择，而胶黏剂则根据其黏结能力来选择。

(7)电性能。

电性能包括绝缘强度、介电常数、体积电阻系数、表面电阻系数和介电损耗常数。考虑密封胶的绝缘强度时，应说明密封胶的使用条件，如温度、湿度及与密封胶相接触的介质。

(8)色泽稳定性、可燃性和毒性。

当对外观有一定要求时，密封胶应具备良好的色泽稳定性，而不应被环境污染。对于易燃场合，必须选用阻燃密封胶。密封胶本身无毒，但有的密封胶有强烈的气味，如丙烯酸酯类和环氧树脂类密封胶等。有的密封胶所用的催化剂有毒，如以环氧树脂为基体的干性附着型固化密封胶所使用的催化剂可导致皮炎。

(9)可修复性和可回用性。

非固化型密封胶在使用后易于清理，而塑料和橡胶型密封胶的清理则比较困难。在回用性方面，许多密封胶特别是橡胶型密封胶在固化后不可回收利用；而有些溶剂型固化密封胶通过加入溶剂、加热或搅拌可重复使用。

(10)工艺性能。

工艺性能好的密封胶是指贮存期长、活性期适宜、流动性好、涂覆简单、施工方便、修整容易的密封材料。因此，工艺性能是选用密封胶必须考虑的重要特性。

(二)密封胶的密封机理

填塞接合部分的间隙即可获得密封。密封胶是理想的填塞剂，它具有良好的填充性、贴合性、浸润性、成膜性、黏附性、不渗透性及耐化学性等，可较容易地把接合面间隙填塞、阻漏，从而获得良好的密封效果。

如图 2-22 所示，接合部表面往往存在微观的凹凸不平，当用密封胶填充时，由于其具有良好的浸润能力，很容易把凹凸处填满并粘贴于接合面上，阻塞流体通道，达到密封的目的。而用无黏性的固态垫片时，即使紧固力较大，也难于填满微观的凹凸处。在紧固力的长期作用下，垫片会永久变形、蠕变、回弹力变小，流体介质就会从接合面处泄漏出来。

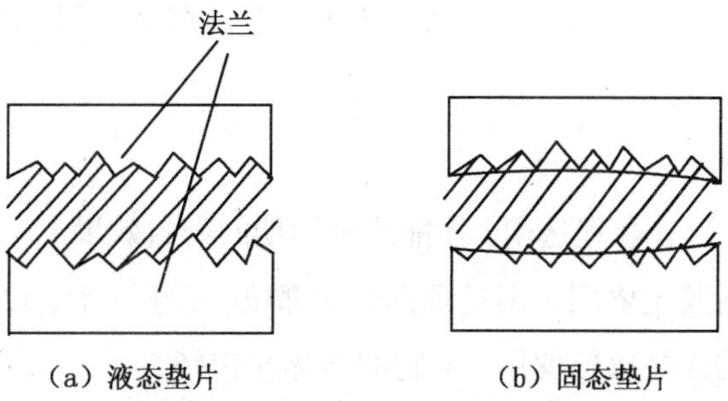

图 2-22 垫片在密封面中状态

密封胶一般呈液态或膏状，由于配方不同，使用时表现出的性状不同，密封机理也有所不同。

1. 半干性黏弹型和不干性黏接型

半干性黏弹型和不干性黏接型密封胶在接合面间的最终状态为黏稠物质。众所周知，液态物质是不可压缩的，呈液膜形态的密封层发生泄漏，通常是由于内部介质压力将胶液从接合面间挤出。这种泄漏称为黏性流动泄漏，根据不可压缩流体的流动理论，密封层的泄漏量可按照下式计算：

$$Q=\frac{h^n}{\eta L}\Delta P \tag{2-2}$$

式中，Q ——密封胶在间隙中的流量（$Q>0$ 即说明发生泄漏），m^3/s；

η ——密封胶的黏度，Pa · s；

L ——密封间隙接合面长度，m；

h ——间隙大小，m；

ΔP ——密封面内外的压差，Pa；

n ——常数。

由式（2-2）可以看出：密封胶的黏度 η（这里指密封胶涂后最终状态的黏度）越大，密封性能越好；接合面间隙 h（这里指间隙名义值）越小，则越有利于密封；密封间隙接合面长度 L 越大，泄漏越小。

不干性密封胶能长期不蒸发、不汽化，永久维持液态，且有很大的黏性和较好的浸润能力，易堵塞间隙。把它填塞在接合面内，能长期形成液膜，得到较好的密封效果。

2. 干性固化型和干性剥离型

干性固化型和干性剥离型密封胶使用前均为黏稠液，涂覆后，一旦溶剂挥发，变为干性薄层或弹性固状膜，就会牢固地附着于接合面上。它们在使用过程中所表现的形态与固体垫片有些相似，故可结合分析固体垫片来解释其密封机理。不同的是，密封胶是靠液态时的浸润性填满密封面的凹凸不平来实现密封的，同时还存在胶与密封面的附着作用及胶本身固化过程中的内聚力。因此，固化胶的密封是浸润、附着和内聚力综合作用的结果。

（三）密封胶的选用

密封胶品种很多，只有合理选用，才能达到预期的密封效果。

①干性黏接型密封胶主要用于不经常拆卸的部位。由于它干、硬，缺少弹性，不宜在经常承受振动和冲击的连接部位使用。但它的耐热性较好。

②干性剥离型密封胶由于其溶剂挥发后能形成柔软而具有弹性的胶膜，适用于承受振动或间隙比较大的连接部位，但不适用于大型连接面和流水线装配。

③不干性黏接型密封胶可用于经常拆卸、检修的连接部位。其形成的膜长期不干，并保持黏性，耐振动和冲击，适用于大型连接面和流水线装配作业，更适用于设备的应

急检修。此类胶在高温下会软化，间隙大，效果不佳，与固态垫片联合使用效果较好。

④半干性黏弹型密封胶干燥后具有黏合性和弹性，受热后黏度不会降低，复原能力适中，密封涂层比较理想，可单独使用或用于间隙大的接合面。此类密封胶介于干性及不干性之间，兼有二者的优点，较为常用。

密封胶虽然是一种很好的密封材料，但若选用不当，仍可造成泄漏，故合理选用密封胶是获得良好密封效果的关键。

(四)密封胶的涂胶工艺

1. 预处理

预处理的目的是除去密封面上的油污、漆皮、铁锈及灰尘等。柴油、汽油是常用的清洗液；精密的或小面积的机械零件可用丙酮、乙酸乙酯及香蕉水等溶剂洗刷；大面积的密封面常用氢氧化钠、碳酸钠、偏硅酸钠和偏磷酸钠等碱溶液清洗。

去除密封面油污比较理想的做法是用三氯乙烯蒸气进行预处理。漆皮可用火焰喷灯烧焦后再用除锈剂或上述方法洗涤。

2. 机械处理

密封面上的金属氧化物皮层可采用机械处理的方法除去，其中以喷砂效果最佳。砂粒材质应根据被处理材料的软硬程度合理选择。硬金属可用铁砂，而铝类软金属可用沙子或氧化铝。

3. 化学处理

化学处理的目的是除去氧化膜。经化学处理后的密封面形成致密、均匀的新氧化膜，有利于胶液浸润，加上表面极性增大，黏附力显著提高。

密封面经化学处理后，需烘干处理。烘干温度和时间要严格控制，切勿久放，烘干后应立即涂胶。

4. 预装

为了检查密封件在预处理后是否有变形而影响装配，要进行预装。对变形的密封面要进行修整，密封间隙要均匀，间隙最好在 0.1~0.2 mm，最大不超过 0.8 mm，以适合密封装配要求。

5. 调胶

调胶应严格按照配方及操作顺序进行，要调和均匀。

6. 涂胶

涂胶在预处理后应立即进行。涂胶时要注意涂匀，常用的方法有手涂、喷涂、滚涂、压注、压力浸胶和真空浸胶等。单件、少量的涂胶多用手工，或采用各种形状的毛刷、刮勺和滚轮(如图 2-23 所示)。大面积涂敷可采用喷枪，但胶液要稀。用高黏稠胶修补缝隙，可采用压注法。大批量铸件的涂胶采用压力或真空浸胶法。

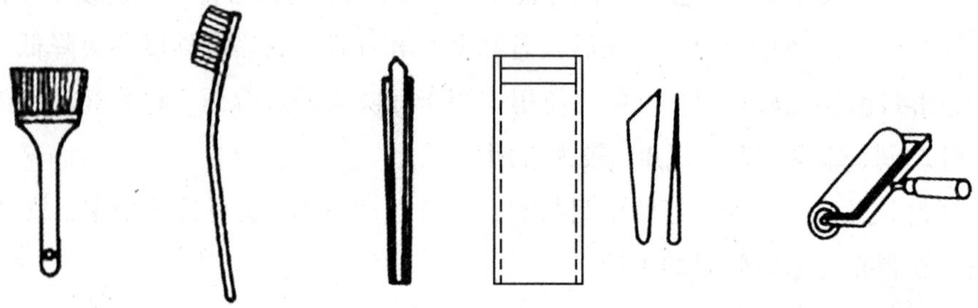

(a)毛刷　(b)刮勺　(c)滚轮

图 2-23　手工涂胶用工具

7. 固化

在胶层固化过程中，温度和时间起重要作用，同时需要一定的压紧力。加热温度取决于胶的固化特性。室温固化胶大多需放置 24 h 才能达到较好的性能；热固化胶固化时间一般为 1~3 h；厌氧胶需隔绝空气方能固化，室温固化需 24 h，若加入固化促进剂，则几分钟即可固化。

8. 检验

检验主要是检查胶层涂敷是否均匀，厚薄是否一致，固化是否完全充分。常用的检验方法有超声波、声发射、X 射线辐照、红外线及全息摄影等。

9. 修整

修整是为了除去加压固化后挤出的多余胶边，提高外观质量。修整时勿使胶层剥离。

(五)密封胶的使用注意事项

(1)接合面间隙不可过大或翘曲不平。通常当间隙大于 0.2 mm 时，单用密封胶难以保证密封，需与固态垫片联合使用。小而粗糙的接合面应选用黏度大的密封胶，大而光洁的接合面则选用低黏度的密封胶。

(2)控制胶层厚度，保证胶层均匀。一般无机胶黏剂厚度为 0.1~0.2 mm，有机胶黏剂厚度则为 0.03~0.10 mm。胶层中的溶剂要充分挥发，采用稀释剂时应注意用量。

(3)密封胶型号选择恰当，密封胶与接触介质不应相溶。介质为气体时，应选用成膜性的密封胶。应选择毒性小且与工作条件相适应的胶种，当必须采用有毒胶种时应采取防护措施。

(4)应按照比例配制多组分的胶种，且在规定时间内使用并一次用完，现用现配。不能使用超过有效期或变质凝固的密封胶。

(5)购买和使用胶种时要注意组分(量)、使用方法和贮存时间。

(6)在振动较大的地方，不宜进行涂胶工艺。涂胶时还必须避免紧固转矩不足、螺丝松动、结构不合理等问题。

(7)温度和压力不应超过密封胶的使用范围。

(8)高温固化剂要注意保持稳定的固化温度。室温固化时要注意季节及相对湿度。热固性胶在固化后应逐渐自然冷却以免胶层收缩过快。

(9)应采用恒温箱、红外灯、烘道等固化加温设备。严禁用明火烤胶，尽量避免胶层长时间处于高温或日晒、夜露的环境。

二、带压注剂密封技术

(一)概述

带压堵漏(即不停车堵漏、不停车密封)，指在发现生产系统中的介质泄漏后，在无须停车、降低操作压力及温度的情况下所进行的密封操作。

化工生产过程中，各种介质(如蒸气、空气、煤气、天然气、水、油、酸、碱及各种工艺流体)的泄漏是十分常见的，特别是大型石油化工企业，其生产系统均在高温高压下运行，接触的介质或是易燃易爆，或是腐蚀、有毒。因此，介质的泄漏轻则浪费能源、污染环境、影响文明生产，重则危及生产、造成事故。以往解决介质的泄漏的方法常常是停车检修，但这会造成巨大的经济损失。例如，大型化肥厂每停车一天将损失百万元的产值，何况每次停车并非一天即能恢复生产，故损失更大。从节约能源、增加经济效益的观点出发，开发可靠、安全、快速、高效的不停车堵漏技术，就更加具有实际价值，它将为企业带来可观的经济效益。

多年来，国内许多科研单位和企业创造了多种不停车堵漏的方法，消除了泄漏，保证了生产。例如，在常温常压下，采用贴补玻璃钢、打卡子、补焊等方法；在较高温度和压力下，常采用加卡具、包焊并加排放阀门引出泄漏介质的方法；有时甚至将整个阀门、法兰泄漏部位全部用“盒子”包起来焊死。这些方法较为笨重，施工困难，对高温高压系统，有时还要将温度和压力降至勉强维持不停车的程度，特别是易燃易爆介质的泄漏危险性更大，密封施工更困难。因而这些方法都有一定的局限性。

不停车堵漏技术广泛应用于化工、石油、核电站、食品、舰船、钢铁、造纸、原子能反应堆及其他行业的生产系统中。其采用不同的密封剂可适应蒸气、水、酸类、碱类、盐类、氢、氮、甲烷、氨、甲胺、尿液、有机化合物等200余种工艺介质的要求。其适用系统压力最高可达35 MPa，并可用于真空；适用温度为150~600 ℃。已有效地用于合成氨、尿素生产中氢氮气系统换热器(温度365 ℃，压力2.94 MPa，ϕ1000 mm的封头法兰)，高温转化系统，高、中压蒸汽系统，甲胺系统，尿素高压冷凝器(温度167 ℃，压力14.1 MPa，ϕ1200 mm的封头法兰)，以及一些阀门等处的堵漏。

目前，许多国家已普遍采用不停车堵漏技术消除设备、管道、阀门、法兰、换热器、螺纹接头、管接头、铆合接头及焊缝等的泄漏，以保证生产系统连续运转。带压注剂密封技术即是一种不停车堵漏技术。该技术的主要内容包括，制定安全可靠的堵漏施工方案，设计合理的承压卡具，选择合适的密封剂，由经过训练的操作人员使用专用的堵漏工具、设备对生产中的各种泄漏点进行堵漏密封。该技术的特点是施工人员较少，工具设备简单，施工灵活。

带压注剂密封技术并不十分复杂。有一定经验的设计和施工人员，只要正确掌握操作规程，有效地选用密封剂及注射设备，即可进行操作。但有以下几点需要注意：

①这项技术并非万能，不是任何泄漏都能轻而易举地堵上，因此要求必须具备保证施工人员安全施工的操作条件；

②设备或系统必须具有堵漏的价值，即不是大面积腐蚀减薄甚至失去机械强度；

③必须选择适合的密封剂，不能采用不适合被堵介质的密封剂；

④有些较特殊的密封连接（如透镜垫密封），其堵漏尚无足够的经验，有待进一步探讨。

（二）密封剂的品种与性能

密封剂（也称密封注剂）是实现不停车有效堵漏的重要物质。它是由有机与无机材料配合适当的助剂，经专用设备加工而成的，并能在一定的温度下，借助卡具起到直接密封各种介质的作用。其质量的好坏直接关系到不停车堵漏的效果。因此，密封剂是不停车堵漏成功的关键。密封剂的型号较多，生产密封剂所用的原材料各异，它们在受热状态下的特性亦不相同。根据它们在受热条件下的特性，可将其分为热固化型和非固化型两大类。

1. 热固化型密封剂

热固化型密封剂的组成为“有机材料（橡胶类）+无机材料+助剂”，如 RGM-1，RGM-2，RGM-3，RGM-4，RGM-5。

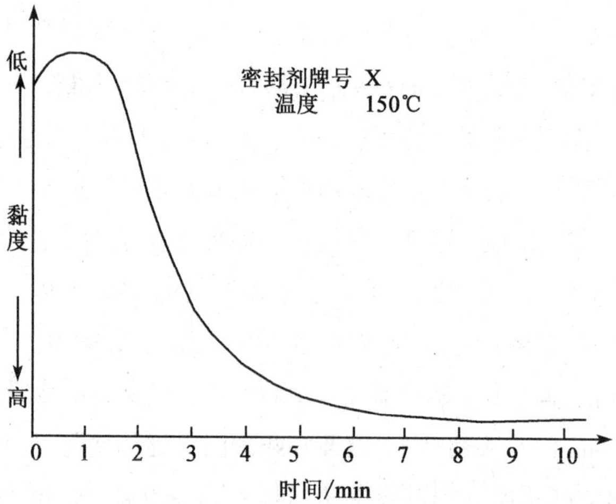

图 2-24 热固化型密封剂的固化特性

热固化型密封剂是在一定温度下经过一定时间后，由于密封剂中固化剂的作用，使密封剂具有一定的强度、弹性、耐热及耐工艺介质等性能。热固化型密封剂的固化性能与时间、温度的关系曲线如图 2-24 所示。该图显示，一种密封剂在 150 ℃下，经过 2 min 左右，其曲线骤降、黏度急剧升高，即开始固化；6 min 后，曲线不再变化，说明固化完毕。

2. 非固化型密封剂

非固化型密封剂的组成为“有机材料(树脂类)+助剂”，如 FGM-1，FGM-2 和 FGM-6；或为“有机材料(油脂类)+无机材料+助剂”，如 FGM-3，FGM-4 和 FGM-5。

非固化型密封剂中不含固化剂成分，而是靠自身的各种性能起密封作用。

无论是热固化型还是非固化型密封剂，均应满足下述几个条件。

①对所接触的各种泄漏介质有良好的化学及物理的稳定性，不应有过大的膨胀和增重。

②具有良好的工艺性能，即在注入前经软化后具有良好的流动性，以利于注射；进入卡具后，又能迅速固化，获得良好的密封。

③易于清除，不腐蚀金属，不损坏原来的密封面。

④在工作温度下，应具有一定的机械强度、弹性，以保证良好的密封性能；并有较长的寿命(一般不少于一年)，以保证设备正常工作至检修期。

⑤在一定的库存条件下，应具有较长(不少于一年)的存放期，以防变质而影响使用。

国外注剂密封技术开发较早，一些工业发达国家在 20 世纪 70 年代就已将其广泛应用于各个领域，可供选用的密封剂的型号也日趋增多。国内研究起步虽晚，但发展较快，现今已在化工、石油等领域推广使用。

(三)密封剂的选用

介质的性质和温度是选用密封剂的主要依据，密封剂选择是否合适是堵漏成败的关键。

一般来说，耐高温密封剂的价格是一般密封剂价格的 2~3 倍，所以在装置系统温度较低的情况下，应尽量不选用耐高温的密封剂。另外，对于食品、电力方面使用的密封剂，还应考虑密封剂的污染情况和绝缘性能等。

(四)带压注剂堵漏的基本方法

1. 基本原理

不停车堵漏首先应按照要求设计并制造合适的卡具，安装在泄漏部位；然后用专门的密封工具，向装好密封卡具的泄漏处注入密封剂。在足够高的注入压力下，从外围向漏点依次注入适量的密封剂，使密封剂注满所有堵漏卡具间的空隙。注入的密封剂在短时间内固化，形成密实、坚韧的填充物，承受操作介质温度和压力的作用，达到密封目的。

图 2-25 为带压注剂堵漏原理示意图。假定生产系统中的介质是具有一定温度和压力的蒸气，并从泄漏口 F 处向外部大量喷出。为了用密封剂“筑起”一道密闭的“墙”，封住泄漏的蒸气，需要提供一个容纳密封剂的空间 G。这就是所要设置的为把泄漏点控制在其间的卡具，该卡具不但可以容纳密封剂，同时还要承受密封剂注入和蒸气漏出所形成压力和温度。为了使密封剂能顺利注入并不致在腔体 G 处产生巨大压力，在卡具上设有许多蒸气排放接头 E，如果是法兰密封卡具，则每两个法兰螺栓之间就应设置一个排放接头。该接头在未用于注入密封剂时，为排放接头；当向该接头注射时，为注入接头，如图 2-25(b)所示。在图 2-25(a)中，密封剂正从注入接头 C 注入，排放接头 E 正在排放蒸气；旋塞 D 设置在排放接头上，打开即可排放，注入密封剂后即可关闭。密封剂注射枪系统与卡具系统在注入接头处联结。注射枪 A 的枪体中充入棒状的化学密封剂(涂黑处)，并通过外部高压油泵供给动力，推动柱塞，挤压密封剂打开旋塞 B(装在注射枪上)，再通过开启的旋塞 D 进入卡具腔体 G 内，通过各个注入接头，将密封剂充满整个空间 G，形成坚实整体；最终封住泄漏口 F，达到带温带压密封目的。

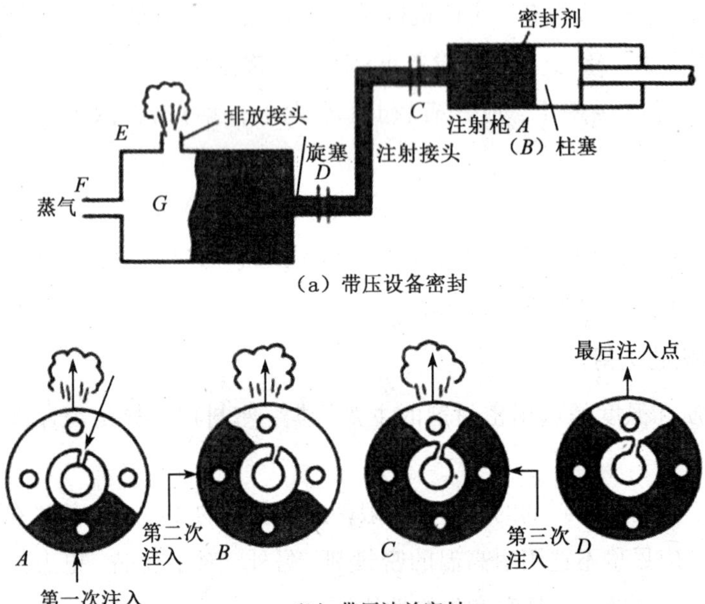

(a) 带压设备密封

(b) 带压法兰密封

图 2-25　带压注剂堵漏原理示意图

图 2-25(b)所示为带压法兰密封原理及程序图。图示是一个正在泄漏的四螺栓孔法兰，中间圆圈是破裂的垫片，介质从裂口处大量喷出。为了不停止生产，采用带压注剂堵漏办法。其程序是：首先，按图中 A 所示从泄漏点的背面注入密封胶(不是正对泄漏点)，这样就不会使注入的密封胶被强大的气(液)流冲掉，并且在各排放接头都打开排放时，漏出的气(液)流仍能保持原有喷出方向，不使卡具内增压，便可在背对泄漏点方向顺利

地注入密封剂，并使之充分固化；然后，如图中 B 所示进行第二次注入；第三次注入如图中 C，从三面包围漏点，缩小泄漏空间，形成坚固的密封圈；第四次注入点如图中 D，因为剩余空间较小，能够迅速封死。更大直径的法兰也按同样程序从漏点背面开始注入密封剂，然后逐渐从两侧围向泄漏点，最后封住泄漏点，达到完全密封的目的。

2. 带压注剂堵漏所用的设备及工具

带压注剂堵漏所用的设备比较简单，不需动火即可实施密封操作，避免在易燃易爆区施工产生火花。所用主要设备如图 2-26 所示，它主要由液压泵、注射枪、高压连接软管等组成。另外，所用工具还有各种风动钻、铲等，并配备各种安全防护用品。

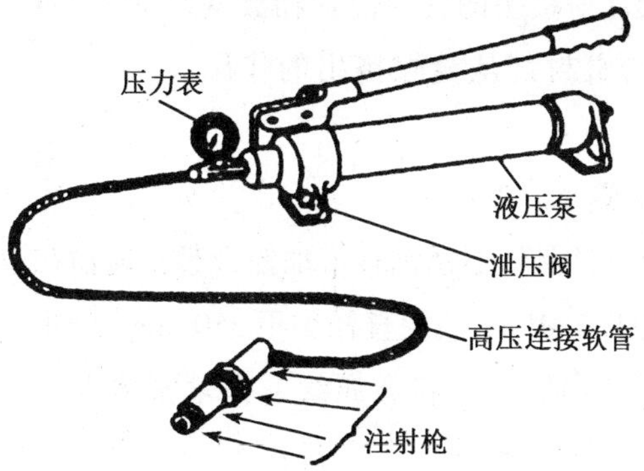

图 2-26 注入密封剂的主要设备

3. 密封方法

对于法兰、三通、弯头、阀门等各处泄漏的密封，应先仔细检查泄漏的原因。如其各部位因流体强烈冲刷及腐蚀而使壁厚减薄，或是因强度下降而失效，或是因材质选择有误而在温度、压力作用下发生严重变形时，则不宜采用带压注剂堵漏的方法。只有能继续承受原设计温度、压力和介质作用，并具备原有强度的部件发生泄漏时，才能采用带压注剂堵漏方法。

(1)法兰密封。

法兰泄漏时，可采用包围式的整体密封方法。对于低压和直径较大的法兰也可采用针对泄漏处的局部密封方法。

①整体密封。用液压泵及注射枪将整个法兰与卡具间的间隙全部注满密封剂。注射时，先从泄漏点的背侧开始注射，逐渐从两侧向泄漏点包围，最后将泄漏点全部堵死。采用这种注射法，由于密封剂是依次固化的，力的传递限于局部范围，故法兰的载荷增加较小。

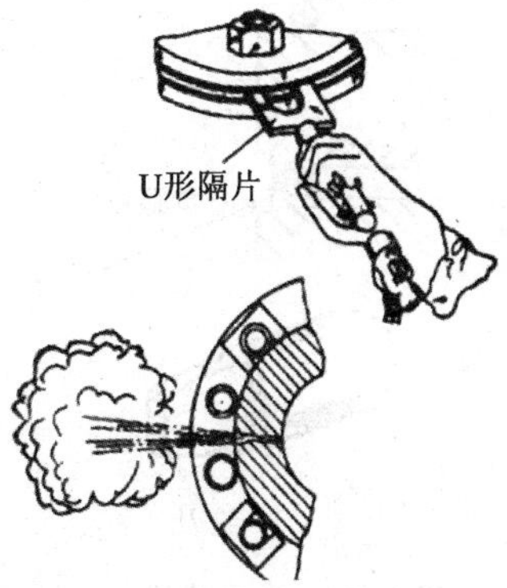

图 2-27 局部密封的隔片安排图

②局部密封。用特制的 U 形金属隔片将泄漏部位隔

开，再向被隔开的局部区域注射密封剂，以封住发生泄漏的部位。这种方法只限于低压法兰，特别是直径很大的低压法兰，如图 2-27 所示。

法兰密封程序如下。

①选择密封剂型号和用量。根据法兰压力、温度及所泄漏的介质选择合适的密封剂，并计算密封剂用量。理论上该用量一般等于填充的体积。

②确定卡具的形式及注射接头安装的位置与数量。根据法兰使用温度、压力、法兰面间隙、螺栓分布情况选定卡具形式及注射接头的安装位置和数量。卡具既起到防止注入的密封剂从缝隙挤出的作用，也起到承受压力的作用。

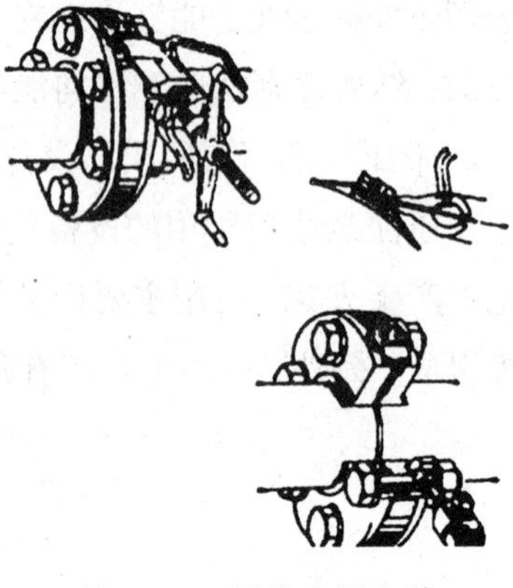

图 2-28　围带卡具安装

卡具有以下三种形式。

❖围带。借助专用拉紧器将不锈钢扁带加铝带紧密地箍在法兰缝隙外围，如图 2-28 所示。它适用于压力低于 4 MPa、法兰直径小于 350 mm、圆平齐的法兰密封。

❖金属线或条（软铜线或条）。将金属线或条紧密填入法兰缝隙，并用錾子填缝密封，如图 2-29 所示。

❖环形金属卡具。根据法兰使用的压力、温度及各部分尺寸设计的具有足够机械强度的卡具，它安装在法兰面隙缝外围。这种卡具可做成两个半环或几块组合式的，其适用于压力大于 4 MPa，法兰面间隙大于 10 mm，或法兰间隙虽然小于 10 mm 但法兰上不宜钻注料孔的法兰密封，如图 2-30 所示。

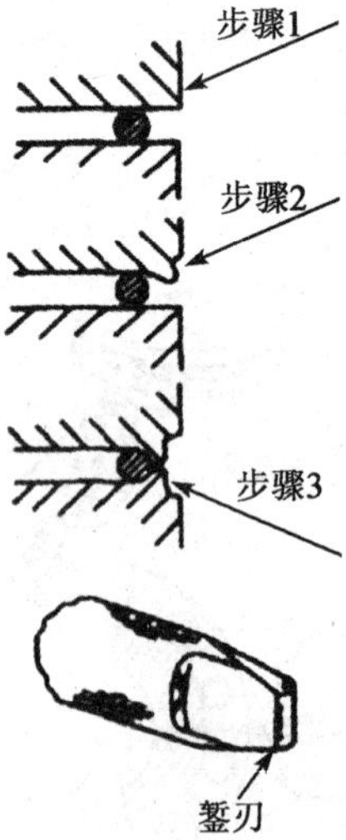

图 2-29　金属线或条

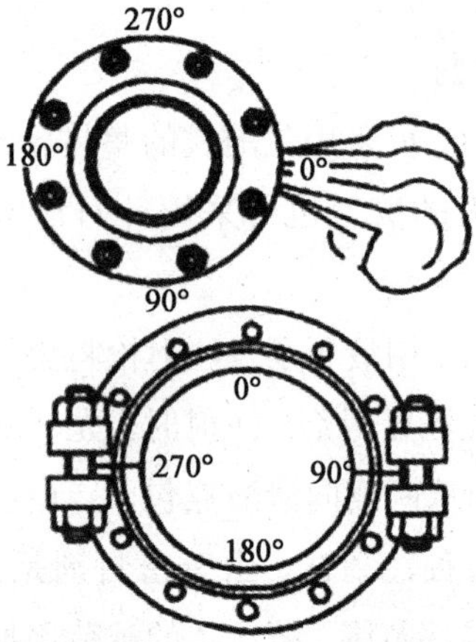

图 2-30　环形金属卡具（卡具按角度标记装在法兰上）

③装设注射接头。注射接头是注射枪与法兰或卡具连接并向内注入密封剂的部件，

接头上设小型旋塞阀。注射密封剂前，将旋塞阀打开，排放泄漏介质；注射密封剂后，关闭旋塞阀，达到封闭状态。因而注射接头既起注入作用，也起排放作用，如图 2-31 所示。

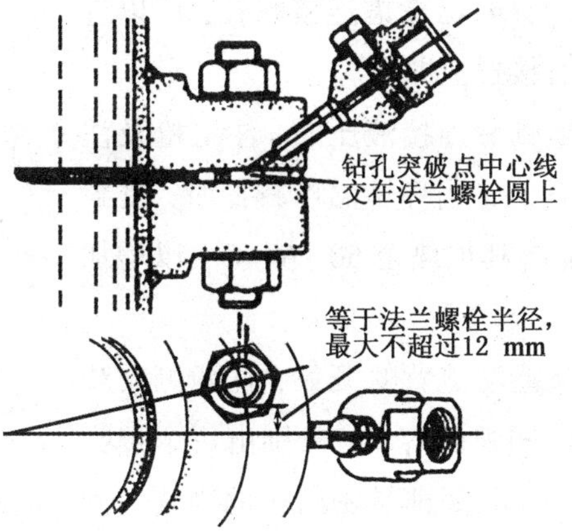

图 2-31　注射接头

当采用围带时，围带已将法兰外围封闭，注射接头则装在各个螺栓的一端。操作时，拆下一个螺母，将注射接头压在螺母之下，再与注射枪连接，密封剂通过注射接头的环形空隙，经过螺栓周围注入法兰之间的缝隙，如图 2-32 和图 2-33 所示。

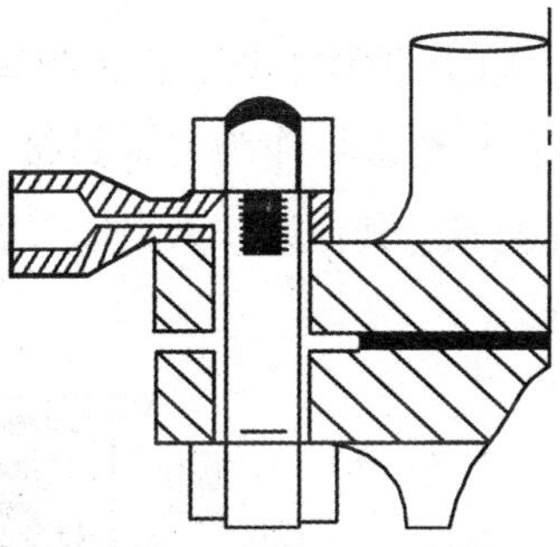

图 2-32　装在螺栓上的环形接头

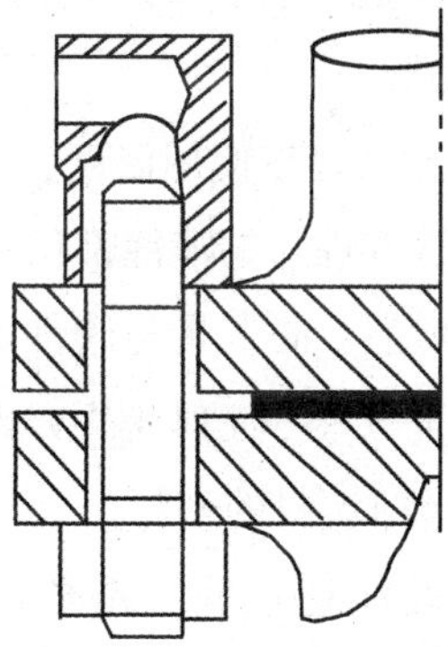

图 2-33　角形注射接头的装入

为了安全地拆卸工作压力下的螺母，拆卸前应在螺栓旁装上专用的 G 形卡具，以加固法兰，如图 2-34 所示。

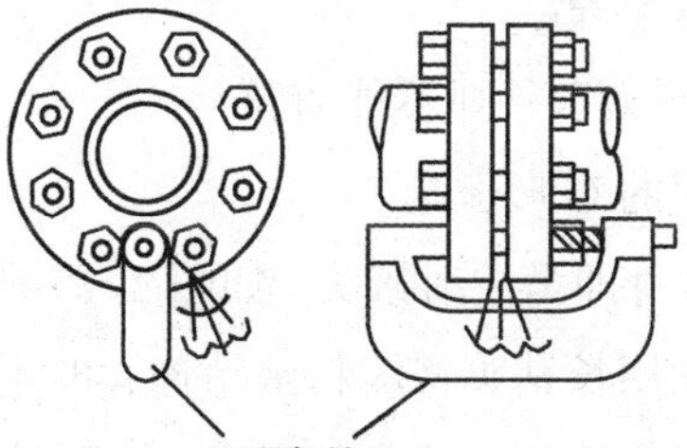

图 2-34　安装 G 形卡具

当采用金属丝填充法兰间隙时，注射接头则装在法兰外围的每两个螺栓之间的位置上，其中心线与法兰面成一夹角。应先在法兰上钻盲孔攻螺纹，待装上注射接头后再通过接头孔用长钻头打透。各注射接头同时都起到排放的作用，如图 2-35 所示。

在设计制造环形金属卡具时已考虑连接螺孔，所以进行堵漏操作时将注射接头直接拧上即可。

④注入密封剂。装好卡具后连接液压泵、注射枪及注射接头，将选好的密封剂注入。当环境温度较低时，密封剂较硬，难以注入，所以需将其加热至 50~60 ℃，以增加其流动性，方便注入。

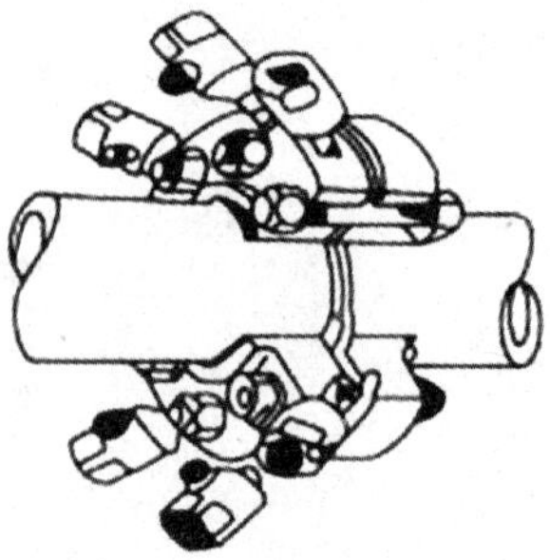

图 2-35　注射接头的安装

注射密封剂时，首先从泄漏点背侧开始，从两侧交替围向泄漏点。然后按照密封间隙的容积，分别由每个接头均匀注入，每一接头注入时间间隔即是密封剂的固化时间。最后在泄漏点处一次堵死。如未达到一次密封成功，还应在相应接头处钻透，并重新注入密封剂。

注射完毕后，所有注射接头的旋塞均应在结束堵漏操作时关闭，且卡具不拿掉，一直保持到系统大修，注射接头可取下再用，卡具或法兰上的丝孔拧上金属丝堵。

(2)管道三通、弯头的密封。

密封管道三通、弯头时，除卡具采用盒式卡具外，密封剂的选用及注射方法均与法兰密封相同。

盒式卡具是按使用温度、压力、介质来设计制作的承压护料卡具。它将泄漏的弯头、三通、直管或焊口的泄漏部位全部包起来，选择管件上平滑部位作为与卡具接合部位的密封面；然后，向卡具与管件的密封面沟槽中注入密封剂。其注射接头的安装部位必须根据卡具的大小、注射是否方便等实际情况进行选择。

(3)阀门填料的密封。

①装设注射接头。先测量泄漏的填料函壁厚，然后在其壁上打一盲孔(孔径与注射接头尺寸相配)，再攻螺纹，装上注射接头，打开旋塞用长钻头钻透，如图 2-36 所示。此时需考虑填料函的壁厚及连接注射接头的螺纹强度。

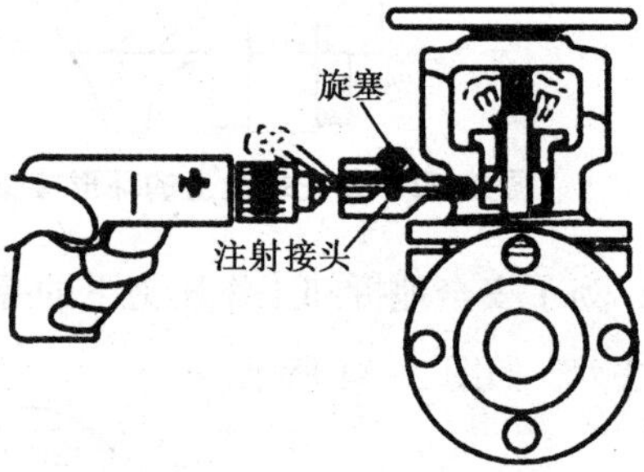

图 2-36　钻透注射孔

如阀门较小，填料函壁厚太薄，则不能直接装注射接头，此时需采用专用的 G 形卡具。

②G 形卡具。G 形卡具本身即是注射接头，如图 2-37 所示。将 G 形卡具卡在填料函外侧，然后通过注射嘴的内孔用长钻头将填料函钻透，再注入密封剂。采用 G 形卡具既可保证填料函强度，又简化了安装注射接头的程序，特别适用于小型阀门。

阀门填料函密封后，如果阀门开关频繁，经过一定时间仍可能产生泄漏，只要将注射枪接上再注射一次，泄漏立即消除，操作十分简便。

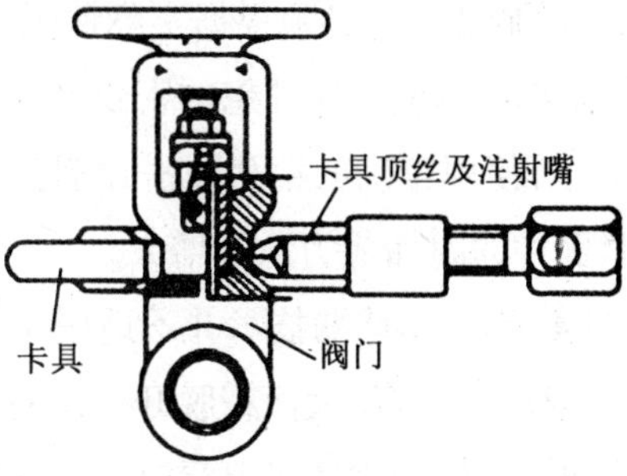

图 2-37 G 形注射工具

(五)带压堵漏的安全施工

1. 施工中的受力影响

(1)法兰钻孔产生的附加应力。

如采用围带或软金属丝做护料卡具时，在法兰周围要钻孔安装注射接头。钻孔将对法兰产生局部的附加应力，据有关资料介绍，由于钻注入孔而引起的平均应力约为原螺栓孔的 10%，局部应力值接近原孔应力值；法兰直径越大，产生的附加应力越小。所以，一般认为钻注入孔产生的附加应力对法兰强度影响不大，可忽略不计。

(2)密封剂注入力的影响。

密封剂以高压注入两法兰面间并充满垫片与卡具间的空隙，密封剂在注入力和内压的作用下，最终使螺栓受力增加，螺栓应力增加的幅度可达堵漏前的 30%左右。

图 2-38 所示为一个装有环形卡具的螺栓法兰连接的实测螺栓应力-应变关系曲线。注入密封剂时，应力增值达螺栓材料弹性极限(50 ℃时)的 13.7%，为操作温度(350 ℃)时弹性极限的 18%；堵漏操作结束后 30 min，应力增值降为弹性极限的 8%。

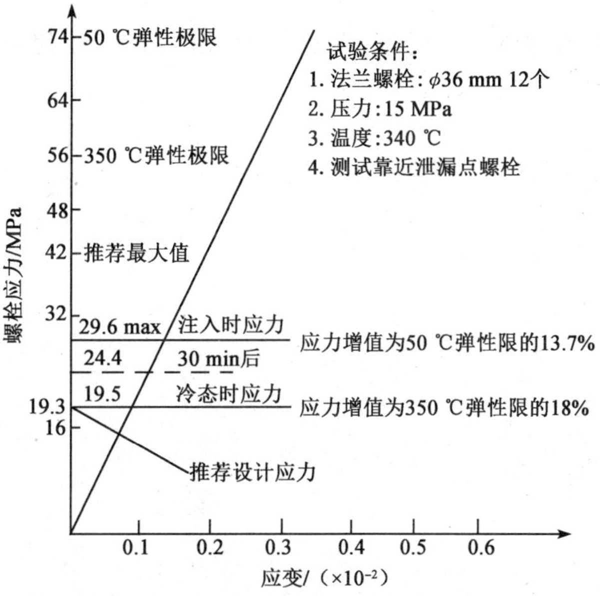

图 2-38 堵漏时的螺栓应力-应变关系曲线

2. 安全施工的注意事项

(1)不停车堵漏是在生产系统中有压力、温度，甚至会有介质大量喷出等情况下进行的，有一定危险，因而施工人员应熟悉生产状况，并经过严格训练。

(2)施工前，必须根据实际情况制定完整、严密的施工方案，设计适用且具有足够强度的卡具，慎重选择理想的密封剂。

(3)使用正确的钻孔和密封剂注射工艺方法，不能盲目增加注入压力，否则将使装置紧固件的附加应力急剧增大。

(4)不停车堵漏技术并不适用于所有泄漏的处理。当由于紧固件损坏造成连接处泄漏，焊缝连接部位大面积脱开、失去连接强度或当部件腐蚀严重、产生裂纹、装配不正确、螺栓材质低劣造成泄漏时，不可采用该密封方法。

(5)当反复注射(注射次数达到五次之多)仍不能堵漏时，需重新估计泄漏情况。对于级别较低的紧固件，一般只允许注射一次。对四个螺栓的法兰连接进行堵漏操作，特别是用软钢作为连接件时，应考虑连接结构的强度。

(6)装设卡具和用填隙凿工作时，应注意不得增加法兰面附加力。填隙只能在卡具上进行。

(7)在阀门上钻孔时，孔眼不可通过任何应力集中的地方。

(8)注射密封剂应在所有排放接头(也是注入接头)都打开的情况下进行，并从距泄漏点最远的一处开始注射。待各注射点密封剂固化并充分热膨胀后，方可在最终注射点注射。

(9)密封易燃易爆介质时，应采用惰性气体保护并用无火花工具施工，防止火灾及爆炸事故发生。

(10)施工人员应注意防火、防爆、防毒、防灼伤、防噪等，使用专用工作服及防护用品。

第三章 机械密封

第一节 机械密封的基本知识

近几十年来，机械密封技术发展迅猛，在石油、化工、轻工、冶金、机械、航空和原子能等工业中获得了广泛的应用。根据我国当代石化行业统计，80%~90%的离心泵采用机械密封。在工业发达国家里，在旋转机械的密封装置中，机械密封的用量占全部密封使用量的90%以上。特别是近年来机械密封发展很快，已成为流体密封技术中极为重要的动密封形式。

机械密封是一种流体旋转机械(如离心泵、离心机、反应釜和压缩机等设备)的轴封装置。由于传动轴贯穿在设备内外，轴与设备之间存在一个圆周间隙，设备中的介质可以通过该间隙向外泄漏，如果设备内压力低于大气压，则空气向设备内泄漏，因此必须有一个阻止泄漏的轴封装置。轴封的种类很多，由于机械密封具有泄漏量少和寿命长等优点，所以是这些设备最主要的轴密封方式。

一、机械密封的工作原理及组成

机械密封又叫端面密封，是指由至少一对垂直于旋转轴线的端面，在流体压力和补偿机构弹力(或磁力)的作用下及辅助密封的配合下，保持贴合并相对滑动而构成的防止流体泄漏的装置。

机械密封作为一种用来解决旋转轴与机体之间密封的装置，主要是依靠弹性元件对动、静环端面密封副的预紧和介质压力与弹性元件压力的压紧而实现密封的。焊接金属波纹管机械密封的基本结构和组成如图 3-1 所示。

构成机械密封的基本元件有：①端面密封副：动环 7 和静环 8 或补偿环和非补偿环、补偿环与弹性元件相连的密封环、非补偿环与弹性元件不相连的密封环；②弹性元件：波纹管 5；③辅助密封：波纹管座密封圈 4、静环辅助密封圈 9；④传动件：后环 6；⑤防转件：防转销 11；⑥紧固件：紧固螺钉 2、前环 3、静止压盖 10。机械密封组成元件的作用及要求如表 3-1 所列。

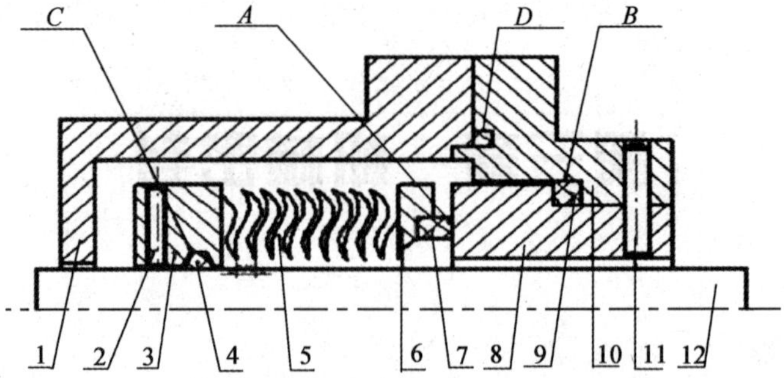

图 3-1 焊接金属波纹管机械密封的基本结构和组成

1—密封腔；2—紧固螺钉；3—传动座；4—波纹管座密封圈；5—波纹管；6—推环；7—动环；8—静环；9—静环辅助密封圈；10—静止压盖；11—防转销；12—旋转轴；*A*，*B*，*C*，*D*—泄漏点

如图 3-1 所示，当密封腔内充满了密封介质时，可能的泄漏点有以下四处。

①泄漏点 *A*。静环与动环接触的端面间隙，是最主要的密封面。它是决定机械密封摩擦、磨损和密封性能的关键，决定了机械密封的使用寿命。

②泄漏点 *B*。静环与压盖之间间隙泄漏，可应用静环辅助密封圈阻止介质泄漏。

③泄漏点 *C*。传动座与轴之间间隙泄漏，可应用波纹管座密封圈阻止介质泄漏。

④泄漏点 *D*。压盖与密封腔体连接处的泄漏，此泄漏点为静密封，常用 O 形圈或垫片来密封。

表 3-1 机械密封组成元件的作用及要求

组成部分	零部件名称	作用	要求
端面密封副	静环、动环（补偿环、非补偿环）	使密封面紧密贴合，防止密封介质泄漏	要求动、静环具有良好的耐磨性，动环可以轴向灵活地移动，自动补偿密封面磨损，使之与静环良好地贴合。 要求密封面有良好的加工质量，保证密封副有良好的贴合性能
弹性元件	弹簧、波纹管、隔膜	主要起预紧、补偿和缓冲的作用	要求始终保持足够的弹性来克服辅助密封、传动件的摩擦和动环等的惯性，保证端面密封副良好的贴合和动环的追随性。 要求材料耐腐蚀、耐疲劳
辅助密封	O 形圈、V 形圈、U 形圈	主要起静环和动环的密封作用，同时也起到浮动和缓冲作用	要求静环的密封元件能保证静环与压盖之间的密封性和静环有一定的浮动性，动环的密封元件能保证动环与轴或轴套之间的密封性和动环的浮动性。 要求材料耐热、耐寒并能与介质相容

表 3-1(续)

组成部分	零部件名称	作用	要求
传动件	传动销、传动环、传动螺钉、传动键、牙嵌式联轴器	将轴的转矩传动给动环	要求材料耐磨和耐腐蚀
防转件	防转销	起到防止静环转动和脱出的作用	要求有足够的长度，防止静环在负压下脱出；要求定位准确，防止静环随动环旋转。 要求材料耐腐蚀，必要时中间可加聚四氟乙烯套，以免损坏碳石墨静环
紧固件	紧固螺钉、弹簧座、压盖、组装套、轴套	起到动、静环定位、紧固的作用	要求轴向定位准确，保证一定的弹簧压缩量，使密封面处于正确的位置并保持良好的贴合。 要求拆装方便、容易就位、能重复利用。 要求与辅助密封配合处，安装密封圈要有导向倒角和压弹量。 要求动环辅助密封与轴套配合处耐磨损和耐腐蚀，必要时轴套配合处可采用硬面覆层

机械密封与其他形式的密封相比，具有以下特点。

①密封性好。在长期运转中，密封状态很稳定，泄漏量很小。据统计，约为软填料密封泄漏量的1%以下。

②使用寿命长。机械密封端面由自润滑性及耐磨性较好的材料组成，还具有磨损补偿机构。因此，在正常工作条件下，密封端面的磨损量很小，一般的密封端面可连续使用1~2年，特殊的密封端面可用到5~10年，甚至10年以上。

③运转中不用调整。由于机械密封靠弹簧力和流体压力使摩擦副贴合，在运转中即使摩擦副磨损，密封端面也始终自动地保持贴合。因此，正确安装后，就不需要经常调整，使用方便，适合连续化、自动化生产。

④功率损耗小。由于机械密封的端面接触面积小，摩擦功率损耗小，一般仅为填料密封的20%~30%。

⑤轴或轴套表面不易磨损。由于机械密封与轴或轴套的接触部位几乎没有相对运动，因此对轴或轴套的磨损较小。

⑥耐振性强。由于机械密封具有缓冲功能，因此当设备或转轴在一定范围内振动时，仍能保持良好的密封性能。

⑦密封参数高，适用范围广。当在合理选择摩擦副材料及结构，并设置适当的冲洗、冷却等辅助系统的情况，机械密封可广泛适用于各种工况，尤其在高温、低温、强腐蚀、高速等恶劣工况，更显示出其优越性。目前，机械密封技术参数可达到如下水平：轴径为5～1000 mm；使用压力为 10^{-6}～42 MPa；使用温度为－200～1000 ℃；机器转速可达 5×10^4 r/min。密封流体压力 p 与密封端面平均线速度 v 的乘积 pv 值可达 1000 MPa・m/s。

⑧结构复杂、拆装不便。与其他密封相比，机械密封的零件数目多，要求精密，结构复杂。特别是在装配方面较困难，拆装时要从轴端抽出密封环，必须把机器部分(即联轴器)全部拆卸，要求工人有一定的技术水平。针对这一问题目前已作了某些改进，如用拆装方便并可保证装配质量的剖分式和集装式机械密封等。

二、机械密封的分类

机械密封的分类方法很多，根据《机械密封 第 2 部分：分类方法》(JB/T 4127.2—2013)，有如下几种分类方式。

(一)按照应用主机分类

机械密封按照应用主机的分类如图 3-2 所示。

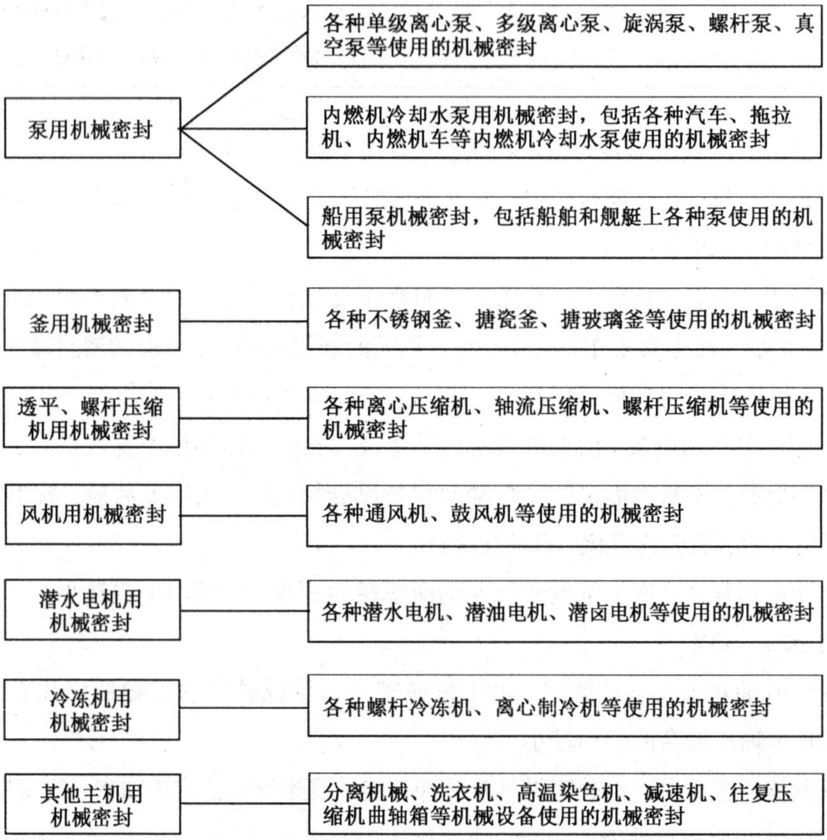

图 3-2　机械密封按照应用主机分类

(二)按照使用工况和参数分类

机械密封按照使用工况和参数的分类如表 3-2 所列。

表 3-2 机械密封按照使用工况和参数分类

分类依据	工况参数	分类	分类依据	工况参数	分类
按照密封腔温度	$t>150$ ℃	高温机械密封	按照密封端面平均线速度	$v>100$ m/s	超高速机械密封
	80 ℃$<t\leq150$ ℃	中温机械密封		25 m/s$\leq v\leq100$ m/s	高速机械密封
	−20 ℃$<t\leq80$ ℃	普温机械密封		$v<25$ m/s	一般速度机械密封
	$t<-20$ ℃	低温机械密封	按照被密封介质	含固体磨粒	耐磨粒介质机械密封
按照密封腔压力	$p>15$ MPa	超高压机械密封		强酸、强碱及其他强腐蚀介质	耐强腐蚀介质机械密封
	3 MPa$<p\leq15$ MPa	高压机械密封		耐油、水有机溶剂及其他弱腐蚀介质	耐油、水及其他弱腐蚀介质机械密封
	1 MPa$<p\leq3$ MPa	中压机械密封	按照轴径大小	$d>120$ mm	大轴径机械密封
	常压$\leq p\leq1$ MPa	低压机械密封		25 mm$\leq d\leq120$ mm	一般轴径机械密封
	负压	真空机械密封		$d<25$ mm	小轴径

(三)按照作用原理和结构分类

机械密封按照作用原理和结构的分类如表 3-3 所列。

表 3-3　机械密封按照作用原理和结构分类

分类		结构图	特点	适用范围
按照弹性元件类型	弹簧式	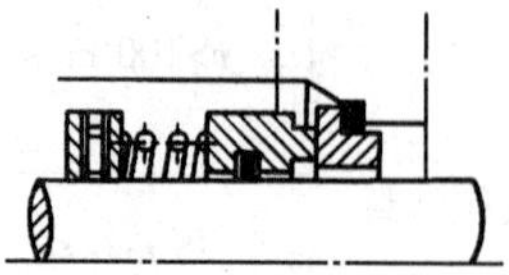	用弹簧压紧密封端面，有时用弹簧传递转矩。其制造简单，辅助密封圈耐温限制，影响其适用范围	应用广泛，适用于多种密封形式
	波纹管式	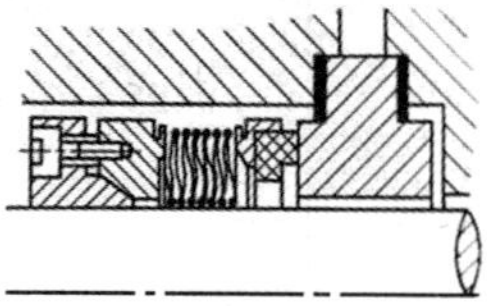	用波纹管压紧密封端面。由于不需要辅助密封圈，所以辅助密封圈材质不影响使用温度	多用于高温或腐蚀性介质的场合
按照密封流体作用在密封端面上的压力是卸荷或不卸荷	平衡式	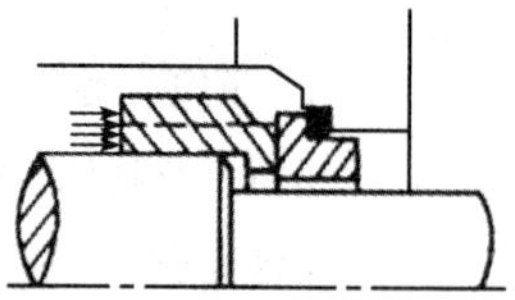	密封流体作用在密封端面上的压力卸荷(载荷系数 $B<1$)的机械密封。按卸荷程度，分为部分平衡式机械密封($0<B<1$)和过平衡式机械密封($B\leqslant 0$)。结构比较复杂，端面比压随液体压力增高而缓慢增加，能够改善端面磨损情况	适用于介质压力较高的场合。对于一般介质，可用于压力为 0.7 MPa 及以上的场合；对于外装式密封 $B=0.15\sim0.30$ 时，仅用于压力为 0.2～0.3 MPa 的场合；对于黏度较小、润滑性较差的介质，可用于压力不小于 0.5 MPa 的场合
	非平衡式	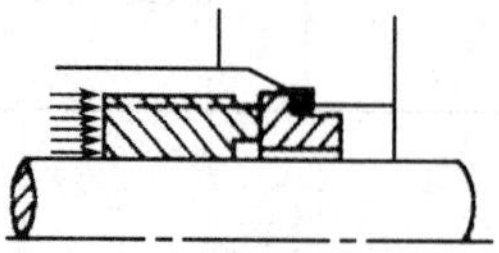	密封流体作用在密封端面上的压力不卸荷(载荷系数 $B\geqslant 1$)的机械密封。其结构简单，在较高液体压力下，由于端面比压增加，容易引起磨损	适用于介质压力较低的场合。对于一般介质，可用于压力小于 0.7 MPa 的场合；对于润滑性差及腐蚀性介质，可用于介质压力大于 0.5 MPa 的场合

表 3-3(续)

分类		结构图	特点	适用范围
按照密封端面的对数	单端面密封	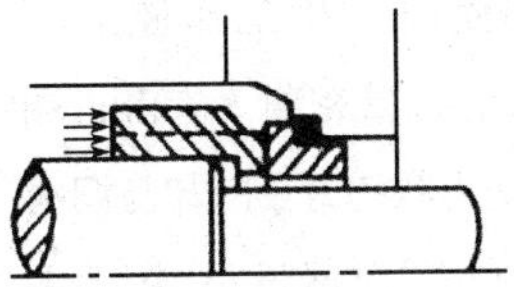	由一对密封端面组成的机械密封。结构简单，制造、拆装容易。一般不需要外供辅助系统，但需设置自冲洗系统，以延长使用寿命	应用广，适用于一般液体场合，如油品等。与其他辅助装置合用(如设置辅助系统)时，可用于带悬浮颗粒、高温、高压液体等场合
	双端面密封	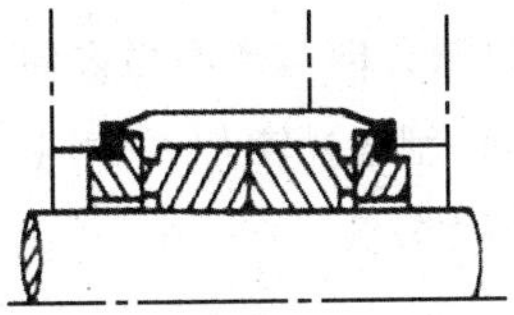	由两对密封端面组成的机械密封。按双端面机械密封的布置形式，可分为轴向双端面机械密封和径向双端面机械密封。密封腔内通入大于介质压力为 0.05~0.15 MPa 的外供封液，起“堵封”和润滑密封端面等作用。其结构复杂，需设置外供封液系统	适用于腐蚀、高温、液化气带固体颗粒及纤维润滑性差的介质，以及易挥发、有毒、易燃、易爆、易结晶和贵重的介质
	多端面密封	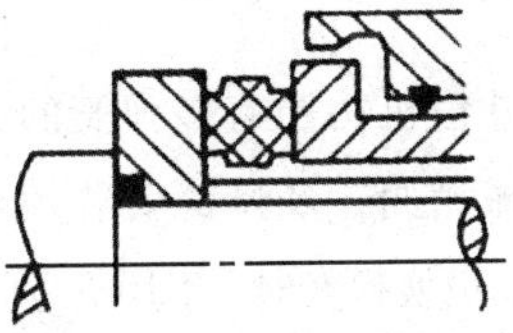	由两对以上密封端面组成的机械密封，典型的是中间环多端面密封	不转的中间环密封，可用于高压和(或)高温下减少力变形和(或)热变形；旋转的中间环密封，可用于高速下降低 pv 值。其具有中间环螺旋槽端面密封，可用作双向密封

表 3-3(续)

分类		结构图	特点	适用范围
按照静止环是装于端盖(或相当于密封端盖的零件)的内侧或外侧	内装式	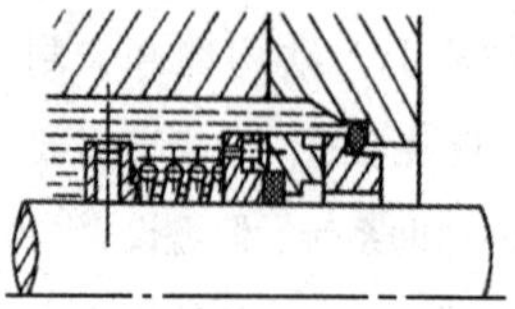	静环装于密封端盖(或相当于密封端盖的零件)内侧(即面向主机工作腔的一侧)的机械密封。该密封端面受力状态好、冷却与润滑条件好、泄漏量小(因泄漏方向与离心力方向相反),使用工作范围广	应用范围广,常用于介质无强腐蚀性及不影响弹性元件性能的场合
	外装式	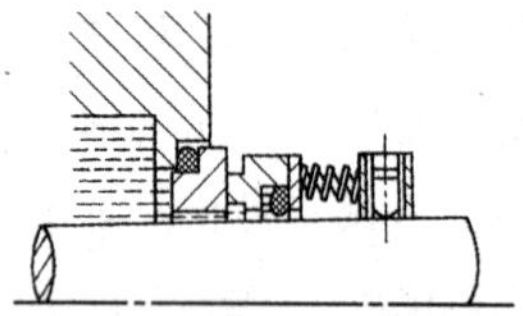	静环装于密封端盖(或相当于密封端盖的零件)外侧(即背向主机工作腔的一侧)的机械密封。该密封介质泄漏方向与离心力方向相同,泄漏量较大,使用工作压力较低	适用于强腐蚀性介质或易结晶而影响弹性元件性能的场合,也适用于黏稠介质及介质压力较低的场合
按照补偿机构中弹簧的个数	单弹簧式	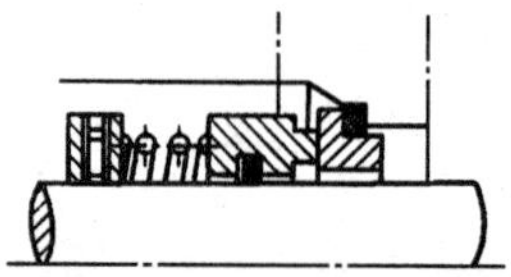	补偿机构中只有一个弹簧的机械密封。单弹簧安装简单,但更换时,需拆下密封装置。其密封端面受力不均匀,在高速下弹簧受离心力影响变形大,不易调节,轴颈大	适用于载荷较小、轴径较小、有强腐蚀性介质的场合,并需注意轴的旋转方向应和弹簧旋向相同
	多弹簧式	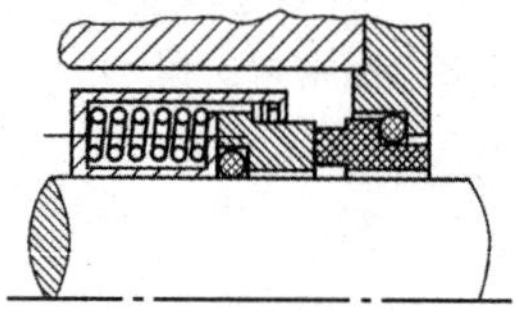	补偿机构中有多弹簧的机械密封。多弹簧安装烦琐,更换弹簧时,不用拆下密封装置。其端面受力均匀,受离心力影响较小,可通过弹簧个数进行调节	适用于载荷较大、轴径较大、条件较苛刻的场合

表 3-3(续)

分类		结构图	特点	适用范围
按照弹簧是否置于密封流体之内	弹簧内置式	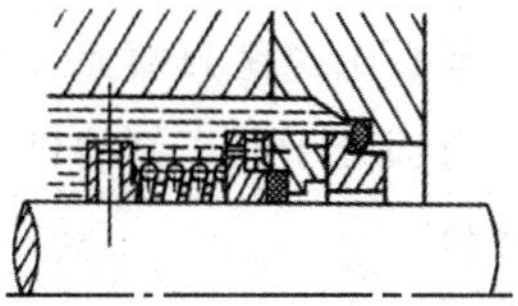	弹簧置于密封流体之内的机械密封。该密封利用密封箱内介质压力来密封，密封元件处于流体介质中，密封端面的受力状态及冷却和润滑情况好	应用范围广，常用于介质无强腐蚀性及不影响弹性元件性能的场合
	弹簧外置式	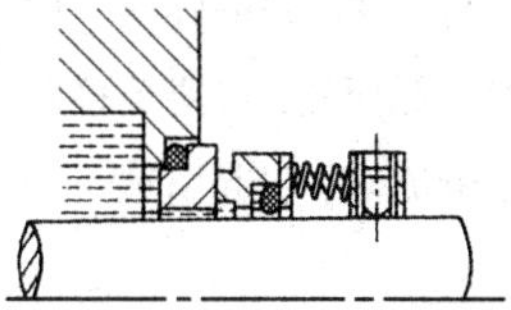	弹簧置于密封流体之外的机械密封。该密封大多数零件不与介质接触，暴露在设备外，便于观察、安装及维修。但由于介质压力与弹簧的弹力方向相反，当介质压力有波动而弹簧补偿量又不大时，会导致密封不稳定甚至严重泄漏	适用于黏稠介质及介质压力较低的场合，也适用于强腐蚀性介质或易结晶而影响弹性元件性能的场合
按照补偿环是否随轴旋转	旋转式	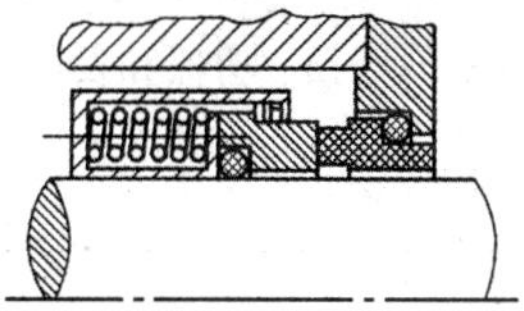	补偿环随轴旋转的机械密封。该密封结构简单，径向尺寸小。其弹性元件受离心力作用容易发生变形，影响弹性元件的性能	应用范围广，多用于轴径较小、转速不高的场合(线速度在 25 m/s 以下)
	静止式	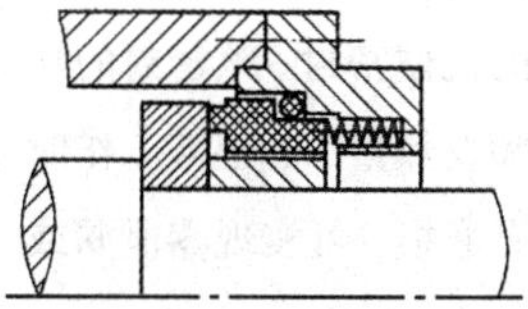	补偿环不随轴旋转的机械密封。该密封结构复杂，弹性元件不受离心力的影响，性能稳定	用于轴径较大、线速度较高(大于 25 m/s)及转动零件对介质强烈搅动后容易结晶的场合

表 3-3(续)

分类		结构图	特点	适用范围
按照补偿环上离密封端面最远的背面处于高压侧或低压侧	背面高压式	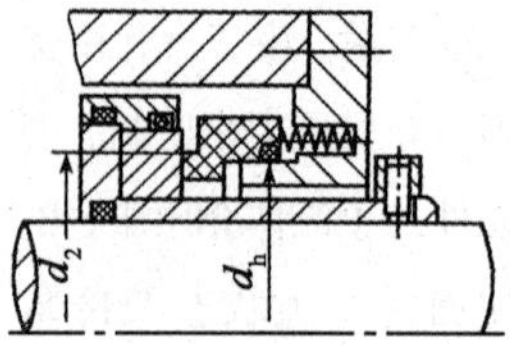	补偿环上离密封端面最远的背面处于高压侧的机械密封	适用于密封弱腐蚀性介质
	背面低压式	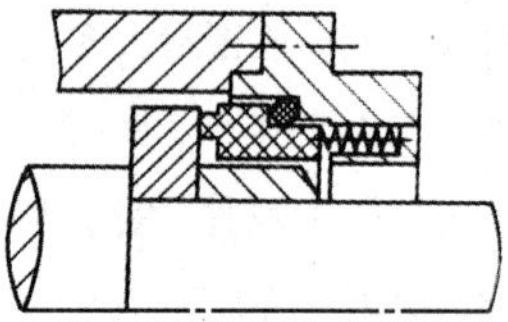	补偿环上离密封端面最远的背面处于低压侧的机械密封。该密封的弹簧一般都置于低压侧，可避免接触高压侧流体，引起腐蚀	适用于密封强腐蚀性介质
按照密封端面是否直接接触	接触式	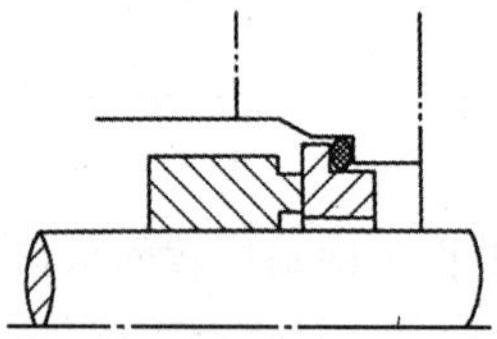	靠弹性元件的弹力和密封流体的压力使密封端面紧密贴合的机械密封。通常密封端面处于边界润滑工况。该密封结构简单，泄漏量小，但磨损、功耗和发热量较大	适用于绝大多数场合
	非接触式	与按照密封端面非接触时流体膜的状态分类的流体静压式结构图一致	靠流体静压或动压作用，在密封端面间充满一层完整的流体膜，使密封端面彼此分离、不存在硬性固相接触的机械密封。该密封的功耗和发热量小，正常工作时没有磨损，可实现零泄漏或零逸出	主要在特殊场合或要求条件下使用

表 3-3(续)

分类		结构图	特点	适用范围
按照密封端面非接触时流体膜的状态	流体静压式	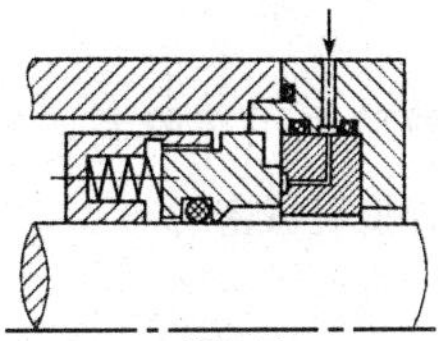 外加压 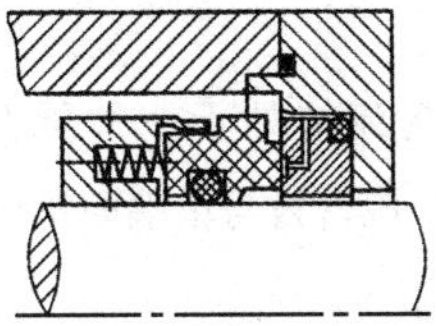 内加压	密封端面设计成特殊的几何形状，应用外部引入流体或被密封介质本身通过密封界面的压力降，产生流体静压效应的机械密封。该密封通过调节外供液体压力控制泄漏、磨损和寿命，另外需设置一套外供液体系统，其泄漏量较大	适用于高压介质和高速运转场合，往往与流体动压组合使用，但目前应用较少
	流体动压式	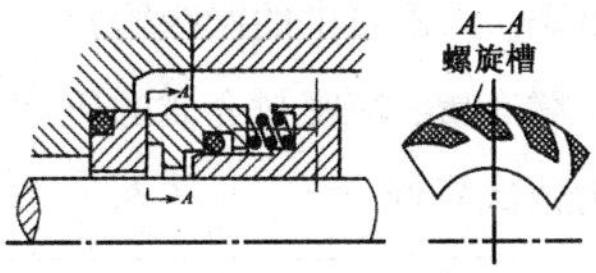	密封端面设计成特殊的几何形状，利用相对旋转，自行产生流体动压效应的机械密封。该密封由于旋转而产生流体动力压力场，引入密封介质作为润滑剂，并保证两端面间互不接触	适用于高压介质和高速运转场合（$p_c v$ 值达 270 MPa · m/s），目前已在很多场合下使用，尤其是在重要的条件比较苛刻的场合下使用
按照波纹管材料	金属波纹管型	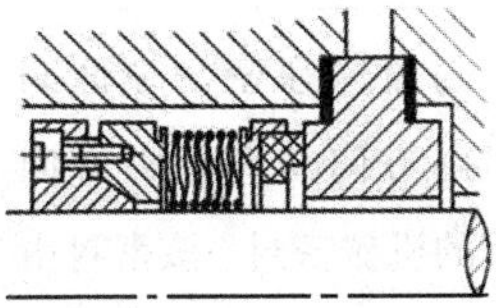	采用金属制造的波纹管机械密封。按制造工艺和结构特征分为焊接金属波纹管型机械密封（如图所示）和液压金属波纹管型机械密封。金属波纹管本身可替代弹性元件，其耐蚀性好	可在高、低温场合下使用
	聚四氟乙烯波纹管型	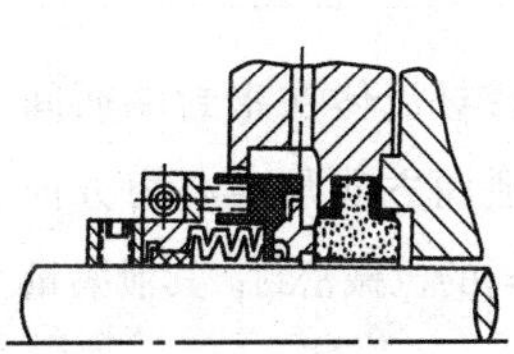	波纹管采用聚四氟乙烯制造的波纹管型机械密封。聚四氟乙烯耐腐蚀性好	可用于各种腐蚀性介质

表 3-3(续)

分类		结构图	特点	适用范围
按照波纹管材料	橡胶波纹管型	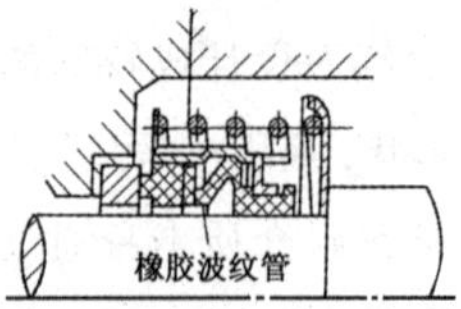	波纹管采用橡胶制成的波纹管型机械密封	使用范围广，但使用温度受不同胶料性能的限制
按照密封流体所处的压力状态	单密封	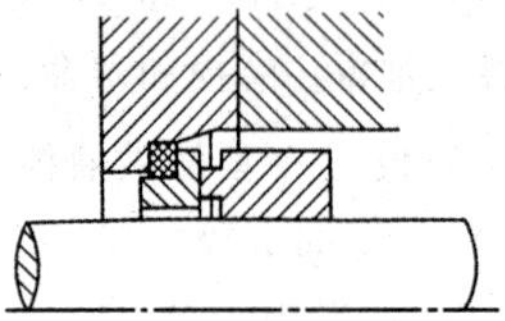	密封流体处于一种压力状态。该密封与单端面机械密封相同	应用范围广，适合于一般液体场合，如油品等。与其他辅助装置合用时，可用于带悬浮颗粒、高温、高压液体等场合
	双密封	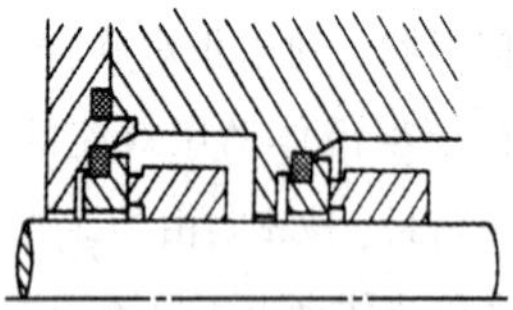	密封流体处于两种压力状态。该密封中的两级密封串联布置，使密封介质的压力依次降低	适用于介质压力较高及对介质泄漏有要求的场合
	多级密封	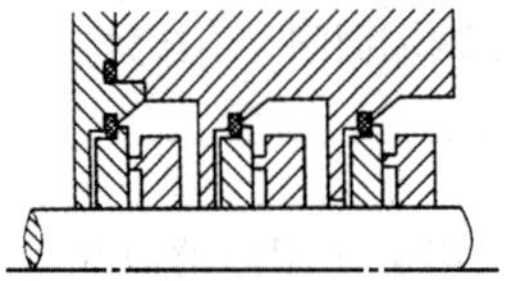	密封流体处于两种以上的压力状态	适用于特殊介质(易泄漏、有毒性、有辐射的介质)及特殊场合(对环境安全要求极严格)
按照密封流体在密封面间的泄漏方向	内流式	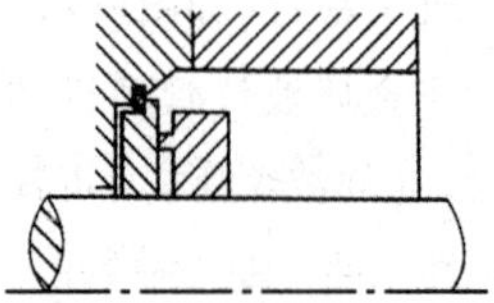	密封流体在密封端面间的泄漏方向与离心力方向相反的机械密封。该密封由于离心力阻止泄漏流体，其泄漏量较外流式的小，且密封可靠	应用范围较广，多用于内装式密封，适用于含有固体悬浮颗粒介质及介质压力较高的场合
	外流式	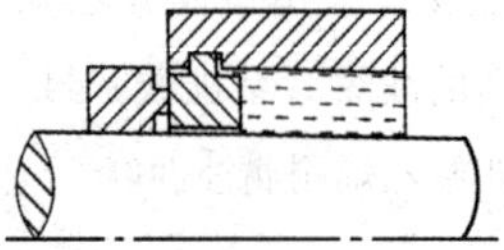	密封流体在密封端面间的泄漏方向与离心力方向相同的机械密封。其泄漏量较大	多用于外装式机械密封中，能加强密封端面的润滑，但介质压力不宜过高，一般低于 1 MPa

三、机械密封的排列方式

机械密封的排列方式有单端面密封、动环旋转或静环旋转和双端面密封三种形式。

(一)单端面密封

单端面密封可分为内装式单端面密封、外装式单端面密封，详见表 3-3。

(二)动环旋转或静环旋转

本书把动环或静环称为补偿环或配合环。当轴处于低转速时，让补偿环旋转；处于高转速时，让配合环旋转，以避免振动。

动环旋转或静环旋转的优点：①可自冲洗；②径向空间和轴向空间都较小；③可降低成本(通常情况下，旋转密封头比静止密封头小 1~2 个规格)；④可承受一些不对中因素，没有摇摆，没有振动，密封面磨损小，同时可减少泄漏；⑤减少操作应力和 O 形圈磨损；⑥有较好的冷却效果；⑦可应用于高速运转工况。

(三)双端面密封

双端面密封是指不管在什么方向上，密封腔中密封数(摩擦副)均超过一个的密封排列式。它或者使用不带压的缓冲液，或者使用带压的隔离液作为封液。

和单端面密封相比较，双端面密封结构复杂，维护难度大，成本造价高。石油化工企业要求高危泵必须使用双端面密封。通常采用双端面密封的工况有以下四种：①密封工况较恶劣；②腐蚀性强、高或低黏度、高磨蚀的工况；③易于发生火灾的工况；④对环境和工业卫生条件要求较严的工况。

双端面机械密封使用情况如表 3-4 所列。

表 3-4 双端面机械密封使用情况

双端面密封	结构图	压力关系图	特点	适用场合
带压	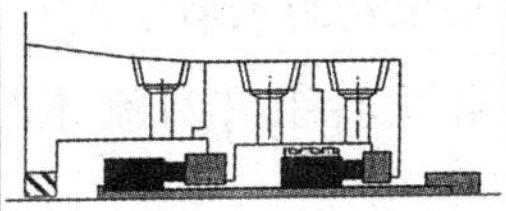	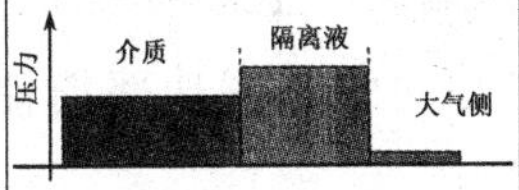	①适用于极其危险的流体或当流体介质中含有较多磨蚀性颗粒的情况； ②隔离液压力必须高于密封腔压力； ③隔离液对内密封和外密封同时起作用； ④隔离液泄漏到泵和工艺介质中； ⑤介质不会泄漏到大气中	炼油

表 3-4(续)

双端面密封	结构图	压力关系图	特点	适用场合
不带压	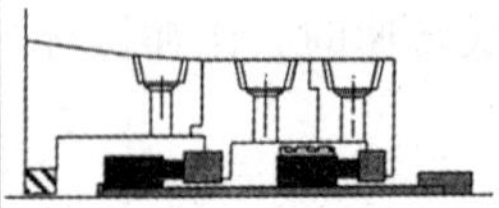	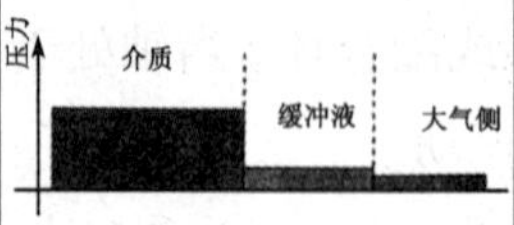	①适用较危险的、有毒的、易燃的流体； ②可有效控制内密封的泄漏； ③内密封承受的是密封腔压力，外密封处于常压或较低压强下工作； ④介质对内密封起作用；缓冲液对外密封起作用	介质为药品、添加剂，工艺要求不能与水、油混合的场合

四、机械密封的主要性能参数

(一)端面比压(p_c)

端面比压是指作用在密封环带上单位面积上净剩的闭合力，单位为 MPa。端面比压可根据作用在补偿环上的力平衡来确定，它主要取决于密封结构形式和介质压力。端面比压大小是否合适，对密封性能和使用寿命影响很大。

(1)为使密封端面始终紧密地贴合，端面比压必须为正值，即 $p_c>0$。

(2)端面比压不能小于端面间温度升高时的密封流体或冲洗介质的饱和蒸气压，否则会导致液态的流体膜汽化，使磨损加剧，密封失效。

(3)端面比压是决定密封端面间存在液膜的重要条件，因此一般不宜过大，以避免液膜汽化，磨损加剧。当然从泄漏量角度考虑，也不宜过小，以防止密封性能变差。

(二)端面摩擦热及功率消耗

机械密封在运行过程中，不仅摩擦副因摩擦生热，而且旋转组件与流体摩擦也会生热。摩擦热不仅会使密封环产生热变形，从而影响密封性能，同时还会使密封端面间液膜汽化，导致摩擦工况的恶化，密封端面产生急剧磨损，甚至密封失效。

机械密封的功率消耗包括密封端面的摩擦功率消耗和旋转组件对流体的搅拌功率消耗。

(三)pv 值

密封端面的摩擦功率同时取决于密封流体压力 p 和密封端面平均滑动线速度 v。在工程上常用这两者的乘积表示，即 pv 值。pv 值常被用作选择、使用和设计机械密封的重要参数。在实际中，由于所取压力不同，pv 值的含义和数值也不同，即表达的功能特性不同。

1.工况 pv 值

工况 pv 值是密封腔工作压力与密封端面平均线速度的乘积，用于说明机械密封的使用条件、工况和工作难度。密封的工况 pv 值应小于该密封的最大允许工况 pv 值。产品样本或选用手册中所给出的 pv 值一般为最大允许工况 pv 值，该值也是密封技术水平的体现。

2.工作 p_cv 值

工作 p_cv 值是端面比压 p_c 与密封端面平均线速度 v 的乘积，表示密封端面实际工作状态。端面的发热量和摩擦功率直接与 p_cv 成正比。该值过大时会引起端面液膜的强烈汽化或者使边界膜失向(破坏了极性分子的定向排列)而造成吸附膜脱落，结果导致端面摩擦副直接接触产生急剧磨损。它是设计时考虑的一个重要指标，其值必须小于许用$[p_cv]$值。

3.许用$[p_cv]$值

许用$[p_cv]$值是极限 p_cv 值除以安全系数获得的数值。所谓极限 p_cv 值是指密封失效时达到的 p_cv，它是密封技术发展水平的重要标志。不同材料组合具有不同的许用$[p_cv]$值。表 3-5 所列为常用摩擦副材料组合的许用$[p_cv]$值，它是以密封端面磨损速度不大于 0.4 μm/h 为前提的试验结果。

表 3-5　常用摩擦副材料组合的许用$[p_cv]$值

摩擦副材料组合	SiC-石墨	SiC-SiC	WC-石墨	WC-WC	WC-填充四氟	WC-青铜	Al_2O_3-石墨	Cr_2O_3涂层-石墨
许用$[p_cv]$值/$(MPa \cdot m \cdot s^{-1})$	18	14.5	7~15	4.4	5	2	3.0~7.5	15

(四)泄漏率

机械密封的泄漏率是指单位时间内通过主密封和辅助密封泄漏的流体总量，是评定密封性能的主要参数。所有正常运转的机械密封都有一定泄漏。零泄漏是指用现有仪器测量不到的泄漏率，实际上也有微量的泄漏。

(五)磨损量

磨损量是指机械密封运转一定时间后，密封端面在轴向长度上的磨损值。其大小要满足机械密封使用寿命的要求。《机械密封　第 1 部分：技术条件》(JB/T 4127.1—2013)规定："以清水为介质进行试验，运转 100 h 软质材料的密封环磨损量不大于 0.02 mm。"

(六)使用期

机械密封的使用期是指机械密封从开始工作到失效累积运行的时间。机械密封很少是由于长时间磨损而失效的，而往往是其他因素促使其过早失效。密封的有效工作时间在很大程度上取决于应用情况。《机械密封　第1部分：技术条件》(JB/T 4127.1—2013)规定："在选型合理、安装使用正确的情况下，被密封介质为清水、油类及类似介质时，机械密封的使用期一般不少于8000 h。被密封介质为腐蚀性介质时，机械密封的使用期一般为4000~8000 h。使用条件苛刻时不受此限。"

可从以下几个方面延长机械密封使用期：①在密封腔中建立适宜的工作环境，如有效地控制温度，排除固体颗粒，在密封端面间形成有效液膜(在必要时应采用双端面密封和封液)；②满足密封的技术规范要求；③采用具有刚性壳体、刚性轴、高质量支承系统的机泵；④满足机械密封主要零件的技术要求。

第二节　机械密封材料

一、机械密封材料的基本要求

机械密封材料对机械密封性能起关键作用。机械密封材料的特点主要体现在材料的性能上。选择机械密封材料，主要是根据密封元件的工作环境(如工作介质、使用温度、工作压力及运动方式等)进行选择。

对机械密封材料的基本要求如下：①与工作介质相适应，不产生溶胀、分解、硬化等；②具有一定的力学性能，如拉伸强度、伸长率等；③耐高温和低温，高温下不分解、软化，低温下不硬化；④耐氧化性和耐老化性好，经久耐用；⑤耐磨损，不腐蚀金属；⑥弹性和硬度适当，压缩永久、变形小；⑦易于成形加工，价格低廉。

二、动、静环摩擦副材料

动、静环摩擦副是机械密封最重要的零件，正确选择材料可保证机械密封的密封性能良好、长寿命及稳定运转。

选用机械密封的密封面材料的基本出发点是尽可能保证密封面材料具有必要的特性。在大多数应用场合，为了满足摩擦副材料的摩擦学相容性、化学相容性和电化学相容性，对于一般介质采用摩擦副材料软对硬组合，软材料密封面主要靠承磨台的磨合性和自润滑性来维持，而其中硬材料密封面靠耐磨台的高精度来维持；只有在特殊情况(含硬固体颗粒的介质)下采用摩擦副材料硬对硬组合。如表3-6所列。

表 3-6　动、静环摩擦副材料结构

材料	名称	性能特点	材料特性
软材料	碳石墨	有自润滑性，对化学腐蚀有惰性和抵抗能力，在高温下有运转的能力，有满足规定特殊应用参数的可能性	浸渍树脂、熔融金属或盐溶液，可以减少渗透性达到密封和增强材料性能
硬材料	碳化硅（是碳石墨的最佳配对材料）	具有优越的摩擦学（摩擦和磨损）性能、高强度和高刚度、接近金刚石的硬度、耐磨性和耐化学（腐蚀）性	α 相烧结碳化硅——极端的耐腐蚀性能； 反应烧结碳化硅——优异的摩擦学性能； 与石墨或空隙复合的碳化硅——具有改善的干运转能力的高 pv 值； 硅化石墨——能在一定程度润滑下运转
	碳化钨	在机械密封中，具有很高的强度和改善的韧性	钴基碳化钨（WC-Co）——黏结相耐腐蚀性能不好，不适用于腐蚀性环境； 镍基碳化钨（WC-Ni）——耐腐蚀性高，硬度略低； 镍铬基碳化钨（WC-Ni-Cr）——良好的耐腐蚀硬质合金

一般来说，当液体润滑充分时，碳化硅与碳化硅的组合能有效运转，碳化钨与碳化钨也可以是合理的组合。应小心使用不同种类的碳化硅与碳化钨组合的硬面对硬面密封配合，以免发生灾害性故障。

从摩擦学的角度来说，一般不赞成使用两种同样的材质做摩擦面。因此，把反应烧结碳化硅做成窄端面，与宽端面的无压烧结碳化硅组合使用。

三、弹性元件材料

机械密封弹性元件主要有弹簧和波纹管两种类型。它们均是弹簧力加载元件，作用是保证动、静环的良好结合，预压紧和在端面磨损后（或有波动时）起到自动补偿作用。对弹簧元件材料的要求：在介质中耐腐蚀，并在长期工作条件下不减少或不失去原有的弹性；在密封面磨损后仍能维持必需的压紧力，即其减少率不大于原有弹簧力的10%~25%。

（一）弹簧

石油化工企业机械密封的实际应用中，常用弹簧材料如表 3-7 所列。

表 3-7　常用弹簧材料

材料		特性及使用范围	实际应用
铬钢弹簧钢	4Cr13	一般用于制造耐腐蚀、耐高低温的弹簧	泵用机械密封的弹簧
不锈钢弹簧钢	1Cr18Ni9Ti(304 型)		
	1Cr18Ni12Mo2Ti(316 型)		
碳素弹簧钢	$60Si_2Mn$	可淬性高，易脱碳、易石墨化	常温无腐蚀性介质
	65Mn	淬火后易生裂缝和热脆	
	50CrVA	稳定变形，高机械性能	高温油泵
磷青铜	QSi3-1	耐腐蚀性和防磁性好	海水、油类介质中
	QSn4-3		

在实际的生产应用中，对于强腐蚀性介质，可采用耐腐蚀性合金(如高镍铬合金等)、弹簧加聚四氟乙烯(PTFE)保护套或涂覆 PTFE，来保护弹簧不受介质腐蚀。

(二)波纹管

波纹管的材料有金属、塑料和橡胶等。金属波纹管的材料可用奥氏体不锈钢、马氏体不锈钢、析出硬化性不锈钢(17-PH)、钛、AM350、蒙乃尔(Monel 高镍铜合金)、因康奈尔(Inconel-Ni-Cr-Fe 耐热高镍合金)、哈斯泰洛(Hastelloy-B 及 C-耐蚀耐高温镍铬合金)和磷青铜。国产波纹管采用 1Cr18Ni9Ti 及 Ni28Cr18 钢。在实际高温腐蚀生产中波纹管材料如表 3-8 所列。

表 3-8　高温腐蚀生产中波纹管材料

材料		特性及使用范围
沉淀硬化型不锈钢	AM350	高温工况，使用温度最好在 315 ℃以下
	0Cr17Ni7Al	高温工况
	0Cr15Ni7Mo2Al	
	0Cr17Ni4Cu4Nb	
高镍合金		高温有腐蚀工况
镍基合金(C-276)		耐腐蚀、耐高温；当泵送介质温度不大于 176 ℃时，B 形波纹管材料推荐采用
镍铬铁合金	Inconel718	耐热耐蚀；当泵送介质温度大于 176 ℃时，C 形波纹管材料推荐采用
	GH169	

四、辅助密封件材料

机械密封辅助密封圈包括动环辅助密封圈和静环辅助密封圈。从端面形状看，又分为O形圈、矩形圈、V形圈、楔形圈、梯形圈、包覆垫或包覆O形圈等。其作用是保证轴或轴套与动环之间及静环座(压盖)与静环之间密封，补偿密封面的偏斜振动，保证动环、静环端面紧密贴合并具有浮动性。

根据机械密封辅助密封圈的作用，要求辅助密封圈材料具有以下特性：①良好的弹性、低的摩擦系数；②能耐介质的腐蚀、溶解和溶胀，耐老化；③在压缩之后及长期工作中有较小的永久变形；④在高温下使用具有不黏着性；⑤低温下不硬脆而失去弹性；⑥具有一定的强度和抗压性；⑦来源方便，成本低廉。

辅助密封圈材料主要使用各种橡胶、聚四氟乙烯、柔性石墨和金属垫片等。辅助密封材料介绍如表3-9所列。

表3-9 辅助密封材料介绍

材料名称		适用介质或特性
合成橡胶	丁腈橡胶	丁腈橡胶是常用的辅助密封圈材料，具有耐油、耐老化及良好的耐磨性能。 其性能与丙烯腈含量有关，丙烯腈含量高，耐油性能好，强度、硬度、耐磨性、耐水性增加，但耐蚀性、弹性和低温性变差。 丁腈-40橡胶应用最为广泛，低温工况辅助密封圈材料应选用丁腈-26橡胶。 丁腈橡胶对矿物油、动植物油、脂肪烃有优良的耐蚀性，但不耐磷酸酯系液压油，不耐强酸、芳烃、酯、酮、醚、卤代烃等介质的腐蚀
	氟橡胶	氟橡胶具有耐高温、耐油、耐化学腐蚀等优点，在浓硫酸、硝酸、磷酸、烧碱等介质中均可采用。但随着温度升高其耐蚀率下降，所以最高使用温度为200 ℃。国内氟橡胶中，应用最广的是含氟烯烃共聚物，主要有氟-23型和氟-26型。其中，23型氟橡胶可用于强酸。 全氟醚橡胶(FFKM全氟高聚弹性体)是一种合成弹性体，该橡胶具有与PTFE类似的热稳定性和耐化学性，对油类、化学品和热有很好的耐受性
	乙丙橡胶	乙丙橡胶是由乙烯与丙烯聚合而成，分为二元和三元共聚物。它特别能耐磷酸酯系液压油，酮、醇溶液和酸碱，同时又能耐高压蒸气，耐候性和耐臭氧好。但其在矿物油和二酯系润滑油中会胀大，因此不能在这些介质中使用

表 3-9(续)

材料名称		适用介质或特性
合成橡胶	硅橡胶	硅橡胶的耐高温性和耐低温性都很好，安全使用温度范围为-70~200 ℃。在稀硫酸、盐酸、醋酸、烧碱、乙醇、矿物油等介质中，均无明显的腐蚀现象。 硅橡胶是由二甲基硅氧烷与其他有机硅单体，在酸性或碱性催化剂存在下聚合成的一种极性高分子的聚合物。硅橡胶有很高的热稳定性，但它有极性，易在酸碱作用下发生离子型裂解。因此其耐蚀性差，不适宜用于石油系溶剂(如苯、甲苯等)、丙酮、醚等有机溶剂。 氟硅橡胶 MFQ 可广泛用于汽油、石油油品和溶剂
聚四氟乙烯(PTFE)		PTFE 的耐热、耐油和耐腐蚀性能比一般橡胶好，在机械密封中常将它做成 V 形圈和楔形圈。PTFE 与橡胶相比，具有较大的刚度、较低的弹性和冷流性。PTFE 的膨胀系数高，而且随温度变化较大，特别是在常温下具有峰值，这就阻碍它在机械密封中的应用。然而 PTFE 有较大的使用范围(-150~250 ℃)、极低的摩擦系数(在低速下 $f=0.05\sim0.10$)和自润滑性，表面不黏结，化学稳定性好，能抗氯化物、三氟化氯硼、高沸点溶剂、酮、酯、醚、沸腾的硝酸、王水和氢氧化钠、氢氟酸等。唯一会侵蚀 PTFE 的是熔融金属和处于高压的氟。PTFE 在负荷作用下，任何温度下都会发生蠕变(即冷流)
柔性石墨		柔性石墨材料(也称膨胀石墨)属于纯石墨材料，本身没有任何黏着剂或黏结材料。因此，其性能不受黏结材料的限制，只决定于石墨本身。 ①耐温性好。柔性石墨材料具有普通天然石墨的耐温性。使用温度范围在非氧化性介质中为-200~1600 ℃，在氧化性介质中也可在 400 ℃以下使用。 ②耐腐蚀性优良。柔性石墨的耐腐蚀性能十分优异，它对一般的化学溶剂、石油产品、酯类、蒸气和还原性介质均保持良好的化学稳定性。 ③其他优良性能。如良好的柔性和回弹性，良好的气密性 、耐辐照性和自润滑性等。 无论是动密封还是静密封，柔性石墨都得到了广泛应用。制造高温机械密封用的辅助密封圈，柔性石墨是最好的材料。由于其强度较差、容易破损，在使用中应引起注意
金属材料		高压下，金属 O 形环常用的材料为 Cr18Ni9，Cr18Ni12Mo2Ti，1Cr18Ni9Ti 和 Cr18Ni11Nb 等；对于断面形状为三角形的金属密封圈，则常采用铬钢，如 0Cr1 等；对于一些平垫，则多采用紫铜或铝垫。 高压高温条件下(比如 400 ℃以上)，上述材料的强度和弹性模量明显下降，应采用耐热合金，如耐热高镍合金或铬镍铁合金-X 等材料

除上面谈到的用单一材料制造的辅助密封圈外，还有用复合材料制造的密封圈，如聚四氟乙烯包不锈钢、聚四氟乙烯包橡胶等。由于它们具有良好的密封效果，使用潜力很大。

五、其他金属件材料

除上述零件外，其他零件虽然不是机械密封的主要零件，但是在材料选择上也不容忽视。因为任何一个零件出了问题都会引起密封失效。这些零件包括弹簧座（盒）、传动座、推环、螺钉及轴套和压盖等。对它们的要求是有足够的强度和耐蚀性。常用的材料有1Cr13，2Cr13，3Cr13，1Cr18Ni9Ti，Cr18Ni12Mo2Ti等，腐蚀性微弱时也可采用优质碳钢等。

第三节 机械密封系统

一、机械密封系统的组成

机械密封装置由主密封、副密封和密封循环保护系统（简称机械密封系统）三部分组成。主密封起密封工作介质的作用。副密封起辅助密封的作用。机械密封系统具有冲洗、改善润滑、调温、调压、除杂、更换介质、稀释泄漏介质等功能，主要是为主、副密封创造良好的环境，并保证主密封在最佳工作条件下工作，从而提高机械密封工作的可靠性，延长其使用寿命。

机械密封系统也常被称为机械密封辅助系统（设施、装置）或机械密封冲洗、冷却及管线系统。其基本器件主要由储罐、增压罐、换热器、过滤器、旋液分离器、孔板、节流套、循环轮、循环套、泄漏指示器、管道、管件及控制仪表等组成。在实际工作中，可用上述器件的一种或几种组成，且应根据具体条件选定。

（一）储罐

储罐是储存隔离流体的压力容器（如图3-3所示）。储罐采用气体加压的方式进行加压。储罐上装有液位计，需要时可装上手动的补液装置。一般情况下，储罐为自然散热，为提高散热能力，必要时可加置蛇管换热器。它常用于隔离流体的循环密封系统中。

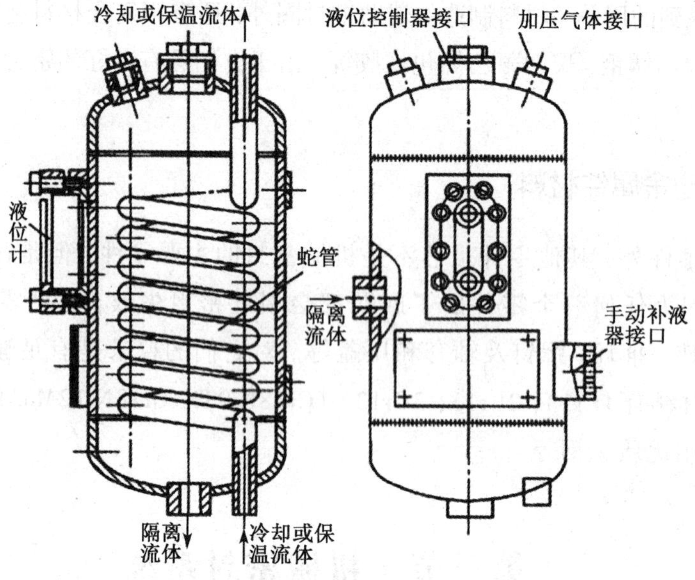

图 3-3　储罐结构图

储罐按照加压方式的不同可分为两种，如表 3-10 所列。

表 3-10　储罐分类

分类	概述
平衡罐	与反应搅拌釜内压力平衡，并与釜内气相空间连通，一般高于密封腔垂直安装
加压罐	与高压气体源(或高压气体钢瓶）通过减压阀连接加压的储罐，一般垂直安装

(二)增压罐

增压罐是储存隔离流体的压力容器，其借助自身带有的压差活塞维持与被密封介质的压差，如图 3-4 所示。其通常带有装置蛇管的冷却(保温)夹套，必要时在增压罐上可安装磁性液位报警器。增压罐安装时应垂直安装，高于密封腔(高度约为 0.5~1.0 m)。

(三)换热器

换热器用于介质冲洗密封系统中，通常为间壁式换热器，其结构图如图 3-5 所示。换热器置于密封腔的上方，可立式或卧式安装(距离约为0.5~1.0 m)。

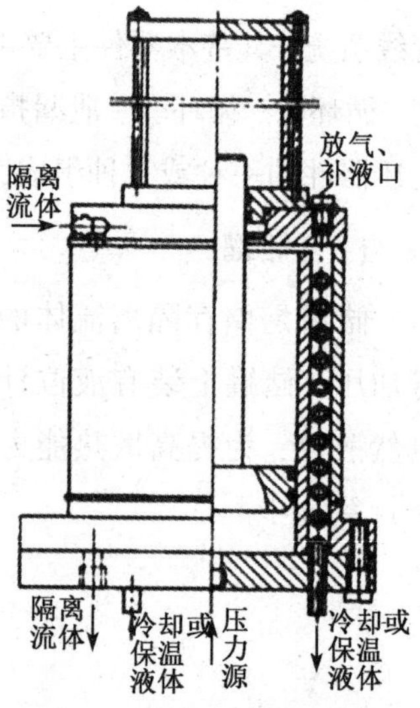

图 3-4　增压罐结构图

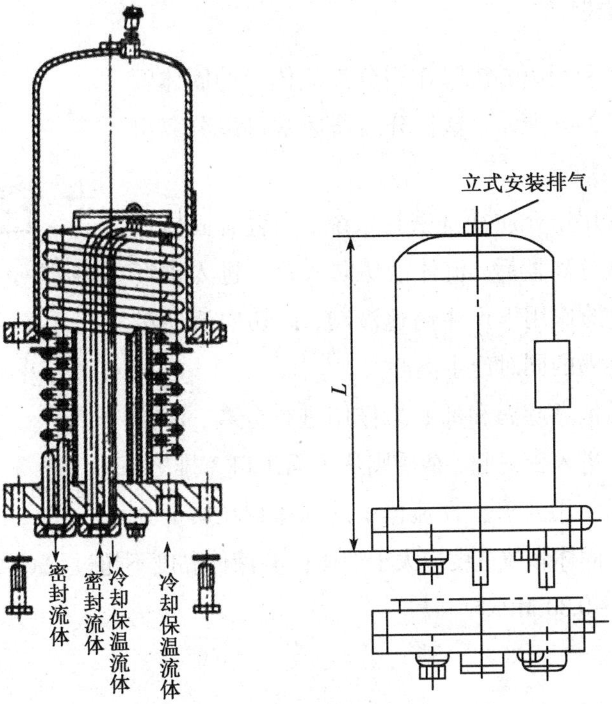

图 3-5 换热器结构图

(四)过滤器

过滤器有两种常见的结构形式，即磁性过滤器和 Y 形过滤器，如表 3-11 所列。

表 3-11 过滤器结构、特点及应用

名称	结构图	特点及应用
磁性过滤器	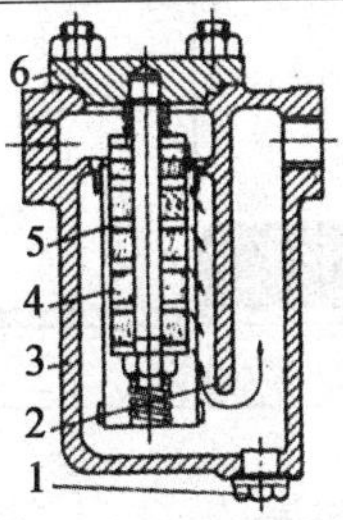 1—排液螺塞；2—导向板；3—壳体；4—过滤筛网；5—磁套；6—壳盖	磁性过滤器在冷却循环管道上使用。过滤筛网 4 还可以过滤其他杂质并定期清理，还可以把铁屑吸附在磁套 5 上。管道上需并联安装两个过滤器，进、出口管端需装设阀门，以便交替清理使用而不必停车。打开壳盖 6 可以很快更换磁套和过滤筛网
Y 形过滤器	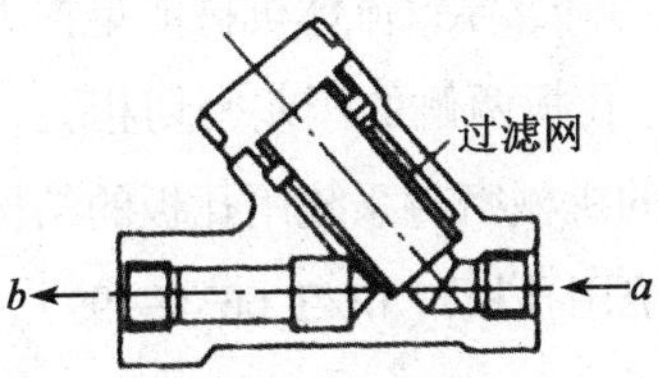	Y 形过滤器应用在冲洗或循环管道中，含有颗粒的介质从 a 端进入，由过滤网内侧通过过滤网，杂质被堵在过滤网内侧，清洁介质由过滤网外侧出来，从 b 端流出，达到消除杂质的目的

（五）旋液分离器

旋液分离器是利用离心沉降作用分离流体中的固体颗粒，其结构图如图 3-6 所示。这种分离器通常可以分离出 95.0%~99.5%的杂质。

旋液分离器常用于介质冲洗密封系统。当含有固体颗粒的流体进入旋液分离器后，流体沿切向入口 1 进入锥形壁面，液体在压差的作用下产生高速流动，此切向流便沿锥形腔产生一个旋涡的同时产生离心力。

介质中的杂质依靠旋涡和离心力作用进行分离，清洁介质自上方出口 2 进入密封腔，杂质则从下面出口 3 排出。

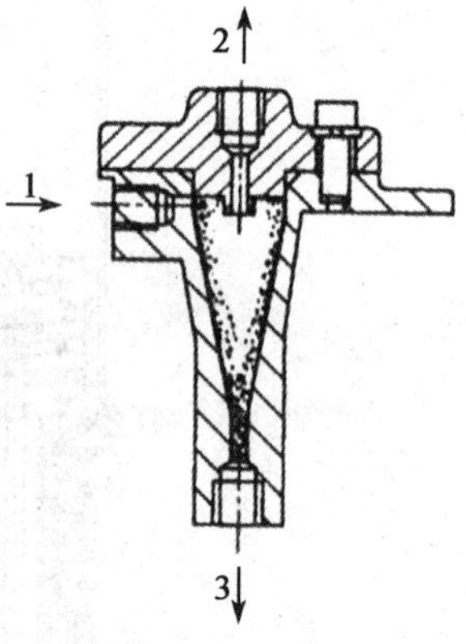

图 3-6 旋液分离器结构图

旋液分离器的使用要求：① 流体中的固体颗粒质量分数应不超 10%；② 固体颗粒重度应大于液体；③ 液体黏度不超过 $(2.0\sim2.5)\times10^{-5}\ m^2/s$；④ 进出口压差为 0.15~0.80 MPa。

（六）孔板

孔板是用来控制流量的器件，常用于介质冲洗的密封系统，其结构图如图 3-7 所示。孔板小孔的规格尺寸有：1，1.2，1.5，2.0，2.5，3.0，3.5，4.0，4.5，5.0，5.5，6.7，8.0，9.0，10.0 mm。压力范围为 0~6.3 MPa，流量范围为 2~40 L/min。

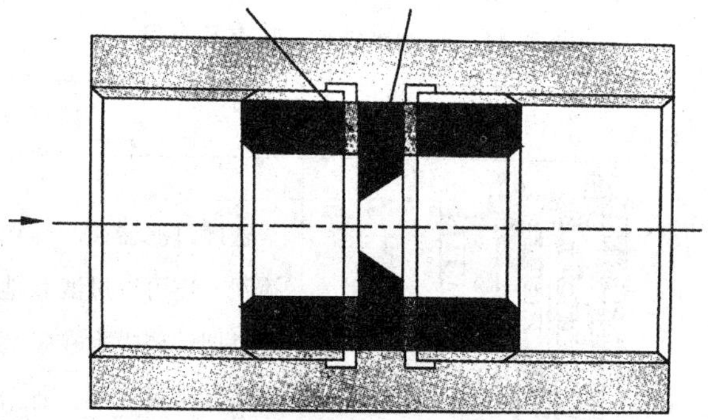

图 3-7 孔板结构图

孔板控制流量的原理在于流体通过狭小的小孔时，流速急剧增加，过小孔后流道突然扩大，流体形成大量的旋涡，产生巨大的压力降，导致流体机械能量损失（绝大部分转换成热能）。通过孔板的流体流量与小孔的直径、孔板两侧的压差密切相关。小孔直径越大，则流量也越大；压差越大，则流量越大。标准的机械密封系统用孔板的结构、压差、小孔规格与流量的对应关系等，可查阅《机械密封系统用孔板》（JB/T 6634—93）。

（七）节流套

节流套是用来控制流量的器件，常用于介质循环冲洗和冲洗液冲洗的密封系统。节流套是以其与轴或轴套间的间隙大小来控制流量的。按照其结构和安装方式，可分为固定式和浮动式，如图 3-8(a)～(c)均为固定式节流套，图 3-8(d)为浮动式节流套。

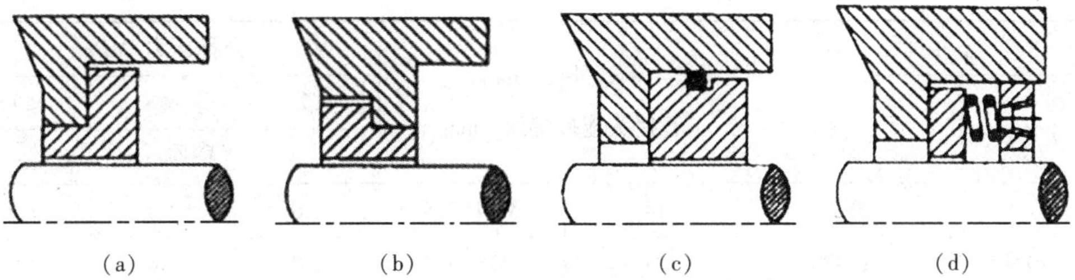

图 3-8　节流套

（八）循环轮和循环套

循环轮是直接装在轴或轴套上的需用千斤顶循环冲洗的密封系统，循环套是套在机械密封旋转部件外圆上的常用于隔离流体循环的密封系统，两者均是依靠其旋转时产生的泵送效应，使密封流体循环流动的器件。循环轮和循环套的结构图分别如图3-9和图 3-10 所示。

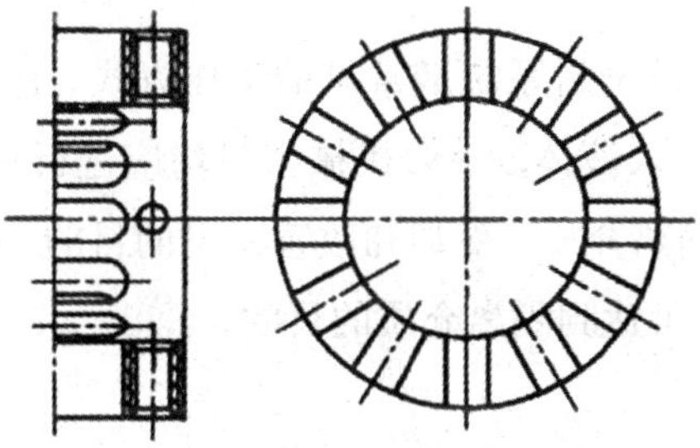

图 3-9　循环轮结构图

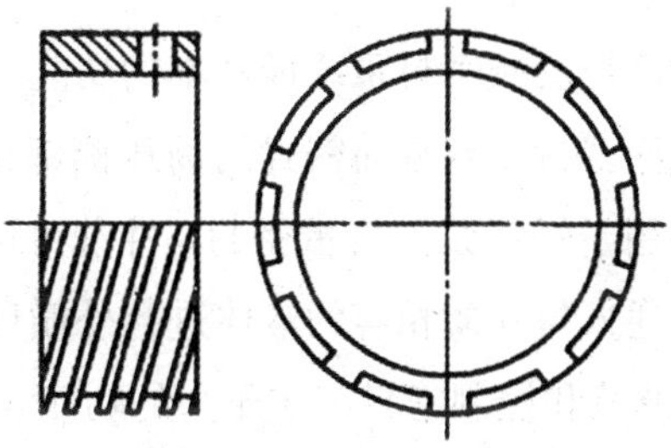

图 3-10　循环套结构图

（九）泄漏指示器

泄漏指示器是指示被密封介质泄漏的器件，常用于有毒介质、易燃、易爆的泄漏指示。其结构图如图 3-11 所示，其中阀 *B* 常关闭，阀 *A* 常打开，使泄漏只能通过密封腔体，从而触发流量继电器，使设备停机，防止事故发生。

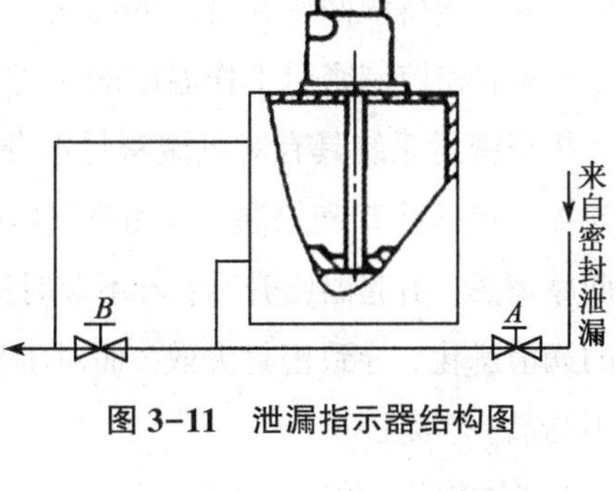

图 3-11　泄漏指示器结构图

(十)管道

机械密封系统常用的无缝不锈钢钢管的公称直径、外径、壁厚、连接螺纹如表 3-12 所列。

表 3-12　无缝不锈钢钢管

公称直径		钢管外径/ mm 管接头连接螺纹/ mm		公称压力/MPa		
mm	in			≤2.5	≤8	≤16
				壁厚/mm		
8	0.25	14	M14×1.5	1.0	1.0	1.6
10/12	0.375	18	M18×1.5	1.0	1.6	1.6
15	0.5	22	M22×1.5	1.6	1.6	2.0

二、机械密封系统的功能

机械密封系统同机械密封配套使用可以大大改善原本恶劣、苛刻的工况条件，为机械密封创造一个良好的工作环境，对保证机械密封长久可靠的工作起重要的作用。

(一)机械密封系统的功能

1.冲洗功能

冲洗是机械密封系统最基本的功能，也是机械密封系统最常见的工作方式。它是指向单端面密封或双端面密封的高压侧部位直接注入液体。一般机械密封均应进行冲洗，尤其是用于轻烃泵的机械密封。冲洗可以达到隔离介质、冷却和改善润滑的目的。向密封腔内通入与介质相容的液体进行外循环冲洗，可达到隔离介质的目的。

2.调节和控制密封工作压力的功能

机械密封系统具有调节和控制密封工作压力的功能。对于普通双端面机械密封，需要维持密封腔内隔离流体的压力稍高于被密封介质的压力；而在逐级降压的串联机械密封中，需要维持级间密封流体的压差。

3.调节和控制密封工作温度的功能

机械密封系统具有对机械密封本身工作环境温度进行调节和控制的功能。温度的调节与控制包括冷却和保温。饱和蒸气压高的介质，在密封腔内吸收机械密封的搅拌热和端面摩擦热，引起温度升高；若不及时进行冷却降温，很可能导致介质在端面汽化，使端面的润滑恶化，导致密封失效。而对于易结晶、易凝固的介质，则要采取保温措施，使介质不结晶、不凝固。

4.流体替代功能

直接密封气相介质与高温、有毒、贵重、易汽化、易结晶及含固体颗粒液相介质具有较大难度，可借助机械密封系统，采用双端面机械密封来更换被密封介质，将直接密封较困难的介质转换为密封润滑性能好、洁净的封液介质。

5.除杂和过滤功能

密封流体中的微细固体颗粒、污垢等杂质对机械密封的危害是非常严重的，可能会导致密封端面严重的磨粒磨损，也可能堵塞密封系统管线。密封系统具有除去杂质、维持液体清洁的功能。当杂质的密度低于液体介质密度时，可用过滤器除去杂质；而当杂质的密度大于液体介质密度时，可采用旋液分离器或网式过滤器除去杂质。

除以上功能外，密封系统还具有将正常泄漏的、对健康或环境有害的微量介质进行冲洗、稀释、转移等功能。

(二)机械密封系统功能的基本流程

1.冲洗

冲洗是一种控制温度、延长机械密封寿命的最有效的措施。冲洗的目的在于带走热量、降低密封腔温度，防止液膜汽化，改善润滑条件，防止干运转、杂质沉积和气囊形成。

(1)机械密封冲洗方式的工作原理和说明图如表3-13所列。

表3-13 机械密封冲洗方式的工作原理和说明图

<table>
<tr><th colspan="3">冲洗方式</th><th>工作原理</th><th>说明图</th></tr>
<tr><td rowspan="3">根据冲洗液的来源和走向</td><td colspan="2">外冲洗</td><td>利用外来冲洗液注入密封腔，实现对密封的冲洗称为外冲洗(如图所示)。冲洗液应是与被密封介质相容的洁净液体，冲洗液的压力应比密封腔内压力高0.05～0.10 MPa。这种冲洗方式用于被密封介质温度较高，容易气化，腐蚀性强，杂质含量较高的场合</td><td>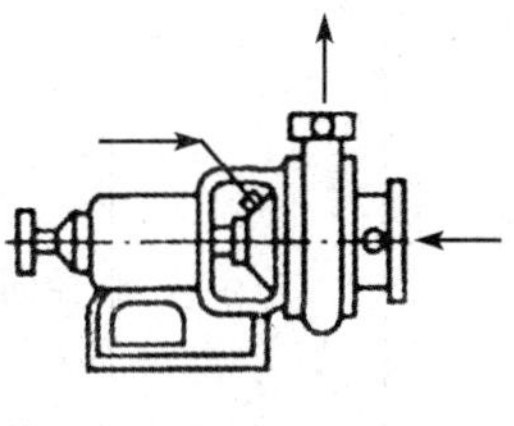</td></tr>
<tr><td rowspan="2">自冲洗(利用被密封介质本身来实现对密封的冲洗，适用于密封腔内的压力小于泵出口压力且大于泵进口压力的场合)</td><td>正冲洗</td><td>利用泵内部压力较高处(通常是泵出口)的液体作为冲洗液来冲洗密封腔(如图所示)。这是最常用的冲洗方法。为了控制冲洗量，要求密封腔底部有节流衬套，管路上装孔板</td><td>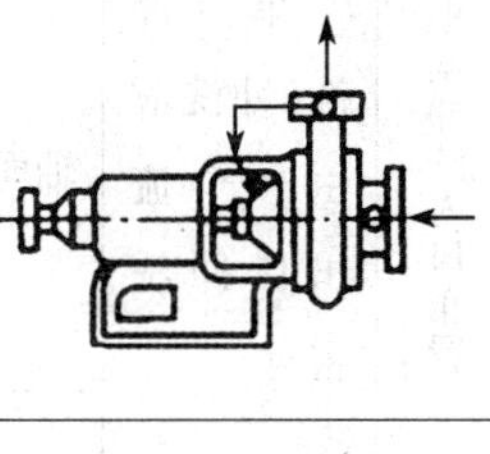</td></tr>
<tr><td>反冲洗</td><td>从密封腔引出密封介质返回泵内压力较低处(通常是泵入口处)，利用密封介质自身循环冲洗密封腔。这种方法常用于密封腔压力与排出压力差极小的场合</td><td>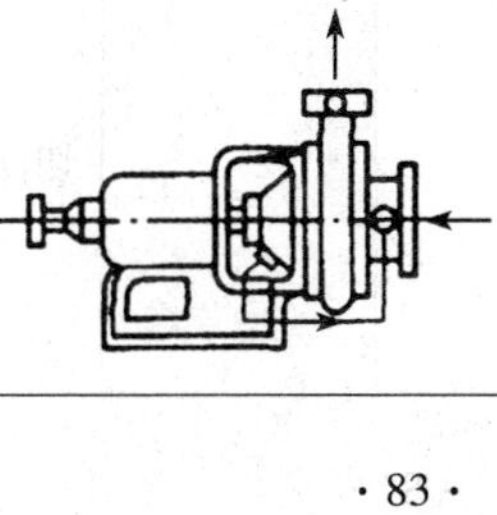</td></tr>
</table>

表 3-13(续)

冲洗方式			工作原理	说明图
根据冲洗液的来源和走向	自冲洗(利用被密封介质本身来实现对密封的冲洗，适用于密封腔内的压力小于泵出口压力且大于泵进口压力的场合)	全冲洗	从泵高压侧(泵出口)引入密封介质，又从密封腔引出密封介质返回泵的低压侧进行循环冲洗。这种冲洗又叫贯穿冲洗。对于低沸点液体要求在密封腔底部装节流套，控制并维持密封腔压力	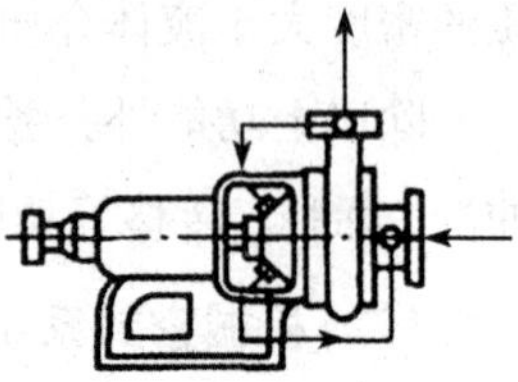
	循环冲洗		利用循环轮(套)、压力差、热虹吸等原理实现冲洗液循环使用的冲洗。为利用装在轴(轴套)上的循环轮的泵送作用，使密封腔内介质进行循环，带走热量。此方法适用于泵进、出口压差很小的场合，采用这种方法可以降低热水泵密封腔和轴封的温度	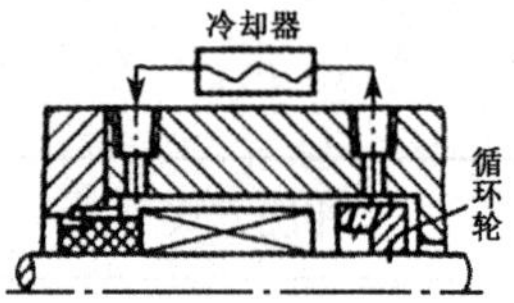
根据冲洗入口布置	单点冲洗(冲洗液由一个流出口冲洗密封)	径向	密封流体沿径向垂直冲洗，摩擦副会产生局部温度变形，其结构简单，是应用较多的一种方式。但冲洗量不可过大，以防止将石墨环冲出缺口	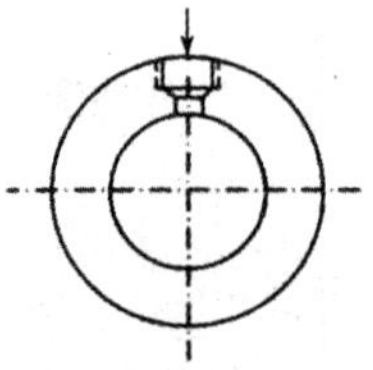
		轴向	密封流体沿轴向进入密封腔，避免了对石墨环的冲蚀作用，可用于腐蚀介质的泵中	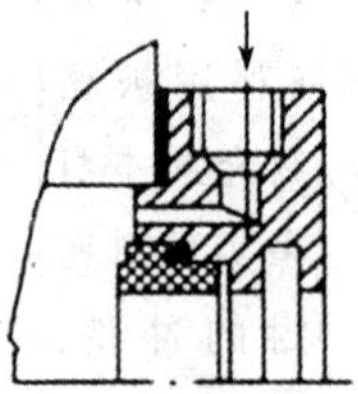
		切向	冲洗液沿切线方向冲洗摩擦副，可避免发生冲蚀和局部热变形，是单点冲洗中较好的方式	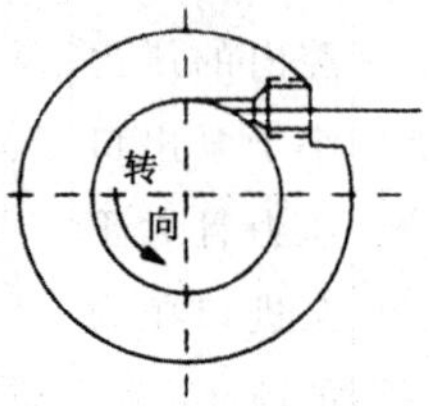

表 3-13(续)

冲洗方式		工作原理	说明图
	多点冲洗	冲洗液沿圆周多个小孔同时进入密封腔，并起冲洗作用。多点冲洗克服了单点冲洗的缺点，使摩擦副周围的温度分布更均匀。但其结构较为复杂，需提供分布式密封冲洗系统(如环绕式或多喷嘴分布)。冲洗液的注入位置应尽可能设在使冲洗液直接射到密封端面处	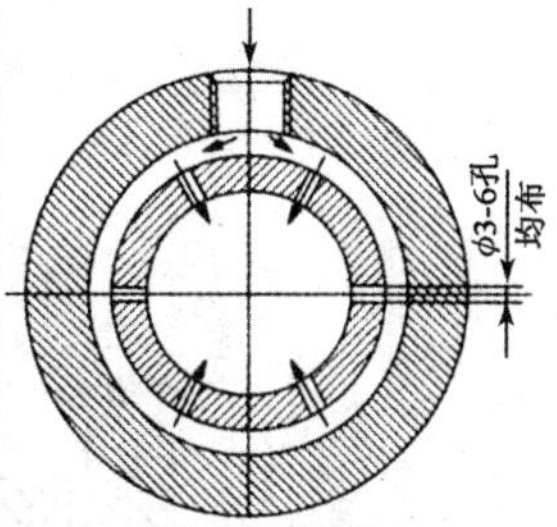 冲洗液进口断面

(2)冲洗液流量。其按照密封装置的热平衡核算原理确定。常规机械密封装置的冲洗液量可按密封件轴径规格确定，如表 3-14 所列。

表 3-14 常规机械密封装置冲洗液量

密封件轴径/mm	≤45	>45~60	>60~85	>85~95	>95~135	>135~185	>185~235	>235~275	>275~300
冲洗液量/($L \cdot min^{-1}$)	3	4	6	8	11	15	19	26	34

2.冷却

当密封装置依靠自然散热不能维持密封腔工作允许温度时，或采用热介质进行自冲洗时，应进行强制冷却。冷却是温度调节设施中的重要组成部分，是经常采用的一种辅助设施，对及时导出机械密封的摩擦热及减少高温介质的影响有很大作用。冷却可分为直接冷却和间接冷却两种，前面介绍的冲洗实质上是一种直接冷却。

(1)间接冷却。

间接冷却分类如下所示。

- 间接冷却
  - 密封腔夹套冷却、静环外周冷却、轴套冷却
  - 换热器冷却
    - 密封腔内置式换热器和外置式冷却器
    - 蛇(盘)管冷却器
    - 套管冷却器
    - 翅片冷却器
    - 缺水地带用的蒸发冷却器

间接冷却常用的传热介质是水、蒸气和空气。图 3-12 和图 3-13 为几种间接冷却的示意图。

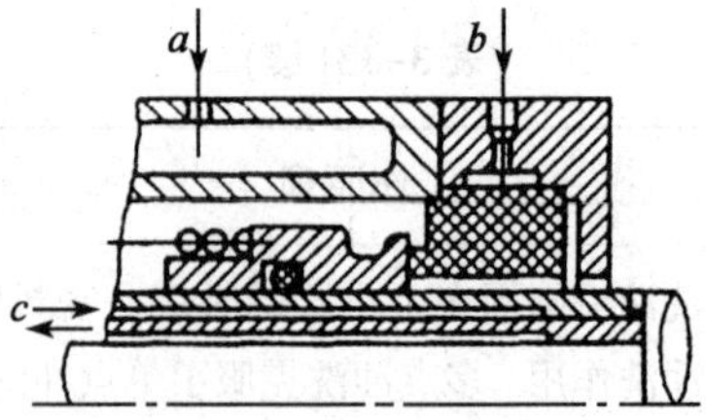

图 3-12　夹套、静环外周及轴套冷却示意图

a—夹套冷却；*b*—静环外周冷却；*c*—轴套冷却

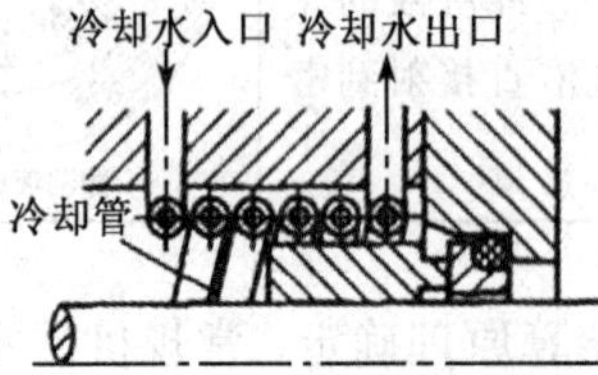

(a)蛇管冷却

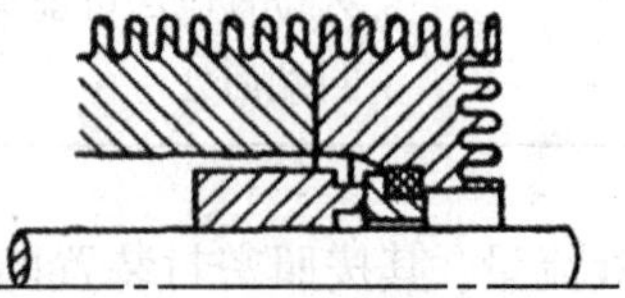

(b)翅片冷却

图 3-13　蛇管和翅片冷却示意图

间接冷却的效果比直接冷却要差一些，但冷却液不与介质接触，不会被介质污染，可以循环使用，同时也可以与其他冷却措施配合在一起，实现综合冷却。

对于密封易结晶、易凝固的液体介质，有时需要加热或保温。密封高黏度介质，在启动前需要预热，以便减少启动转矩。对于实现间接冷却的结构，同样可以用来实现加热或保温。

(2)急冷或阻封。

向密封端面的低压侧注入液体或气体称为急冷或阻封。其具有冷却密封端面(注入蒸气时则为保温)，隔绝空气或湿气，防止或清除沉淀物，润滑辅助密封，熄灭火花，稀释和回收泄漏介质等功能。

为了防止注入流体的泄漏，需要采用辅助密封，如衬套密封、油封或填料密封。急冷或阻封流体一般采用水、蒸汽或氮气。液体的压力通常为 0.02~0.05 MPa，进、出口的温差控制在 3~5 ℃为宜。图 3-14 所示为典型机械密封系统配管接口，其中包含急冷(阻封)接口及密封急冷液的辅助密封。

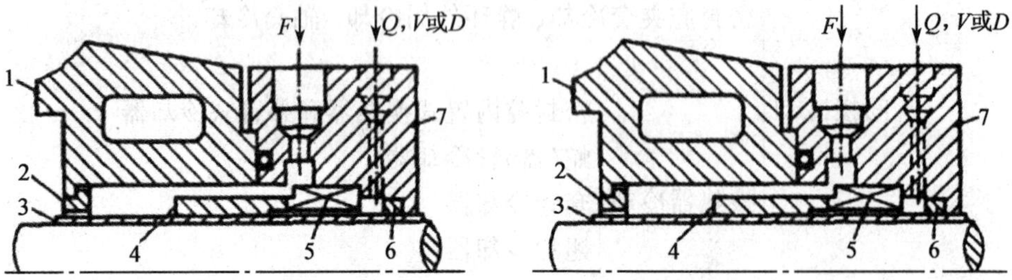

图 3-14　机械密封系统配管接口

1—密封腔；2—底衬套；3—轴套；4—补偿环组件；5—非补偿环组件；6—辅助密封装置或节流衬套；7—端盖；

F—冲洗液接口；*Q*—极冷液接口；*D*—排液接口；*V*—排气接口

3.机械密封系统

(1)压力控制系统。

机械密封的参数中，压力、温度、周速三者是紧密联系的，*pv* 值的增大，定会导致温度的升高。一般机泵的转速是固定的或在一定范围内，因此控制环境压力对机械密封来说是必要的。

在实际生产中，主要用以下方法来降低压力：①在满足工艺条件的前提下，采用平衡型密封可以减小密封面比压来改善工作条件；②离心泵可以采取叶轮开平衡孔、叶轮带背叶片、安装副叶轮、背叶片与副叶轮结合等方法来降低轴封箱前的压力，从而减轻轴封的载荷；③在机械密封(主密封)前采用迷宫密封、螺旋密封、节流底套、浮动套等副密封来减轻轴封载荷；④采用双端面机械密封或串级式机械密封保证密封面具有润滑液膜和一定的压力。

为了控制机械密封的环境压力，可以根据具体密封、介质性质和工作条件来选用压力控制系统。各种压力控制系统如表 3-15 所列。

表 3-15　各种压力控制系统

分类	结构图	介绍
利用虹吸的封液系统	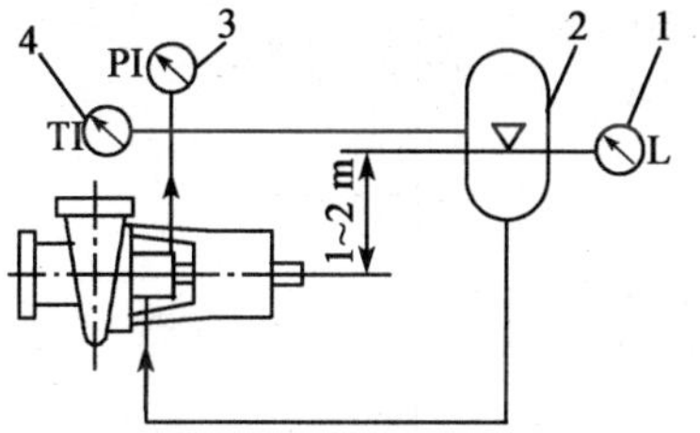 1—液位计；2—虹吸罐(蓄压器)；3—压力表；4—温度计；L—限位开关；PI，TI—压力及温度指示计	该系统利用轴封箱的压力和虹吸罐的位差，保证双端面具有稳定压差。由于温差相应有了密度差，形成热虹吸封液循环供给系统。为产生良好的封液循环，罐内液位可以比轴封箱高出 1~2 m(不允许管路上有局部阻力)，系统循环液体位量(在轴封箱和管路内的液体量)为 1.5~3.0 L，罐的容积通常为循环液体量的 5 倍
封闭循环的封液系统	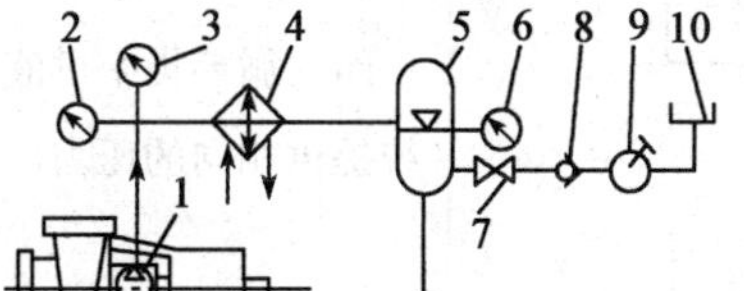 1—内置泵送结构；2—压力表；3—温度计；4—冷却器；5—储液罐；6—液位计；7—截止阀；8—止回阀；9—手动泵；10—供液罐	该系统内置泵送机构，通常为螺旋轮，此外，冷却器和封液系统构成一个整体。利用虹吸自然循环的封液系统在功耗小于 1.5 kW 时有效，而利用泵送机构的强制循环封液系统在功率消耗达 4 kW 时有效。通过冷却器的水温为 20 ℃，出轴封箱液温不超过 60 ℃

表 3-15(续)

分类		结构图	介绍
利用工作液体压力的封液系统	手动泵供给系统	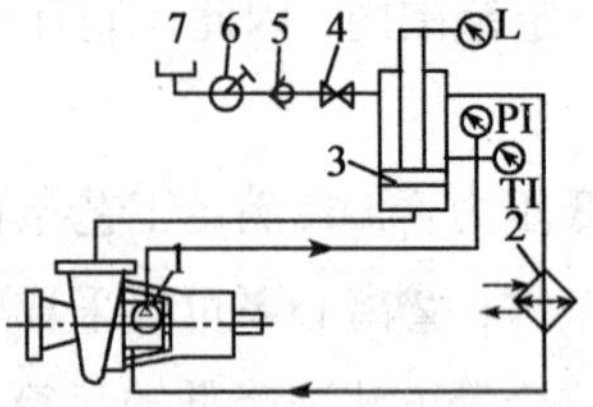 1—内置泵送轮；2—冷却器；3—差级活塞；4—截止阀； 5—止回阀；6—手动泵；7—补给罐；L—限位开关； PI，TI—压力及温度指示计	该系统为工业上广泛采用的利用工作液体压力的封液系统。其中，差级活塞的面积比为 1∶1.5，缸下方由泵出口加压，依靠差级活塞将压力提高到要求值。当液位低于允许值时，限位开关动作停泵。自动补给系统中采用与手动泵供给系统不同的带弹簧的液力蓄压器，其最大压力可达 6 MPa，容量为 6 L。当泵出口无液压时，封液压力由弹簧保证。蓄压器中封液补给可以通过双位分配器自动由加油站提供
	自动补给系统	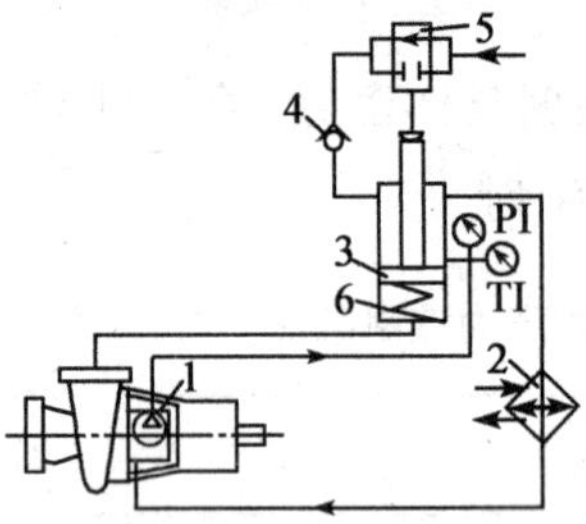 1—内置泵送轮；2—冷却器；3—差级活塞； 4—止回阀；5—双位分配器；6—弹簧； PI，TI—压力及温度指示计	
双端面密封	闭式循环集中供液系统	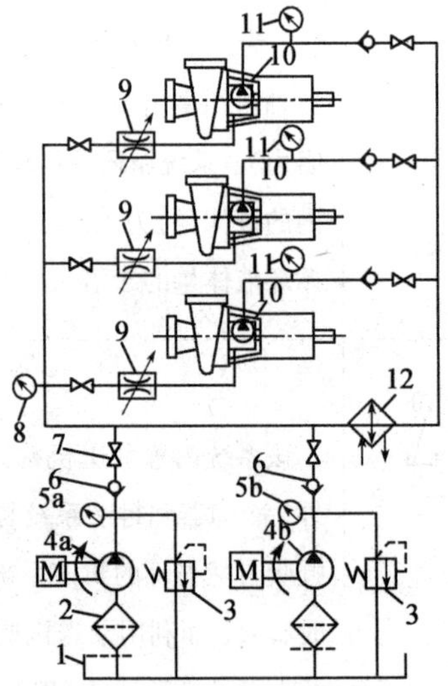 1—容器；2—过滤器；3—安全阀；4—主泵； 5—主泵电接触压力表；6—止回阀；7—截止阀； 8—压力表；9—流量调节器；10—内置叶轮； 11—封液低位压力降低跳闸电接触压力表； 12—冷却器	闭式循环集中供液系统由集中系统提供相同的压力

表 3-15(续)

分类		结构图	介绍
双端面密封	开式循环集中供液系统	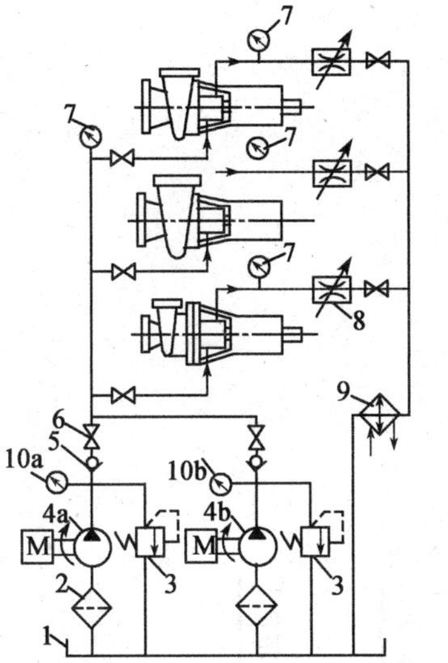 1—容器;2—过滤器;3—安全阀; 4—备用泵;5—止回阀;6—截止阀; 7—压力表;8—流量调节器;9—冷却器; 10—最高压力电接触压力表	开式循环集中供液系统分别由流量调节控制不同用户的需要

(2)温度控制系统。

温度控制系统是机械密封的主要辅助系统。在机械密封工作过程中，必须排除密封端面的摩擦及密封环搅拌产生的热量。为了保证密封正常工作，在工艺上，有时是高温介质，则需要降低轴封箱的温度，来实现温度控制。单纯依靠结构合理及选用导热性好、耐高温的摩擦副材料等方法往往达不到温度控制的效果，必须应用适当的温度控制系统。

常用的温度控制方法是冲洗、冷却、急冷和循环，详细内容见本节中“二、机械密封系统的功能”。

采用温度控制不仅可以保护机械密封，可以避免或减轻以下几种情况：①摩擦副密封环变形与碳石墨环浸渍剂被烧化或熔化；②密封端面间液膜黏度变化、液膜汽化而使液膜破坏；③辅助密封元件失效，如橡胶、PTFE 的密封圈软化、老化和分解；④加速介质对零件的腐蚀与加速磨损；⑤有些介质容易发生结晶、固化、聚合或分解。

机械密封的温度控制方法和措施如图 3-15 所示，需根据实际工作情况，选择和使用温度控制系统。

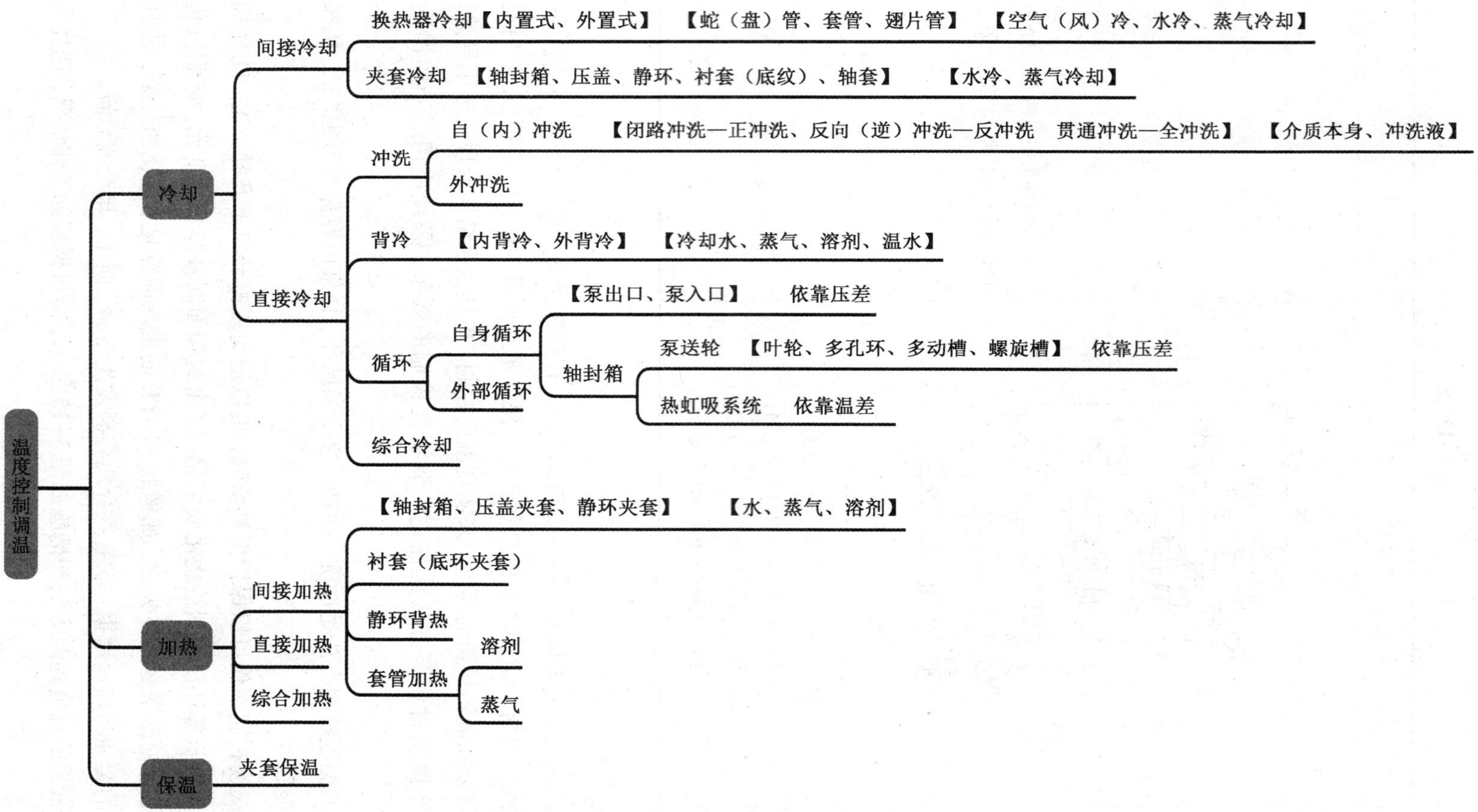

图3–15 机械密封的温度控制方法和措施

控制环境温度时应注意以下事项。

①应保证轴封箱内环境温度比轴封箱压力下沸点低 14 ℃；若被密封介质是水，则轴封箱温度应保持低于 70 ℃，否则会出现闪蒸。

②轴封箱冲洗时没有良好的节流底套是无效的，节流底套的最小长度应为 12.7 mm，如 6.35 mm 长的节流底套是无效的。

③当轴封箱空间受限制时，可在轴封箱与压盖中间加接筒；夹持静环效果较差时，可利用定心连接及金属与金属配合。

④在密封面处尽量不采用高压和高速，以避免形成高温环境。

⑤冲洗液中如果有颗粒，就不要直接冲向密封面处；如果泵中为含固体颗粒液体，在加压时可采用双冲洗，一个冲洗底套(窄间隙封液环)，冲洗量为 7.35～11.35 L/min，间隙流速为 3.048～4.57 m/s；另一个冲洗液送到密封面附近。

⑥采用排出液冲洗时可能有气体进入，应从轴封箱(压盖)底部引进冲洗液冲洗密封面处，另有一管线由封液环处引出返回吸入口。

⑦必须注意用除被密封介质以外的介质冲洗时，该机械密封的结钩、材料和参数应按照冲洗介质来考虑，并做适当处理。

⑧在高温重油冲洗液冷却器中，应注意介质黏度，以避免在冷却器内凝固；背冷时用 100～150 ℃饱和蒸气较适宜，用清水会生成水垢；凝固点在 150 ℃以上，夹套用蒸气冷却为宜，100 ℃以下用清水冷却。

⑨管有、无背冷，都可在压盖处设置节流套或金属唇边(宽度大于 3.175 mm)，从安全角度考虑对被密封介质泄漏的吹出是有利的。

⑩在高温密封中采用蒸气背冷(开车前用作暖机，正常时用作冷却；洗净析出物；蒸气置换空气，可以防止油品泄漏时着火)。

(3)流体替代系统。

在机械密封中，如被密封介质为气相介质或高温、有毒、贵重、易汽化、易结晶及含固体颗粒的介质等这些特殊介质，直接密封则较为困难。可借助机械密封系统采用双端面密封、串级密封、多级密封及组合密封，中间用阻塞流体(俗称封液或封气，其压力总是比被密封工艺流体压力高)或缓冲流体(双密封之间用作润滑剂或缓冲剂的流体，其压力总是比被密封工艺流体压力低)来替代被密封介质，以改变密封的环境，即流体替代系统。

阻塞流体指的是在双端面密封机械密封中，从外部引入流体，其流体压力高于被密封介质的压力，起封堵隔离的作用。在阻塞流体系统中，流体分液体和气体。以前常用液体来阻塞液体或气体，即“液封液”或“液封气”。现在为节省庞大的阻塞液体系统，改用阻塞气体来阻塞液体或气体，即“气封液”或“气封气”。此外，要实现良好的阻塞，实现零泄漏或零逸出，阻塞流体与被密封介质间的压差需要保持在一定的范围内。因此，在系统中，还需有控制阻塞流体压力的差压控制系统。

在石油化工生产中，常用的阻塞流体有水、润滑油、油品(煤油)或惰性气体(氮气、二氧化碳、蒸气等)。此外，对于含固体颗粒介质，采用滤清和冷却过的工作介质的滤清液，而对于腐蚀介质应采用相容的液体(如酒精、甘油、四氯化碳等)。

选择阻塞流体时应考虑以下问题：

①必须与被密封介质(工艺流体)具有相容性并且不使工艺系统被污染；

②应具有润滑性、洁净而且能将摩擦热和搅拌热带走；

③最好在运转条件下具有$(10\sim32)\times10^{-6}$ m^2/s的运动黏度；

④应长时间不氧化或变质(限制到最小限度)，特别是在运转温度下；就算有很少的氧化或变质，应不影响轴封工作；

⑤应无着火危险性、无腐蚀性、对人体健康无害，一般希望闪点高于100 ℃；

⑥必须经过滤清和冷却，并能起到冷却作用；

⑦应与辅助密封材料相容；

⑧必须考虑到就地易取，应可利用且经济。

选择阻塞和加压系统时应考虑以下问题。

①阻塞系统应保证阻塞流体具有阻塞要求的压力：对于背靠背的双端面密封,阻塞流体压力应高于工艺流体压力和大气压；对于串级密封，缓冲流体压力应低于工艺流体压力，但高于大气压；对于面对面的双端面密封，阻塞流体可以高于或低于工艺流体压力。

②加压系统加压方式：在阻塞流体储罐上用气垫加压(重要场合下用氮气加压)；用阻塞液(封液)泵加压(重要场合下用成对的增压泵加压，即一台工作，另一台备用)；临时加压(用气囊蓄压器加压)；固定差压(采用弹簧-液压增压缸或差级液压缸加压)。

③阻塞流体供给压力变动应不超±5%。

④加压系统调压方式：背压调节器调节给定压力；考虑用压力监视和监控设备。

⑤阻塞流体不受工艺流体污染，使阻塞流体返回储罐的压力高于内密封压力。

⑥加压系统控制方法：用背压调节器调节返回流体压力，蓄储罐为常压罐，在每个密封后面或在返回集合管上，也可以用压力储箱。阻塞流体泵只输送阻塞流体，而且整个系统带压操作；采用压力监视并用监控设备。

⑦阻塞流体应该冷却，冷却方式有：系统中换热器冷却阻塞流体；系统中用空气冷却器；监控设备监视出、入口温度；如果气候需要，可以在开车时加热阻塞流体。

⑧阻塞流体在系统中用过滤器，可滤清10 μm的微粒。应考虑使用双过滤器，切换时应无流体损失；要监视过滤器压降；加入储箱前阻塞流体应经过10 μm过滤

器滤清。

⑨出、入密封箱的阻塞流体应该具有关闭阀、密封上游用节流装置(防止阻塞流体进出时的损失)、阻塞流体流量指示(保证机械密封达到指定流量，即可监测泄漏量)、压力指示(也可以觉察泄漏)。

⑩其他需考虑的问题：利用不锈钢管线和过滤器下游短管，消除生锈的可能性；储箱应合理；所有阻塞流体管线和密封室接头都要做标记。

(4)杂质清除系统。

密封介质中往往会由于介质本身(如浆液等)含有固体颗粒、易结晶、结焦等性质，在一定工作条件下出现固体颗粒，还有一些特殊用途泵(如塔底泵、釜底泵)的密封在系统中有残渣、铁锈、污垢，甚至于安装时有残留杂物，都会给机械密封带来较大的危害。例如，固体颗粒进入密封面间会划伤密封面；固体杂质沉积在动、静环辅助密封处会影响密封环的浮动性，出现“密封搁住”现象；沉积在弹簧处则出现失弹现象。因此，必须设法清除密封介质中的杂质。

如图 3-16 所示，常用的固体杂质清除系统有主、副密封间引外冲洗，外置分离器杂质封液引出，外置分离器杂质封液返回入口。图 3-16(a)所示为在主、副密封间引入外来洁净液，通常用清水，必要时用有相容性的封液。图 3-16(b)和图 3-16(c)所示为将出口冲洗液经过旋液分离器去除杂质后，引入密封腔的供液系统。图 3-16(b)为将经过旋液分离器过滤的含杂质封液引出系统；图 3-16(c)为含杂质封液返回泵入口回收系统。

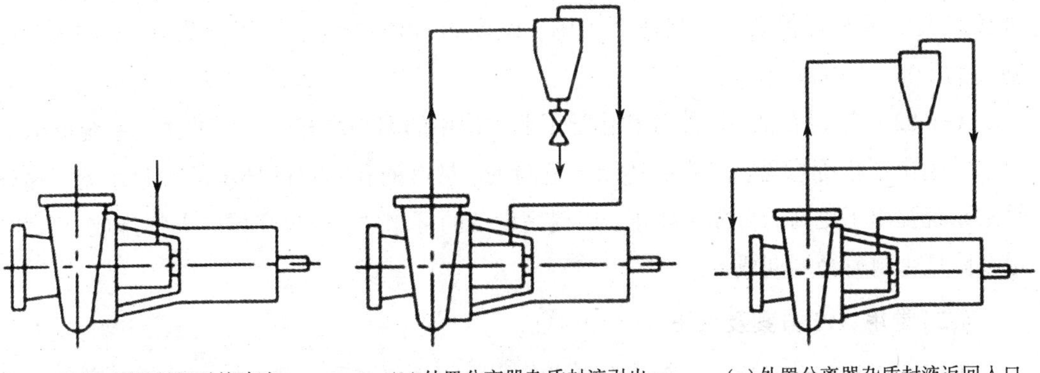

(a)主、副密封间引外冲洗　(b)外置分离器杂质封液引出　(c)外置分离器杂质封液返回入口

图 3-16　固体的杂质清除系统

常用的杂质清除措施有以下几种。

①采用分离装置，在被密封介质进入轴封前，将固体杂质分离掉。例如，采用过滤器、旋液分离器等，用分离方法消除固体杂质。

②采用内、外冲洗方法，使固体杂质不至于侵入密封面缝隙内和其他间隙部位，以免造成磨损和堵塞，如内冲洗、外冲洗、双冲洗等方法。

③采用双密封或串级密封，将含固体颗粒的介质与外界隔开，而由润滑性洁净介质作为阻塞液体，为密封创造良好环境。

④在材料上采用硬对硬的摩擦副材料，防止杂质进入密封面缝隙内。

⑤在结构上除了采用双密封和串级密封外，对单密封采用大弹簧加保护套、组装套开冲洗孔、外装式密封利用离心力分离等结构。

⑥调节温度，防止产生结晶、聚合、分解。例如，50%苛性钠溶液在温度低于15 ℃时，会出现结晶，可用蒸气伴管、加热、保温夹套等方法来调节温度，防止其结晶。

⑦加大间隙，避免杂质堵塞。

⑧采用弹性体密封，使机械密封或部分零件与浆液隔绝，采用洁净的冲洗液，如隔膜保护套、唇状密封作衬套用、V形圈密封作底套用等方法。

⑨采用稀释(溶剂)和在泵结构上采取措施(如叶轮背面装背叶片等)。

三、API682标准

(一)API682标准简介

API682标准《离心泵、转子泵用的轴封系统》是美国石油协会于1994年首次颁布的，目的是获取在炼油厂最普遍采用的且被成功证明的机械密封应用方案。它本身不是一种机械密封的专门标准，而是一种为API610和API676标准所制造的泵用机械密封标准。API682标准能保证机械密封及其系统连续使用三年，且泄漏量满足过程装置要求和环保要求。其适用范围：温度为-40~260 ℃，压力为0~3.45 MPa，轴径为30~120 mm。

API682标准对石油、天然气和化学工业中使用的离心泵和转子泵的密封系统提出了要求并给出了推荐意见，主要讲述用于危险的、易燃的和有毒的环境的轴封系统。这对轴封系统提出了更高的可靠性要求，以提高设备的可靠性，减少介质向大气排放、逸散，以及降低密封寿命周期成本。

(二)常用API方案及系统

下面介绍几种在石油化工企业中常用的API方案及系统。API方案管路布置的管路术语如图3-17所示。

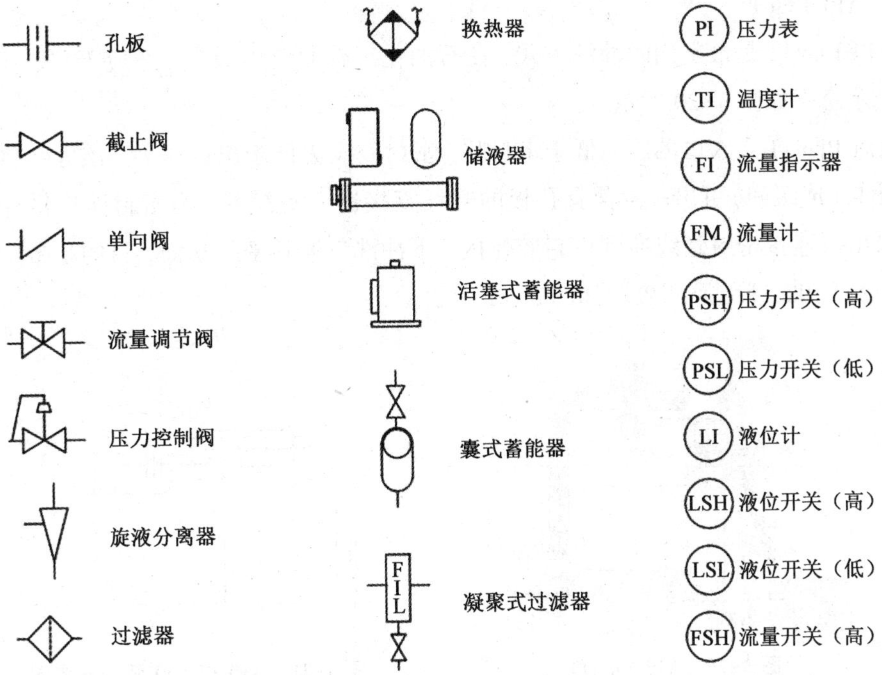

图 3-17 管路术语

1. API Plan02

API Plan02 采用非循环冲洗方式，固体颗粒不会持续进入密封腔，无需外部组件，当使用锥形密封腔时可自然排空气体，其示意图如图 3-18 所示，管路布置图如图 3-19 所示。其适用于高比热、低饱和蒸气压的清洁介质。

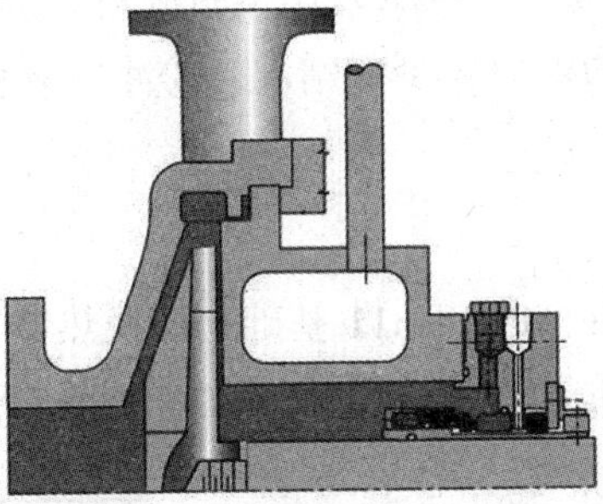

图 3-18 API Plan02 示意图

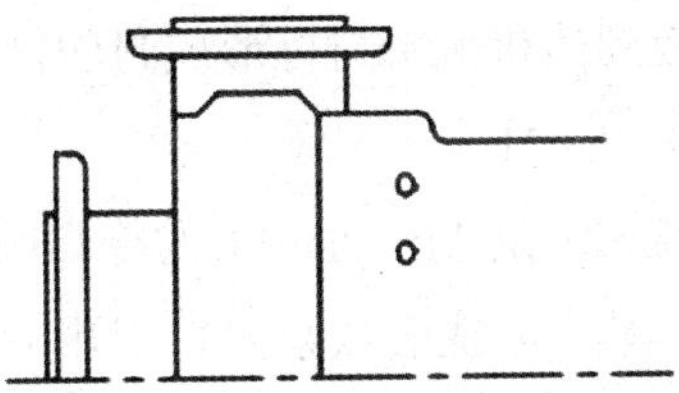

图 3-19 API Plan02 管路布置图

它适用于 ANSI（美国国家标准学会）标准大密封腔、ASME B73.1 标准锥形密封腔、《端吸离心泵 机械密封和软填料密封腔的尺寸》（ISO 3069-2000）、使用冷却夹套的热工艺泵。对于热工艺泵的应用，API Plan62 方案中使用的蒸气也起到额外的冷却作用。

采用 API Plan02 时应注意以下几点：①在开车前，入口用来进行放空；②API Plan02 经常与 API Plan62 一起使用，尤其用于高温波纹管密封中；③冲洗液在一端盲死的密封腔内不形成循环，在特殊情况下，要求有冷水夹套和喉部衬套。

2. API Plan11

API Plan11 是最常用的冲洗方式，在石油化工企业应用最多，适应于单、双机械密封。其示意图如图 3-20 所示。

API Plan11 泵入口的压力低于密封腔，密封腔压力低于出口压力。该方案将冲洗液从泵出口(或级间)引出，经含有孔板的管线直接进入密封腔，为密封面提供冷却和润滑。泵出口连接密封管线冲到密封腔体内，下冲洗口冲到密封端面，目的是带走热量和杂质。API Plan11 管路布置图如图 3-21 所示。

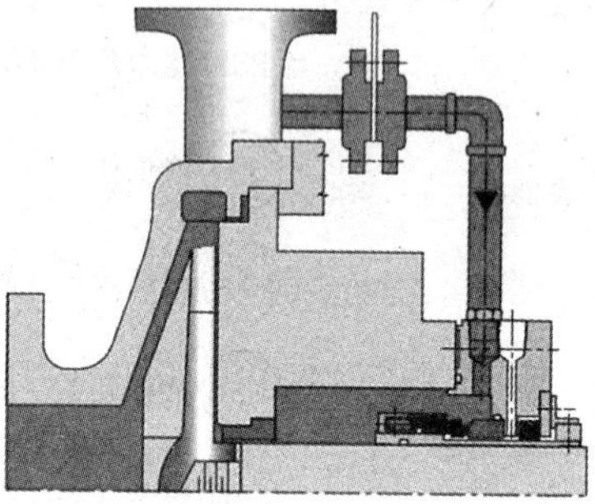

图 3-20　API Plan11

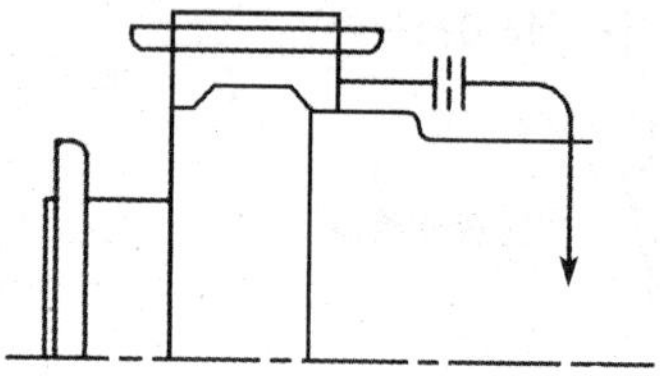

图 3-21　API Plan11 管路布置图

该方案中密封安装由节环、孔板控制压差，如果没有安装会造成密封端面抖动。如果不冲洗密封腔，密封腔就是死腔。

该方案的优点是介质无污染，外接管线简单。如果密封采用分散或扩散冲洗方式，系统的效果会得到提高。

采用 API Plan11 时应注意以下几点：①如果泵出口压力比密封腔压力高 3×10^5 pa，应用一节流孔板来限制流速；②其适用于干净和颗粒较少的情况；③冲洗液从泵出口通过节流孔板到达机械密封可形成封闭循环。

3. API Plan21

API Plan21 是 API Plan11 的冷却版本，是在 API Plan11 基础上加换热器装置，通过压差循环换热。冲洗液从泵出口引出后通过孔板，再通过换热器降温后进入密封腔。其示意图如图 3-22 所示，管路布置图如图 3-23 所示。

该方案的优点是利用工艺介质本身进行冷却和润滑，不会对其产生稀释。冷却会提高润滑效果并降低密封腔内汽化的可能。

API Plan21 不是一个优选方案，换热器会承受较高的热负荷。

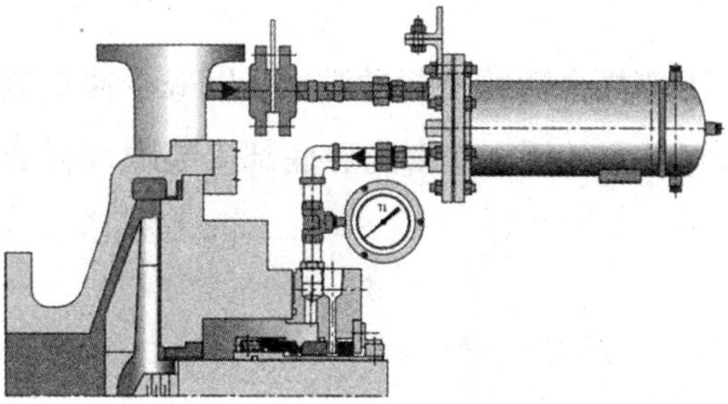

图 3-22 API Plan21 示意图

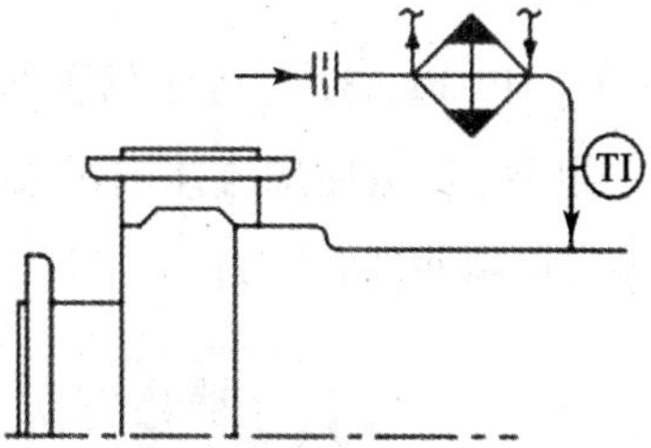

图 3-23 API Plan21 管路布置图

4. API Plan23

API Plan23 是闭式循环系统，利用泵效环使冲洗液在换热器和密封腔之间循环。其适用于单、双机械密封，特点是机封带泵效环，起到消除压差和换热的作用，把介质向外甩而达到循环。其示意图如图 3-24 所示，管路布置图如图 3-25 所示。

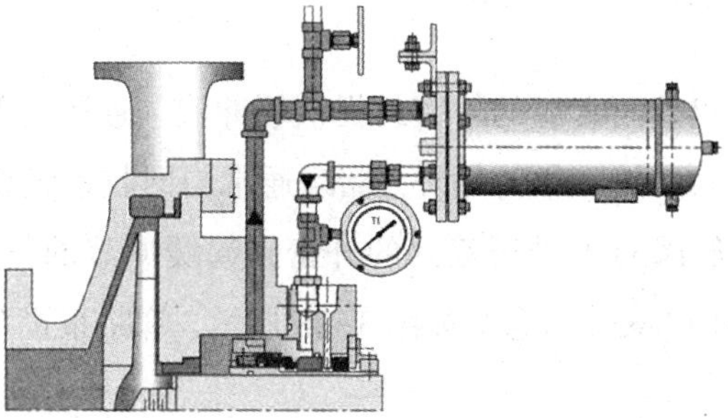

图 3-24 API Plan23 示意图

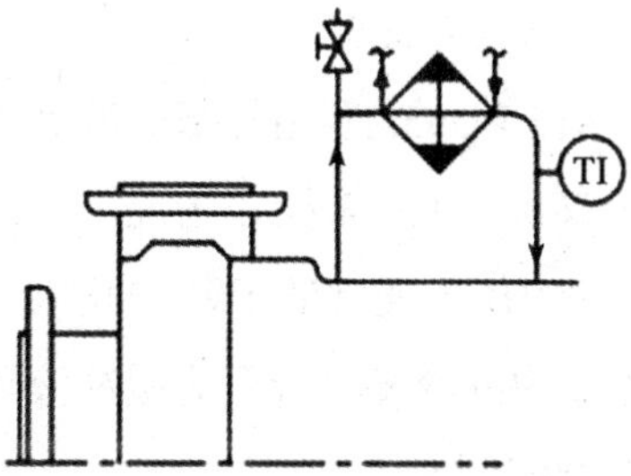

图 3-25 API Plan23 管路布置图

该方案的优点是换热效率高于 API Plan21，换热器结垢几率低，温度降低后会提高润滑性和蒸气压裕量。

API Plan23 是热工况或需要提高蒸气压裕度工况的优选方案。推荐使用于闭式喉部节流装置，减少热介质混入冷却的闭式循环系统。

采用 API Plan23 时应注意以下几点。①热虹吸设计：热交换器在泵中心线以上 18~24 英寸；在泵启动和备用时，要防止过热。②在密封腔底部安装喉部衬套，用来隔离从叶轮传出的热量。③用于高温工况，通过冷却密封腔的小部分的循环流体来使冷却器的热负荷降至最低。④用于高温锅炉给水泵上。⑤其他应用场合：接近沸点的高温液体。

5. API Plan32

API Plan32 在炼油工艺应用最为广泛，属于封油冲洗，即从外冲洗源(即成品油，如汽油、蜡油、柴油)将干净的冷却流体注入密封腔。该方案需采用封闭式喉部节流设计，正确选择外部冲洗液会大大延长密封的使用寿命。其示意图如图 3-26 所示，管路布置图如图 3-27 所示。

塔底泵、原油泵都用此方案冲洗。该方案缺点是耗材，成品油已达到销售水平还需要注入回去。

采用 API Plan32 时应注意以下几点：①选择合适的密封冲洗源，以减少冲洗流体的汽化，同时可避免冲洗流体被污染；②如有必要的话，在密封腔底部安装喉部衬套或迷宫密封来控制冲洗和压力。

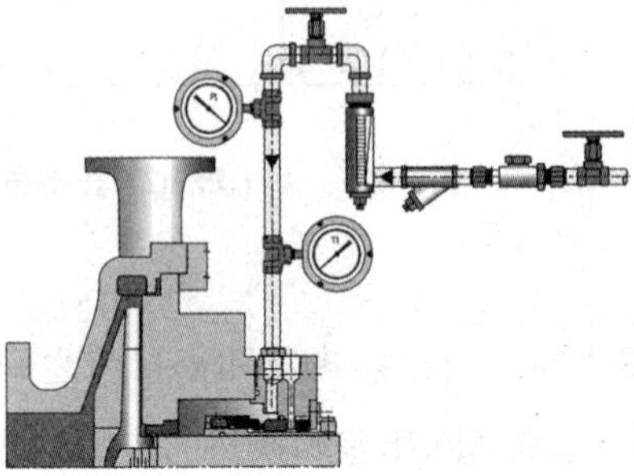

图 3-26　API Plan32 示意图

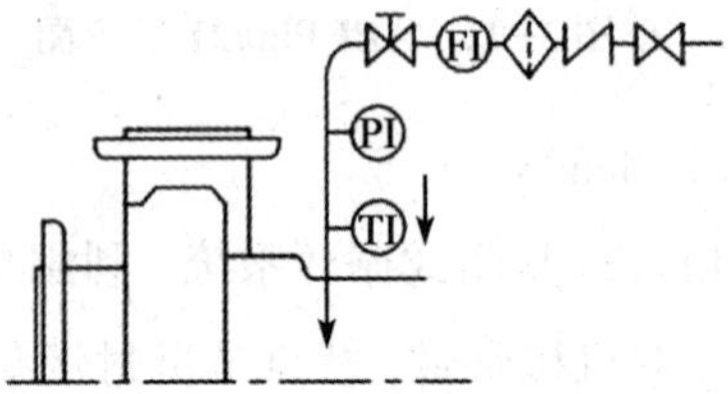

图 3-27　API Plan32 管路布置图

6. API Plan52

API Plan52 利用外部储液罐为非承压双端面密封的外密封提供缓冲液。通常用于不带压双封，在正常操作情况下，通过腔内的泵效环维持循环。储罐通常与回收系统相连通，罐内压力通常低于密封腔压力。外部储罐对不带压双封的外密封起缓冲液的作用，储液罐中的冷却盘管可为缓冲液降温。API Plan52 示意图如图 3-28 所示，管路布置图如图 3-29 所示。

API Plan52 方案的优点：与单端面密封相比，无压双端面密封可以减小介质泄漏量，同时降低密封失效风险。

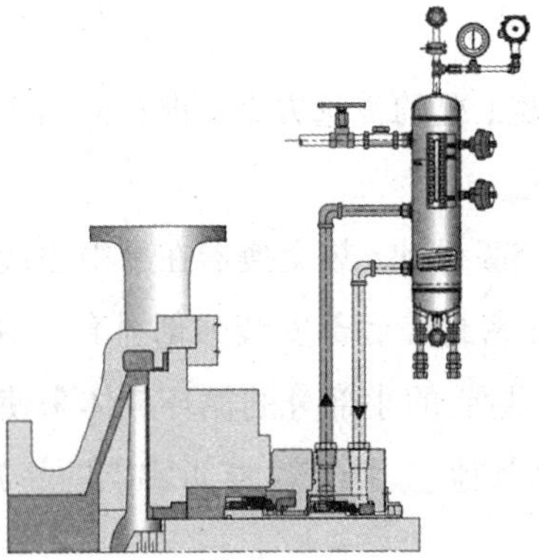

图 3-28　API Plan52 示意图

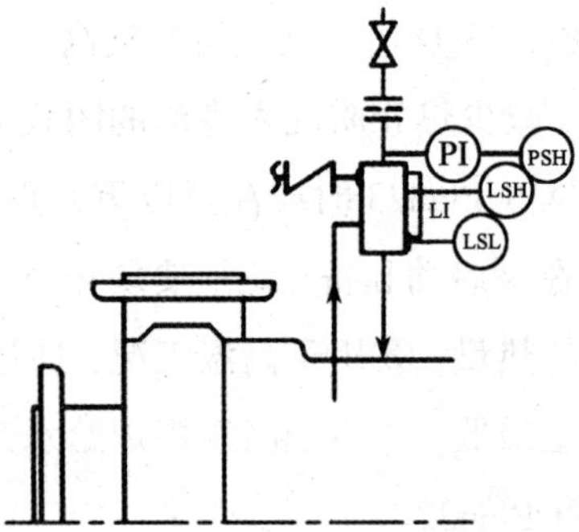

图 3-29　API Plan52 管路布置图

7. API Plan53A

API Plan53A 利用外部储液罐为加压双端面密封提供隔离液，储液罐压力由气体（通常为氮气）提供，并通过泵效环保证隔离液正常循环。该方案通常用于带压双封，罐内压力通常高于被密封介质压力。外部储罐对带压双封的外密封起隔离液的作用。储液罐中的冷却盘管可为隔离液降温。罐内压力大于 300 psi（2.1×10^6 Pa）时隔离液内会夹带气体。API Plan53A 的示意图如图 3-30 所示，管路布置图如图 3-31 所示。

该方案的优点是储液罐容积可根据流量选择。磨损颗粒会沉积到罐低，不会参与再循环。

应用 API Plan53A 时要注意反压能力，现代的带压双封大部分都设计成在内密封和静环上能够承受反压能力。

密封承受反压能力指的是当反压存在的时候，保证密封面上的流体始终保持为隔离液而不是变为工艺介质。当密封面上的流体变为工艺介质时，该密封将变为不带压双封，而方案也变为 API Plan52。由于介质的性能特性，密封会很快失效。

如果一个带 API Plan53A 系统的带压双封在承受反压条件下连续运转没有失效，那么在开始的时候应用的密封应该是一个带 API Plan52 冲洗方案的不带压双封。

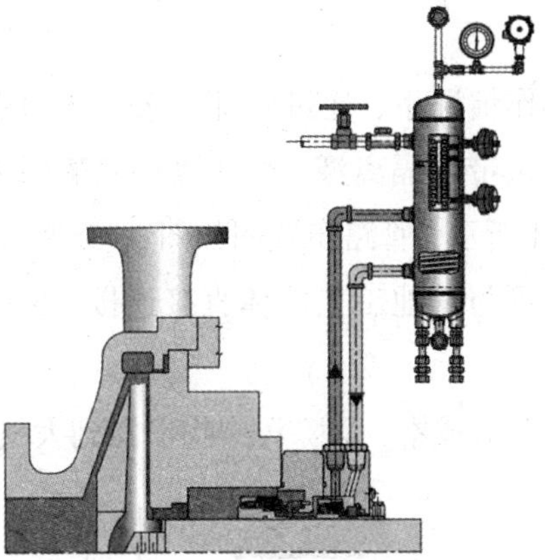

图 3-30　API Plan53A 示意图

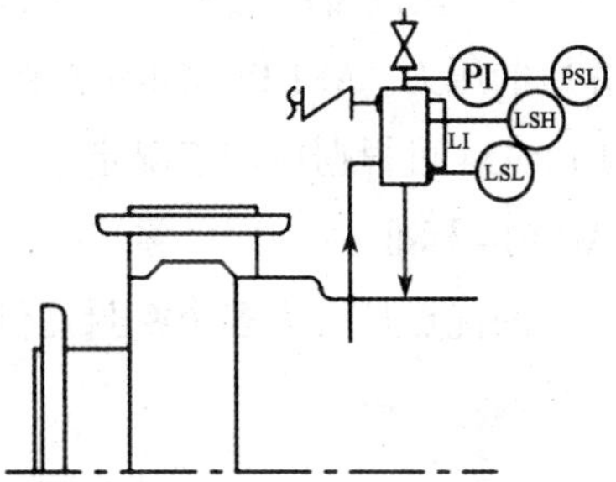

图 3-31　API Plan53A 管路布置图

8. API Plan53B

API Plan53B 由 API Plan53A 演变而来，利用蓄能器将加压气体与隔离液分离，再用换热器冷却隔离液，通过泵效环使其正常循环。

API Plan53B 通常用于带压双封，其采用蓄能器进行加压，气囊应避免氮气溶解在隔离液中，允许较高压的应用。囊式蓄能器将带压气体与隔离液分离，防止隔离液中夹带气体。根据系统热负荷，换热器可选择水冷、翅片管或空冷。API Plan53B 示意图如图 3-32所示，管路布置图如图 3-33 所示。

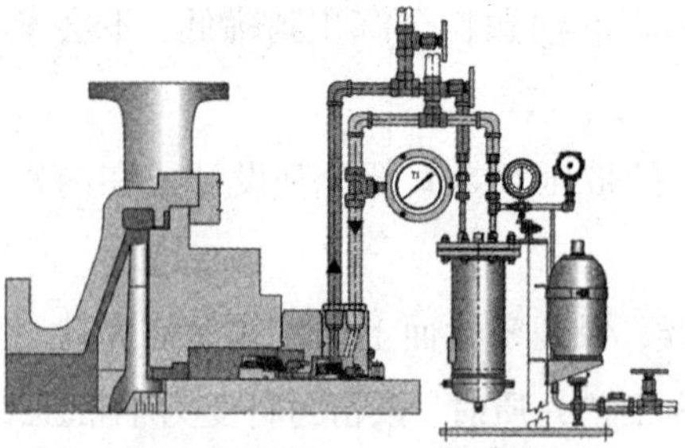

图 3-32 API Plan53B 示意图

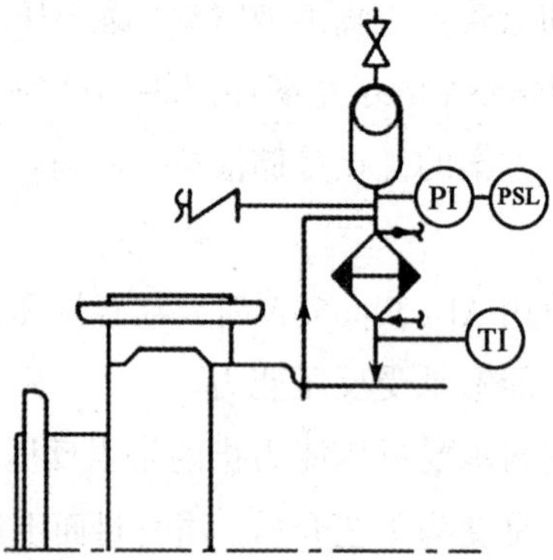

图 3-33 API Plan53B 管路布置图

该方案的优点是如果回路被污染，污染物会限制在封闭的回路当中；补液系统可为多个密封系统提供封液。

9. API Plan54

API Plan54 通常应用于带压双封，在正常操作情况下，通过外部的泵或压力系统维持循环。外部隔离液系统为带压双封的外密封提供带压隔离液，循环隔离液的压力高于被密封介质的压力。API Plan54 示意图如图 3-34 所示，管路布置图如图 3-35 所示。

API Plan54 可根据应用工况定制。该系统既可与其他工艺流体直接连接，也可符合复杂的 API614 标准。

该方案的优点是可为多个密封提供隔离液，降低成本，消除污染物泄漏到大气。

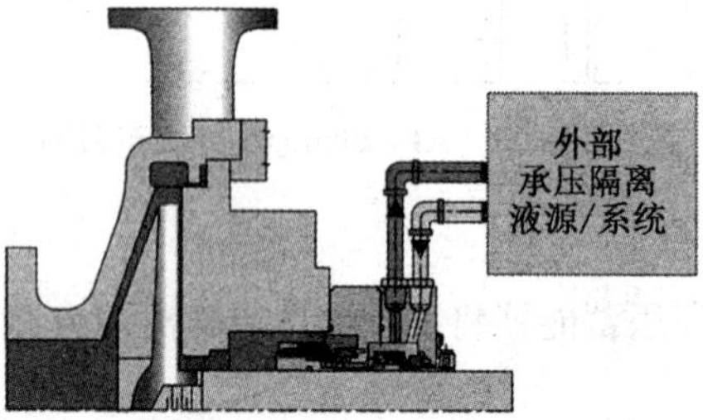

图 3-34 API Plan54 示意图

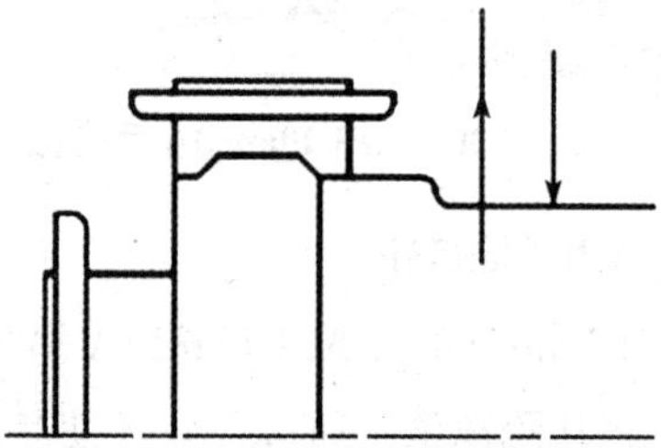

图 3-35 API Plan54 管路布置图

10. API plan62

API Plan62 服务于外密封，结构上有弹簧和补偿环。外部源提供流体（蒸气、气体、水等）吹扫，增加吹扫口以防止在密封大气侧有颗粒的积累；普遍使用节流衬套，石油化工企业也会应用窜蒸气的方法，使蒸气窜到轴承内。其示意图如图 3-36 所示，管路布置图如图 3-37 所示。

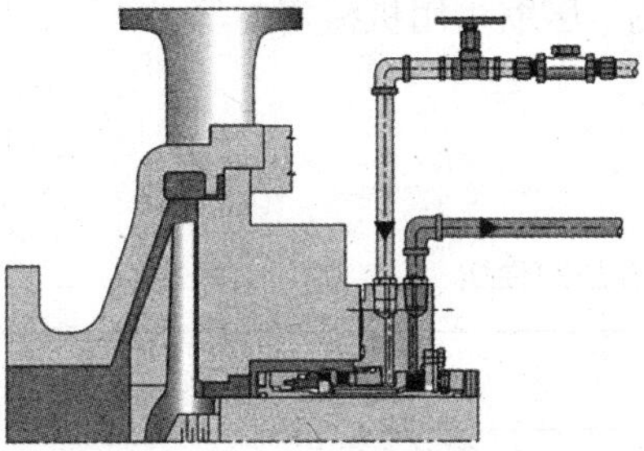

图 3-36　API Plan62 示意图

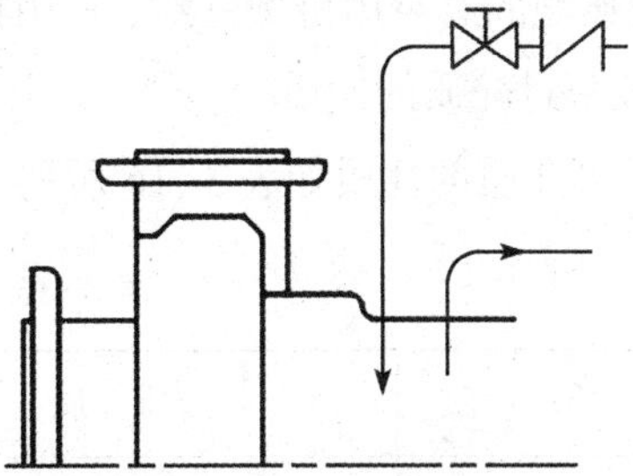

图 3-37　API Plan62 管路布置图

API Plan62 是单端面密封常用方案，通过利用蒸气、氮气或水对密封大气侧进行冲洗来改善密封环境。

该方案的优点是成本低，可替代串联密封；冲洗可防止或延缓工艺介质结晶或结焦，同时也可起到降温作用。

该方案典型应用：热工况下用蒸气吹扫可防止结焦，低温工况利用氮气吹扫可防止结冰，利用水冲洗可以防止介质在密封大气侧产生结晶或聚集。

第四节　机械密封选择、使用及维护

机械密封作为过程装备的精密部件，泄漏量和使用寿命是评定其性能优劣的技术指标。这两项指标取决于许多因素，如选型，机器的精度、安装、使用及维护等。

在实际生产应用中，机械密封会遇到很多问题。例如，同一制造厂的产品在不同的生产装置中表现出的密封效果不同，同一机械密封产品在不同使用时期的密封效果也不同，同一生产装置在不同运行阶段密封效果也不同。这些问题产生于机械密封过程中的安装、使用和维护三个环节。要充分发挥机械密封的作用，就要充分认识机械密封的选择、使用及维护的重要性。

一、机械密封的选择

机械密封的结构形式多种多样，针对某一具体的过程装备，正确合理地选择机械密封，无论是对密封的最终用户，还是对过程装备的设计制造者，甚至是对密封件的制造者来说，都不是一项简单的工作，尤其对于新工艺过程装备更是如此。

（一）影响机械密封选择的主要因素

1. 过程装备的特点

过程装备的特点对机械密封的选择有重要影响。所以，必须考虑过程装备的重要程度、种类、规格、安装和运行方式等。不同类型的过程装备要求选择不同类型的机械密封，比较典型的有泵用机械密封、釜用机械密封、压缩机用机械密封等。

2. 被密封介质的性质

被密封介质的性质如表3-16所列。

表3-16　被密封介质的性质

被密封介质的性质	介质性质	注意事项
化学性质	腐蚀性较弱的介质	内装式机械密封
	强腐蚀性介质	外装式或聚四氟乙烯波纹管式机械密封（密封腔处介质压力 $p \leqslant 0.2 \sim 0.3$ MPa）
化学性质	输送易挥发介质	保持密封面的液相润滑
	汽化危险	过程装备的主密封应采用平衡式结构和低摩擦系数的密封面材料，以减少摩擦热量；采用导热性能良好的材质，以便将摩擦产生的热量迅速传离可能汽化的区域；同时应尽可能提供良好的冲洗方式和冲洗流程
	易燃、易爆、有毒、有害介质	采用有封液（隔离液）的双端面结构
物理性质	饱和蒸气压	决定着其沸腾或起泡的条件，必须保证密封腔内液体的温度和压力在介质沸点或起泡点之间有足够的裕度
	凝固点、结晶或聚合点	决定着介质密封腔内介质温度必须高于介质出现固体颗粒的温度，并有一定的裕度
	黏度	影响密封的启动力矩及摩擦功耗，密封腔体内的传热和界面液膜的形成；用于正位移泵（如螺杆泵，齿轮泵等）的机械密封可能遇到黏度很大的工况，必须考虑其操作黏度和启动黏度。例如，液氨、高温高压水、轻烃等黏度很低的介质，普通密封端面间则难以形成良好的润滑膜，必须特别注意
	易结晶、易凝固、高黏度	应采用大弹簧旋转式结构
	密度	烃类的密度低，挥发性高，可用于与蒸气压数据相校核。水溶液的密封高，表明有大量的溶解物。密封制造厂需要知道介质的密度来进行压头（扬程）和压力的换算，从而考虑压力的大小

表 3-16(续)

被密封介质的性质	介质性质	注意事项
物理性质	固体颗粒	纤维状物体会导致密封腔体及封液的循环线路堵塞，装配密封结构时需要考虑预防措施；大颗粒的固体会在密封和固体的接触侧造成冲击性损伤，需考虑封液的循环方式、布置与密封结构的关系；小颗粒(0.5~20.0 μm)的固体能进入密封端面，会造成严重磨损
	固体溶解物	介质沿密封端面向大气侧泄漏时，由于逐渐蒸发而使局部溶液浓度提高造成固体沉积，会产生下列问题：硬结晶会产生磨损；沉积物沉积在密封外面，停车时将密封面黏合，妨碍密封端面的自由接触而卡住；排液管的沉积物会堵塞管子
危险性	毒性、可燃性、易爆性、腐蚀性	必须充分评估介质的危险性，根据对潜在危险的评估情况，提出密封的选型要求，并对过程装备及现场公用工程进行改造。在关键设备、安全标准和密封选择者的改造措施等方面，需要密封制造厂、过程装备制造厂、密封件的最终用户之间很好地合作与协商

3. 操作条件

除被密封介质特性外，其他操作条件或运行工况对机械密封的选择也具有非常重要的影响。操作条件的决定条件和注意事项如表 3-17 所列。

表 3-17 操作条件的决定条件和注意事项

操作条件	决定条件	注意事项
压力	密封腔的压力 p 决定着是选择单级还是多级密封，选择非平衡式还是平衡式机械密封；也决定着安装的某些方面，如端盖结构、循环方式、清洁冲洗液注入压力、双端面机械密封用封液的注入压力等	当介质黏度高、润滑性能好，且 $p \leqslant 0.7$ MPa，或低黏度、润滑性较差的介质，$p \leqslant 0.5$ MPa 时，通常选用非平衡式结构。p 值超过上述范围时，应考虑选用平衡式结构。当 $p >$ 15 MPa 时，一般单端面平衡式结构很难达到密封要求，此时可选用串联式多端面密封

表 3-17(续)

操作条件	决定条件	注意事项
速度	在高速情况下，离心力对密封元件可能产生不良影响，所以必须保证密封的旋转元件能正常发挥作用。同时，轴加工时的缺陷通常要求密封有更高的轴向追随能力，以保持稳定的液膜	当转速大于4500 r/min，或圆周平均线速度v大于20 m/s时，通常选择静止式结构。在密封界面上边界润滑条件起主要作用时，必须注意选择密封面的材料。另外，许多密封面材料的抗拉强度低，在高速情况下必须考虑对密封环的有效支撑，不能在无支撑的条件下使用。pv值也会对密封的选择产生较大的影响
温度	温度对密封材料的选择有重要的影响，尤其是对摩擦副材料、辅助密封材料、波纹管材料的选择。同时，也决定着冷却或保温方法及其辅助装置	密封材料具有高、低温的限制，例如丁腈橡胶密封圈的安全使用温度是-30~100 ℃，氟橡胶是20~200 ℃。通过温度数据可以帮助选择适于运行工况的材料。在高温操作时，许多密封界面呈气液混合相，端面材质应能承受此工况。密封用于高温烃类时，还会出现结焦问题，即泄漏的物质氧化而形成固体沉积物。对此，需选择不易被卡住的密封类型，并采用低压饱和蒸气阻封以防止结焦
密封腔体	密封腔体的详细尺寸，包括径向尺寸、轴向尺寸，腔体内各种影响放置密封的障碍，密封端盖的空间位置等，对密封结构形式的选择有重要影响	只有获得这些尺寸信息，才能确定密封的尺寸，或确定能否将密封装入而不必改动密封腔体，并判断是否有足够的径向间隙以形成合理的流道
密封寿命	不同的密封工况对密封寿命有不同的要求，有的只需要几分钟，如火箭发射装置；有的则要求能无故障运行许多年，如核电站泵用的密封。合理的寿命要求影响着密封结构和材料的选择	昂贵的端面密封材料和特殊的密封设计(如金属波纹管密封、集装式密封)通常都能延长密封寿命
泄漏	允许泄漏的限制条件也影响着密封的选择	对需要严格控制泄漏的场合，一般都得采用双端面机械密封

4. 外部公用工程

在详细考虑密封的选用问题时，应充分关注能提供冷却水、阻封蒸气和清洁注入液的公用工程。获取公用工程的介质特性、温度和压力等是十分重要的。例如，对于高黏度液体在启动时可能需要加热、液体中能沉积出蜡或胶体的工况，可能需要蒸气阻封，以延长密封寿命。

5. 密封标准

在选择密封时，应关注相关的标准，包括允许泄漏的标准、安装密封结构尺寸标准、密封技术要求标准等，其中有国际标准、国家标准、部颁标准、某些公司或协会标准等。本书附录列出了我国有关密封标准的目录。

6. 其他因素

除上面介绍的因素外，安装维修的难易程度、密封的购置成本和运行成本、获取密封件的难易程度等，都可能影响机械密封的选型。因此，对机械密封的选型需要综合判断分析。

（二）机械密封选择的主要程序

1. 获取数据

获取数据时，要尽可能获取上面介绍的影响选型因素的各种数据，并注意对交货前的检验要求和验收指标规定，也需要注意某些特殊要求，如核准机构、交货期和包装等。

2. 结构形式及其循环保护系统的选择

根据获得的各种数据可对密封的结构形式、材料匹配和循环保护系统进行合理而恰当的选择。许多机械密封制造厂或有关机械密封的手册均提供机械密封的选型用表格。一般根据介质和工况数据，可选择密封类型、各种合适的结构材料、冲洗方式和措施等。但往往有多种方案可满足特定的密封工况，这就需要在众多方案中进行充分比较，以确定最合理的方案。

二、机械密封的正确使用

（一）机械密封的保管

1. 仓库保管的环境

机械密封是精密的制品，因而要妥善保管。仓库环境必须注意的事项如下：①要避开高温或潮湿的场所；②要尽可能选择温度变化小的地方；③选择粉尘少的地方；④在海岸附近，不要直接受海风吹拂，如有可能需要加密闭；⑤选择没有阳光直射的地方。

2. 保管注意事项

机械密封保管中应注意事项如下：①对于备品、备件的入库和出库，用先入库者先出库的方法进行保管；②尽可能不要用手去触摸摩擦副的工作端面，因为手中的汗渍会造成硬质合金腐蚀；③橡胶件长期存放会老化，应贮存在温度为-15~35 ℃、相对湿度不大于 80%的环境中，且贮存期为一年。

（二）机械密封的安装

机械密封是较精密的部件，在石油化工、炼油、油气集输等很多行业中都得到广泛的应用。为了达到过程装备的整体密封效果，机械密封的正确安装尤为重要。

1. 机械密封的安装要求

安装机械密封时，对安装机械密封部位的轴或轴套的径向跳动、表面粗糙度、外径公差、运转时轴的轴向窜动等都有一定的要求。对于安装普通工况泵用机械密封的轴或轴套和端盖的精度要求如表 3-18 所列。由于反应釜转轴速度较低，机械密封对设备的精度要求可以适当降低，如表 3-19 所列。

表 3-18　普通工况泵用机械密封安装的要求

<table>
<tr><th>项目</th><th>结构图</th><th>内容</th><th colspan="2">数值</th></tr>
<tr><td rowspan="4">对密封部位轴或轴套的要求</td><td rowspan="4">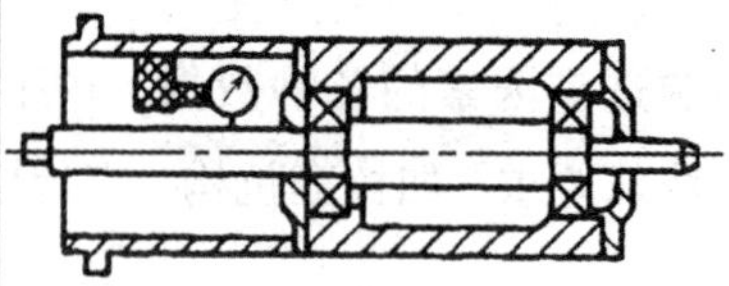</td><td rowspan="2">径向跳动</td><td colspan="2">外径：10~50 mm
径向跳动：≤0.04 mm</td></tr>
<tr><td colspan="2">外径：>50~120 mm
径向跳动：≤0.06 mm</td></tr>
<tr><td>表面粗糙度</td><td colspan="2">≤1.6 μm</td></tr>
<tr><td>外径尺寸公差</td><td colspan="2">h_6</td></tr>
<tr><td>对旋转轴的要求</td><td>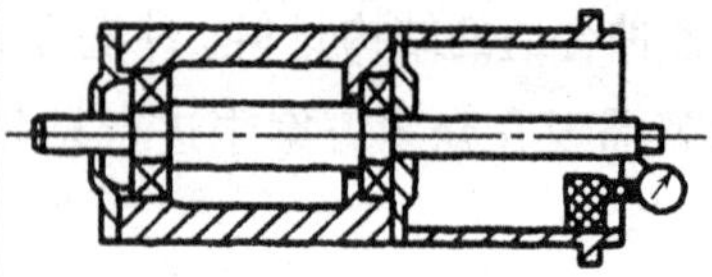</td><td>轴向窜动量</td><td colspan="2">≤0.1 mm</td></tr>
<tr><td>对密封腔体定位端面的要求</td><td>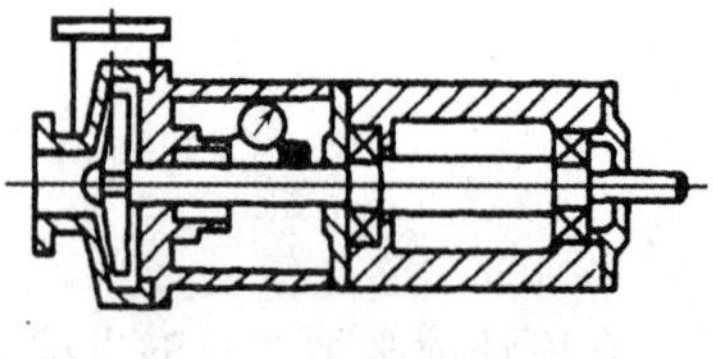</td><td>表面跳动(对轴或轴套)</td><td colspan="2">轴或轴套外径：10~50 mm
径向跳动：≤0.04 mm
外径：>50~120 mm
径向跳动：≤0.06 mm</td></tr>
<tr><td rowspan="6">对安装辅助密封圈处的要求</td><td>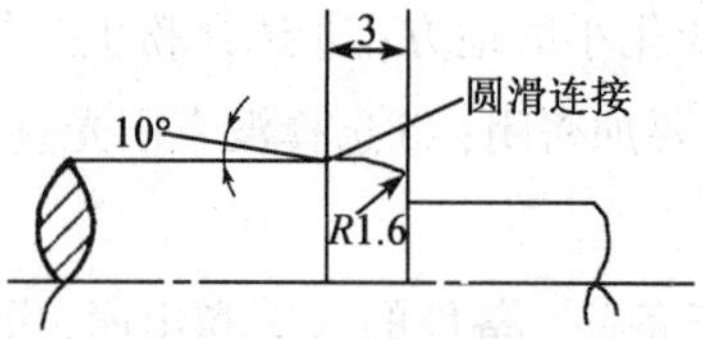</td><td>轴和轴套端部型式</td><td colspan="2"></td></tr>
<tr><td rowspan="5">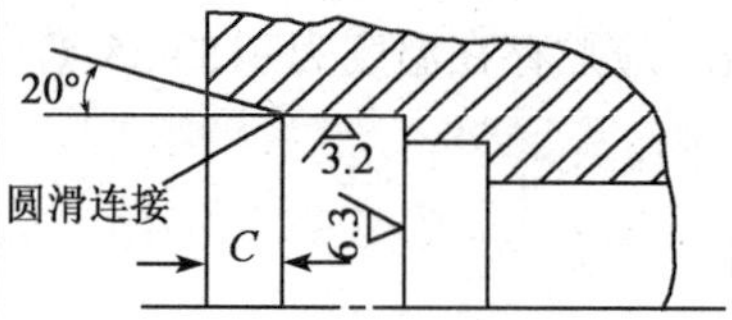</td><td rowspan="5">端盖和壳体孔</td><td>轴或轴套外径/mm</td><td>C/mm</td></tr>
<tr><td>10~16</td><td>1.5</td></tr>
<tr><td>>16~48</td><td>2</td></tr>
<tr><td>>48~75</td><td>2.5</td></tr>
<tr><td>>75~120</td><td>3</td></tr>
</table>

表 3-19 反应釜用机械密封精度要求

轴或轴套外径 /mm	径向跳动 /mm	表面粗糙度 /μm	外径尺寸公差	转轴轴向跳动 /mm
20~80	≤0.4	≤1.6	h_9	≤0.5
>80~130	≤0.6	≤1.6	h_9	≤0.5

2. 机械密封安装前的准备工作及安装注意

(1)检查机械密封的型号、规格是否符合设计图纸的要求；所有零件(特别是密封面、辅助密封圈)有无损伤、变形、裂纹等现象，若有缺陷，必须更换或修复。

(2)检查机械密封各零件的配合尺寸、粗糙度、平行度是否符合设计要求。

(3)使用小弹簧机械密封时，应检查小弹簧的长短和刚性是否相同。使用并圈弹簧传动时，须注意其旋向是否与轴的旋向一致。判别方法：面向动环端面，转轴为顺时针方向旋转者，用右旋弹簧；转轴为逆时针方向旋转者，用左旋弹簧。

(4)检查主机轴的窜动量、摆动量和挠度是否符合技术要求，密封腔是否符合安装尺寸，密封端盖与轴是否垂直。主机轴相关技术要求见表 3-20。

表 3-20 主机轴相关技术要求

项目	数值/mm
轴的窜动量	≤±0.50
轴摆动量(动环密封处)	≤0.06
轴最大挠度	≤0.05
密封端盖与垫片接触平面对中心线的不垂直度允许误差	0.03~0.05

(5)安装过程中应保持清洁，特别是动环和静环密封面及辅助密封圈表面应无杂质、灰尘。不允许用不清洁的布擦拭密封面。

(6)安装中不允许用工具敲打密封元件，以防止密封件被损坏。

(7)在动、静环表面涂上一层清洁的机油或透平油。

3. 机械密封的安装顺序

(1)机械密封定位。

机械密封定位是机械密封安装中最重要的一个步骤。它用来确定动环组件在轴套上的轴向位置。如果是首次安装机械密封，还要进行试装。

①机械密封定位前，转子应安装到正常运转的位置。安装时要注意转子轴向应固定，轴向窜量不大于 0.3 m。

②如用平衡盘确定轴向位置的转子，应将平衡盘和平衡盘座推靠(即平衡盘工作面接触)。

③转子应盘车均匀、轻快，泵内无零件接触和摩擦，在上述基础上才能进行机械密封的定位工作。定位过程步骤如下：

①将装有静环的压盖先装到泵上，转子定位后在轴上做一标记，如图 3-38(a)中 *A* 点；

②标出压盖背面在轴上的位置，并量出包括静环的压盖厚度 l_1；

③测量出包括弹簧的动环组件自由高度 l_2，如图 3-38(b)所示；

④从轴的 *A* 点量一长度为(l_1+l_2-S)(*S* 为机械密封的压缩量)，在轴上得到 *B* 点，如图 3-38(c)所示；从 *B* 点固定传动座，机械密封定位工作即完成；

⑤如果泵原来配备有机械密封，则安装工作从拆卸时就要做好准备，拆卸前先刻出 *A* 点的标记，同时校核原密封传动座的安装位置是否正确。

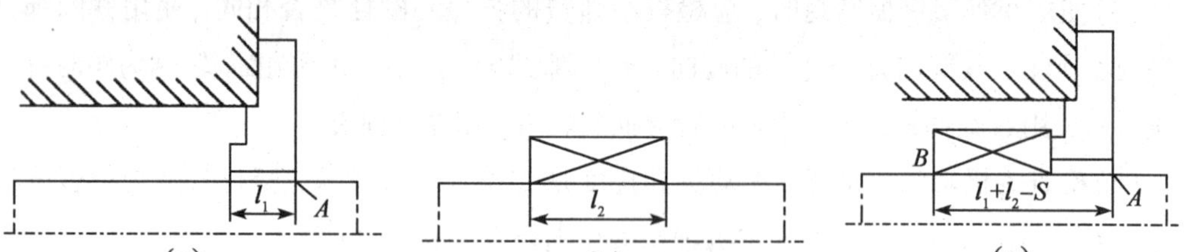

图 3-38　机械密封点位

(2)机械密封安装。

以金属波纹管机械密封为例，机械密封的安装步骤如下。

①将密封动环加密封垫装到轴套上，波纹管组件(静环)加密封垫装到压盖的内侧，折流套从压盖的另一侧插入(如图 3-39 所示)。

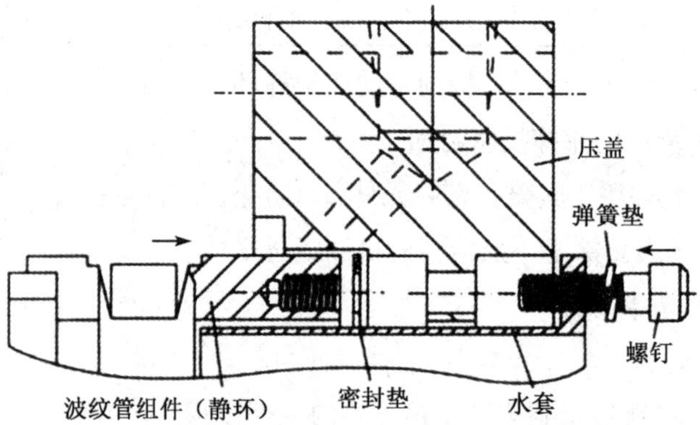

图 3-39　波纹管组件与压盖的装配

②将轴套装入压盖内的折流套中，动、静环端面合到一起。将水封安装到密封压盖上。

③将轴套传动件、轴封、压盖止口垫等零件装到密封的相应位置上，如果是集装式密封，需要把限位板安装到位并固定。

④测量密封腔上的旋转件与静止件的定位距离 L_K。

⑤核对密封装配图上的定位尺寸与实际测量的 L_K 尺寸是否相同。如果相差在±0.5 mm 内，则不必调整；如果相差在 2.0 mm 内，可通过增加动环、波纹管组件的密封垫片数量或增加压盖止口垫数量来调整。波纹管组件自由长度应比装配图中波纹管组件工作高度多 4.0~5.0 mm。

(3)安装检查。

安装完毕后，应予盘车，观察有无碰触之处。如感到盘车很重，必须检查轴是否碰到静环、密封件是否碰到密封腔，否则应采取措施予以消除。对重要设备的机械密封，必须进行静压试验和动压试验，试验合格后方可正式使用。

4. 不同结构离心泵安装机械密封需注意的问题

在用到泵的场合中，离心泵使用最为广泛。不同结构离心泵在安装机械密封时有所不同，需要注意的问题如表 3-21 所列。

表 3-21　不同结构离心泵安装机械密封需注意的问题

离心泵类型	特点及安装注意
悬臂式离心泵	轴已在轴承箱中安装好，而泵体、叶轮和密封箱都没有安装。 在拆卸时就要确定压缩量和传动座的位置，并在轴上做出标记。 安装时，首先把带静环压盖套入轴上，然后安装带传动座和动环的轴套，再安装叶轮并旋紧叶轮背帽，子泵体安装后才能安装压盖
双支承离心泵	安装密封时，叶轮已经装在泵体内。 将轴套及动环组件、带静环的压盖等零件套在轴上，两端轴承安装就位，此时转子已处于工作位置，方可安装两端的机械密封，旋紧压盖螺纹前要校核两端密封的压缩量是否合适
带平衡盘的多级离心泵	即使两端轴承固定，转子仍不能定位，必须将转子向入口端窜动，使平衡盘工作面接触，才能校核密封压缩量是否合适
带平衡盘的多级高温离心泵	确定密封压缩量时，入口端的密封压缩量不可过大，要考虑升温期间转子和泵体的温差、转子向入口端的热伸长量

(三)机械密封的运转

1. 机械密封启动前的注意事项及准备工作

(1)启动前，应检查机械密封的辅助装置、冷却系统是否安装无误。

(2)应清洗物料管线，以防铁锈、杂质进入密封腔内。

(3)进行静压试验，试验压力应等于工作压力。

(4)应检查机械密封端面和密封圈处有无泄漏及密封端盖处是否泄漏。

(5)用手盘动联轴器，检查轴是否轻松旋转。如果盘动很重，应检查有关配合尺寸是否正确；若不正确，应设法找出原因并排除故障。

2. 机械密封的试运转和正常运转

(1)机械密封试运转。

首先将封液系统、冷却水系统启动，使密封腔内充满介质，然后就可以启动主密封进行试运转。如果一开始就发现有轻微泄漏现象，但经过 1~3 h 后逐步减少，这是密封端面磨合的正常过程。如果泄漏始终不减少，则需停车检查。如果机械密封发热、冒烟，一般为弹簧比压过大，可适当降低弹簧的压力。

(2)机械密封正常运转。

经试运转考验后即可转入操作条件下的正常运转。升压、升温过程应缓慢进行，并密切注意有无异常现象发生。如果一切正常，则可正式投入生产运行。

3. 机械密封的停车

机械密封停车应先停主机，后停密封辅助系统及冷却系统。如果停车时间较长，应将主机内的介质排放干净。

三、机械密封的维护

(一)机械密封日常维护内容

机械密封投入使用后必须进行正确的维护，才能使它有较好的密封效果及长久的使用寿命。机械密封的日常维护一般要注意以下几方面。

(1)应避免因零件松动而发生泄漏，注意因杂质进入端面造成的发热现象及运转中的异常响声等。

(2)对于连续运行的泵，不但开车时要注意防止发生干摩擦，运行中更要注意防止干摩擦。

(3)不要使泵抽空，必要时可设置自动装置以防止泵被抽空。

(4)对于间歇运行的泵，应注意观察停泵后因物料干燥形成的结晶，或因降温而析出的结晶，泵启动时应采取加热或冲洗措施，以避免结晶物划伤端面而影响密封效果。

(5)冲洗冷却等辅助装置，确定仪表是否正常稳定工作；要注意突然停水而使冷却不良，造成密封失效，或由于冷却管、冲流管、均压管堵塞而发生事故。

(6)机器本身的振动、发热等因素也将影响密封性能，必须经常观察。

(7)当轴承部分破坏后，也会影响密封性能，因此要注意轴承是否发热，运行中声音是否异常，以便及时修理。

(二)机械密封的检修维护

1. 机械密封的检修

(1)动、静环。

每次检修机械密封动、静环时，应将其取下认真检查。注意端面不得有划痕、沟槽，且平面度要符合要求；否则应根据动、静环的技术要求进行重新研磨和抛光。

(2)密封圈。

密封圈使用一定时间后，常常会溶胀或老化，因此检修时一般要更换新的密封圈。

(3)弹簧。

弹簧损坏大多是因为腐蚀或者弹簧使用过久失去弹力，从而影响密封效果。弹簧损坏后应更换新弹簧。检修时，将弹簧清洗干净后，要测其弹力，弹力变化应小于20%。

(4)轴或轴套。

轴或轴套运转一段时间后，其表面会因腐蚀或磨损而产生沟槽，这时应将轴或轴套表面磨光，恢复原来的表面粗糙度。如果经磨光后，其直径尺寸减小，导致与弹簧座、动环、静环间配合间隙太大，应更换轴套或对泵轴进行补焊或车削镶套。

2.机械密封的维护

(1)维持液膜的稳定性。

机械密封的被密封介质为油品时，因油品的黏度大、润滑性好，可提高动、静环两端面的液膜形成的稳定性。但是被密封介质为纯水时则会降低两端面液膜形成的稳定性，易发生泄漏。在条件允许时，应增加机械密封的润滑度，提高防泄漏效果，延长机械密封的使用寿命。

(2)维持冷却系统的效能。

机械密封依靠动、静环端面形成液膜实现湿运转密封，切忌密封端面干磨，否则两端面间的液膜就会汽化，使摩擦产生的热量无法散失，造成密封副发生热裂甚至破裂。因此，机械密封在使用中，应绝对保证冲洗冷却液的供应及畅通。比如，依靠输送介质降低机械密封的温度时，应保证输送介质的充足。

(3)合理使用机械密封。

机械密封运转一段时间后，净泄漏量增大。为减少净泄漏量，操作人员有时会违反机械密封使用规程，人为排空泵内液体，这会造成短时间内动、静环干磨，大大降低密封的使用寿命。

(4)适当更换机械密封。

机械密封泄漏，很大程度上是由于泵体内部的间隙、工况发生变化，而密封本身并没有损坏。因此，在实际中需要分析是机械密封损坏，还是泵的工况发生变化。例如，当泵平衡盘严重磨损时，会造成多级离心泵一端机械密封急剧泄漏输送的介质；密封完好时，只需要对密封件进行清洗，重新安装即可。当旧机械密封损坏时，新选用的密封的材质、端面表面粗糙度不达标时，使用效果会比旧密封还差。

第五节　机械密封失效分析及故障诊断

一般来说，轴封是流体机械的薄弱环节，它的失效是造成设备需要维修的主要原因。对机械密封的失效原因进行认真分析，常常能找到排除故障的最佳方案，从而提高密封的可靠性，保证流体机械的正常运行。

一、机械密封失效及外部特征

（一）机械密封失效

当机械密封在流体机械内发生泄漏时，即认为机械密封失效。有下列情况之一，就被认为机械密封失效：①从密封系统中泄漏出的介质量超标；②密封系统的压力降低的值超标；③加入到密封系统的阻塞流体或缓冲流体（如双端面机械密封的封液）的量超标。

（二）机械密封失效的外部症状

在机械密封件处于正常工作位置，从外界可以观察和发现的密封失效或即将失效前的常见症状有以下几种。

1. 密封持续泄漏

泄漏是最易发现和判断的密封失效症状。

不同结构形式的机械密封，判断密封泄漏失效的准则可以不同，但在石油化工企业的生产中，还依赖于操作人员的目测。就比较典型的滴漏频率来说，对于有毒、有害介质的场合，即使滴漏频率降低到很低的程度，也是不允许的；同样，如果预料密封滴漏频率会迅速加大，也应该判定密封失效。对于非关键性场合（如水），即使滴漏频率大一些，也常常是允许的。目前，生产实践中判定密封失效，既依赖于技术，也依赖于操作人员的经验。

机械密封出现持续泄漏的原因见表 3–22。

表 3–22　机械密封出现持续泄漏的原因

泄漏点	泄漏通道	产生原因
1	密封端面问题	①端面不平； ②端面出现裂纹、破碎； ③端面发生严重的热变形或机械变形

表 3-22(续)

泄漏点	泄漏通道	产生原因
2	辅助密封问题	①安装时辅助密封被压伤或擦伤; ②介质从轴套间隙中漏出; ③O 形圈老化; ④辅助密封屈服变形(变硬或变脆); ⑤辅助密封出现化学腐蚀(变软或变黏)
3	密封零件问题	①弹簧失效; ②零件发生腐蚀破坏; ③传动机构发生腐蚀破坏

2. 密封面外侧有石墨粉尘积聚

密封端面润滑状态不佳，或者密封端面间液膜汽化或闪蒸，应改善润滑或尽量避免闪蒸出现。

密封腔内压力超过该密封和密封流体允许的范围时，必须纠正密封腔压力。

有些情况可能是残渣造成石墨环的磨损。

3. 泵和(或)轴振动

泵和(或)轴振动是因为出现未对中或叶轮和(或)轴不平衡、汽蚀或轴承问题。这些问题暂时不会使密封失效，但会降低密封的使用寿命。应根据维护修理标准来纠正上述问题。

4. 工作时密封尖叫

密封端面润滑状态不佳时，可能产生尖叫，在这种状态下运行，将导致密封端面磨损严重，并可能导致密封环开裂、破碎等更为严重的失效。应设法改善密封端面的润滑状态，如设置或加大旁路冲洗等。

5. 工作时密封发出爆鸣声

有时可以听到密封在工作时发出爆鸣声，这可能是由于密封端面间介质产生汽化或闪蒸。改善的措施主要是为介质提供可靠的工作条件，包括在密封的许可范围内提高密封腔压力、安装或改善旁路冲洗系统、降低介质温度、加强密封端面的冷却等。

6. 密封泄漏和密封环结冰

某些场合，观察到密封周围结有冰层，这是由于密封端面间的介质汽化或闪蒸。改善的措施同上。应注意结冰可能会擦伤密封端面(尤其是石墨材料)，汽化问题解决后应重新研磨或更新密封端面。

7. 密封寿命短

在目前技术水平情况下，一般要求机械密封的寿命在普通介质中不低于一年，在腐蚀介质中不低于半年。但比较先进的密封标准(如API682)，要求密封寿命不低于2.5×10^4 h。而在某些情况下，机械密封即使是一年或半年的寿命都难以达到，这就形成了机械密封的过早失效。机械密封过早失效的原因见表3-23。

表3-23 机械密封过早失效的原因

序号	机械密封失效	原因
1	密封与轴的直接摩擦	设备整体布置不合理
2	密封端面的严重磨损	密封介质中含有固体悬浮颗粒
3	机械密封过热	密封运行时介质温度过高或润滑不充分
4	机械密封与密封工况不匹配	机械密封所选形式或密封材料与密封工况不相适应

二、机械密封失效的形式

机械密封失效的常见形式有腐蚀失效、热损伤失效和磨损失效三种。

(一)腐蚀失效

机械密封因腐蚀引起的失效为数不少，而构成腐蚀的原因错综复杂。机械密封常遇到的腐蚀状态见表3-24。

表3-24 机械密封的腐蚀状态

腐蚀形态	产生原因	腐蚀发生情况
表面腐蚀	如果金属表面接触腐蚀介质，金属本身又不耐腐蚀，就会产生表面腐蚀，严重时也会发生腐蚀穿透	弹簧件：采用不锈钢材料，可减轻表面腐蚀
点蚀	金属材料表面各处产生的剧烈腐蚀点，通常有整个面出现点蚀和局部出现深坑点蚀两种情况	采用不锈钢时，钝化了的氧化铬保护膜局部破坏时就会产生点蚀，防止的方法是在金属成分中增添镍和铜来限制铬的含量。 弹簧套常出现点蚀或区域性点蚀，有的会导致穿孔
应力腐蚀	金属材料在承受应力状态下处于腐蚀环境中产生的腐蚀现象	容易产生应力腐蚀的材料是铝合金、铜合金、钢及奥氏体不锈钢。 一般应力腐蚀都是在高应力下产生，先表现为沟痕、裂纹，最后完全断裂。 金属焊接波纹管、弹簧、传动套的传动耳环等机械密封构件最易因产生应力腐蚀而失效

表 3-24(续)

腐蚀形态	产生原因	腐蚀发生情况
晶间腐蚀	它是仅在金属的晶界面上产生的剧烈腐蚀现象。尽管其腐蚀量很小，但却能深深地腐蚀到金属的内部，而且还会由于缺口效应而引起切断损坏	对于奥氏体不锈钢，晶间腐蚀在 450~850 ℃发生，在晶界处有碳化铬析出，使材料丧失其惰性而产生晶间腐蚀。为了防止这种腐蚀，材料要在 1050 ℃下进行热处理，使铬固熔化而均匀地分布在奥氏体基体中。碳化铬环不锈钢环座以铜焊连接，使用中不锈钢座易发生晶间腐蚀
缝隙腐蚀	当介质处于金属与金属或非金属之间的狭小缝隙内而呈停滞状态时，会引起缝隙内金属的腐蚀加剧	机械密封弹簧座与轴之间、补偿环辅助密封圈与轴之间(当然此处还存在微动腐蚀)、螺钉与螺孔之间，以及陶瓷镶环与金属环座间均易产生缝隙腐蚀。补偿环辅助密封圈与轴之间出现的腐蚀沟槽，将可能导致补偿环不能做轴向移动而使其丧失追随性，使端面分离而泄漏。一般在轴(或轴套)表面喷涂陶瓷，镶环处表面涂以黏结剂可以减轻缝隙腐蚀
磨损腐蚀	磨损与腐蚀交替作用而造成的材料破坏	磨损的产生源于密封件与流体间的高速运动、冲洗液对密封件的冲刷、介质中的悬浮固体颗粒对密封件的磨粒磨损。腐蚀源于介质对材料的化学及电化学的破坏作用。磨损促进腐蚀，腐蚀又加速磨损，彼此交替作用，使得材料的破坏比单纯的磨损或单纯的腐蚀更为迅速。磨损、腐蚀对密封摩擦副的损害最为巨大，常是造成密封过早失效的主要原因。用于化工过程装备中的机械密封就经常会遇到这种工况
电化学腐蚀	实际上，机械密封的各种腐蚀形态，或多或少都同电化学腐蚀有关	就机械密封摩擦副而言，常常会受到电化学腐蚀的危害，因为摩擦副组对常用不同种材料，当它们处于电解质溶液中，由于材料固有的腐蚀电位不同，接触时就会出现不同材料之间的电偶效应，即一种材料的腐蚀会受到促进，另一种材料的腐蚀会受到抑制。例如，铜与镍铬钢组对，用于氧化性介质中时，镍铬钢发生电离分解。盐水、海水、稀盐酸、稀硫酸都是典型电解质溶液，密封件易于产生电化学腐蚀，因而最好是选择电位相近的材料或陶瓷与填充玻璃纤维聚四氟乙烯组对

(二)热损伤失效

机械密封件因过热而导致的失效，即为热损伤失效。最常见的热损伤失效有端面热变形、热裂、疱疤、炭化、弹性元件的失弹，以及橡胶件的老化、永久变形、龟裂等。

密封端面的热变形有局部热变形和整体热变形。密封端面上有时会发现许多细小的热斑点和孤立的变色区，这说明密封件在高压和热影响下，发生了局部变形扭曲。有时会发现密封端面上有对称不连续的亮带，这主要是由于不规则的冷却，引起了端面局部热变形。有时会发现密封端面在内侧磨损很严重，半径越大接触痕迹越浅，直至不可分辨。密封环的内侧棱边可能会出现掉屑和崩边现象。轴旋转时，密封持续泄漏，而轴静止时不泄漏。这是因为密封在工作时，外侧冷却充分，而内侧摩擦发热严重，从而使内侧热变形大于外侧热变形，形成了热变形引起的内侧接触型(正锥角)端面。

硬质合金、工程陶瓷、碳石墨等脆性材料密封环，有时端面上会出现径向裂纹，从而使密封面泄漏量迅速增加，对偶件急剧磨损。这大多是由于密封面处于干摩擦、冷却突然中断等引起端面摩擦热迅速积累而形成的一种热损害失效。

在高温环境下的机械密封，常会发现石墨环表面出现凹坑、疤块。这是因为当浸渍树脂石墨环超过其许用温度时，树脂会炭化分解形成硬粒和析出挥发物，形成疤痕，从而极大地增加摩擦力，并使表面损伤，出现高泄漏。

高温环境可能使弹性元件弹性降低，从而使密封端面的闭合力不足，导致密封端面泄漏严重。金属波纹管的高温失弹即是该类机械密封的一种普遍而典型的失效形式。避免出现该类失效的有效方法是，选择合适的波纹管材料及对其进行恰当的热处理。

高温是橡胶密封件老化、龟裂和永久变形的重要原因之一。橡胶老化，表现为橡胶变硬、强度和弹性降低，严重时还会出现开裂，致使密封性能丧失。过热还会使橡胶组分分解，甚至炭化。在高温流体中，橡胶圈有继续硫化的危险，最终使其失去弹性而泄漏。橡胶密封件的永久变形通常比其他材料更为严重。密封圈长期处于高温之中，会变成与沟槽一样的形状，当温度保持不变，还可起密封作用；但当温度降低后，密封圈便很快收缩，形成泄漏通道而产生泄漏。因此应注意各种胶种的使用温度，并应避免长时间在极限温度下使用。

(三)磨损失效

虽然机械密封纯粹因端面的长期磨损而失效的比例不高，但碳石墨环的高磨损情况也较常见，这主要是由于选材不当造成的。目前，在机械密封端面选材时普遍认为硬度越高越耐磨，因此无论何种工况，软环材料均选择硬质碳石墨。然而，有些工况却并非如此。在介质润滑性能差、易产生干摩擦的场合，例如，轻烃介质采用硬质碳石墨，会导致其磨损速率高，而采用软质的高纯电化石墨，其磨损速率会很小。这是因为由石墨晶体构成的软质石墨在运转期间会有一层极薄的石墨膜向对偶件表面转移，使其摩擦面得到良好润滑而具有优良的低摩擦性能。

值得注意的是，当介质中固体颗粒质量分数超过5%时，碳石墨不宜做单端面密封的组对材料，也不宜做串联布置的主密封环。否则，密封端面会出现高磨损。在含固体颗粒介质中工作的机械密封，组对材料均采用硬质材料，如硬质合金与硬质合金或碳化硅组对，是解决密封端面高磨损的一种有效办法。这是因为固体颗粒无法嵌入任何一个端面，而只能被磨碎后从两端面之间通过。

三、机械密封拆装、运转过程的失效分析

机械密封在拆卸过程中，能够检查出可能出现的某些失效症状。为了保证密封性能和机械密封的使用寿命，在拆卸过程中建议采用下列步骤进行检查：①观察密封失效的外部症状；②进行拆卸前检查；③进行拆卸中检查；④密封的直观检查，其中包括对密封端面、辅助密封和密封零件的直观检查。

（一）拆卸前检查

分析密封失效现象对解决故障是十分重要的，而拆卸前的检查，无论对直接分析还是事后诊断都很有意义。这种检查多数是由现场技术人员进行的，检查内容主要有以下几个方面。

（1）有毒或有害介质。在这种情况下，技术人员应在拆卸前及拆卸中做好各种必要的防范保护措施。

（2）密封工作时间。对工作小时数、工作周期、停车和启动等进行检查。

（3）工况条件变化。任何变化都应被辨别出来，这常常是解决问题的主要线索。例如，按照理论工况要求选择的密封，有可能与实际工况不相符；介质的压力、温度或组分发生变化；工况条件发生变化或产生波动。

（4）所需背景材料。被密封介质（包括污染物质）的情况，密封流体压力及系统压力，密封流体温度及系统温度，密封腔内流体的流速，被密封流体的汽化压力及温度等数据，轴的转速，特殊操作条件，机器装配图，密封装配图，密封设计数据。

（5）机器振动。即使还未出现振动问题，但此项内容很重要，如轴承座或轴的轴向及径向振动。可以对不平衡、不同心等问题进行频谱分析，直到设备停车进行全面检查为止。

（6）密封泄漏状态。在进行泄漏检查时，应采取各种必要的防范措施，特别是对有毒、有害介质更应如此。应注意以下几方面：异常泄漏的性质及数量；泄漏状况是否稳定；停车时是否有泄漏；开车时是否有泄漏；泄漏是否与轴的转速、介质压力和温度变化有关。

（7）可能的泄漏途径。装配图有助于寻找泄漏途径。如有可能，应在设备运行时辨别出异常泄漏源。可以从设备的外露表面查找泄漏途径，如沿轴或轴套、密封环或密封座

等查找。检查应按装配次序依次进行。在密封拆卸过程中仍需逐项检查，直到泄漏途径全部找到为止。典型的泄漏途径为端面泄漏、密封环的辅助密封泄漏、密封座的辅助密封泄漏、密封组件上的密封垫泄漏、轴套密封垫泄漏、密封腔内元件发生裂纹或损伤产生泄漏。

(8)水压试验。如有可能，对双端面密封可利用台架试验确定泄漏途径，而对其他密封形式的大批量密封进行检查，可以采用适合压力试验的简单试验装置。

(二)拆卸中检查

拆卸中检查分为总体检查、早期失效检查和中期失效检查。其检查内容见表 3-25。

表 3-25　机械密封拆卸中检查内容

拆卸中检查	检查项目	检查内容
总体检查	密封端面	应避免改变密封端面的原状。在安全拆卸的情况下，应避免对密封端面进行不必要的清洗或冲洗，对密封面进行直观检查
	尺寸检查	做必要的标记和测量以便确定以下内容：①密封工作长度；②密封端面对轴线的垂直度；③密封端面对轴线的同轴度；④轴向窜量；⑤轴的径向跳动、晃动及挠度
	可能的泄漏途径	对零件表面进行检查，可找出全部可能产生异常泄漏的原因
	沉积物及碎片	清洗前应检查以下内容：①外来的杂质污物；②磨损颗粒、屑、片等；③破损元件产生的小碎片或碎渣等；④腐蚀产物；⑤其他碎片或沉积物
	密封浮动性	沿密封安装长度的方向上，在上部和下部轻轻掀动密封，检查是否可以浮动
	密封部件的清洗	清洗时应避免清除任何有助于对密封失效机理进行分析的重要证据(特别是密封端面)； 避免使用硬刷子、尖硬工具、有研磨料的清洗剂或强力溶剂(有可能损坏弹性元件)
	包装	返回密封生产厂家进行检查或修理； 许多密封生产厂家收集非正常失效的密封，以进行失效分析和诊断； 应用高标准包装(就像对待新密封一样)避免使用铁丝捆扎，以防止在运输过程中损坏零件

表 3-25(续)

拆卸检查	检查项目	检查内容
早期失效检查	密封端面	密封端面应检查咬伤、擦痕及裂纹，使用低倍数放大镜进行检查。 检查端面的接触状况：①外来物卡在端面之间；②一个或两个端面变形；③端面抛光不良(参见光学平晶检查)。 检查热疲劳：①干摩擦状态下运行；②龟裂或热裂纹；③点蚀、开槽、撕脱、脱皮、疱疤等
	辅助密封	辅助密封应检查：①是否漏装辅助密封；②咬伤、擦痕、硬切伤及撕裂等；③静密封是否扭曲、挤压或畸变；④辅助密封与配合表面之间由于旋转运动而引起的擦伤痕迹；⑤过量的体积变化或压缩屈服变形；⑥与辅助密封接触的密封件表面的磨损
	传动机构	传动机构应检查：①装配是否正确；②是否有错误的标定；③是否有遗漏件。 检查与辅助密封相关的，有时还作为传动件的辅助密封件的损伤，如静密封件和波纹管
	端面加载附件	端面加载附件应检查：①型号是否正确；②装配是否正确；③是否有错误的标定；④是否有遗漏件
中期失效检查	密封端面	密封端面应检查：①总体腐蚀状况；②是否有析出物；③异常沟槽；④腐蚀磨损；⑤点蚀、撕脱及裂纹；⑥热损伤，如热变形、热裂、龟裂、疱疤、固体物质沉积及热变色(或出现色斑)。 用下列方法检查磨损状态：①肉眼检查磨损状态；②利用低入射角光线仔细检查外形；③先用 10 倍放大镜，然后用 50 倍放大镜进行检查；④测量磨损量
	辅助密封	辅助密封应检查：①挤压情况；②对密封配合表面的化学腐蚀；③过量的体积变化；④过量的压缩屈服变形；⑤变硬或开裂
	传动机构	传动机构应检查：①是否失效；②是否过量磨损。 检查与辅助密封相关的，有时还作为传动件的辅助密封件的损伤，如静密封件和波纹管

四、机械密封失效案例分析

石油化工企业在实际生产过程中，常常遇到的密封失效形式主要有以下 4 种类型：①机械的密封失效，如磨损、振动；②热的密封失效，如蒸发、干运转、O 形圈过热、结焦；③化学的密封失效，如化学侵蚀、腐蚀；④其他失效类型，如 O 形圈挤出、碳环冲蚀、碳环崩边、密封面变形、黏结、疱疤、结冰、磨蚀。各种密封失效形式的具体情况见表3-26。

表 3-26　密封失效形式

密封失效类型	密封失效形式	辨别方法	产生原因	防护措施	失效图
机械的密封失效	磨损	①硬面环状槽内孔处颗粒的堆积； ②碳环贯穿密封面的径向槽不均匀的磨损	产品内的磨粒： ①大颗粒会阻塞密封面； ②小颗粒会嵌入密封面	①干净的冲洗液； ②材料采用硬对硬	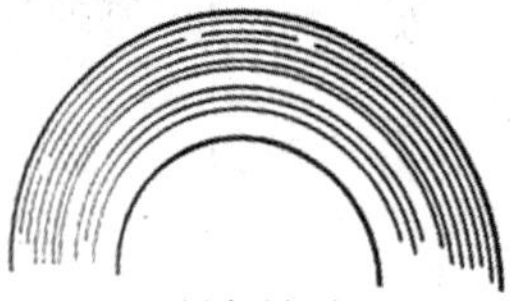 硬密封面 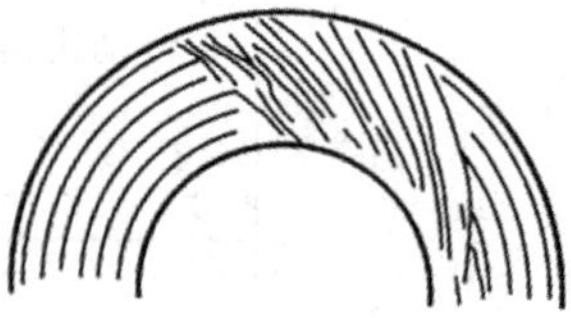 碳石墨密封面
	振动	①轴或轴套上 O 形圈处有磨蚀痕迹； ②O 形圈有挤出现象	①泵的汽蚀现象； ②机械失效； ③管应力； ④来自邻近运转设备的振动	①检查泵的操作程序和条件，检查泵的选择和安装； ②检查泵腔叶轮侧间隙； ③提供合理的配管； ④在这个问题被克服之前，设计泵的基座，或者提供合理的配管方案	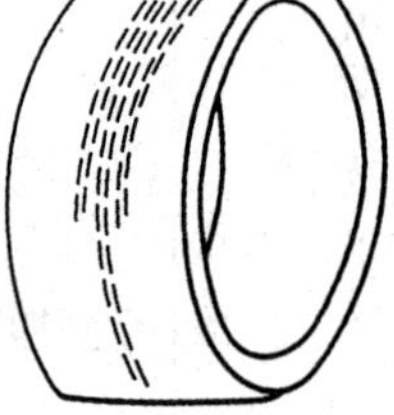

表 3-26(续)

密封失效类型	密封失效形式	辨别方法	产生原因	防护措施	失效图
热的密封失效	蒸发	①硬面变色、裂纹； ②碳环崩边、疱疤； ③操作中，会发生爆破或噗噗声	当密封面局部过热的时候引起密封液膜汽化	①泵的旋转部件与静止部件之间发生机械性碰撞； ②密封冲洗管线的堵塞，密封冲洗流率不足； ③操作压力接近介质的蒸气压：增加密封腔的压力，降低密封腔的温度	 碳石墨密封面  硬密封面
	干运转	在操作过程中密封会发出鸣叫	密封面之间出现润滑不足	导致润滑不足的原因： ①泵入口压力掉压； ②过滤器的堵塞； ③泵开车前不正确的排气	 碳石墨密封面  硬密封面
	O 形圈过热	①接触区域变蓝色或黑色； ②硬化和裂纹	①O 形圈局部过热； ②错误应用超出 O 形圈最大温度极限	①用可选择的好的材料代替； ②降低与密封接触的介质的温度； ③检查可能引起密封腔温度升高的原因：冲洗管路是否堵住；冷却器的堵塞；干运转或闪蒸导致密封面局部过热	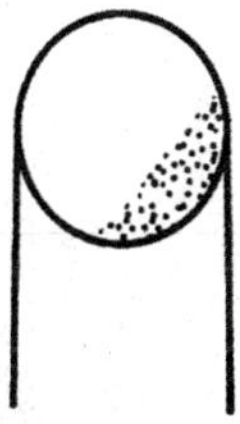 聚四氟乙烯 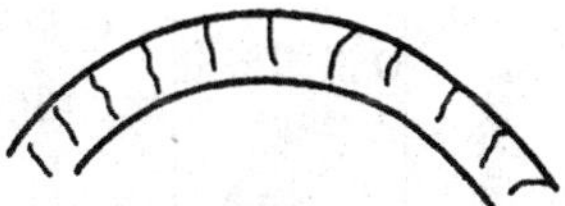 合成橡胶

表 3-26(续)

密封失效类型	密封失效形式	辨别方法	产生原因	防护措施	失效图
热的密封失效	结焦	泄漏物分解或凝固，阻止动环的推进	①大气侧泄漏物的冷凝；②结焦物的沉积导致密封挂起，进而导致大量泄漏	①引入一个低压干蒸气进行吹扫；②在大气侧引入热介质进行吹扫；③急冷压力不能超过：0.20~0.35 kg/(cm^2·g)，0.20~0.70 kg/(cm^2·g)	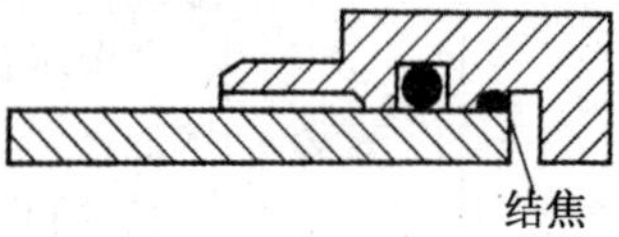
化学的密封失效	化学侵蚀	表面侵蚀、溶胀、点蚀	垫片材料的化学侵蚀是由于服务条件的改变或者选择了不正确的垫片材料	参考制造商的材料选型手册，以便选择合适的 O 形圈材料	
	腐蚀	金属零件被腐蚀	①原始选型时所选材料不正确；②泵送产品的改变	用合适的材料代替	
其他失效类型	O 形圈挤出	O 形圈被挤压、切削	①过高的操作压力和温度；②错误的安装程序(O 形圈因受力在小缝隙处造成挤压变形)	①检查机械密封设计符合应用工况；②应用硬度较高的 O 形圈；③应用正确的安装程序	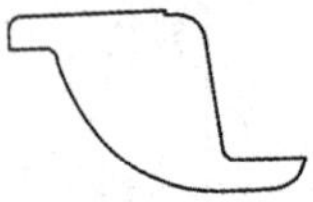 

表 3-26(续)

密封失效类型	密封失效形式	辨别方法	产生原因	防护措施	失效图
其他失效类型	碳环冲蚀	石墨环点蚀	过高的冲洗液流速	降低冲洗速率	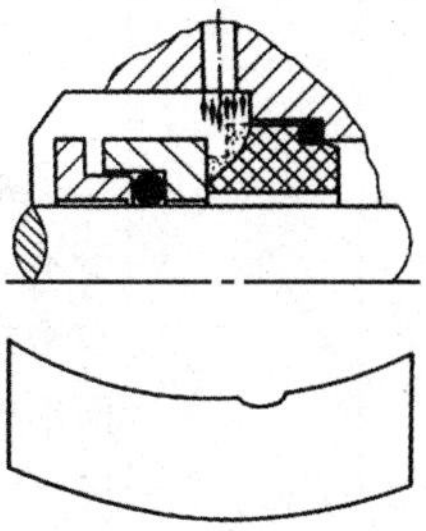
	碳环崩边	销子处发生崩边、开裂	错误的安装程序	参照密封生产厂家的安装说明,以便保证正确的安装程序	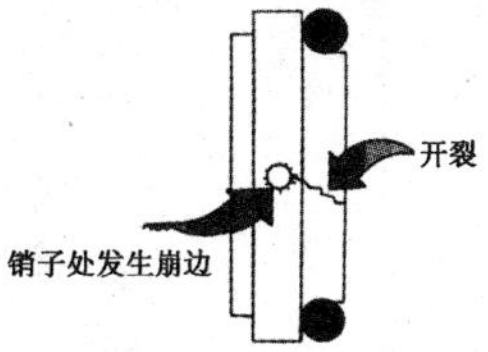
	密封面变形	① 硬面点接触; ②碳环局部接触	机械密封的错误应用超出它的设计极限	①根据密封厂家推荐的密封极限检查密封的压力极限; ②为此工况重新设计密封	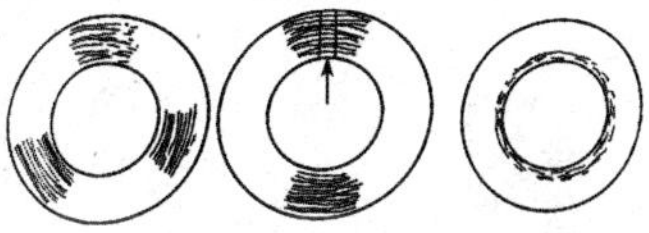
	黏结	①硬面有浅槽、亮点; ②碳环大块疱疤	①高黏度的液体; ② 流体的结晶; ③密封腔内的温度环境降低	①应用正确的密封材料组合; ②确保良好的密封循环存在; ③通过采用低压蒸气或在水夹套中通热水对密封腔进行保温; ④采用电拌热对循环管路进行加温; ⑤采用缓冲流体来预防大气侧的结晶	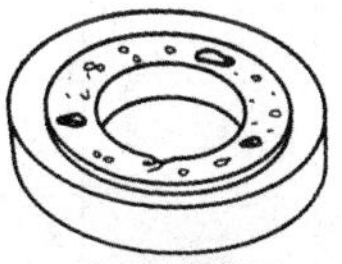 碳石墨密封面 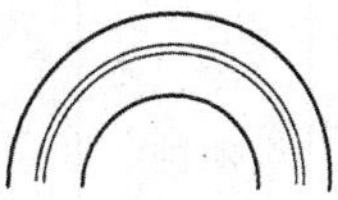 硬密封面

表 3-26(续)

密封失效类型	密封失效形式	辨别方法	产生原因	防护措施	失效图
其他失效类型	疱疤	①密封面下有气孔，在密封面表面形成圆形突起； ②在突起上出现裂纹； ③密封面表面出现缺陷	①高黏度液体，像油浸入到密封面，当密封面生热，因为油的膨胀导致油突然从孔中崩出； ②高饱和蒸气压的轻烃（液态）渗入密封面。当温度升高后，因为液体汽化膨胀导致烃类从小孔中溢出	①检查密封面的冷却和循环；冷却和循环不好容易使密封高温失效； ②使用轻油作为隔离液； ③采用硬化碳环、抗起泡碳环，或是使用像碳化钨、碳化硅材料来代替碳环	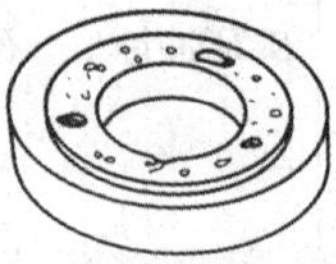 碳石墨密封面 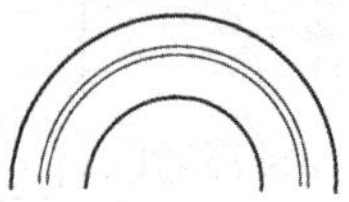 硬密封面
	结冰	机械密封大气端结霜和结冰	密封面中的液膜不稳定	①结冰现象也经常发生在密封低温和低密度的液体中（通过安装一个合适的喉部衬套来提高密封腔的压力）； ②安装一个甲醇急冷装置	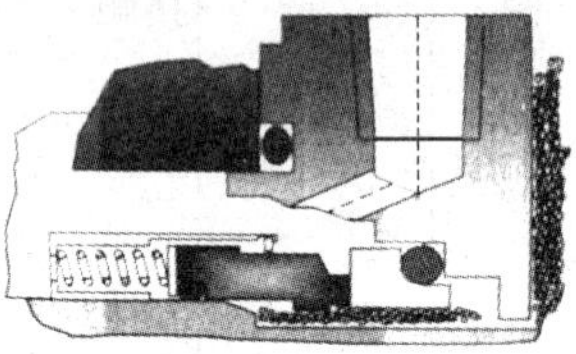
	磨蚀	垫片处轴套的磨损	①腐蚀和磨损的综合作用； ②像海水一类的电解液中，腐蚀或电解腐蚀较普遍； ③当轴或轴套上的氧化层被O形圈磨掉后就会发生腐蚀	在O形圈移动的地方加硬涂层	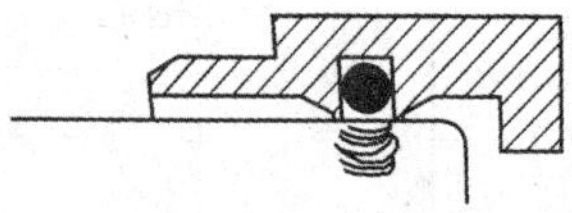

五、企业机械密封失效图

图 3-40 所示为企业机械密封失效图。

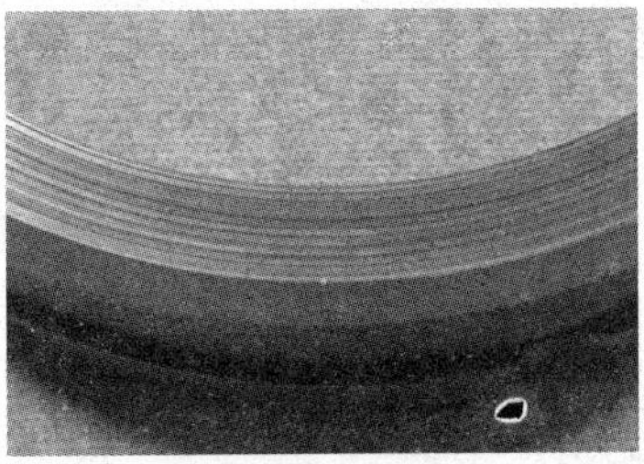

(a)机械密封磨损

(b)机械密封冲蚀

(c)轴套磨损

(d)驱部位磨损

(e)O 形圈腐蚀

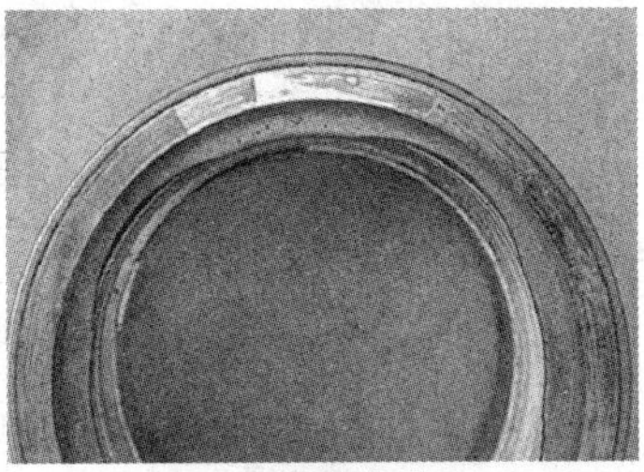

(f)端面热裂

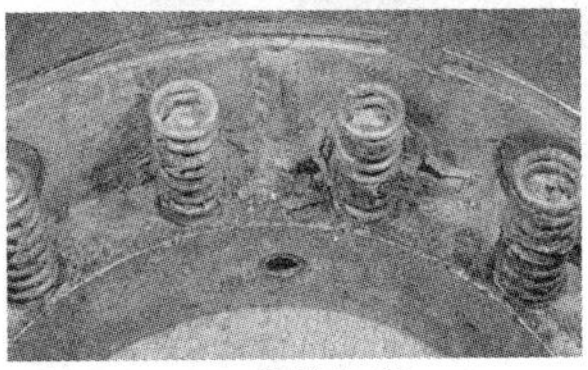

(g)弹簧失弹

(h)波纹管失弹

(i)疱疤

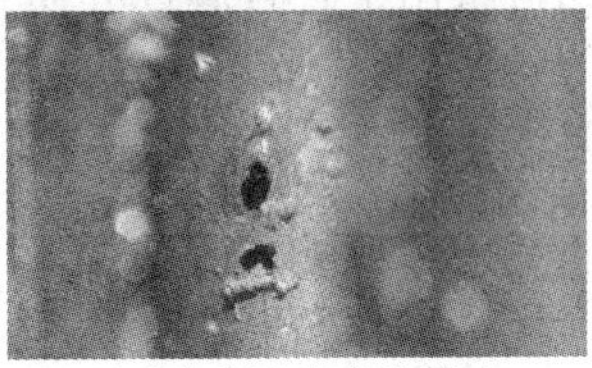

(j)金属波纹管波片腐蚀损坏(30X)

图 3-40 企业机械密封失效图

第六节 石油化工行业典型机械密封应用

一、泵用机械密封

波纹管是指在补偿环组件中，能在外力或自身弹力作用下伸缩并起补偿环辅助密封作用的波纹状管形弹性零件。

波纹管型机械密封在轴上没有相对滑动，对轴无磨损，追随性好，适用范围广。追随性是指当机械密封存在跳动、振动和转轴的窜动时，补偿环对于非补偿环保持贴合的性能。

(一)波纹管机械密封

按照波纹管材料不同，波纹管型机械密封可分为橡胶波纹管型机械密封、PTFE(聚四氟乙烯)波纹管型机械密封和金属波纹管型机械密封。

1. 橡胶波纹管型机械密封

橡胶波纹管型机械密封(如图3-41所示)结构简单紧凑，安装方便且价格便宜，适用于工作压力不高于1.5 MPa、温度不高于100 ℃的低参数条件。但是橡胶波纹管的应用领域和橡胶件材料有很大限制。

服务领域：水、油、温和化学物质、淤泥、泥浆等。

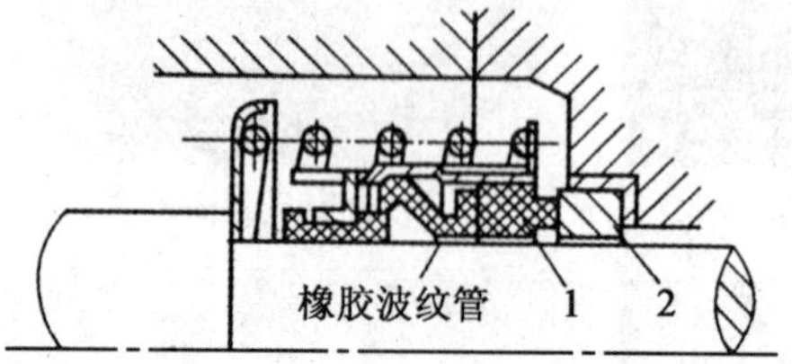

图3-41　橡胶波纹管型机械密封

1—动环；2—静环

2. PTFE(聚四氟乙烯)波纹管型机械密封

由于PTFE(聚四氟乙烯)耐腐蚀性好，因此PTFE波纹管型机械密封(如图3-42所示)可用于各种腐蚀介质中。

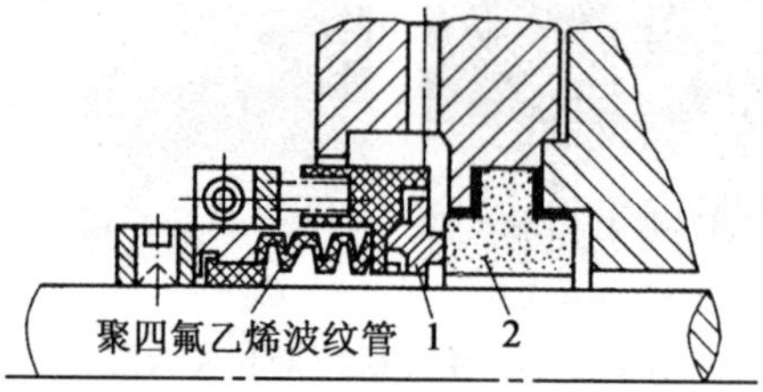

图3-42　PTFE波纹管型机械密封

1—动环；2—静环

3. 金属波纹管型机械密封

金属波纹管(如图3-43所示)又可分为液压成型金属波纹管和焊接金属波纹管。金属波纹管本身能代替弹性元件。它耐蚀性好，可在高、低温下使用。

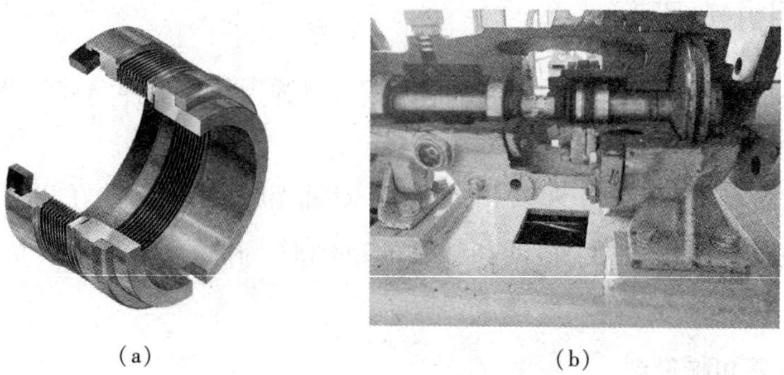

(a)　　(b)

图3-43　金属波纹管

(1)液压成型金属波纹管密封。

液压成型金属波纹管密封(如图 3-44 所示)的服务领域：水、泥浆、纸浆和造纸、轻度危害化学物质。

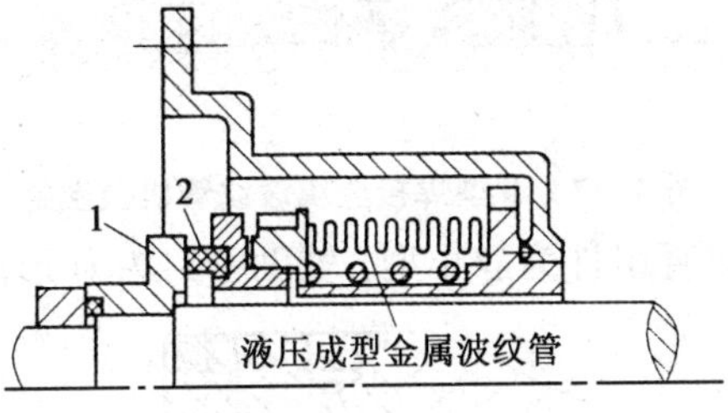

图 3-44 液压成型金属波纹管型机械密封

1—动环；2—静环

(2)焊接金属波纹管密封。

焊接金属波纹管机械密封(如图 3-45 所示)适用于离心泵及类似机械旋转轴用焊接金属波纹管型机械密封。其适用范围：轴径 ϕ20~120 mm；密封腔温度-40~400 ℃；单层波纹管密封腔压力不大于 2.2 MPa，双层波纹管密封腔压力不大于 4.2 MPa；旋转型端面平均线速度不大于 25 m/s，静止型端面平均线速度不大于 50 m/s。焊接金属波纹管密封的服务领域：高温、高压、石油、化工和轻微腐蚀介质。

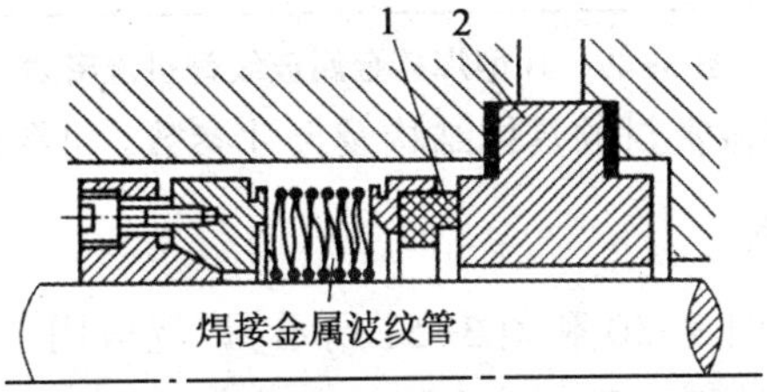

图 3-45 焊接金属波纹管机械密封

1—动环；2—静环

焊接金属波纹管机械密封分为以下四种基本形式。

① Ⅰ型。内装式，波纹管组件为旋转型，辅助密封为 O 形圈，如图 3-46 所示。

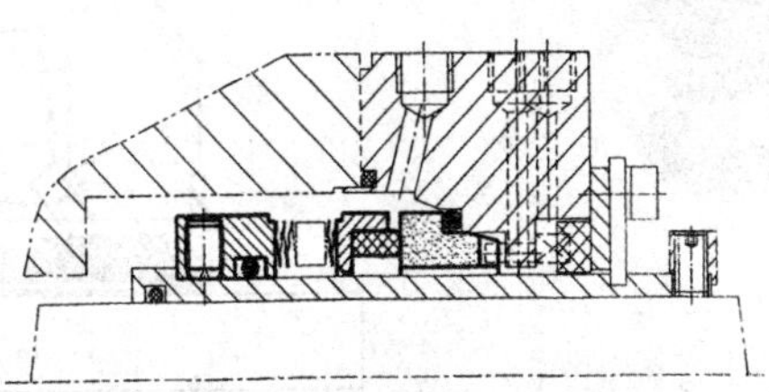

图 3-46 Ⅰ型焊接金属波纹管机械密封

②Ⅱ型。内装式，波纹管组件为旋转型，辅助密封为柔性石墨，如图 3-47 所示。

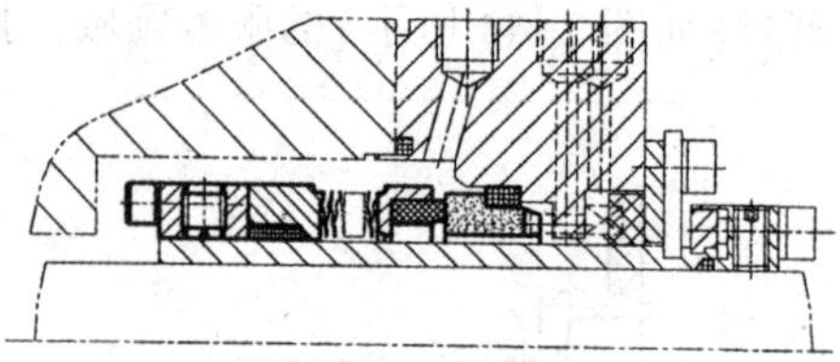

图 3-47　Ⅱ型焊接金属波纹管机械密封

③Ⅲ型。内装式，波纹管组件为静止型，辅助密封为 O 形圈，如图 3-48 所示。

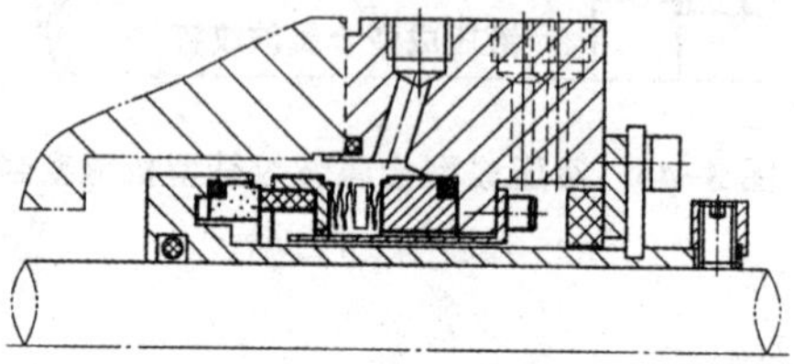

图 3-48　Ⅲ型焊接金属波纹管机械密封

④Ⅳ型。内装式，波纹管组件为静止型，辅助密封为柔性石墨，如图 3-49 所示。

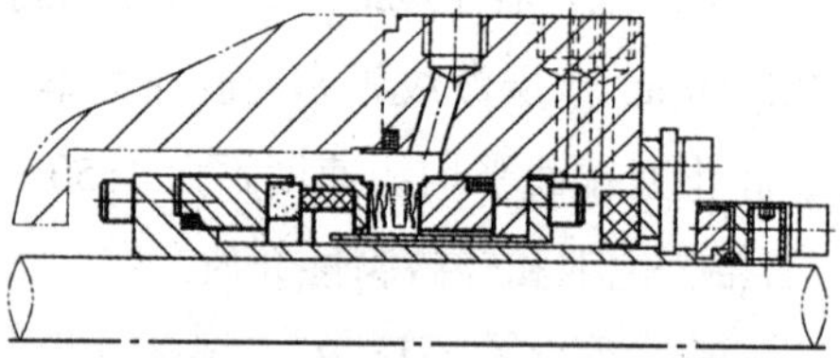

图 3-49　Ⅳ型焊接金属波纹管机械密封

上述几类标准泵用机械密封的具体结构及尺寸参数，可参阅相关标准和手册。

（二）橡胶 O 形圈密封

橡胶 O 形圈密封（如图 3-50 和图 3-51 所示）广泛应用于化工厂中。它有较宽的温度范围和压力范围，但是磨损效果不如楔形环密封。

橡胶 O 形圈服务领域：水、油、轻度危害化学物质。

图 3-50　橡胶 O 形圈密封实物

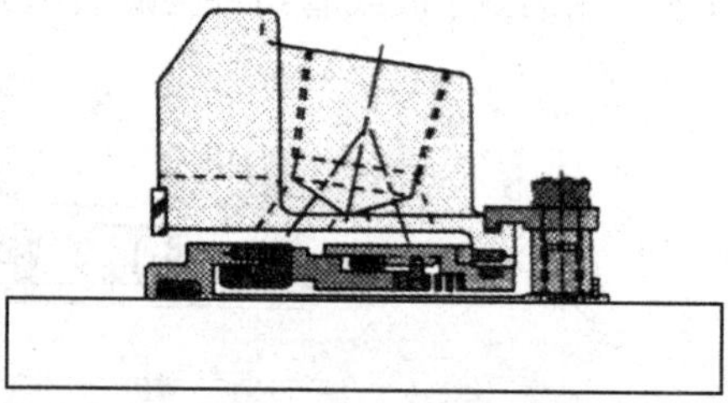

图 3-51　橡胶 O 形圈密封结构

（三）楔形环辅助密封

楔形环辅助密封（图 3-52）有较好的耐化学腐蚀性和较宽的工况范围，轴有较好的耐磨蚀性。楔形环辅助密封结构如图 3-53 所示，现在有更高级的设计技术来取代这种密封。

为避免磨损，楔形环使用较硬的镀层，如氧化铬、钨铬合金等。

楔形环辅助密封的服务领域为轻度腐蚀介质，如石油和化工行业相关物质。

图 3-52 楔形环辅助密封实物

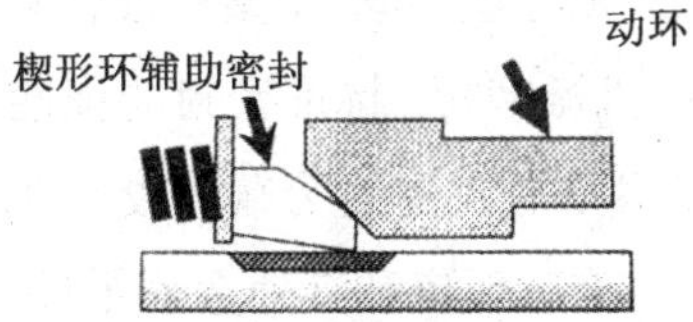

图 3-53 楔形环辅助密封结构

(四)集装式机械密封

我国目前的几类泵用机械密封标准形式多为“分离式”结构。“分离式”结构为密封的动、静环，以及与安装相关的轴套、密封腔端盖等，它们在安装时才组装在一起。该结构不但安装不便，而且要求维修人员具有一定的安装经验和熟练的操作技能，即便如此，密封的安装质量也不一定能得到保证。从我国石油、化工等行业的泵用机械密封使用情况统计资料来看，约 38%的机械密封失效是由于安装不当造成的。为克服分离式机械密封安装要求较高的缺点，可采用如图 3-54 所示的集装式机械密封结构。

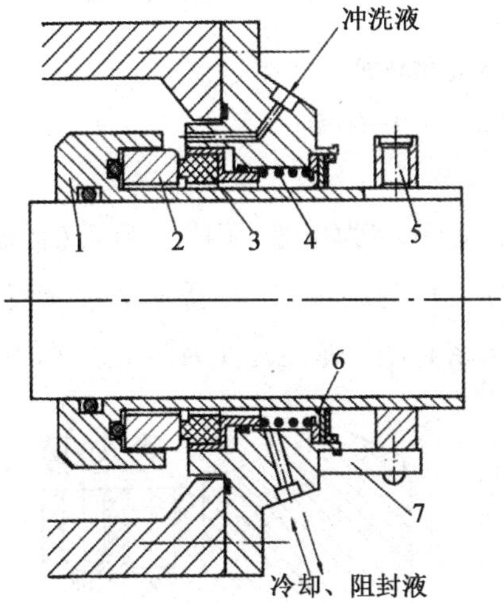

(a)

(b)

图 3-54 集装式机械密封

1—轴套；2—动环；3—静环；4—弹簧；5—卡环；6—唇形密封；7—对中调整片

集装式机械密封将轴套、端盖、主密封、辅助密封等集成为一个整体，并可预留冷却、冲洗等接口，出厂前已将各部位的配合及比压调整好。使用时，只需将整个装置清洗干净，同时将密封腔及轴清洗干净，就可以将整套密封装置装入密封腔内，拧紧密封端盖螺栓和轴套紧定螺钉。

集装式机械密封是一种结构新颖、性能可靠、安装维修方便的密封结构，尽管初始投资较高，但使用维护成本低，是很有发展前途的机械密封结构。API682 密封标准要求使用集装式机械密结构，并规定了 A，B，C 型三种基本形式的标准机械密封。

1. A 型推环式机械密封

图 3-55 所示为一种 A 型标准推环式机械密封。A 型为单级、内置、旋转、平衡式、集装式推环机械密封。标准密封的挠性元件为旋转式，摩擦副为反应烧结碳化硅对优质抗疱疤碳石墨，辅助密封为氟橡胶 O 形密封圈，弹性元件为多个圆柱形哈氏 C 合金小弹簧，轴套、端盖、环座和其他金属零件用 316 型镍铬不锈钢制成。此外，端盖内还配有优质碳石墨浮环作为抑制密封，保证密封效果，实现工艺流体零逸出。

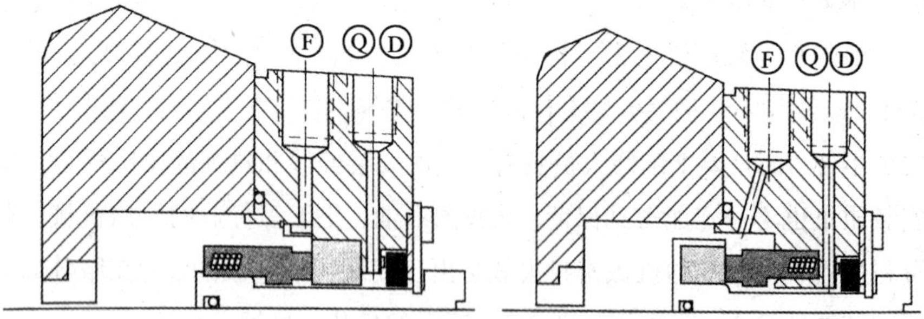

（a）旋转补偿结构（默许）　　（b）静止补偿结构（备选）

图 3-55　A 型推环式

F—冲洗口；Q—急冷口；D—排液口

2. B 型金属波纹管式机械密封

B 型金属波纹管式机械密封如图 3-56 所示。B 型为单级、内置、旋转(低温)、平衡式、集装式波纹管机械密封。标准密封的挠性元件为旋转式，摩擦副为反应烧结碳化硅对优质抗疱疤碳石墨，辅助密封为氟橡胶 O 形密封圈，弹性元件为多个边缘焊接哈氏 C

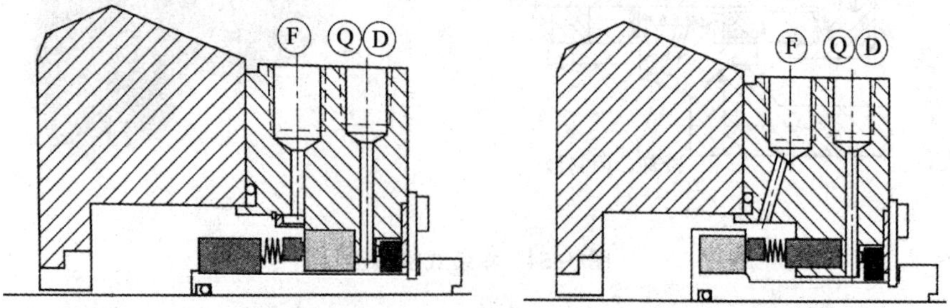

（a）旋转波纹管结构（默许）　　（b）静止波纹管结构（备用）

图 3-56　B 型金属波纹管式机械密封

F—冲洗口；Q—急冷口；D—排液口

(耐蚀耐高温镍基)合金波纹管，轴套、端盖、环座和其他金属零件用316型镍铬不锈钢制成。此外，端盖内还配有优质碳石墨浮环作为抑制密封，保证密封效果，实现工艺流体零逸出。

3. C型金属波纹管式机械密封

C型标准金属波纹管机械密封如图3-57所示。C型为单级、内置、静止(高温)、平衡式、集装式波纹管机械密封。标准密封的挠性元件为静止式，摩擦副为反应烧结碳化硅对优质抗疱疤碳石墨，辅助密封为柔性石墨密封，弹性元件为多个边缘焊接耐蚀耐高温铬镍铁合金波纹管，轴套、端盖、环座和其他金属零件用316型镍铬不锈钢制成。此外，端盖内还配有优质碳石墨浮环作为抑制密封，保证密封效果，实现工艺流体零逸出。它还装有供背冷蒸气用的抗结焦青铜折流套。

对于大多数装备的密封，可选用A型标准密封；对于高温情况下的装备密封，可选用C型标准密封；而B型密封可作为许多其他装备可以接受的任选标准密封。

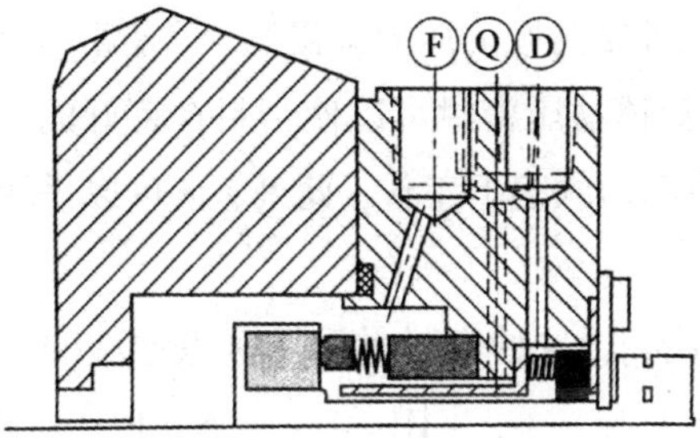

(a) 静止波纹管结构（默许）

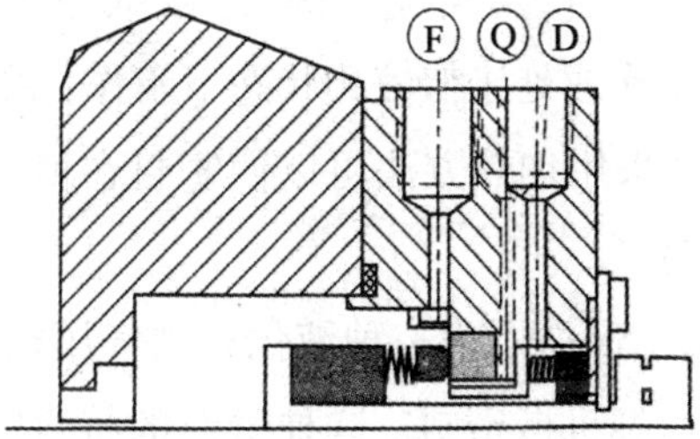

(b) 旋转波纹管结构（备选）

图3-57 C型标准机械金属波纹管密封

F—冲洗口；Q—急冷口；D—排液口

(五)耐酸泵用机械密封

耐酸泵用机械密封(JB/T 7372—2011)分为四种类型。①151型：外装、单端面、单弹簧、聚四氟乙烯波纹管型。②152型：外装、单端面、多弹簧、聚四氟乙烯波纹管型。③153型：内装、内流、单端面、多弹簧、聚四氟乙烯波纹管型。④154型：内装、内流、单端面、单弹簧、非平衡型。

耐酸泵用机械密封(JB/T 7372—2011)工作参数为：①密封介质压力：151，152，153型为0~0.5 MPa，154型为0~0.6 MPa；②密封介质温度：0~80 ℃；③转速：不大于3000 r/min；④轴径：151型为30~60 mm，152型为30~70 mm，153型为30~55 mm，153a型为30~70 mm，154型为30~70 mm；⑤介质：151，152型为酸性液体；153，154型为酸性液体(氢氟酸、发烟硝酸除外)。

(六)耐碱泵用机械密封

耐碱泵用机械密封(JB/T 7371—2011)分为三种类型。①167(I105)型：双端面、多弹簧、非平衡型。②168 型：外装、单端面、单弹簧、聚四氟乙烯波纹管式。③169 型：外装、单端面、多弹簧、聚四氟乙烯波纹管式。

耐碱泵用机械密封(JB/T 7371—2011)工作参数为：①密封介质压力为 0~0.5 MPa；②密封介质温度不高于 130 ℃；③转速不大于 3000 r/min；④轴径：167 型为 28~85 mm，168 型为 30~45 mm，169 型为 30~60 mm；⑤介质为氢氧化钠、氢氧化钾、碳酸钠、碳酸氢钠、碳酸钙、碳酸钾等碱性液体，其中苛性碱质量分数不大于 42%，固相颗粒质量分数小于 20%。

(七)易挥发液体机械密封

在石油化工及炼油厂中，有些泵是在接近介质沸点下工作的，如轻烃泵、液化气泵、液氨泵、热水泵等。因此，这些泵的机械密封有可能在液相、汽(气)相或汽液混相状态下工作。这些介质的常压沸点均低于一般泵的周围环境，而且周围压力都是大气压力，因此，必须注意勿使这类密封干运转或不稳定工作，应在结构、辅助措施和工作条件控制方面采取有力的措施。例如，加强冲洗，保证密封腔的压力和温度，可使密封处于液相状态下工作或处于似液相状态下工作；采用流体动压密封可以使密封在良好的润滑状态下工作；采用加热方法可以使密封在稳定的汽相状态下工作。此外，还可以采用串级式机械密封。

图 3-58 所示为一种液化石油气用机械密封。这种密封是采用多点冲洗的旋转式单弹簧平衡型机械密封。这种密封的特点是：①一律采用平衡型密封，采用合适的平衡系数使之处于合适的膜压系数变化范围内，不至于发生气振或气喷等问题。②采用多点冲洗，要比一般单点冲洗沿圆周分布均匀、变形小、散热好、端面温度均匀稳定，有利于密封面的润滑、冷却和相态稳定。③采用多点冲洗可以降低液体向周围液体的传热速率，增大传热系数，有利于液膜稳定。④为安全起见，除主密封外，还装有起节流、减漏、保险作用的副密封；因为一旦轻烃等液体泄漏到大气中，在轴封处会结成冰霜，使轴封磨坏造成更大泄漏，甚至发生事故。⑤密封腔端盖处备有蒸气放空孔，在启动前排放聚集在密封腔内的蒸气，以免形成气囊造成机械密封干运转。

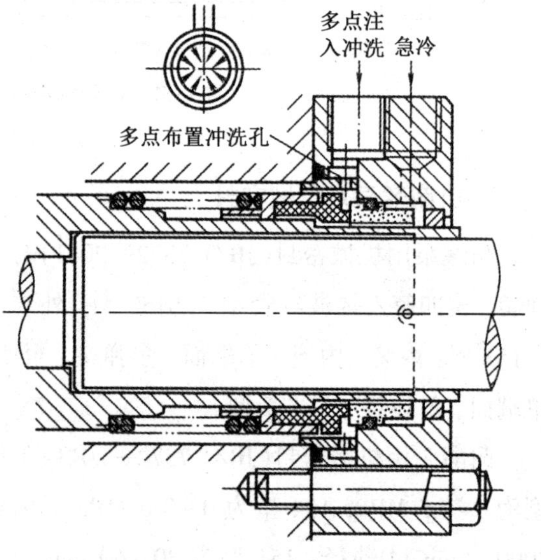

图 3-58　液化石油气用机械密封

图 3-59 所示为轻烃泵用热流体动压型机械密封。为了防止密封面间液膜汽化形成

干摩擦，在一般机械密封中采用冲洗方法来提高密封腔压力、降低密封液温度以保持密封腔稳定的运转条件。但因为近年来轻烃泵的介质向轻质、高蒸气压、高吸入压力方向发展，所以开发了动环密封面开半圆形槽的热流体动压密封，又称流体动压垫密封。流体动压垫使密封面承载能力提高，改善了密封面润滑状态，使之在稳定状态下长期运转。

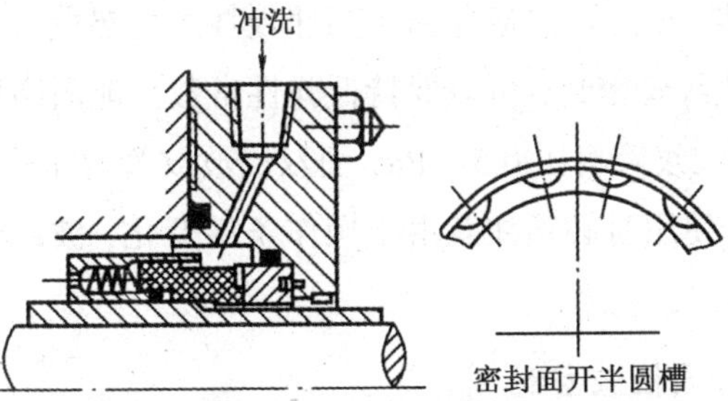

图 3-59 轻烃泵用热流体动压型机械密封

(八) 高温油泵用机械密封

在石油化工和炼油装置中，应用温度较高的热油泵主要有塔底热油泵、热载体泵、油浆泵、渣油泵、蜡油泵、沥青泵、熔融硫黄和增塑剂泵等，均采用机械密封。

在高温油泵中：①采用硬对硬摩擦副解决低压含固体颗粒的减压塔底热油泵机械密封；②采用焊接金属波纹管机械密封解决不同压力下的热油泵密封；③采用密封腔冷却套降低温度解决热油泵密封；④采用翅片冷却密封腔保护辅助密封解决热油泵密封，以及采用双端面密封和加强冲洗等措施。

图 3-60 所示为减压塔底热油泵用静止式焊接金属波纹管机械密封。这种密封的特点如下。

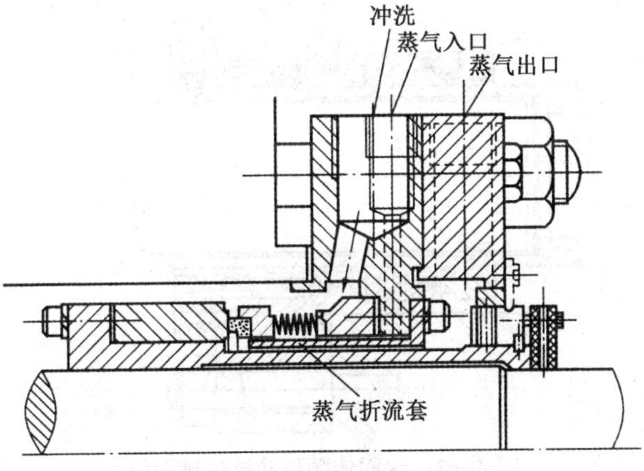

图 3-60 减压塔底热油泵用静止式焊接金属波纹管机械密封

①采用金属波纹管代替了弹簧和辅助密封圈，兼做弹性元件和辅助密封元件，解决了高温下辅助密封难解决的问题，保证密封稳定。

②波纹管密封本身就是部分平衡型密封，因此适用范围广，在低(负)压下有冲洗

液，波纹管密封具有耐负压和抽空能力，在高压下波纹管在耐压限内可以工作。

③采用蒸气背冷措施除了起到启动前暖机和正常时冷却、减少急剧温变和温差的作用外，还可以冲洗动、静环内部析出物，采用静止式结构密封洗净凝聚物，以及防止泄漏严重时发生火灾。

④对于高黏度液体，密封可以避免由于高速搅拌产生热量。

⑤采用双层金属波纹管密封，可以保持低弹性常数且能耐高压，在低压下外层磨损，内层仍然起作用（单层波纹管耐压 0.5 MPa，而双层波纹管耐压达 3.0~7.0 MPa）。采用双层金属波纹管弹性好。使用时必须注意由于操作条件变化，波纹管外围沉积或结焦会使波纹管密封失效。

（九）含固体颗粒介质机械密封

介质含有固体颗粒及纤维对机械密封的工作十分不利，因为固体颗粒进入摩擦副，会使密封面发生剧烈磨损从而导致失效。同样，纤维进入摩擦副也将引起密封严重泄漏。因此，必须进行专门设计来解决含固体颗粒介质、溶解成分结晶或聚合等问题。解决这些问题要考虑结构（双端面，串级密封等）、冲洗和过滤，以及材料的选择。另外解决结晶或聚合等问题可分别采用不同办法。加热密封腔中介质，使之高于结晶温度，待结晶物溶解后方可开车。背冷处腔内使用溶剂来溶解，也可采用水或蒸气。加热时可采用带夹套的端盖。

图 3-61 所示为一种含固体颗粒介质用机械密封。这种密封的特点如下。

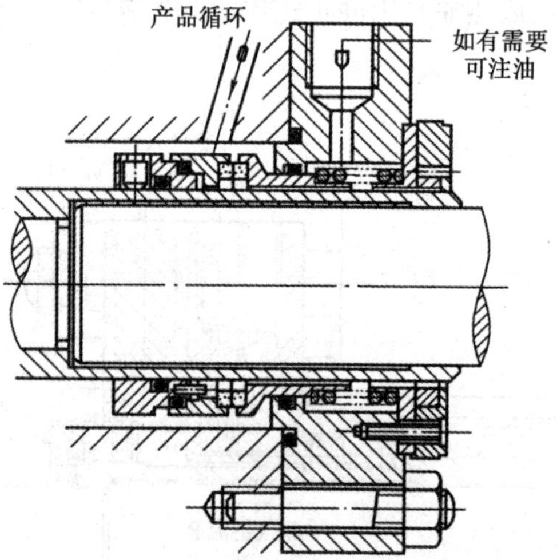

图 3-61　含固体颗粒介质机械密封

①采用硬对硬材料摩擦副，减少材料磨损（密封面硬度应比固体颗粒大），并且密封面带锐边，防止固体颗粒进入密封面间。

②采用静止式大弹簧机械密封，且使弹簧置于端盖内不与固体颗粒接触，可以减少磨损并避免弹簧堵塞。

③O 形圈移置于净液处可以防止结焦或堵塞。

(十)高黏度液体用机械密封

在石油化工工业中，有高黏度、易凝固和附着性强的液体(如塑料、橡胶原液等)，一般机械密封不能适应。因为密封面宽，这类液体易在密封面间生成凝固物，从而使密封丧失工作能力。

刃边密封首先用于密封乳胶液，现在逐渐被广泛用于阳离子涂料工业及沥青和食品等领域的难于密封的高黏度液体。

图 3-62 所示为密封面做成刀刃状的刃边密封。这种密封的特点如下。

①密封的非补偿环端面宽度极小，犹如刀刃一样。

②弹簧比压为普通密封的 10~60 倍，可以把密封面间生成的凝聚物切断排除，以保证正常的密封性能。

③由于刃边窄，散热性好，内、外侧温差小，受热变形和压力变形的影响较小，从而使密封性能稳定。

④弹性元件采用液压成型 U 形波纹管，有较大的间距，可避免凝聚物、沉淀物填塞间隙而失去弹性。

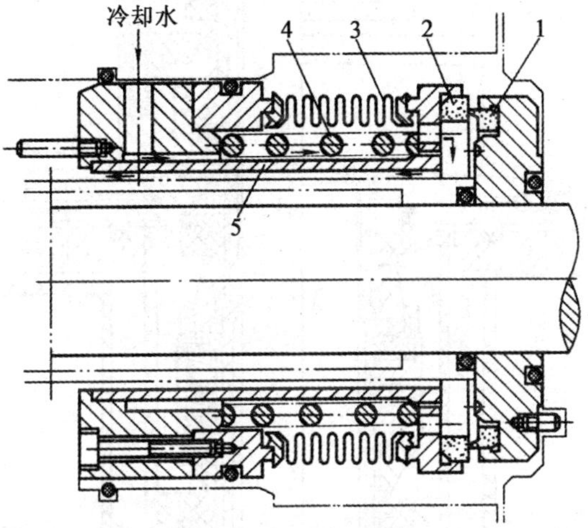

图 3-62 刃边机械密封

1—刃边动环；2—平面静环；3—波纹管；4—弹簧；5—折流套

二、釜用机械密封

釜用机械密封主要有以下特点。

①釜用机械密封的大部分密封介质是气体而不是液体(只有满釜操作时才是液体密封)，故密封端面的工作条件比较苛刻，端面磨损较大。由于气体渗透性强，故要求较高的弹簧比压，并应考虑润滑与冷却。可采用偏心静环或动环，以及加润滑液槽等方法以

取得良好的密封。

②转轴的速度一般在 500 r/min 以下，有的甚至为 200~300 r/min。

③釜轴多半是立轴，转轴较泵轴大且长，而轴承间距较短、轴伸距长，故搅拌轴的摆动量较大，影响动环与静环的紧密贴合，为此，必须控制搅拌轴轴封处的振摆，通常在轴底部安装非金属(石墨、四氟塑料)或金属(青铜、铸铁等)轴瓦以控制摆动。

④釜用机械密封尺寸大，零件重，更换比较复杂，必须考虑更换密封件时的拆装条件。釜用机械密封一般为外装式，搅拌轴以活动联轴器(对半结构)连接于传动轴，搅拌轴与传动轴间应留有空当，其尺寸大于密封件零件最高尺寸，以便检修密封时仅需拆卸联轴器的空当垫块即可更换密封件。

⑤反应釜工艺条件变化大、压力经常波动，开、停车频繁和间歇操作。

如图 3-63 所示为立式双端面多弹簧平衡型釜用机械密封。这种密封具有上述特点。此外，上密封的负荷要比下密封大，因为上端为靠大气侧，压差比靠介质侧大。

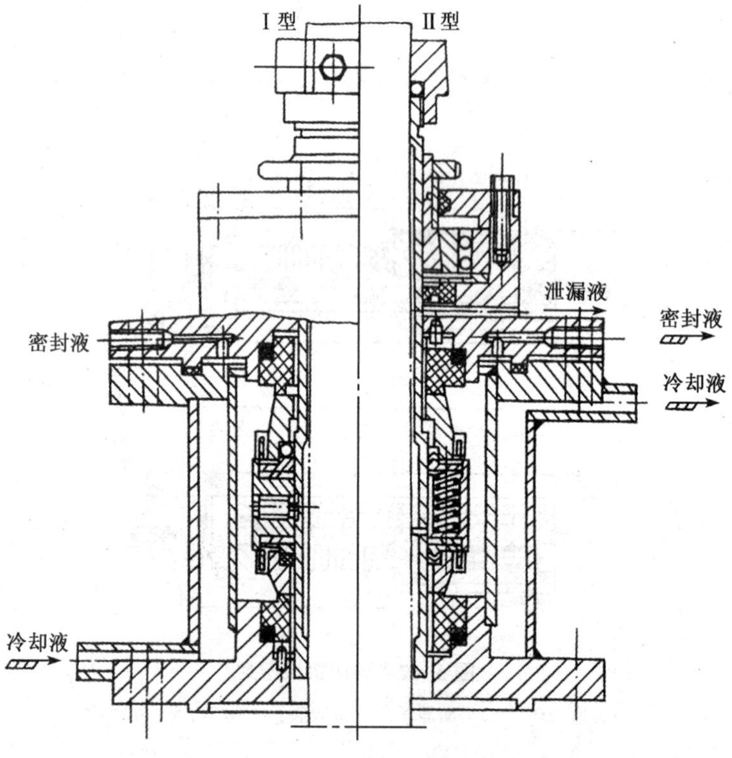

图 3-63　立式双端面多弹簧平衡型釜用机械密封

我国化工行业标准《釜用机械密封类型、主要尺寸及标志》(HG/T 2098—2011)规定了釜用机械密封的类型、主要尺寸及识别标志。该标准适用于钢制釜用搅拌轴及类似立式旋转轴的机械密封。其工作参数为：①釜内使用压力为 0~10 MPa；②釜内使用温度不大于 350 ℃；③搅拌轴(或轴套)外径为 30~220 mm；④速度不大于 2 m/s；⑤釜内介质为除强氧化性酸、高浓度碱以外的各种流体。

釜用机械密封的类型、产品代号、结构特点及使用压力如表 3-27 所列。具体结构及主要尺寸可参阅《釜用机械密封系列及主要参数》(HG/T 2098—2011)。

表 3-27　釜用机械密封的类型、产品代号、结构特点及使用压力

类型	产品代号	结构特点	使用压力/ MPa
单端面机械密封	212	不带轴承	≤0.25
	204	不带轴承	≤0.6
	2001	不带轴承、集装式	≤0.6
	2002	带轴承、集装式	≤0.6
轴向双端面机械密封	205	带轴承、集装式	≤0.6
	2004	不带轴承、集装式	≤1.6
	206, 2005	带轴承、集装式	≤1.6
	207	带轴承、集装式	≤2.5
	208	带轴承、集装式	≤6.4
	209	带轴承、集装式	≤10
径向双端面机械密封	222	不带轴承	≤1.6

注：带轴承的机械密封应当可以承受搅拌轴轴向力或径向力，轴承型号及数量根据搅拌轴的轴支承点设计要求合理选择。

我国国家标准《机械密封通用规范》(GB/T 33509—2017)规定：

①釜用机械密封优先采用带轴承集装式结构；

②对易燃、易爆、有毒介质，应采用双端面机械密封，当安装密封部位的轴向尺寸较短时，宜采用径向双端面结构；

③当搅拌轴偏摆量或窜动量较大时，应采用带轴承的密封结构；

④搅拌轴侧入式釜用机械密封应采用双端面密封，在高温及温度变化较大的工况下，应在密封壳体外设置补偿装置；

⑤搅拌轴底部插入式釜用机械密封应采用双端面密封，当要求在不排除釜内物料情况下更换机械密封时，密封结构中应带有停车阻断物料泄漏的隔离密封。

《釜用高压机械密封技术条件》(GB/T 24319—2009)规定：釜用高压机械密封(釜内压力不小于6.3 MPa)应根据工况选用双端面或多端面结构，大气侧均应采用平衡型结构。

三、压缩机用机械密封

(一)干气密封

1. 干气密封概述

离心压缩机常用的轴封方法有迷宫密封、机械密封和浮环密封(油膜密封)等。

迷宫密封存在一定的泄漏量，并且只能应用在压力不高的中性介质(如空气和氮气)压缩机上。对于石油化工企业实际生产涉及的工艺气(如石油气、氢气及其他易燃和有毒气体)，是不能用迷宫密封的。所以长期以来，离心压缩机常用的两种密封形式为机械密封和浮环密封。机械密封只能用于中低压工况；浮环密封应用广泛，可应用在任何压力下。

从密封原理上讲，机械密封和浮环密封有本质的区别，但是他们的共同点是必须配备密封油站，由此产生了许多弊端。

(1)密封油站费用高。

密封油站占地面积大，费用占压缩机总额的20%~30%，有的甚至高达40%。

(2)运行费用高。

离心压缩机的密封处轴径为100~140 mm，转速几乎都在10^4 r/min左右。忽略其他因素的影响，每台压缩机的密封消耗功率在20~30 kW。此外，加上密封系统消耗的水、电或蒸气等能耗，可使压缩机的效率下降2%~3%。

(3)操作麻烦。

开机前要做密封油的自保试验，其中包括报警和自动停机试验。正常生产中要经常检查各仪表指示，还要给油过滤器更换滤芯。

(4)降低了压缩机的可靠性。

由于密封油站设备多、仪表多，需要的能源种类多，其中任何一点小问题都可能导致压缩机停机。曾经发生过因为高位油罐(槽)液面计一个小螺丝松动而导致停机的事故。离心压缩机因封油系统故障而停机的占55%~80%，尤其是开、停机过程中，油系统故障率更高。

干气密封是人类在实际生产过程中探索的一种可靠性高、经济效益好的离心压缩机轴封方法。20世纪60年代末，干气密封是在气体动压轴承的基础上通过对机械密封进行根本性改进发展起来的一种新型非接触式密封。实际上，主要就是在机械密封动环上增开了动压槽，以及随之设置了相应的辅助系统以实现密封端面的非接触运行。20世纪

70年代末，英国的约翰克兰公司率先将干气密封应用到海洋平台的气体输送设备上并获得成功。干气密封最初是为解决高速离心式压缩机轴端密封问题而出现的，由于密封非接触式运行，因此密封摩擦副材料基本不受 pv 值的限制，特别适合作为高速高压设备的轴端密封。

干气密封(见图3-64)一般指依靠几微米的气体薄膜润滑的机械密封，也称气膜密封或气体密封。

图3-64 离心压缩机干气密封

干气密封的发展历程见表3-28。

表3-28 气膜密封的产生与发展

时间	事件
20世纪60年代初	首次基于气体润滑轴承理论提出气膜密封(Dry Gas Seal)概念，并试图应用于航空发动机上
1969年	美国约翰克兰(JohnCrane)有限公司开始从事气膜密封的研究
1976年	约翰克兰公司设计制造的第一套气膜密封应用在海洋平台输气管线离心压缩机上，并被使用
1985年	美国杜拉美特立公司掌握气膜密封技术并开始制造气膜密封
1987—1988年	德国的Burgmann公司和美国的EG&G SEALOL公司开始从事气膜密封生产制造
1988年	中国石油大学开始从事气膜密封研究工作
20世纪90年代初	约翰克兰公司开发出泵用气膜密封产品
1992年	约翰克兰公司气膜密封产品随高速透平离心压缩机进口中国
1996年	国产气膜密封产品在巴陵石化鹰山石油化工厂首次使用
至今	已开发出系列风机、各类转子泵、低速搅拌设备用气膜密封产品，并不断推广应用

随着现代工业的迅速发展，干气密封被广泛地用于离心式压缩机、膨胀机、蒸汽透平及高速和高压的流体机械中，其中应用最广泛的是螺旋槽干气密封。

与其他密封相比，干气密封具有结构简单、磨损小、寿命长、能耗低、操作简单可靠、不用封油(省掉了庞大的封油系统)、停车时无泄漏(无须另用停车密封)、被密封的流体不受油污染等优点。它与磁力轴承技术结合，可以做到全无油润滑。

2. 干气密封的工作原理

干气密封和传统上的液相用机械密封类似，只不过干气密封的两端面被一稳定的薄气膜分隔开，成为非接触状态。由于气体的黏度很小，需要依靠强有力的流体动压效应来产生分离端面的流体压力，同时使气膜具有足够的刚度以抵抗外界载荷的波动，保持端面的非接触（如图 3-65 所示）。

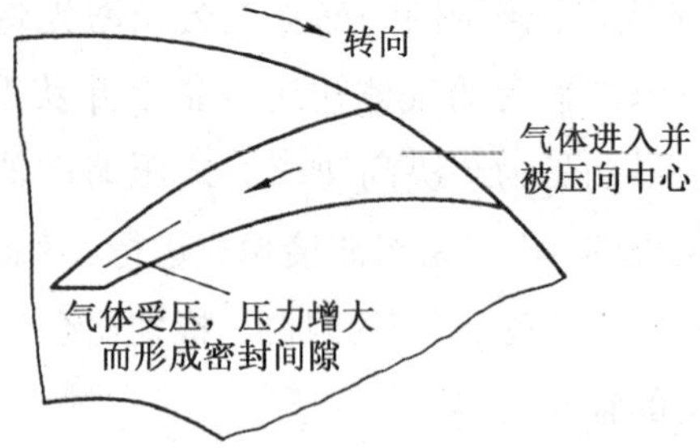

图 3-65　干气密封工作原理

典型的干气密封结构包含静环、动环组件（旋转环）、副密封 O 形圈、静密封、弹簧和弹簧座（腔体）等零部件，如图 3-66 所示。静环位于不锈钢弹簧座内，用副密封 O 形圈密封。弹簧在密封无负荷状态下使静环与固定在转子上的动环组件配合。

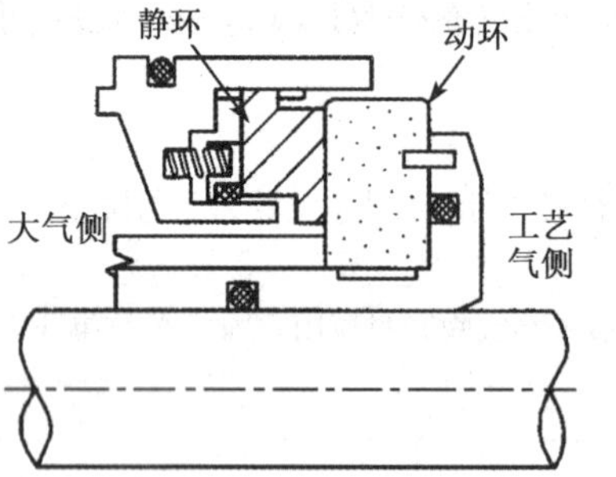

图 3-66　干气密封的基本结构

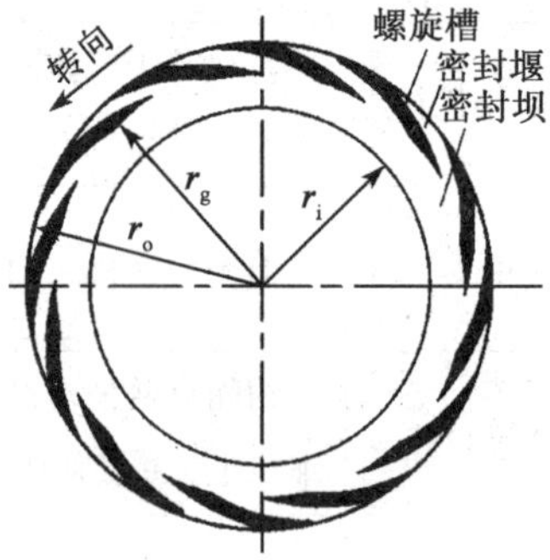

图 3-67　密封端面图

干气密封和普通机械密封的区别在于在动环（硬环）面上有深度约为 2.5～10.0 μm 的螺旋形浅槽（如图 3-67 所示），旋转起来密封端面上产生流体动压，所以也称动压槽。凹槽的深度只有几微米，它起着泵送作用，形成流体膜，产生流体膜承载能力（螺旋槽产生流体膜静、动压承载能力）。

槽之间的平台称为密封堰，它阻止了气体圆周方向的流动，可加大升压作用。端面上位于螺旋槽内侧未开槽部分称为密封坝，它的作用是限制气体向低压侧泄漏。动环旋转时，气体进入螺旋槽并被压向中心，由于密封坝的节流作用，进入密封面的气体被压缩，因压力增大而推开挠性定位的静环，流动的气体在两个密封面之间形成一层稳定的有一定厚度的气膜，膜厚约为 3～5 μm。当由气膜压力形成的开启力与由弹簧力和介质作用力形成的闭合力相等时，气膜厚度十分稳定。该气膜具有一定的刚度，能保证密封的平稳可靠。

凹槽可以是单向的（只适用于单向轴旋转），也可以是双向的。单向形式有较高的流体动压能力和气膜稳定性。其原因有两方面：第一，多数起作用的凹槽可以配置在端面上；第二，在双向密封中，一部分凹槽具有相反的作用，反而降低了局部气体压力。

气膜刚度是指气膜作用力的变化与气膜厚度的变化之比。正常运转条件下，密封面上的闭合力等于气膜反力，气膜稳定可靠。当工艺条件波动时，若气膜厚度(即密封面间隙)减小，则气体的黏性剪切力增大，螺旋槽产生的流体动压效应增强，气膜压力增大，开启力大于闭合力，为保持力的平衡，密封恢复到原来的间隙；反之，若密封受到干扰，气膜厚度增大，则螺旋槽产生的动压效应减弱，气膜压力减小，开启力小于闭合力，密封恢复到原来的间隙。因此，在规定的设计范围之内，当外界干扰消除后，密封即能恢复到设计的工作间隙。可见，衡量密封稳定性的主要指标是密封产生气膜刚度的大小。气膜刚度越大，表明密封的抗干扰能力越强，即密封运行越稳定。

3. 干气密封的结构参数

(1)密封端面动压槽形状。

从流体动力学角度来讲，在干气密封端面开任何形状的沟槽，都能产生动压效应。

如图3-68所示，流体动压槽既有单向槽也有双向槽。单向槽只允许轴向一个方向旋转，如螺旋槽等；双向槽对轴的旋转方向无限制，既可逆时针旋转，又可顺时针旋转。由于单向槽可充分采用具有较大流体动压效应的槽型结构，且不存在双向槽中降低流体动压效应的反作用槽，从而使单向槽气膜密封具有较大的流体动压效应和气膜稳定性。高压气体沿槽进入密封端面产生较大的流体静压力，同时由于密封环的相对旋转，气体越过密封坝后急剧降压膨胀，最后到达低压侧泄漏。开槽密封坝的节流作用在进一步提高

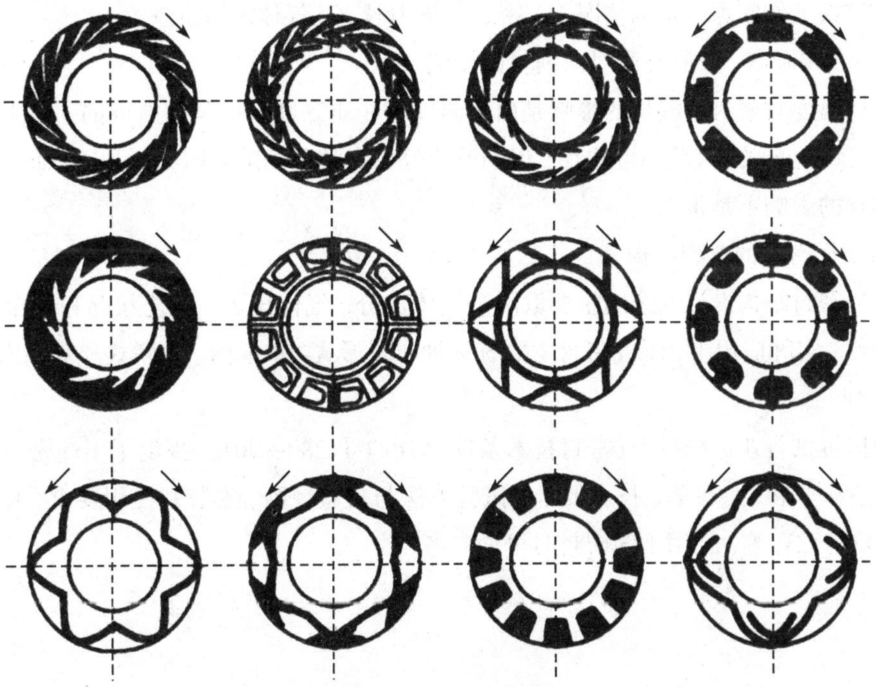

图3-68 干气密封端面结构

气膜压力的同时，限制了泄漏量。由于气膜的流体静压力和流体动压力联合作用，使得密封端面两端面彼此分离成为非接触。气膜密封的弹簧力很小，主要目的是保证密封不受压时端面的贴合和密封在受外界干扰时端面具有良好的追随能力。

理论研究结果表明，对数螺旋槽产生的流体动压效应最强，用其作为气膜密封动压槽而形成的气膜刚度最大，稳定性最好。

(2)密封端面动压槽深度。

理论研究结果表明，气膜密封流体动压槽深度与气膜厚度为同一量级时，密封的气膜刚度最大。实际应用中，气膜密封的动压槽深度一般在3~10 μm。在其余参数确定的情况下，动压槽深度有一最佳值。

(3)密封端面动压槽的数量、宽度、长度。

理论研究结果表明，气膜密封动压槽数量趋于无限时，动压效应最强。不过，当动压槽达到一定数量后，再增加槽数时，对气膜密封性能影响已经很小。此外，气膜密封动压槽宽度和长度对密封性能都有一定的影响。

4. 操作参数对密封泄漏量的影响

(1)密封直径、转速对泄漏量的影响。

密封直径越大，转速越高，密封环线速度越大，气膜密封的泄漏量就越大。

(2)密封介质压力对泄漏量的影响。

在密封工作间隙一定的情况下，密封气压力越高，气体泄漏量越大。

(3)介质温度、介质黏度对泄漏量的影响。

介质温度对密封泄漏量的影响是由于温度对介质黏度有影响而造成的。介质黏度增加，动压效应增强，气膜厚度增加，但同时流经密封端面间隙的阻力增加。因此，其对密封泄漏量的影响不是很大。

5. 干气密封的典型结构

干气密封结构设计的选用主要取决于气体成分、气体压力、工艺状况和安全要求等工况条件。实际应用中，干气密封主要有三种布置形式：单端面、串联式和双端面，如表3-29所列。

我国机械行业标准《干气密封技术条件》(JB/T 11289—2012)规定了干气密封的术语和定义、基本形式、参数、技术要求、试验方法与检验规则、安装和使用要求、标志、包装、运输与贮存等，选用干气密封时可做参考。

表 3-29 干气密封的典型结构

布置形式	布置形式结构图	特点	应用
单端面	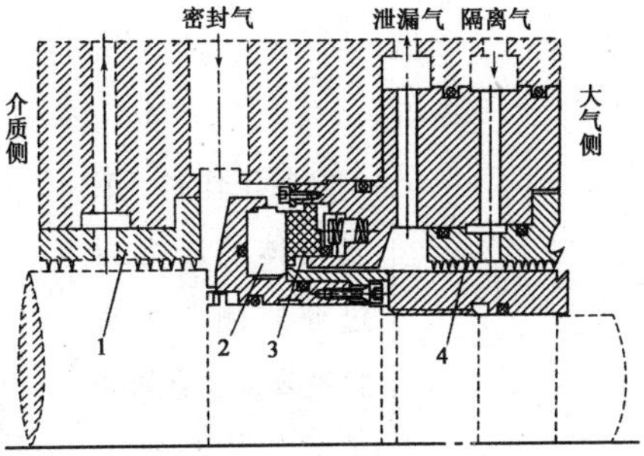 1—迷宫密封；2—动环；3—静环；4—隔离密封	惰性气体可通过在迷宫密封和干气密封之间形成的隔离空腔流入压缩机内，也能穿过密封面进入大气。惰性气体还可作为冷却剂，用于温度较高的场合	单端面又称单级密封，主要用于中、低压条件下输送空气、氮气、二氧化碳等即便有少量气体泄漏到大气中也没有危害的场合。当压力不高时，对于易燃、有毒或其他重要场合，可采用单端面密封与迷宫密封组合的形式，并注入一种清洁的可相容的惰性气体
串联式 一般形式	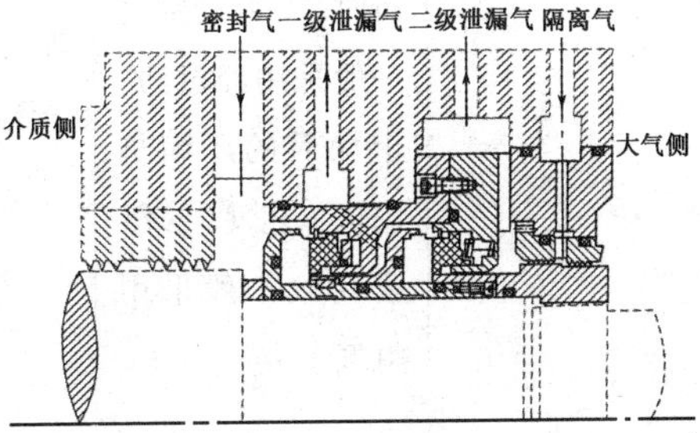	通常情况下采用两级结构，按照相同的方向首尾相连，介质侧的前级（一级）密封为主密封，大气侧的后级（二级）密封为安全密封。在一般的操作中，一级密封承受了全部压差，当一级密封失效时，二级密封可作为安全密封承担密封能力。正常运行时，一般压缩机出口端工艺气体经过滤、干燥后作为密封气气源	该密封允许微量工艺气体泄漏到大气，应用领域主要为天然气管线压缩机等

表 3-29(续)

布置形式		布置形式结构图	特点	应用
串联式	带中间迷宫密封	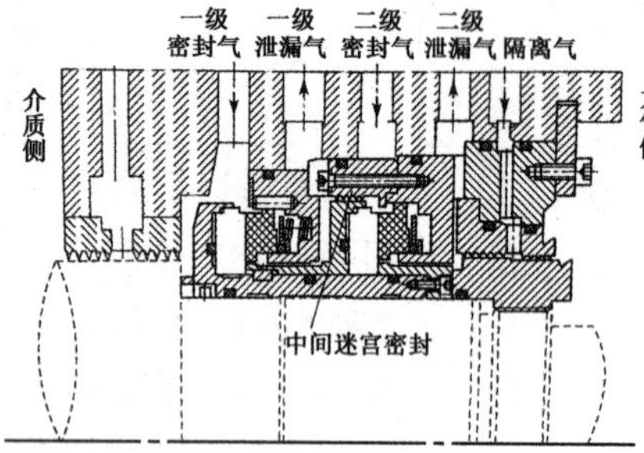	密封工作时，工艺气体的压力通过介质侧一级密封被降低，泄漏的工艺气体与经中间迷宫漏出的气体一同由一级泄漏气口引出。大气侧密封通过被引入的二级密封气(缓冲气体)加压。二级密封气的压力应保证有连续的气流通过中间迷宫密封。正常运行时，一级密封气一般采用经过滤、干燥后的压缩机出口工艺气，二级密封气一般采用氮气	工艺气体不允许泄漏到大气中，缓冲气体不允许泄漏到工艺气体中。适用于酸性、腐蚀性或易燃、易爆、危险性大的工艺气体(如氢气压缩机、硫化氢含量较高的天然气压缩机(酸性气体)、乙烯压缩机和丙烯压缩机等)，可以做到完全无外漏

表 3-29(续)

布置形式	布置形式结构图	特点	应用
双端面	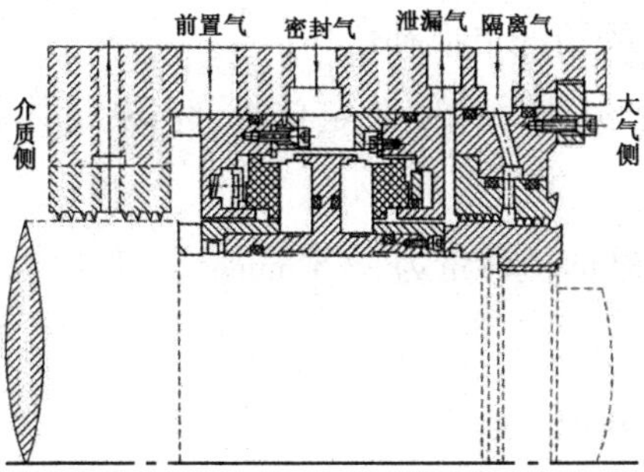	该密封为面对面结构，采用惰性气体（一般为氮气）做密封气，是性能可靠的阻塞密封系统。由于密封气的压力总是维持在比被密封的工艺气体压力高的水平，因此气体泄漏的方向便朝着工艺气体，这就保证了工艺气体不会向大气泄漏。对于双端面干气密封，当被密封工艺气体较脏时，需要在介质侧密封端面与压缩机气腔室间引入洁净干燥的前置气。前置气一般采用氮气，根据被密封的工艺气体特点也可采用经过滤、干燥后的压缩机出口工艺气体	应用于工艺气不允许泄漏到大气，但允许少量密封气泄漏到机内的工况；也可用于炼油装置中的催化、焦化富气压缩机，化工装置的低压氯气压缩机等

6. 干气密封的特点

①干气密封是一种非接触式密封，动、静环被气膜隔开。基于干气密封的力平衡原理，它又是一种自动平衡式密封。

②当动环旋转时，只存在气体之间的摩擦，消耗的功率远小于液体之间的摩擦。试验结果表明，干气密封消耗的功率仅为湿式密封（机械密封和浮环密封）的 5%左右。此

外，辅助系统消耗的能量也很少，所以说干气密封又是一种节能型密封。

③鉴于动、静环之间存在一个极微小的间隙（2～4 μm），且该间隙两侧又存在一定的压差，摩擦副始终存在一定的泄漏量（尽管泄漏量很微小）。但是，通过一定的措施，可以做到压缩机内的介质对大气的泄漏量为零。

④从投资、运行费、维护费及占地面积等方面考量，干气密封都明显优于湿式密封。因此，干气密封的前景是好的，特别是在高压高速工况下干气密封的优点更突出。干气密封作为一项新技术，正在逐步取代湿式密封。其缺点是结构复杂，技术难度大，要求制造和安装的精度高。此外，必须采用阻塞气（隔离气），并且需经精细的滤网过滤，否则会影响使用寿命。

7. 干气密封维修技术要求

干气密封维修技术要求主要有以下几点：

①干气密封的拆卸与安装必须严格按照规定步骤进行；

②每次检修应更换全部的 O 形圈，视情况更换补偿环；

③拆卸和安装干气密封时必须在密封体外侧安装定位板，当密封体就位后拆除定位板；

④干气密封动、静部件之间允许的轴向位移量为±2.5 mm；

⑤径向位移量为±0.6 mm；

⑥动环表面螺旋槽的深度为(9±1) μm；

⑦动环工作面的平面度不大于 0.0005 mm，平行不大于 0.003 mm；

⑧静环工作面的平面度不大于 0.0005 mm，平行不大于 0.01 mm。

（二）石油气机械密封

图 3-69 所示为催化裂化气压缩机用面对面静止式双端面机械密封。其阻塞液（封油）为 22 号透平油；转速达 8500 r/min；内、外压差分别为 0.05，0.14 MPa；密封端面内、外径分别为 121.2，127.0 mm；平衡系数 *B* 为 0.729；使用寿命达 1 年以上；泄漏量小于 150 mL/h。

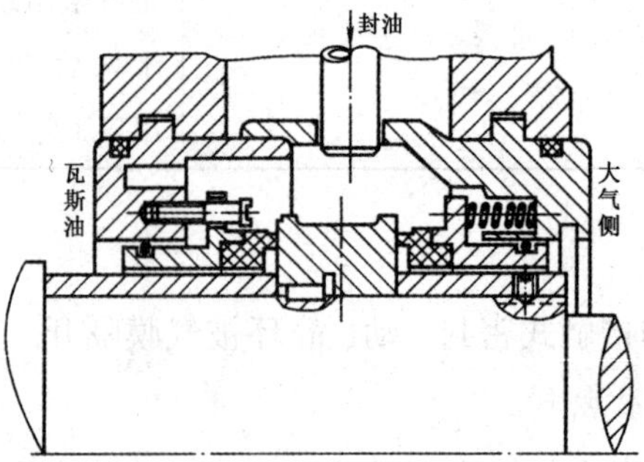

图 3-69　催化裂化气压缩机用面对面静止式双端面机械密封

这种机械密封的特点和要求是：

①由于催化瓦斯中有凝缩油，必须选择耐凝缩油的辅助密封圈，如采用聚四氟乙烯密封圈；

②为了保持密封面的垂直度，应严格控制旋转环的振摆；

③为了避免晃动，应将中间旋转环夹持固定并用楔形圈密封，防止轴套处泄漏；

④为了保持静环的追随性，应正确选择弹簧的刚度和弹簧个数；

⑤为了减少摩擦热，应采用窄碳石墨密封环。

第四章　非接触密封

非接触型密封通过在被密封的流体中产生压力降来达到密封效果，且允许通过一定的间隙产生一最小的泄漏量而不影响系统中运动件的运动。其分为流体静压(流阻)型密封和流体动压(反输)型密封两类。

流体静压(流阻)型密封主要是依靠各种不同形状环缝造成一定的流动阻力，以减少泄漏或阻止泄漏，达到密封的目的。典型结构形式有间隙密封、浮环密封、迷宫密封等。

流体动压(反输)型密封是依靠轴旋转时密封元件产生反压头，利用反压头去抵消介质的泄漏压头，克服介质泄漏，达到完全密封的功能。典型结构形式有离心密封、螺旋密封等。但是停车时要完成密封作用，还需要另外设置停车密封。

在非接触型密封中，密封件与运动部件之间没有摩擦和磨损，因此滑动速度可以很高。非接触密封具有结构简单、耐用、运行可靠的显著特点，几乎可以不用维修保养。

第一节　液膜密封

液膜密封一般指全液膜润滑非接触式机械密封。液膜密封可以实现密封介质的零泄漏，在特定的环境下可以实现零逸出，彻底消除对环境的污染，满足现代环保要求。其适用于石油化工、精细化工等行业中各种旋转机械的轴封，防止工艺介质(易汽化、高危险性、高污染性等介质)向大气中排放，是一种低能耗、使用寿命长、环保的高新密封技术。

一、概述

液膜密封的产生与发展过程见表 4-1。

表 4-1　液膜密封的产生与发展

时间	事件
1968 年	美国约翰克兰密封(JohnCrane)有限公司开发出螺旋槽气体端面密封

表 4-1(续)

时间	事件
1981 年	J.Sedy 将液膜密封应用于密封液体，获得了高压上游泵送密封专利技术，该技术可用于苛刻的工况
1984 年	J.P.Netzel 在第三届国际泵用户讨论会上明确解释了上游泵密封的概念
1989 年	A.Ali 在第六届国际泵用户讨论会上介绍了上游泵送机械密封的设计思想
20 世纪 80 年代	国内先后有中国石油大学密封技术研究所、天津鼎铭密封有限公司、四川联合大学等对以上游泵送机械密封为主的非接触式液膜密封进行了基于理想模型的理论分析、结构优化和一定的性能研究工作，并取得了具有知识产权的研究成果
1990 年	G.S.Buck，D.Volde 及 J.P.Netzel 分别介绍了上游泵送机械密封的结构、工作原理、应用范围及典型用例
1995 年	TOM LAI 开发了非接触零泄漏螺旋槽上游泵送密封结构
1995 年	J.P.Netzel，A.Parmar 介绍了利用先进的计算机工具来优化液体润滑上游泵送机械密封的性能

二、结构及工作原理

液膜润滑螺旋槽上游泵送机械密封端面结构如图 4-1 所示，若动环外径侧为高压被密封液体(规定为上游侧或高压侧)，内径侧为低压流体(可以是气体，也可以是液体，规定为下游侧或低压侧)。

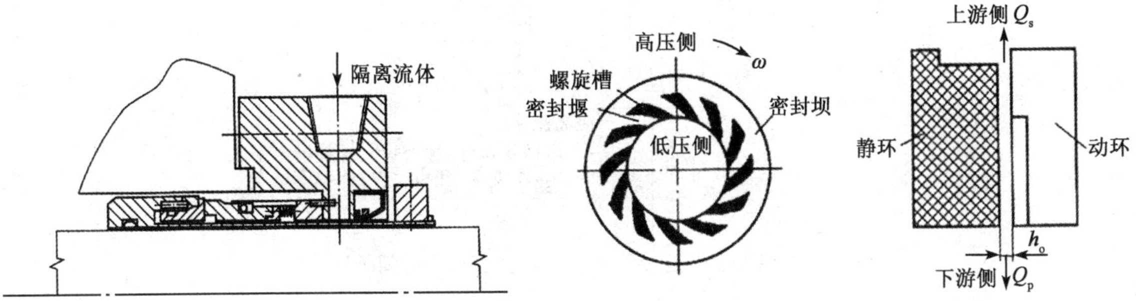

(a)　　(b)　　(c)

图 4-1　上游泵送机械密封的工作原理

当动环以图示方向旋转时，在螺旋槽黏性流体动压效应的作用下，动、静环端面之间产生一层厚度极薄的流体膜 h_o，使动、静环端面保持分离。在外径与内径压力差的作用下，高压被密封液体产生方向由外到内的压差流 Q_p，而螺旋槽的流体动压效应所产生的黏性剪切流 Q_s的方向由内径指向外径，与压差流 Q_p的方向相反，此为上游泵送概念的由来。与气膜密封相比，液膜密封的开槽区处于低压侧，槽与低压流体相通，未开槽的密封坝区靠近被密封的高压流体。

流经密封端面间隙的总泄漏量 $Q=Q_p-Q_s$。下面分三种情况介绍。

①$Q_p>Q_s$时，$Q>0$，高压侧密封流体向低压侧泄漏，则认为该上游泵送机械密封不具备密封能力，不在研究对象之列。

②$Q_p=Q_s$时，$Q=0$，密封可以实现零泄漏；若低压侧无缓冲流体，则可以实现被密封流体的零泄漏，但不能保证被密封流体以气态形式向外界逸出或排放。这种状态下的密封为零泄漏上游泵送机械密封。

③$Q_p<Q_s$时，$Q<0$，低压侧流体向高压侧泄漏；若低压侧有缓冲流体，则有少量缓冲流体从低压侧泵送到高压侧，不仅可以实现高压被密封流体的宏观零泄漏，而且可以达到被密封流体向外界的零逸出或零排放，故这种状态下的密封为零逸出上游泵送机械密封。

如图 4-2 所示，上游泵送机械密封通过端面螺旋槽的作用，在密封端面间建立了膜压分布。从图中可知，该膜压的最大值 p_E发生在密封坝半径 R_E处，此值稍高于被密封流体的压力 p_2，p_E与 p_2形成的压力差就构成了液体上游泵送的推动力。在上游泵送机械密封中，密封端面间流体动压作用产生动压力，使两端面间稍微分离，便于下游流体泵送到上游。如此，端面间实现全液膜润滑，大大改善了端面间的润滑状况及实现运转无磨损。

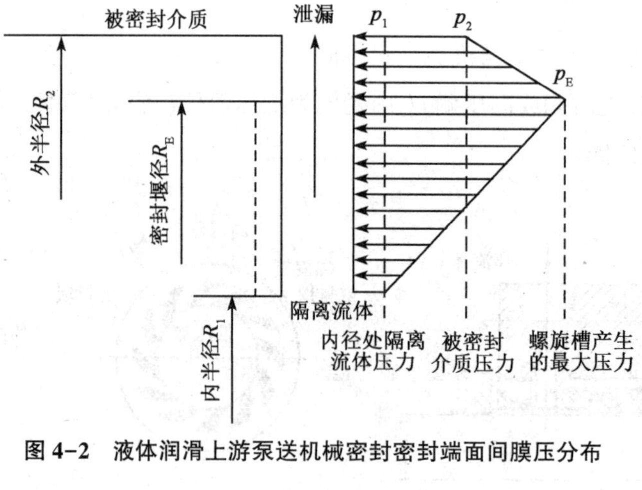

图 4-2　液体润滑上游泵送机械密封密封端面间膜压分布

三、技术优势

与普通的接触式机械密封相比，上游泵送机械密封具有以下明显的技术优势：

①可以实现被密封介质的零泄漏或零逸出，消除环境污染；

②由于密封摩擦副处于非接触状态，端面之间不存在直接的固体摩擦磨损，使用寿命大大延长；

③能耗约降低 5/6，而且用于降低端面温升的密封冲洗液量和冷却水量大大减少，提高了运行效率；

④无需复杂的封油供给、循环系统及与之相配的调控系统，对带隔离液的零逸出上游泵送机械密封，隔离液的压力远远低于被密封介质的压力，且无须循环，消耗量也小，因此相对简单且对辅助系统可靠性的要求不高；

⑤可以在更高 *pv* 值、固体颗粒介质含量高等条件下使用。

上游泵送机械密封由于能通过低压隔离流体对高压的工艺介质流体实现密封，可以代替密封危险或有毒介质的普通双端面机械密封，从而使双端面机械密封的高压隔离流体系统变成极普通的低压或常压系统，降低了成本，提高了设备运行的安全可靠性。

表 4-2 将上游泵送密封和双端面接触式密封进行了对比。

表 4-2　上游泵送密封和双端面接触式密封对比

比较参数	双端面密封	上游泵送密封
密封介质压力/MPa	8.3	8.3
阻塞流体压力/MPa	9.6	0.7
最大 *pv* 值/($MPa \cdot m \cdot s^{-1}$)	73	8
冲洗流量/($mL \cdot min^{-1}$)	7576	17
能耗/W	3900	600

四、工业应用

上游泵送机械密封已在各种场合获得应用，如防止有害液体向外界环境的泄漏，防止被密封液体介质中的固体颗粒进入密封端面，用液体来密封气相过程流体，以及普通接触式机械密封难以胜任的高速高压密封工况，等等。此类密封应用的线速度已达 40 m/s，泵送速率范围为 0.1～16.0 mL/min。

(一)零泄漏上游泵送机械密封的应用

零泄漏上游泵送机械密封的装配结构与普通的单端面接触式机械密封相同，但零泄漏上游泵送机械密封在端面上开设流体动压槽，是非接触式机械密封中结构最简单的。它不需要其他复杂的辅助系统(但仍可采用自冲洗辅助措施)，可在以下条件中得以应用。

1. 输送饱和蒸气压低于环境大气压的各种介质的旋转流体机械类轴封

这类介质的特点是不易产生汽化，即使泄漏也是以液体形式出现，而不会发生挥发性泄漏，如各种油品、水等。因此，在条件允许的情况下，可以采用无需缓冲流体辅助系统的零泄漏上游泵送机械密封。

2. 停车密封

停车密封可以与螺旋密封、叶轮密封等一起作为组合密封使用，用于密封高黏度、固体颗粒介质含量高的介质，如泥浆、重油等。

在工作状态下，螺旋密封、叶轮密封起主要的密封作用，零泄漏上游泵送机械密封起辅助密封的作用；在停车状态下，零泄漏上游泵送机械密封起停车密封的作用。

3. 备用密封

当主密封开始泄漏时，作为备用密封的零泄漏上游泵送机械密封可以及时阻止介质向大气泄漏，直至主密封的泄漏达到报警限值为止。

4. 轴承密封

在某些条件下，高速齿轮箱轴承密封等也可采用零泄漏上游泵送机械密封。

(二)零逸出上游泵送机械密封的应用

零逸出上游泵送机械密封需要增设缓冲液辅助系统(可采用自冲洗措施)，可用于密封高污染性、高危险性介质等。

1. 用作输送饱和蒸气压高于环境大气压的各种介质的旋转流体机械类轴封

炼化企业中的液态烃、轻烃、液氨等类介质的特点是易汽化，普通接触式机械密封一般处于气液两相混合摩擦的状态，会产生大量的气相泄漏，对环境污染严重，且工作稳定性能不佳，使用寿命较短。采用零逸出上游泵送机械密封可以有效地解决此类密封问题。

2. 可替代普通的双端面机械密封

双端面接触式机械密封常用于密封化学、石油化工、农药等行业中具有剧毒、昂贵、高污染性工艺流体，需用复杂的封液循环保障系统，以提供压力高于密封介质压力的封液。其能耗大、可靠性差，使用寿命有限。

随着研究开发工作的不断深入及工业应用经验的日益积累，零泄漏和零逸出上游泵送机械密封的应用范围将不断拓宽。

我国新发布实施的机械行业标准《上游泵送液膜机械密封　技术条件》(JB/T 13387—2018)规定了上游泵送液膜机械密封的术语和定义、基本形式、参数与型式代号、要求、试验方法与检验规则、仪器仪表、安装和使用要求、标志、包装、运输与贮存等，选用上游泵送机械密封时可参考。

五、最新进展

在普通机械密封端面中部，用激光加工出倾斜的上游泵送槽，如图 4-3 所示，将泄漏的液体反输送到密封腔内，在实现非接触的同时，维持了很低的泄漏率，甚至可以实现零泄漏，不过仍要限定旋转的方向。

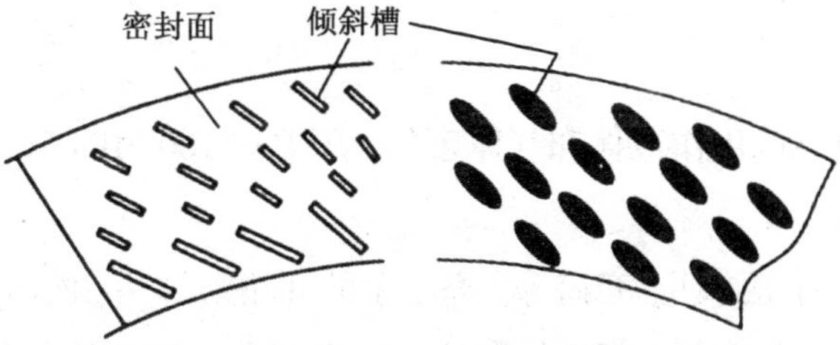

图 4-3 具有倾斜槽的密封端面

图 4-4 所示为具有对称横排槽结构的密封端面，槽的深度为 1~10 μm，用激光在研磨好的碳化硅环面上刻出槽。其中，靠近密封腔的槽最浅，随着距密封腔的距离越远，槽逐渐加深。由于槽形的对称性，流体回流的方向与密封环的旋转方向无关。上游泵送的液流由切向横排槽产生。横排槽汇集了经方形吸液槽靠压力楔作用进入端面的流体，该方形吸液槽与密封腔相通。由于环的旋转作用，把汇集到的液体拖曳到靠近密封腔槽的底部。由于台阶效应，该处产生的流体动压力最大，设计时使之超过密封腔介质压力。根据流体流动的最小阻力原理，离开槽后的大部分流体将返回密封腔，实现流体的上游泵送。所以流体的流向为由方形吸液槽进入端面，经横排槽汇集后，再返回密封腔内。这样，密封在实现非接触的同时，维持了很低的泄漏率。这类密封允许采用较大的弹簧比压，以提高密封操作的稳定性和可靠性。

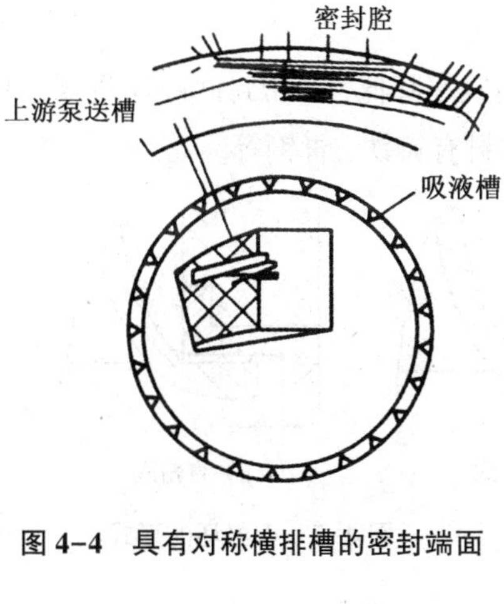

图 4-4 具有对称横排槽的密封端面

第二节　间隙密封

光滑面间隙密封可以用作液体和气体密封，压差达 100 MPa 甚至更高，滑动速度和温度实际上不受限制。

柱面间隙密封中有密封环、套筒等。离心泵的叶轮密封环、液压元件的润滑与缸套、高压往复泵的背压套筒等密封，都是依靠柱面环形间隙节流的流体静压效应，以达到减少泄漏的效果。

一、密封环

为了提高离心泵的容积效率，减少叶轮与泵壳之间的液体漏损和磨损，在泵壳与叶轮入口外缘装有可拆的密封环。

密封环的形式如图 4-5 所示。平环式结构简单、制造方便，但是密封效果差。由于泄漏的液体具有相当大的速度并以垂直方向流入液体主流，因而产生较大的涡流和冲击损失。这种密封环的径向间隙 S 一般为 0.1～0.2 mm。直角式密封环的轴向间隙 S_1 比径向间隙大得多，一般为 3～7 mm，由于泄漏的液体在旋转 90°之后其速度降低，因此造成的涡流和冲击损失小，密封效果也较平环式更好。迷宫式密封环由于增加了密封间隙的沿程阻力，因而密封效果好，但是其结构复杂、制造困难，在一般离心泵中很少采用。

密封环的磨损会使泵的效率降低，当密封间隙超过规定值时应及时更换。密封环应采用耐磨材料制造，常用材料有铸铁、青铜等。

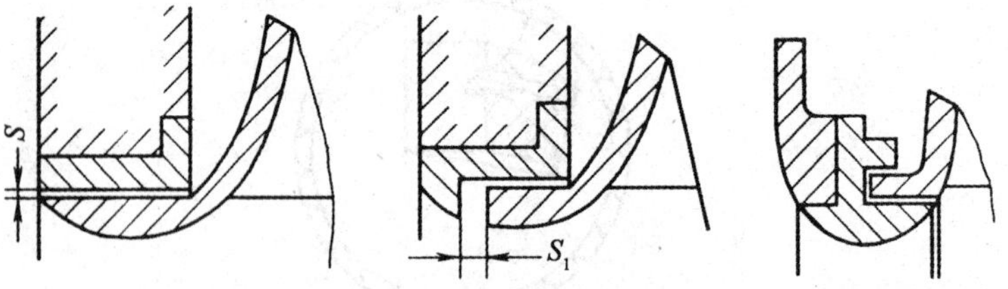

（a）平环式　　（b）直角式　　（c）迷宫式

图 4-5　密封环的形式

二、套筒密封

套筒密封结构简单、紧凑、摩擦阻力小，但有一定的泄漏量，并且泄漏量随密封间隙的增大而增加。

套筒密封的结构如图 4-6 所示，套筒外径与壳体的间隙大于套筒内径与轴的间隙，当流体通过内筒间隙时，产生压力梯度，而外筒受到流体的均匀压缩，这样在套筒的轴向上产生不同的压力差和变形，压力越高，间隙缩小量越大。为了在轴向长度方向上控制间隙和压力梯度，可以把套筒做成变截面结构。

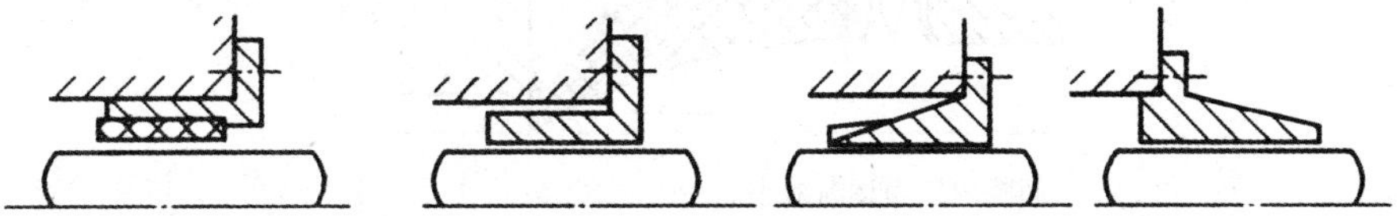

图 4-6　套筒密封的结构

卧式往复柱塞泵套筒与轴的间隙因压力不同而异，如压力为 600 MPa 时，间隙取0.013～0.043 mm，而套筒外径与柱塞的间隙取 0.045～0.110 mm；当压力为 100 MPa 时，套筒与柱塞的间隙取 0～0.024 mm，外筒间隙取 0～0.031 mm。液压元件的间隙取 0.004～0.008 mm。柱塞的 *Ra* 为 0.200～0.025 μm，套筒内孔 *Ra* 为 0.200 μm，外圆 *Ra* 为1.600～0.200 μm。柱塞材质为 GCr15，W18Cr4V；套筒材质为 W18Cr4V、铍青铜、30Cr3MoWV 等。

套筒密封使用寿命长，适用于高温、高压、高速密封条件，也可与其他密封结构组合使用。由于套筒密封存在不可避免的泄漏，因此必须配有压力控制系统和泄漏回收装置。

三、间隙密封的变形

如果浮动环由较易变形的材料制造或应用环境的压力较高，其将会发生变形，且形成间隙逐渐缩小的浮动环间隙密封。该类密封具有较低的泄漏率。

如图 4-7 所示，当浮动环的静密封部分置于或靠近低压侧流体时，被密封流体的压力向内均匀地作用于浮动环的外周，而浮动环与轴间隙内的流体压力向外作用于浮动环的内侧，这一流体压力沿轴向是逐渐减少的。浮动环内、外两侧的压力不一致将产生一弯矩使浮动环变形，沿压力降方向逐渐向轴靠拢，使得浮动环与轴的间隙相应地逐渐变小，从而降低了泄漏率。实际间隙形状取决于浮动环的几何尺寸和材料。但是，浮动环外端间隙不可能减为零，因为一旦间隙为零，流体不再流动，缝隙内的流体压力将与被密封流体的压力完全一致，结果浮动环内、外周的压力相平衡，弯曲效应消失，间隙恢复为初始间隙。

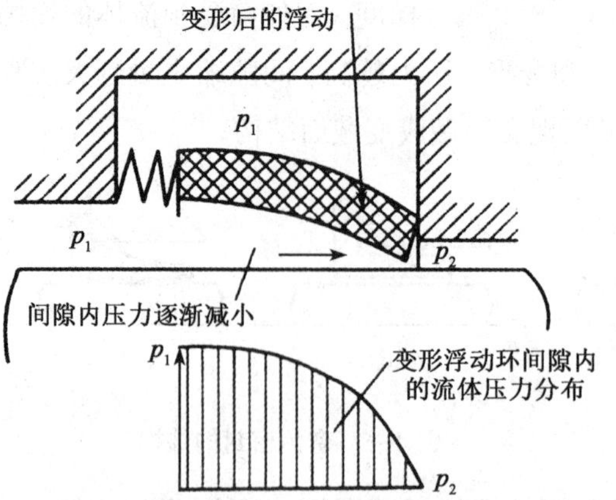

图 4-7　柔性材料浮动环间隙密封的变形

如图 4-8 所示为利用浮动环变形效应降低泄漏率的一种实际密封结构。L 形 PTFE 衬套黏附于一弹性密封环的内周，同时也提供了与壳体的辅助密封。当流体有压力时，该复合密封在流体下游端收紧以进一步限制流体的流动。流体的泄漏率随被密封的流体压力和轴直径的不同而有所变化，一般为每分钟几毫升。

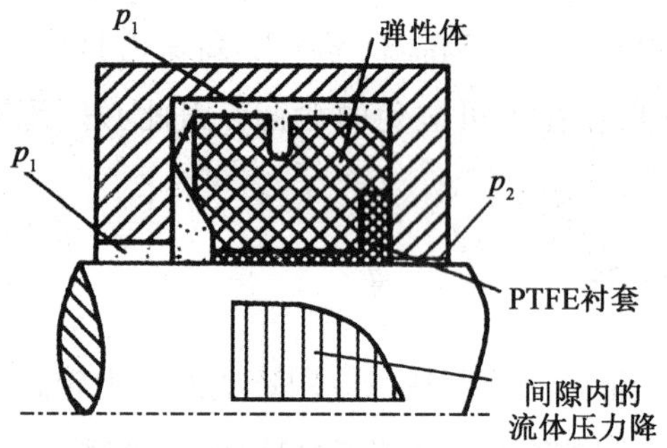

图 4-8　应用于高压环境的间隙密封

高压环境下的金属或陶瓷浮动环密封也可应用此原理。在高压环境下，一般的刚性材料也会变得富有弹性。实际应用时，其变形情况可采用有限元方法进行分析。在高压环境下，由于压力对流体的黏度具有重要影响，因此必须考虑流体的黏压特性。

第三节　迷宫密封

迷宫密封也称梳齿密封，属于非接触型密封。主要用于密封气体介质，在汽轮机、燃气轮机、离心式压缩机、鼓风机等机器中作为级间密封和轴端密封，或其他动密封的前置密封，有着广泛的用途。迷宫密封的特殊结构形式，即“蜂窝迷宫”，除可在上述旋转机械中应用外，还可作为往复密封，用做无油润滑的活塞式压缩机的活塞密封。迷宫密封还可作为防尘密封的一种结构形式，用于密封油脂和润滑油等，以防灰尘进入。

一、结构形式和工作原理

（一）结构形式

迷宫密封是由一系列节流齿隙和膨胀空腔构成的，其结构形式主要有以下几种。

1. 曲折形

图 4-9 所示为几种常用的曲折形迷宫密封结构。图 4-9(a)所示为整体式曲折形迷宫密封，当密封处的径向尺寸较小时，可做成这种形式，但加工困难。这种密封相邻两齿间的间距较大，一般为 5~6 mm，因而这种形式的迷宫所需轴向尺寸较长。图 4-9(b)(c)(d)所示结构为镶嵌式的曲折密封，其中以图 4-9(d)所示结构的密封效果最好，但因加工及装配要求较高，应用不普遍。在离心式压缩机中广泛采用的是图 4-9(b)及图 4-9(c)所示结构的镶嵌曲折密封，这两种形式的密封效果也比较好，其中图 4-9(c)所示结构比图 4-9(b)所示结构所占轴向尺寸小。

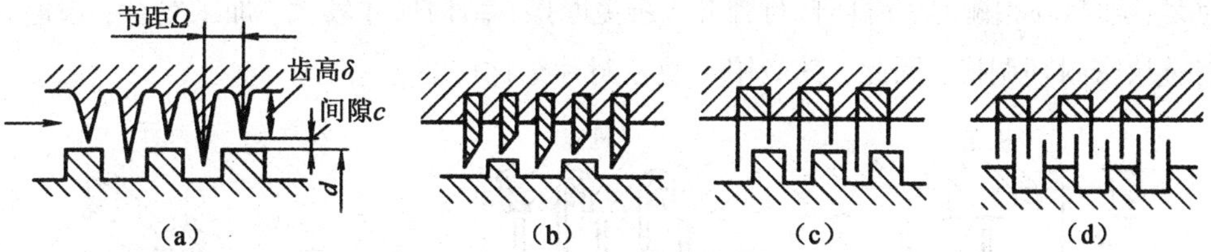

图 4-9　曲折形迷宫密封结构

2. 平滑形

如图 4-10(a)所示，为制造方便，密封段的轴颈也可做成光轴，密封体上车有梳齿或者镶嵌有齿片。这种平滑形的迷宫密封结构很简单，但密封效果较曲折形差。

3. 阶梯形

如图 4-10(b)所示，这种形式的密封效果也优于光滑形，常用于叶轮轮盖的密封，一般有 3~5 个密封齿。

4. 径向排列形

有时为了节省迷宫密封的轴向尺寸，还采用密封片径向排列的形式，如图 4-10(c)所示，其密封效果很好。

5. 蜂窝形

如图 4-10(d)所示，它是用 0.2 mm 厚的不锈钢片焊成一个外表面像蜂窝状的圆筒形密封环，固定在密封体的内圆面上，与轴之间有一定间隙，常用于平衡盘外缘与机壳间的密封。这种密封结构可密封较大压差的气体，但加工工艺稍复杂。

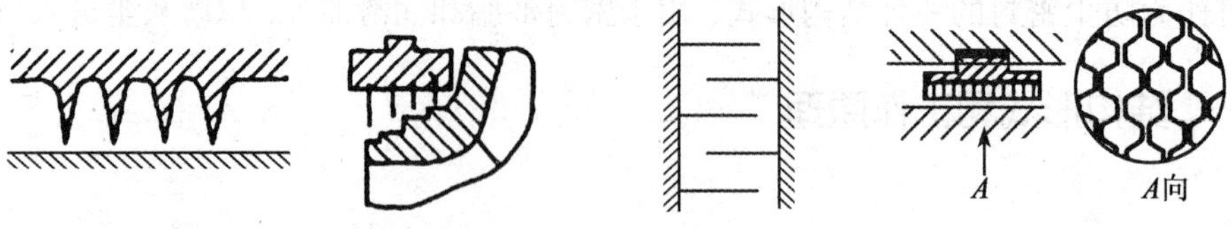

（a）平滑形　（b）阶梯形　（c）径向排列形　（d）蜂窝形

图 4-10　其他形式迷宫密封

迷宫密封的密封齿结构形式有密封片和密封环两种，如图 4-11 所示。

其中，图 4-11(a)和(b)所示为密封片式密封。图 4-11(a)中密封片用不锈钢丝嵌在转子上的狭槽中，而图 4-11(b)中转子和机壳上都嵌有密封片，其密封效果要比图 4-11(a)所示的密封效果好，但转子上的密封片有时会被离心力甩出。密封片式密封的主要特点是：结构紧凑，相碰时密封片能向两侧弯折，减少摩擦；拆换方便，但若装配不好，有时会被气流吹倒。

如图 4-11(c)所示为密封环式密封。密封环由 6~8 块扇形块组成，装入机壳的槽中，用弹簧片将每块环压紧在机壳上，弹簧压紧力约为 60~100 N。密封环式密封的主要特点是：轴与环相碰时，齿环自行弹开，避免摩擦；结构尺寸较大，加工复杂；齿磨损后要将整块密封环调换，因此，其应用不及密封片结构广泛。

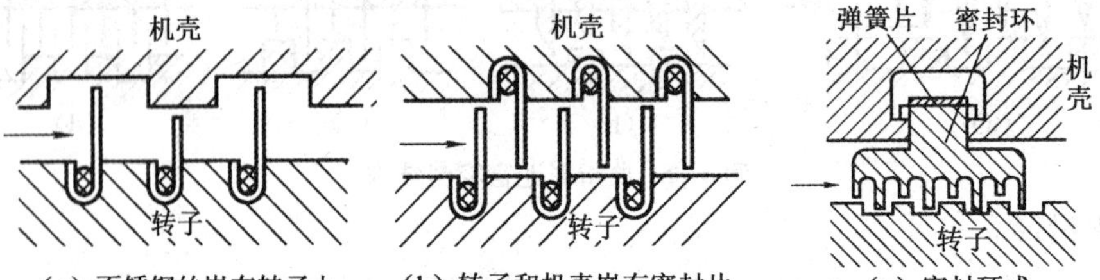

（a）不锈钢丝嵌在转子上　（b）转子和机壳嵌有密封片　（c）密封环式

图 4-11　迷宫密封齿的结构形式

(二)工作原理

迷宫密封的工作原理如图 4-12 所示。气流通过节流齿隙时加速降压，近似于绝热膨胀过程。气流从齿隙进入密封片空腔时，通流面积突然扩大，气流形成很强的旋涡，从而使速度几乎完全消失，变成热能损失，即气流在空腔中进行等压膨胀过程，压力不变而温度升高。由于齿隙中气流的部分静能头转变为动能头，故压力比齿隙前空腔中的低。在齿隙后的空腔中，气流速度虽下降，但压力并不增加，因此相邻的两个

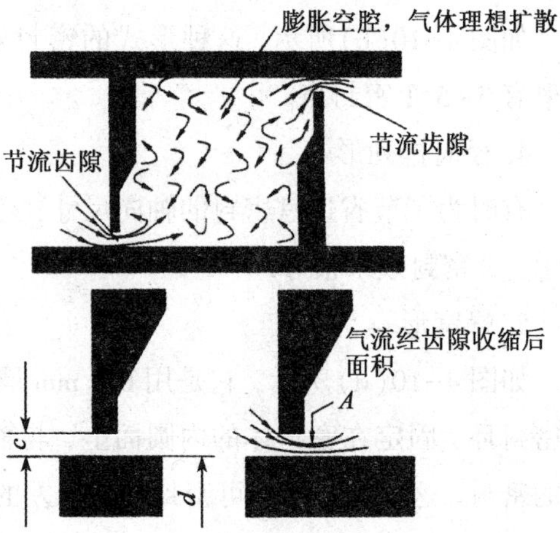

图 4-12　迷宫密封的工作原理

空腔有压差(其值即气流流过齿隙时所产生的压降)。为了使少量的气流经过一系列的空腔后，气流的压力降(即各相邻空腔压力差之和)与密封装置前后的压力差相等，需要一定数目的密封齿。

综上所述，迷宫密封的基本原理是在密封处形成一段流动阻力极大的流道，当有少量气流流过时，即产生一定的压力降。因此，迷宫密封的特点是有一定的漏气量，并依靠漏气经过密封装置所造成的压力降来平衡密封前后的压力差。

为了提高密封效果，应考虑以下三个方面。

①减小齿隙面积，即要求齿隙间隙小，密封周边短，使得小的漏气量流过齿隙时，能有较大的动能头(由静能头转变而来)。

②增大空腔内局部阻力，使气流进入空腔时动能尽量转变为热能而不是转变为压力能。

③增加密封片数，以减少每个密封片前后的压力差。

(三)迷宫密封的特点

①迷宫密封是非接触型密封，无固相摩擦，不需润滑，并允许有热膨胀，适用于高温、高压、高速和大尺寸密封条件。

②迷宫密封工作可靠，功耗少，维护简便，寿命长。

③迷宫密封泄漏量较大。如增加迷宫级数，采取抽气辅助密封手段，可把泄漏量减小，但要做到完全不漏是非常困难的。

二、主要尺寸参数及材料

(一)迷宫密封主要尺寸参数

①齿数 Z。为了使迷宫具有良好的密封效果，轮盖的密封齿数 Z 的值一般为4~6。轴封用的迷宫装置中，为了减少漏气量，齿数不应少于6，一般 Z 为7~12；也不宜过多，通常齿数不超过35，否则，齿数增加过多，将占有较长的轴向尺寸，而且对进一步降低泄漏量的效果并不显著。

②梳齿间隙。因为迷宫密封的泄漏量与间隙成正比，从密封性能考虑，希望间隙尽可能小些。但由于轴的振动、热膨胀、加工及装配精度等因素，密封间隙又不能过小。迷宫密封的最小径向间隙 c 一般为0.4 mm，也可按照式(4-1)估算：

$$c=0.25+A\times\frac{d}{1000} \tag{4-1}$$

式中，d——密封直径，mm；

A——考虑热膨胀和轴径向位移的系数。对于压缩机，A 为0.6；对于蒸汽和气体透平，A 为0.85(铁素体钢)，或者 A 为1.3(奥氏体钢)。

③梳齿节距。梳齿高 δ 与节距 Ω 之比应大于 1，即 $\delta/\Omega>1$，若此值太小则密封效果差。相邻两齿间节距 Ω 与齿隙 c 之比最好为 2~6。

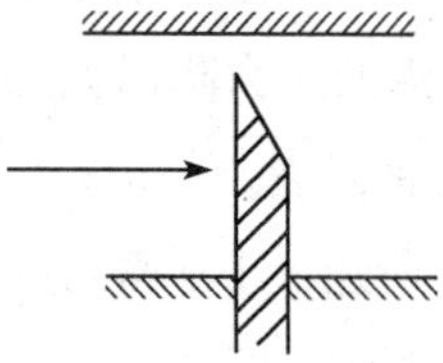

图 4-13　梳齿安装的正确方向

④梳齿顶应削薄并制成尖角，这样既可减弱转轴与密封片相碰时可能发生的危害，又可降低漏气量(圆角的漏气量较大)。齿顶与气流的流动方向如图 4-13 所示。

⑤梳齿密封应与转子同心，偏心将增大漏气量。

(二)迷宫密封片的材料

在旋转的迷宫密封中，一般迷宫密封片装在静止元件上。为了防止高速转动时，由于转子振动等原因引起密封片与转子相碰而损坏转子，通常要求采用硬度低于转子材料的密封片材料，如铝、铜等。原则上，材料配对是一硬一软，如果采用了硬梳齿(如整体制造的梳齿)，则采用软材料衬套；如果采用硬材料衬套，则装配软材料密封片，以免摩擦生热或产生火花而引起烧损或爆炸。

密封片可以由厚 0.15~0.20 mm 的金属带制成，材料可以采用黄铜或镍，用红铜丝梯形槽敛缝。有时可以直接做在轴套上，而外套用石墨制成，其间隙为滑动轴承间隙的 0.17~0.25 倍。运行前在低速下跑合。迷宫密封材料主要根据密封的结构、工作压力、温度和介质来选择。压力低时用铸铝(ZL103)和铸铜(ZQSn6-6-3)；高压力时用硬质铝板(LY12)；腐蚀气体可用不锈钢；氨气不能用铜材。

第四节　浮环密封

浮环密封也是一种非接触型密封，它在现代密封技术中占有重要地位，是满足高速、高压、防爆、防毒等苛刻使用条件的常用密封类型。

一、浮环密封的工作原理及特点

(一)浮环密封的工作原理

浮环密封由浮动环与轴之间的狭小环形间隙构成。环形间隙内充满液体，相对运动的环与轴不直接接触，故适用于高速、高压场合。而且，如果装置运转良好，可以做到“绝对密封”，所以特别适用于易燃、易爆或有毒气体(如氨气、甲烷、丙烷、石油气等)的密封。

图 4-14 为浮环密封示意图。它主要由内、外侧浮环组成，浮环与轴之间留有给定间

隙。浮环在弹簧的预紧力作用下，端面与密封盒壁面贴紧。浮环上有防转销，以防止浮环随轴转动，但能在径向上滑移浮动。密封液体从进油口注入后，通过浮环和轴之间的狭窄间隙，沿轴向左右两端流动，密封液体的压力应严格控制在比被密封气相介质压力高 0.05 MPa 左右。因为封液压力高于介质压力，通过内侧浮环（又称高压侧浮环）间隙的液膜阻止介质向外泄漏，经过外侧浮环（又称低压侧浮环）间隙的封液因节流作用降低了压力后流入大气侧。因外侧密封间隙中的压力降较大，显然它的轴向长度比内侧浮环要长些。压力差很大时，可用多个外侧浮环或采用与内侧浮环不同的间隙。流入大气侧的封液可直接回贮液箱，以便循环使用。通过内侧浮环间隙的封液与压缩机内部泄漏的工作气体混合，这部分封液要经过油气分离器将气体分离出去后再回贮液箱，经冷却、过滤后再循环使用。这样封液不仅起密封作用，同时也起到冷却散热和润滑的作用。

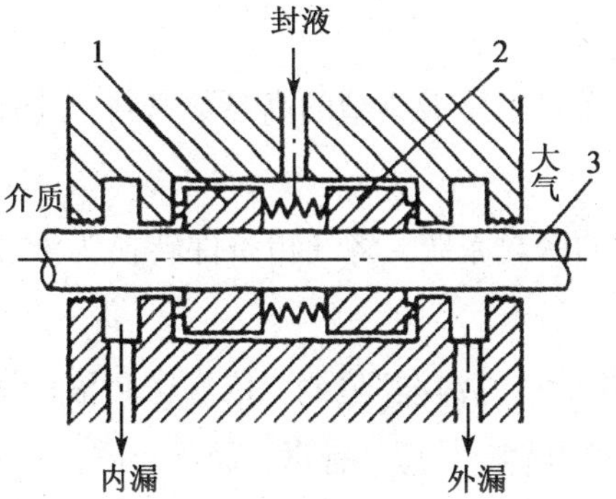

图 4-14　浮环密封示意图

1—内侧浮环；2—外侧浮环；3—转轴

浮环密封的原理是靠高压密封液在浮环与轴套之间形成液膜，产生节流降压，阻止高压气体向低压侧泄漏。浮升性是浮环的宝贵特性，液体通过环与轴间的楔形间隙内时，如同轴承那样产生流体动压效应而获得浮升力。轴不转动时，由于环自身重力作用，环内壁贴在轴上，并形成一偏心间隙。当轴转动时，轴表面将密封液牵连带入偏心的楔形间隙内，并在楔形间隙内产生流体动压效应，使环浮动抬升，环内壁脱离轴表面而变成非接触状态，如图 4-15 所示。

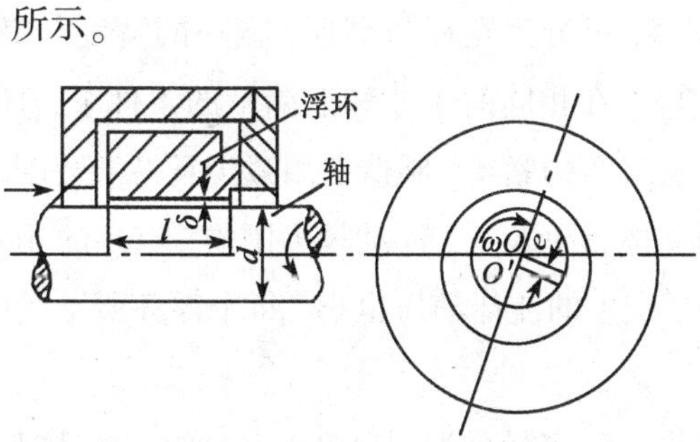

图 4-15　浮环的浮升性能

浮升性使浮环具有自动对中功能，能适应轴运动的偏摆等，避免轴与环间出现固相摩擦。浮升性还可使环与轴的间隙变小，以增强节流产生的阻力，改善密封性能。

由于浮环密封主要依靠液膜工作，故又称为油膜密封。封液通常采用矿物油(如22号、30号透平油)，也可用脱氧软化水等。但必须注意封液与被密封介质互相应该是相容的，不至于发生有害的物理、化学作用。矿物油用作液封是因为它具有良好的润滑性和适宜的黏性。但当压缩机工作介质是硫化氢或含硫化氢量较大的气体时，因硫化氢可溶于矿物油，会污染封油，故不能采用矿物油，而用水作封液。

(二)浮环密封的特点

①浮环具有宽广的密封工作参数范围。在离心式压缩机中应用，工作线速度约为40~90 m/s，工作压力可达32 MPa。在超高压往复泵中应用，工作压力可达980 MPa。工作温度为-100~200 ℃。

②浮环密封在各种动密封中是最典型的高参数密封，具有很高的工况 pv 值，可高达2500~2800 MPa · m/s。

③浮环密封利用自身的密封系统，将气相条件转换为液相条件，因而特别适用于气相介质。

④浮环密封对大气环境为“零泄漏”密封。依靠密封液的隔离作用，确保气相介质不向大气环境泄漏。对于各种易燃、易爆、有毒、贵重介质，采用浮环密封是适宜的。

⑤浮环密封性能稳定，工作可靠，寿命达一年以上。

⑥浮环密封的非接触工况，使泄漏量大，内漏量(左右两端)约为200 L/d，外漏量约为15~200 L/min。当然，浮环的泄漏量，本质上应视为循环量，它与机械密封的泄漏量是有区别的。

⑦浮环密封需要复杂的辅助密封系统，因而增加了它的技术复杂性和设备成本。

⑧浮环密封是价格昂贵的密封装置。它的成本占整台离心式压缩机成本的1/4~1/3。

二、浮环密封的结构形式

根据浮环的相对宽窄，可分为宽环与窄环。宽环的宽度与其直径的比值(l/d，即相对宽度)较大，为0.3~0.5。在相同的压差和泄漏量的条件下，环的数目可以少些，以缩短密封的轴向尺寸，使密封结构紧凑、制造费用减少且易于装配。但因两侧压差较大，环端面上压力较大，端面摩擦力也较大，浮动较为困难。窄环的相对宽度为0.1~0.3。由于环较窄，其节流长度短，产生的流体动压也小，每个浮环所承受的压差要比宽环的小些，容易浮动。

按照结构不同，可将浮环密封分为剖分型浮环密封和整体型浮环密封两大类。剖分型浮环密封类似于径向滑动轴承，浮动环及密封腔壳体均为剖分式，安装维修方便，广泛应用于氢冷汽轮发电机轴端密封，压力一般在 0.2 MPa 以下。整体型浮环密封的浮动环为一个整体，可用于高压的密封条件，石油化工厂也通常采用整体型浮环密封。整体型浮环密封的典型结构形式有以下几种。

1. L 形浮环密封

图 4-16 所示为 KA 型催化气压缩机用浮环密封。其内、外浮环均为 L 形（属于宽环），中间由隔环定位并将封油导向浮环。

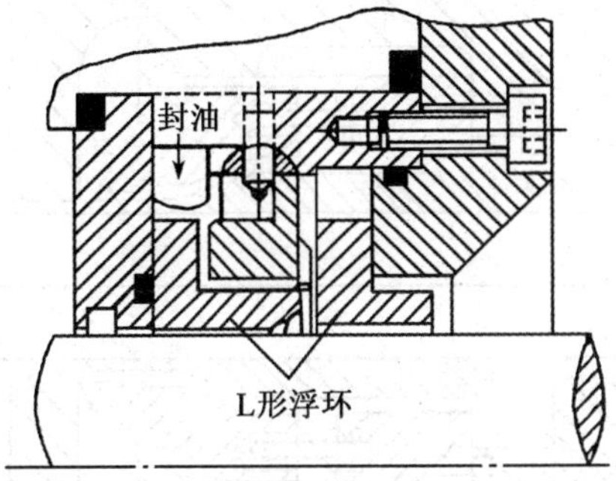

图 4-16　KA 型催化气压缩机用浮环密封

2. 带冷却孔的浮环密封

图 4-17 所示为带冷却孔的浮环密封。高压侧的浮环间隙小，泄漏封液带走的热量也少，这样就造成高压侧浮环温度较高。为了改善高压侧浮环的工作条件，在高压侧浮环上沿圆周布满冷却孔，使进入密封腔的封液首先通过高压侧浮环，然后分两路分别进入高压侧及低压侧环隙。此结构对高压侧浮环可起到有效的冷却作用。

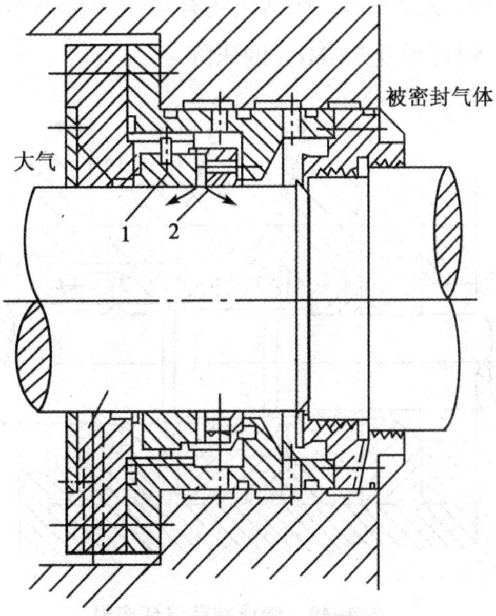

图 4-17　带冷却孔的浮环密封

1—低压侧浮环；2—高压侧浮环

3. 带锥形轴套的浮环密封

图 4-18 所示为具有锥形轴套的浮环密封。浮环密封部位的轴套为锥形，与此相应的浮环内孔也是锥形的。这种浮环密封的特点是高压侧密封间隙比一般圆筒形内侧环间隙大。封液通过锥形缝隙通道时，由锥形轴套旋转带动封液产生离心力，阻止封液向内侧泄漏，起到叶轮抽吸的作用。

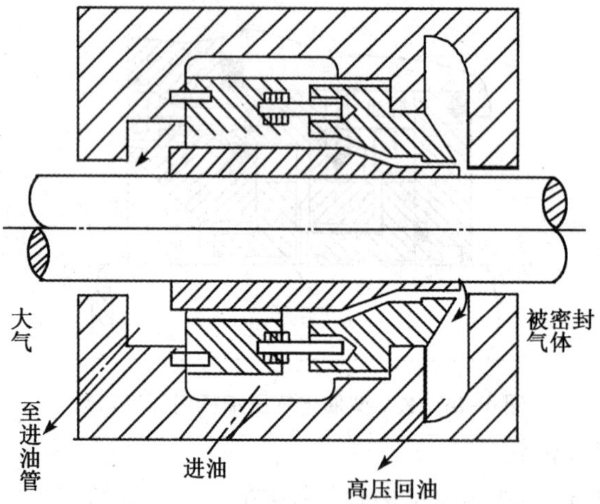

图 4-18　具有锥形轴套的浮环密封

4. 端面减荷浮环密封

图 4-19 所示为端面减荷浮环密封。环 2，3 为台阶轴减荷结构(类似于平衡型机械密封)，能有效地减小每环端面比压。在高压场合可用个数不多的浮环承受较大的压降，如离心压缩机用 2~3 环便可承受 28 MPa 的压降。

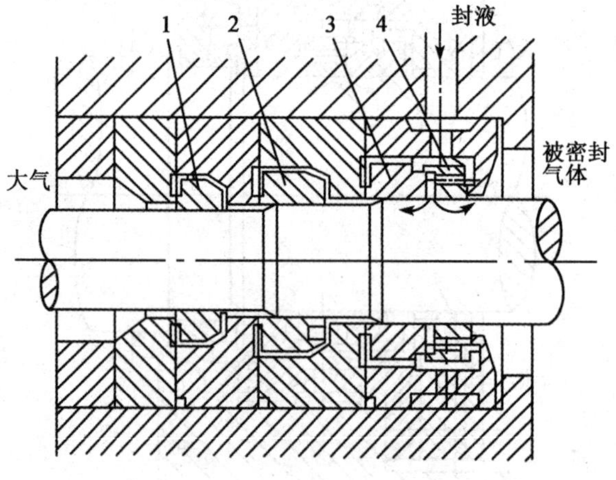

图 4-19　端面减荷浮环密封

1，2，3—低压侧浮环；4—高压侧浮环

5. 螺旋槽面浮环

图 4-20 所示为浮环内孔开有螺旋槽的浮环密封，其实质是螺旋密封与光滑浮环密封的组合密封。采用螺旋槽面浮环，在同样的宽度和压差下，泄漏量要比光滑浮环密封小，特别是在高速条件下可以实现有效密封。

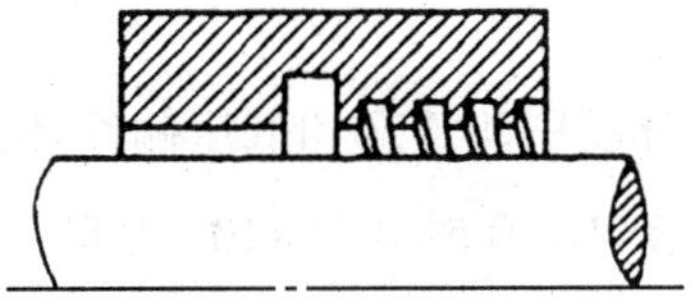

图 4-20　螺旋槽面浮环密封

三、浮环密封的结构要求、尺寸、技术要求及材料

（一）浮环密封的结构要求

对浮环密封的结构要求有以下几个方面。

①尽可能减少封液通过高压侧浮环的内泄漏量（减少漏向机内封液的泄漏量）。为此，在允许的条件下，高压侧浮环的密封间隙及液气压差应尽量小些。高压侧浮环还可采用上述螺旋面槽浮环或锥形轴套等措施。

②有效地排除封液在高压、高速下产生的摩擦热及节流热，主要是散除高压侧浮环的热量。为改善高压侧浮环的工作条件，可以采取上述浮环开孔、冷却液先通过高压侧浮环等措施。

③在刚度、强度允许的条件下，尽量取较薄的环截面，即环的内、外径之比不宜太小。

④提高浮环寿命，延长使用期。浮环材料的膨胀系数要比轴大，以免高温下产生抱轴的危险。

⑤液气混合腔要有一定容积；机内平衡室要合理连通；为防止封液窜入汽缸内，要控制通过迷宫密封的流速。

（二）浮环的尺寸

如图 4-21 所示，浮环密封的结构和使用条件各不相同，因此只能推荐结构元件大致的平均结构尺寸比。

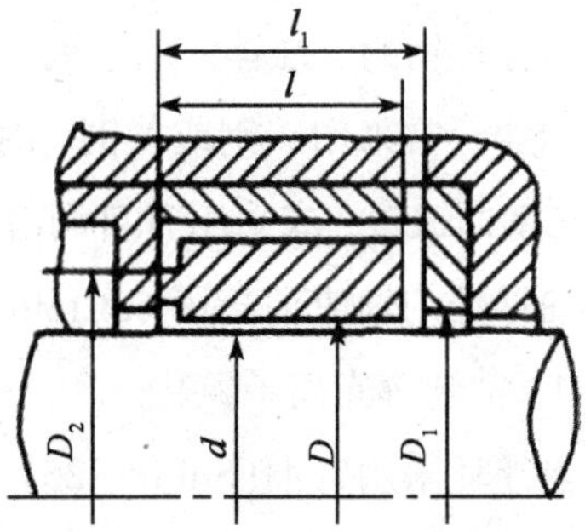

图 4-21　浮环的各部分尺寸

1. 浮环的各个间隙值

$$\delta/d=(0.5\sim1.0)\times10^{-3}$$

$$D_1/D=1.02\sim1.03$$

$$D_2/D=1.14\sim1.20$$

式中，$\delta=D-d$，d 为轴径。

上述 δ/d 关系式中，需区分高压侧浮环和低压侧浮环，并给出不同的间隙值。为了减少内漏量，对高压侧浮环取 $\delta/d=(0.5\sim0.8)\times10^{-3}$ 为宜。为了带走热量，可适当加大低压侧浮环间隙值，取 $\delta/d=(2\sim3)\times10^{-3}$。

2. 浮环的各个长度值

$$\frac{l_1-l}{l}=(0.1\sim2.0)\times10^{-2}$$

$$l/D=0.3\sim0.5(\text{适用于宽环})$$

$$l/D=0.1\sim0.3(\text{适用于窄环})$$

浮环的节流长度不宜太长，否则，间隙内的封液温升剧烈，使工作条件变得恶劣。对于高压条件，可采用多级浮环、逐级降压的方法。

(三)浮环的技术要求

浮环内孔尺寸精度为 2~1 级；表面粗糙度为 0.8~0.2 μm；圆柱度及圆度允差小于 0.01 mm；表面硬度为 50~60 HRC 或 850~1150 HV。浮环外圆尺寸精度为 2~1 级；圆柱度及圆度允差小于 0.01 mm。

浮环端面表面粗糙度为 0.16~0.08 μm；端面对内孔的垂直度允差小于 0.01 mm。

(四)浮环密封的材料

浮环材料应保证摩擦面的必要精度和光面粗糙度，以及尺寸的稳定性(完好性)。浮环和轴的材料都应具有相近的线膨胀系数、良好的抗抓伤性能、很高的耐磨性及化学稳定性、耐腐蚀性和抗冲蚀性。

对于浮环密封，推荐使用下列材料。

①油浮环常采用碳钢或黄铜，内孔壁面浇注巴氏合金(chSnSb11-6)，也可采用锡青铜，内孔壁面镀银，或采用有自润滑特性的浸树脂石墨。

②油浮环的轴或轴套用 38CrMoAl 表面氮化、碳钢镀硬铬、蒙乃尔合金轴套喷硼化铬、2Cr13 轴套辉光离子氮化。

③水浮环采用青铜(SnPb5-25)、38CrMoAl 表面氮化、沉淀硬化不锈钢 17-4PH、不锈钢堆焊钴铬钨。

④水浮环的轴或轴套采用碳钢镀铬或不锈钢。

第五节　动力密封

动力密封是近几十年发展起来的一种新型转轴密封形式。它已成功地解决了许多苛刻条件下(如高速、高温、强腐蚀、含固体颗粒等)的液体介质密封问题。

动力密封原理是在泄漏部位增设一个或几个做功元件，工作时依靠做功元件对泄漏液做功所产生的压力将泄漏液堵住或将其顶回去，从而阻止液体泄漏。

这种动力密封结构无任何直接接触的摩擦件，因此寿命长、密封可靠，只要设计正确就可以实现零泄漏。其特别适合于其他动密封结构难以胜任的场合。但这种密封只能在轴运转时起密封作用，一旦停车或转速降低便失去密封功能，故必须辅以停车密封。

目前主要有两种形式的动力密封应用较多，即离心密封和螺旋密封。

一、离心密封

离心密封是利用所增设的做功元件旋转时产生的离心力来防止泄漏的装置。在离心泵的轴封中，离心密封主要有两种形式：背叶片密封和副叶轮密封。两者密封原理相同，不同的只是所增设的做功元件不同。背叶片密封只增设一个做功元件(背叶片)，而副叶轮密封增设两个做功元件(背叶片和副叶轮)。

(一)密封原理和典型结构

1. 密封原理

副叶轮密封装置通常由背叶片、副叶轮、固定导叶和停车密封等组成，如图 4-22 所示。

所谓背叶片，就是在叶轮的后盖板上做几个径向或弯曲筋条。当叶轮工作时，依靠叶轮带动液体旋转时产生的离心力，将液体抛向叶轮出口。由于叶轮和泵壳之间存在一定间隙，在叶轮无背叶片的情况下，具有一定压力的出口液体必然会通过此间隙产生泄漏流动，即从叶轮出口处的高压侧向低压侧轴封处流动而引起泄漏。设置背叶片后，由于背叶片的作用，这部分泄漏液体也会受到离心力作用而产生反向离心压力来阻止泄漏液向轴封处流动。除可阻止泄漏外，背叶片还可以降低后泵腔的压力，阻挡(或减少)固

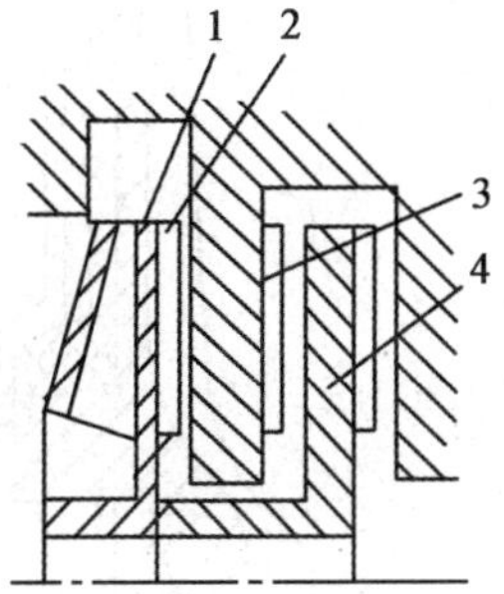

图 4-22　副叶轮密封装置

1—叶轮；2—背叶片；3—固定导叶；4—副叶轮

体颗粒进入轴封区，故其常用于化工泵和杂质泵上。

常见的副叶轮多是一个半开式离心叶轮，所产生的离心压力也起到封堵输送介质的逆压作用。当背叶片与副叶轮产生的离心压力之和不小于叶轮出口压力时，便可封堵输送介质的泄漏，起到密封作用。

固定导叶（又称阻旋片）的作用是阻止副叶轮光背侧液体旋转，提高封堵压力。当无固定导叶时，副叶轮光背侧的液体大约以 1/3 的叶轮角速度旋转，压力成抛物线规律分布，因而副叶轮光背侧轮毂区的压力小于副叶轮外径处的压力。当有固定导叶时，可阻止液体旋转，使光背侧轮毂区的压力接近副叶轮外径的压力，从而提高了副叶轮的封堵能力。试验结果表明，有固定导叶可使封液能力提高 15%及以上。

显然，背叶片和副叶轮只在泵运行时起密封作用，所以为防止泵停车后输送介质或封液泄漏，应配置停车密封，使之在泵转速降低或停车时，停车密封能及时投入工作，阻止泄漏；运行时，停车密封又能及时脱开，以免密封面磨损和耗能。

2. 典型结构

（1）衬胶泵的副叶轮密封。

衬胶泵用于没有尖角颗粒的各类矿浆的输送，耐酸、碱工况。图 4-23 所示为 PNJF 型衬胶泵的副叶轮密封结构，图中标出了测压点的位置。当泵运转时，泵内叶轮外圆处的压力为 p，经主叶轮后盖板背面的背叶片降压后剩余的压力为 p_2，副叶轮光滑背面入口处压力为 p_3。由于沿程损失及副叶轮的抽吸作用，压力 p_3 略低于 p_2。装置在轴封处的副叶轮所产生的压力 p_4 是由 p_2，p_3 决定的。由于副叶轮的特性及 $p_2(p_3)$ 的压力分布特点，副叶轮外圆处的压力 p_4 始终略大于 p_3，从而起到密封作用。

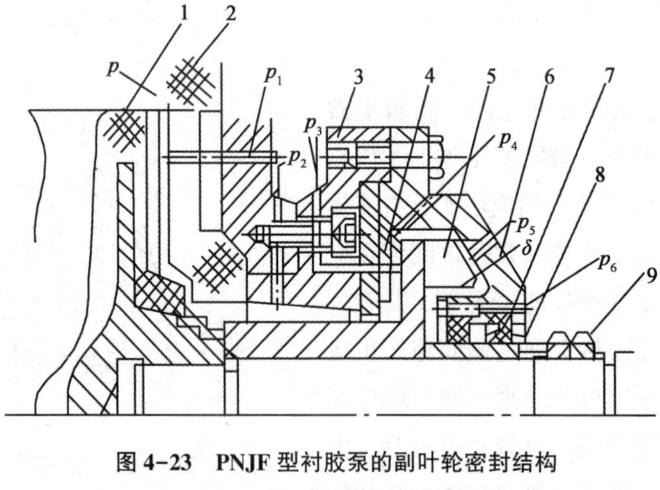

图 4-23　PNJF 型衬胶泵的副叶轮密封结构

1—主叶轮；2—背叶片；3—减压体；4—固定导叶；5—副叶轮；6—减压盖；
7—密封圈；8—轴套；9—调整螺母

该型副叶轮密封不带自动停车密封，而是依靠橡胶密封圈抱紧在轴上以保证停车时的密封。由于橡胶密封圈始终能起到密封大气压力的作用，故在副叶轮工作时，在入口处必然造成一定的负压。负压的大小标志着副叶轮的密封能力。从这一角度考虑，负压越大越好，但是为了使副叶轮既能保证密封，又使轴功率消耗最小，则以造成副叶轮入口的压力略微负压为好。

(2)沃曼渣浆泵的副叶轮密封。

沃曼泵是广泛用于输送磨蚀性或腐蚀性渣浆工况的渣浆泵，如图 4-24 所示。其副叶轮密封结构原理同前，填料密封可起停车密封作用。这种结构在渣浆泵中已获得广泛应用。

(3)IE 型化工泵的副叶轮密封。

IE 型化工泵应用于输送各种浓度和湿度的腐蚀性介质的工况，如磷酸。图 4-25 所示为 IE 型化工泵的副叶轮密封结构，其独特之处是带一种飞铁停车密封。

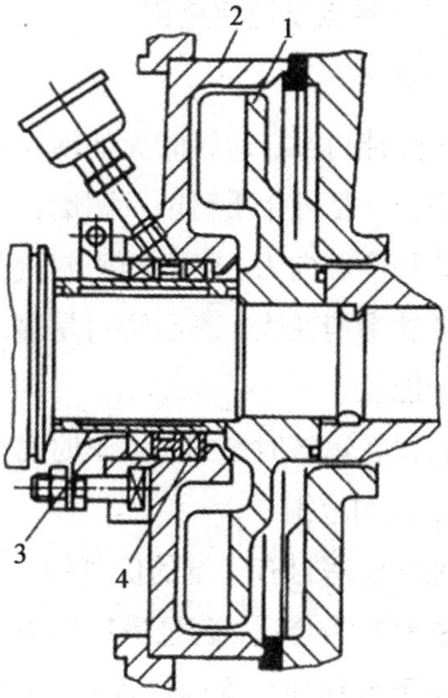

图 4-24　沃曼渣浆泵副叶轮密封结构

1—副叶轮；2—减压盖；3—填料压盖；4—填料

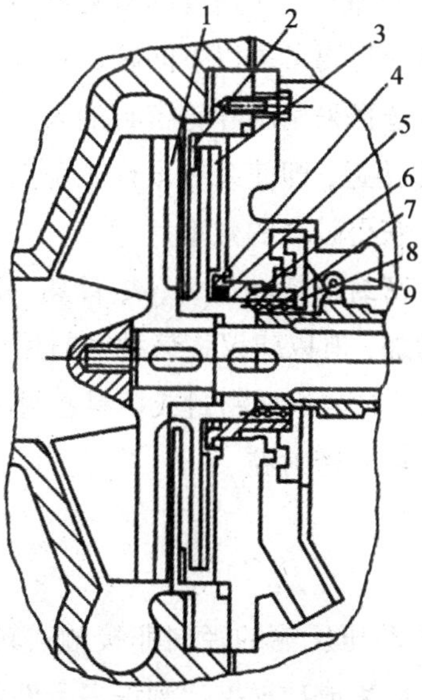

图 4-25　IE 型化工泵的副叶轮密封结构

1—背叶片；2—固定导叶；3—副叶轮；4—动环；5—动环密封圈；6—动环座；7—弹簧；8—推力盘；9—飞铁

(二)特点及应用范围

1. 特点

①性能可靠，运转时无泄漏。离心密封为非接触型密封，主要密封件不存在机械相互磨损，只要耐介质腐蚀及耐磨损，就能保证周期运转，密封性能可靠，无须维护。

②平衡轴向力，降低静密封处的压力，减少泵壳与叶轮的磨损。

③功率消耗大，离心密封是靠背叶片及副叶轮产生反压头进行工作的，它势必要消耗部分能量。

④仅在运转时密封，停车时需要另一套停车密封装置。

2. 应用范围

副叶轮密封有一定的优越性，但也有缺点。当泵的进口处于负压或常压时，采用副叶轮密封较为合适。若泵进口压力较高，采用副叶轮密封，则除使用背叶片外，还需增加副叶轮个数和加大副叶轮直径，这导致泵结构加大，密封消耗的功率急剧上升，长期运行经济性较差。

副叶轮密封的应用范围如下：

①对于处理高温介质、强腐蚀性介质、颗粒含量大的介质、易结晶介质的泵(如砂浆泵、泥浆泵、灰渣泵、渗水泵等)都可以使用副叶轮密封。

②副叶轮密封最适宜用于小轴径、高速度的单级离心泵。

除此之外，应用副叶轮密封还要考虑以下问题。

①考虑泵的使用工况。在选择采用副叶轮密封的泵时，应考虑工作点流量和扬程尽可能与泵铭牌上的流量和扬程接近，即使泵在设计工况点或其附近运行，泵的进口压力小于 9.8×10^4 Pa(表压)，也能获得较高的效率。

②考虑节约能源。副叶轮密封消耗功率大，尽管其一次性投资小于机械密封，但长周期运转，能耗费用也随之增加，所以建议将该种密封用于机械密封或填料密封不易解决的场合，也可将背叶片、副叶轮与机械密封或填料密封配合使用。前者一可降低压差、减轻后者负荷，二可防止颗粒进入密封腔。

二、螺旋密封

螺旋密封是一种利用流体动压反输的径向非接触式转轴密封装置。国外从 1916 年开始在水泵中采用螺旋密封，后来成功地推广到许多条件苛刻的场合，如高温、深冷、腐蚀和带颗粒等的液体介质密封。近几十年来，国内首先在核动力、空间装置等尖端技术领域，以及高速离心式压缩机上成功地应用了螺旋密封，之后在一般技术领域的油泵、酸碱泵及其他化学溶液泵上也采用了螺旋密封，获得了良好的效果。

(一)螺旋密封分类

螺旋密封分为两大类：图 4-26 所示为普通螺旋密封，它是在密封部位的轴或孔的表面上车削出螺旋槽，简称为螺旋密封；图 4-27 所示为螺旋迷宫密封，它是在密封部位的轴和孔的表面上分别车削出旋向相反的螺旋槽，又称复合螺旋密封。

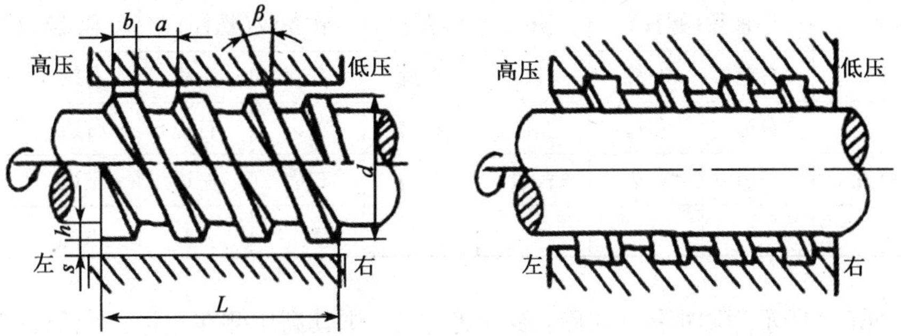

（a）螺杆螺旋密封　（b）螺套螺旋密封

图 4-26　普通螺旋密封

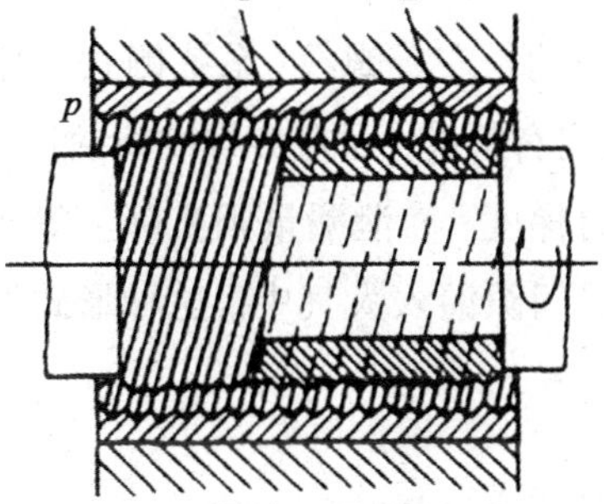

图 4-27　螺旋迷宫密封

1—螺套(左旋)；2—螺杆(右旋)

(二)工作原理

1. 普通螺旋密封工作原理

螺旋密封的工作原理相当于一个螺杆容积泵。如图 4-26(a)所示，设轴切出右螺旋，且按照逆时针方向旋转(从左向右看)，此时，充满密封间隙的黏性流体犹如螺母沿螺杆松退情况一样，将被从右方推向左方。随着容积的不断缩小，压头逐步增高，这样建立起的密封压力与被密封流体的压力相平衡，从而阻止发生泄漏。这种流体动压反输型螺旋密封是依靠被密封液体的黏滞性产生压头来封住介质的，因此它又称黏性密封。

螺旋密封也可以用来密封气体，但需要外界向密封腔内供给封液。

螺旋密封可以用螺杆，如图 4-26(a)所示；也可以用螺套，如图 4-26(b)所示。可以采用右旋螺纹或左旋密封。要想实现正确的密封，必须弄清楚螺旋密封的赶液方向。表 4-3中列出螺旋密封的螺旋种类、螺纹的旋向和螺旋密封轴的转向(从左向右看)及赶液流向之间的关系。

表 4-3 螺旋密封的螺旋种类、螺纹旋向和轴的转向

轴转向	右转(顺时针)				左转(逆时针)			
螺旋种类	阳螺纹(螺杆)		阴螺纹(螺套)		阳螺纹(螺杆)		阴螺纹(螺套)	
螺纹旋向	右旋	左旋	右旋	左旋	右旋	左旋	右旋	左旋
高压侧位置	右边	左边	左边	右边	左边	右边	右边	左边
低压侧位置	左边	右边	右边	左边	右边	左边	左边	右边
流向	→	←	←	→	←	→	→	←

图 4-26(a)所示为阳螺纹、右旋，旋向为左转，则其高压侧在左边，赶液流向是向左(←)；图 4-26(b)所示为阴螺纹、左旋，转向为左转，则其高压侧也在左边，赶液流向也是向左(←)。

如图 4-28 所示，螺旋密封不仅可以做成单段螺纹的，也可以做成两段螺纹的。其一端是右旋螺纹(大气侧)，另一端是左旋螺纹(系统侧)，中间引入封液。当轴旋转时(转向为右转)，右旋螺纹将封液往右赶进，而左旋螺纹将封液往左赶进，这样两段泵送作用在封液处达到平衡，产生压力梯度，而泄漏量则实际上等于零。利用这种现象作为密封手段，可以防止系统流体通过间隙漏入大气中。这种形式的密封，特别适合于利用黏性液体产生压力，以密封某些气体。

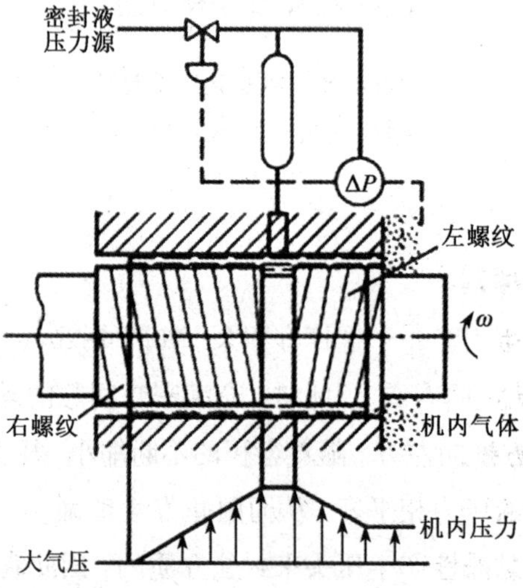

图 4-28 两段螺纹密封

2. 螺旋迷宫工作原理

如图 4-27 所示，螺旋迷宫密封由旋向相反的螺套和螺杆组成，当轴转动时，流体在旋向相反的螺纹间发生涡流摩擦而产生压头，阻止泄漏。它相当于螺杆旋涡泵，能产生较高的压头。但与螺旋密封相反，它只适用于低黏度流体，因为黏度越高越不易产生旋

涡运动。这种密封曾与机械密封联合使用，成功地实现了电站的高压锅炉给水泵的密封。

(三)螺旋密封的特点

螺旋密封有下列特点。

①螺旋密封是非接触型密封，并且允许有较大的密封间隙，不发生固相摩擦，工作寿命长，维护保养容易。

②螺旋密封属于动力型密封，依赖于消耗轴功率而建立密封状态。轴功率的一部分用来克服密封间隙内的摩擦，另一部分直接用于产生泵送压头，从而阻止介质泄漏。

③螺旋密封适用于气相介质条件。因为螺旋间隙内充满的黏性液体可将气相条件转化为液相条件。

④螺旋密封适合在低压(压力小于1~2 MPa)条件下工作，因为这时的气相介质泄漏量小，封液(即黏性液体)可实现零泄漏。封液不需循环冷却，结构简单。

⑤螺旋密封不适合在高压(压力不宜大于2.5~3.5 MPa)条件下工作，因为为了提高泵送压头，势必增大螺旋尺寸。封液需要外循环冷却，结构复杂。

⑥螺旋密封不适合在高速(线速度大于30 m/s)条件下工作，因为这种条件下封液会受到剧烈搅拌，容易出现气液乳化现象。

⑦螺旋密封只有在旋转并达到一定转速后才起密封作用，并没有停车密封性能，需要另外配备停车密封装置。

⑧螺旋密封除作为离心泵和低压离心压缩机轴的密封外，还可作为防尘密封。

⑨螺旋密封要求封液有一定黏度，且温度的变化对封液黏度影响不大，若被密封流体黏度高，也可用作封液。

三、停车密封

停车密封是动力密封的重要组成部分。当转速降低或停车时，动力密封便失去密封功能，就得依靠停车密封来阻止泄漏。理想的停车密封装置的密封面应具备两种功能：一是当机器停车时确保即停即堵；二是运行时确保即开即松。也就是说，停车时，随着惯性转速的降低乃至停转，停车密封能及时而迅速地实现密封；而当机器启动乃至正常运行时，停车密封的密封面要及时而迅速地打开，以免密封面磨损和增加功耗。因此，把停车密封的这种即开即闭的性能称为启闭性能。

衡量停车密封启闭性能好坏的标志是其随机性能的好坏。众所周知，机器在停车时的转速以“快—慢—零”的方式变化，而在启动时的转速是以“零—慢—快”的方式变化。动力密封在转速由快至慢的变化过程中逐渐丧失作用，而在转速由慢至快的变化过程中逐渐产生作用。把动力密封丧失或产生密封作用时的转速视为停车密封的临界转速，以n_{kp}表示。n_{kp}越大，停车密封的工况越恶劣；n_{kp}越小，停车密封的工况就越好。理想的停车密封，应从停车惯性转速降至 n_{kp} 时即应投入工作；而在启动过程中，转速达到 n_{kp} 时，停车密封即应脱离工作，以减少密封面的摩擦及磨损。

目前使用的停车密封的种类很多，常用的有以下几种。

(一) 填料式停车密封

利用填料密封作为停车密封，这种方法简单可靠，材料也容易购买。填料式停车密封又可分为两种：图 4-29(a) 所示为人工松紧式，图 4-29(b) 所示为机械松紧式。

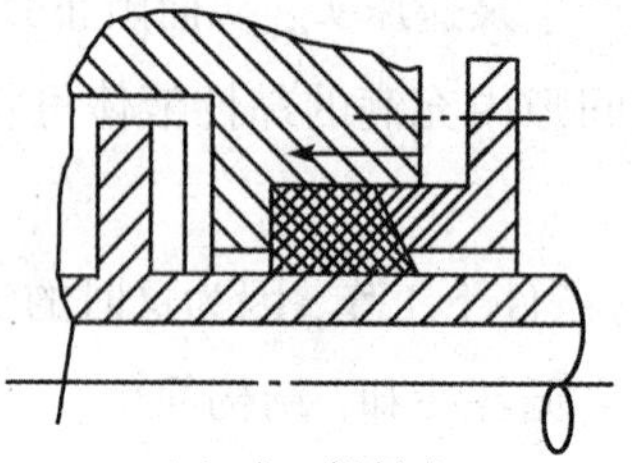
(a) 人工松紧式

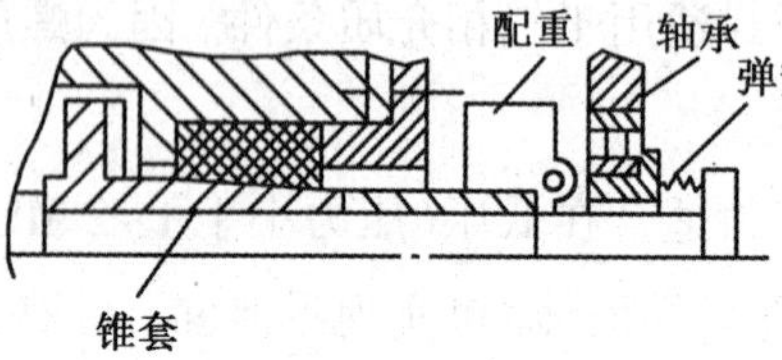

(b) 机械松紧式

图 4-29　填料式停车密封

1. 人工松紧式

开车前人工将填料压盖稍松开，停车后将填料压盖压紧。这种停车密封结构简单、价格便宜，但操作稍麻烦、可靠性差，且工作时填料有磨损。一般来说，对于台数不多而又不经常启停的泵，使用人工松紧填料式停车密封能获得价廉、方便而有效的结果。

2. 机械松紧式

开车时，随着轴转速的增大，配重在离心力作用下飞开，弹簧被压缩，而锥套被推动左移，使填料松开。停车时，配重在弹簧作用下回位，锥套右移，填料被压紧。这种停车密封结构复杂，轴要左右移动，但填料可自动松紧，摩擦、磨损小，密封性好。

(二) 压力调节式停车密封

利用机器内部的介质压力或外界提供的压力实现密封的脱开或闭合的停车密封称为压力调节式停车密封。

1. 与螺旋密封组合的压力调节式停车密封

图 4-30 所示为与螺旋密封组合的压力调节式停车密封。此种密封停车时，可在轴上移动的螺旋套在弹簧力推动下，使其台阶端面与机壳端面压紧而密封；运转时，两段反向的螺旋使间隙中的黏性流体在端面处形成压力峰，作用于螺旋轴的台阶端面使其与壳体端面脱离接触。

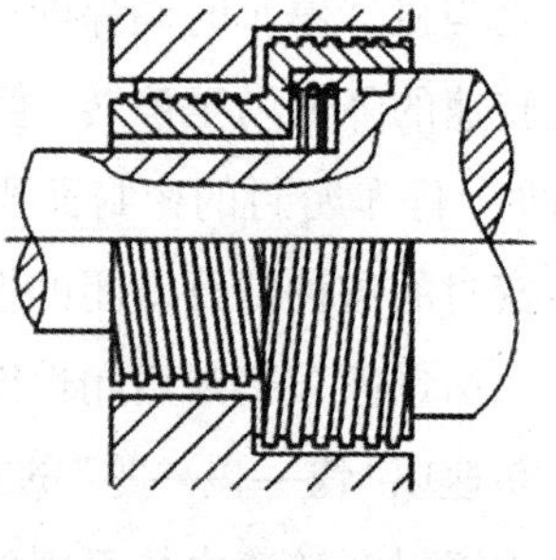
图 4-30　与螺旋密封组合的压力调节式停车密封

2. 带有滑阀的停车密封

图 4-31 所示为滑阀式停车密封。此种密封运转时，差压缸充压，使滑阀左移，密封面 A 脱开，同时弹簧被压缩；

停车时，差压缸卸压，滑阀在弹簧作用下右移，滑阀与密封环贴紧而形成停车密封。

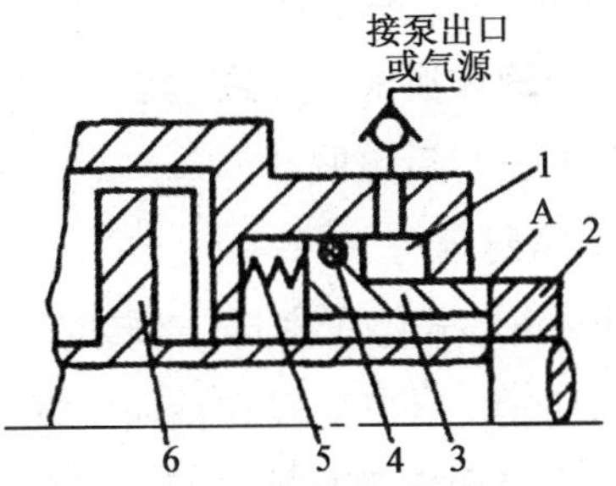

图 4-31　滑阀式停车密封

1—差压缸；2—密封环；3—滑阀；4—滑阀密封圈；5—弹簧；6—副叶轮

3. 气控涨胎式停车密封

图 4-32 所示为气控涨胎式停车密封。此种密封运转时，放气，使涨胎脱开轴套表面；停车时，充气，涨胎抱紧轴套表面而形成停车密封。

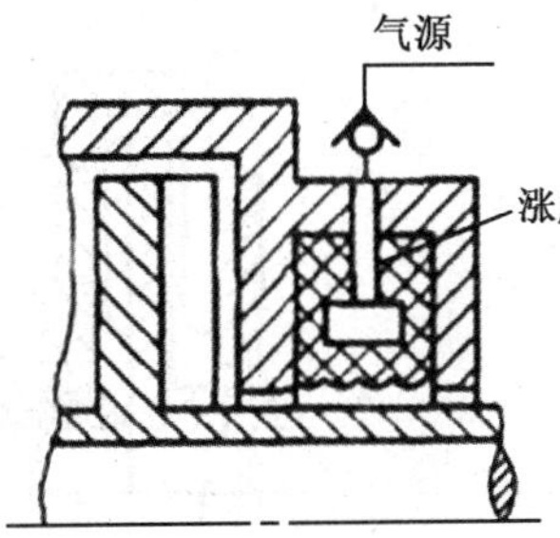

图 4-32　气控涨胎式停车密封

（三）离心式停车密封

利用离心力的作用，实现在运转时脱开、在静止时闭合的停车密封称为离心式停车密封。它是停车密封的主要类型，有很多种形式。

1. 弹簧片离心式停车密封

图 4-33 所示为弹簧片离心式停车密封。机器启动后，弹簧片上的离心子在离心力的作用下向外甩，将弹簧片顶弯，从而使两密封端面脱开，成为非接触状态，机器的密封由其他动力密封来实现。停车时，装在旋转环上的三个弹簧片平伸，将端面压紧，实现停车密封。

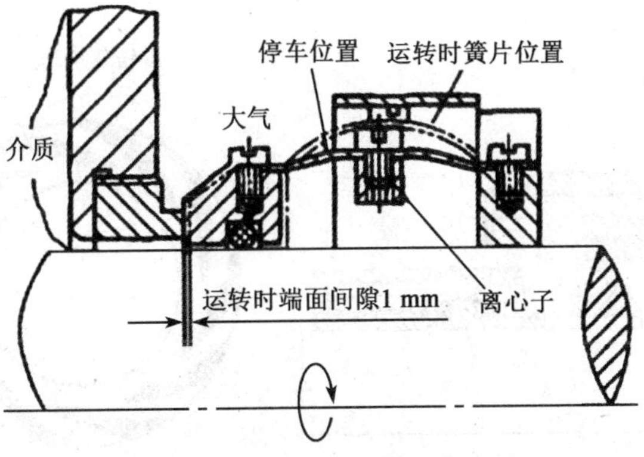

图 4-33　弹簧片离心式停车密封

2. 飞铁式停车密封

IE 型化工泵中采用的停车密封为飞铁式停车密封。在泵停车时，由于弹簧力的作用使动环贴紧泵的密封后盖，防止液体泄漏；在泵运转时，飞铁在离心力作用下撑开，顶开推力盘和动环座，使动环和泵的密封后盖脱开。

3. 唇形密封圈离心式停车密封

图 4-34 所示为唇形密封圈离心式停车密封。运转时唇部因离心力而脱开，停车时唇部收缩而闭合。如图 4-34(a)所示，唇口可以在轴向实现与轴向端面的脱开或闭合。如图 4-34(b)所示，唇口也可以在径向实现与轴表面的脱开或闭合。为了增强脱开时的离心力，可以在弹性体内放置金属件。如图 4-34(c)所示，为了增强停车的闭合力，可在密封圈外设置弹簧。

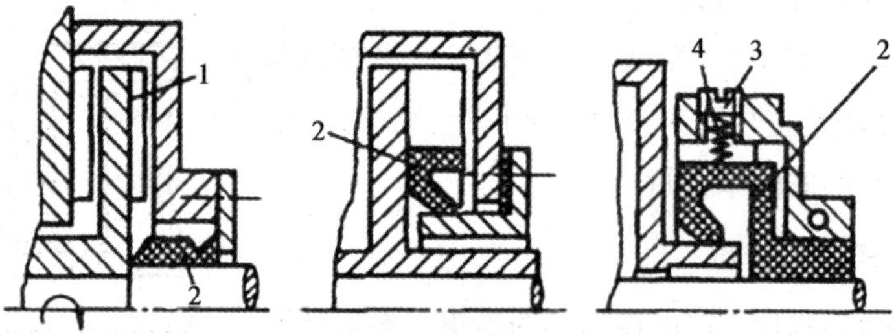

(a) 轴向密封式　(b) 径向密封式　(c) 带弹簧式

图 4-34　唇形密封圈离心式停车密封

1—副叶轮；2—唇形密封圈；3—调节螺钉；4—弹簧

(四) 气膜式停车密封

气膜式停车密封是气膜非接触机械密封在停车密封方面的具体应用。如图 4-35(b)所示，运转时，端面的流体动压槽(如螺旋槽)将周围环境的气体吸入端面，并在端面间产生足够的流体动压力迫使端面分开，成为非接触状态；停车时，端面间的流体动压力消失，密封端面在介质压力和弹簧力的作用下闭合，实现停车密封。

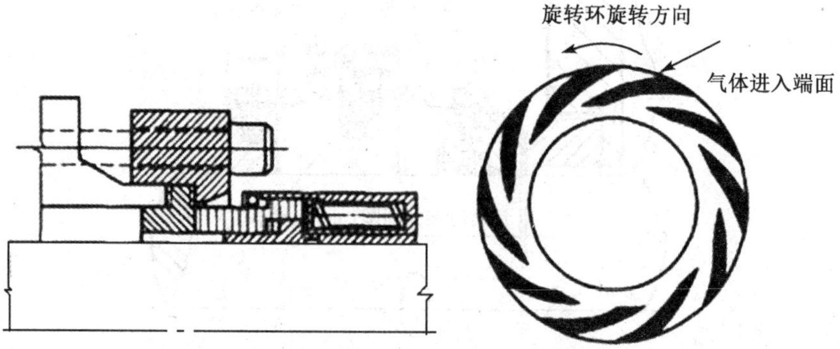

(a) 结构布置　(b) 端面流体动压槽

图 4-35　气膜式停车密封

此外，还可以借助螺杆、齿轮、杠杆等结构来控制停车密封的启闭。

第六节　磁流体密封

磁流体密封是一种用磁流体作为密封介质的独特动密封。它由外加磁场在磁极与轴套之间形成强磁场，从而将磁流体牢牢地吸附住，形成类似 O 形圈的液体环，将间隙完全堵住，达到密封的要求。

20 世纪 60 年代初，美国宇航局为了解决宇航服的真空密封及空间失重状态下的液体燃料补充问题，开发了磁性流体。1965 年，帕佩尔（Papell）获得世界上第一个具有实用意义的制备磁流体的专利。经过 30 多年的发展，现已达到较高的技术水平，并已在工业中应用。目前，磁流体密封在真空密封方面应用最广泛，真空度达 1.3×10^{-7} Pa，轴径可达 250 mm。对于有压力介质，密封压力可达 6 MPa，轴径为 1.6~120.0 mm，转速可达 2×10^{4} r/min。

一、磁流体

磁流体是一种对磁场敏感、可流动的液体磁性材料。它具有超顺磁特性，是把磁铁矿等强磁性的微细粉末在水、油类、酯类、醚类等液体中进行稳定分散的一种胶态液体。这种液体具有在通常离心力和磁场作用下，既不沉淀和凝聚，又能使其本身承受磁性，可以被磁体所吸引的特性。

（一）磁流体的组成

磁流体含有三种基本成分，即磁性微粒、载液及包覆微粒并阻止其相互凝聚的表面活性剂（稳定剂）。固态磁性微粒悬浮在载液中，同时表面上吸附着一层表面活性剂，在离心力及磁场作用下，它既不沉淀也不凝絮，而是稳定地悬浮在液相中，保持着均匀混合的悬浮状态，如图 4-36 所示。

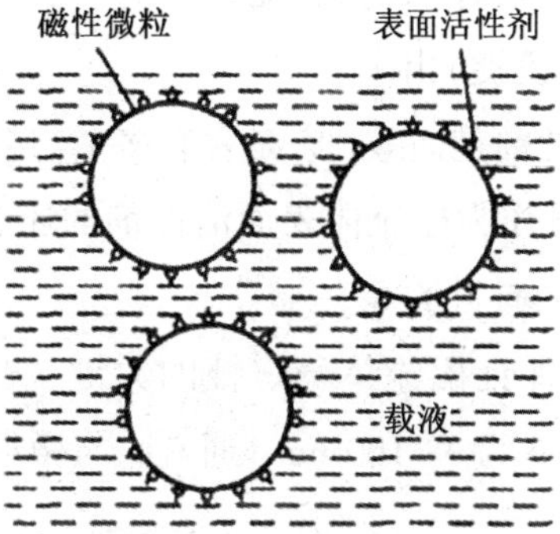

图 4-36　磁流体的组成

1. 磁性微粒

磁性微粒可由各种磁性材料如稀土磁性材料、磁铁矿(Fe_3O_4)、赤铁矿(γ-Fe_2O_3)、氧化铬(CrO_2)等加工制成。颗粒直径要求小于 30 nm(大部分小于 10 nm),形状以球形最好。小直径的球形微粒有利于增加磁流体的稳定性和寿命。磁流体一般每升含有 10^{20} 个颗粒。颗粒直径小能防止因重力作用而聚集在一起。

2. 载液

载液使磁流体具有液体的性质。第一例成功的磁流体载液是煤油。一般情况下,水、烃、氟化烃、双酯、金属有机化合物、聚苯醚可以作载液,实际上任何液体都可用作载液,也可以用金属液体制作磁流体,例如汞与钒。载液的选取一般须从密封的工作要求出发,如承载能力的大小、被密封介质的性质和工作条件等,并根据载液的物理、化学性能来确定。尽管许多液体都能被选作载液,但它们在密封工作条件下,均应具有化学稳定性和低的饱和蒸气压,即具有低的挥发速率。磁流体载液大部分挥发后,将导致密封失效。磁流体也不能与被密封的流体相混合。磁流体密封一般用来分隔两充气空间,或一充气空间与抽气空间。磁流体密封用来密封液体时,会遇到不少困难。

水基磁流体或其他高挥发性液体基磁流体一般不适合于密封。碳氟基磁流体,由于具有低的蒸气压和低的挥发速率,特别适用于真空密封。醋基、二酶基、醚基磁流体也常用于真空密封。

3. 表面活性剂

金属氧化物磁性微粒属无机类固体微粒,不溶解或难分散在一般的载液中,为此微粒与载液固液两相之间的连接需加入第三者——表面活性剂。所需表面活性剂要求既能吸附于固体微粒表面,又具有被载液溶剂化的分子结构。实验表明,所采用的表面活性剂分子是一种极性官能团的结构,其“头部”端化学吸附于磁性微粒表面,而“尾部”端伸向悬浮着微粒的载液。如果载液与这“尾部”有相似结构时,它们就能很好地相互溶解。由于磁性微粒的外表面上形成了薄薄的涂层,致使微粒彼此分散,悬浮于载液中。当包覆了表面活性剂的微粒彼此接近时,因其都是相同的“尾部”而互相排斥,所以不会因相互吸引而从载液中被分离(或沉淀)出来。

最普通的稳定性表面活性剂是油酸。它是含有多个与粒子有亲和力的“头部”基团的聚合物,是强稳定剂。目前可作为磁流体表面活性剂的还有聚全氟环氧丙烯衍生物、琥珀酸衍生物、12 碳原子以上的有机酸等。

合理选择表面活性剂是保证磁流体稳定性的关键。表面活性剂的“尾部”长约 1~2 nm),一般涂层的有效厚度 δ 为 3~100 nm,通常它与微粒粒度 d 之比(δ/d)大于 0.2。

(二)磁流体的特性

磁流体是一种磁性的胶体溶液。对作为密封用的磁流体的性能要求是:稳定性好,不凝聚、不沉淀、不分解；饱和磁化强度高；起始磁导率大；黏度和饱和蒸气压低。其他如凝固点、沸点、热导率、比热容和表面张力等也有一定的要求。

磁流体属于超顺磁材料。在外加磁场作用下，磁流体中的磁性微粒立刻被磁化，定向排列，显示出磁性。由于磁流体表面的磁性张力与界面张力的能量平衡，使得磁流体表面层上形成一个个挺立的磁锥。如去掉外加磁场，磁性立即消失。磁流体磁性微粒定向排列的程度取决于磁流体的磁化强度 M。磁化强度 M 随外加磁场强度 H 的增加而增加，直至达到磁流体的饱和磁化强度 M_s，如图 4-37 所示。磁流体的饱和磁化强度 M_s是磁流体的性质，受磁性微粒材料饱和磁化强度、磁性微粒浓度和磁流体温度的影响。磁性微粒材料饱和磁化强度高、磁性微粒浓度大，磁流体将具有高的饱和磁化强度 M_s。磁流体的饱和磁化强度 M_s受温度的影响较大，一般当温度超过 100 ℃时，磁性微粒易凝聚，因而 M_s大大下降。

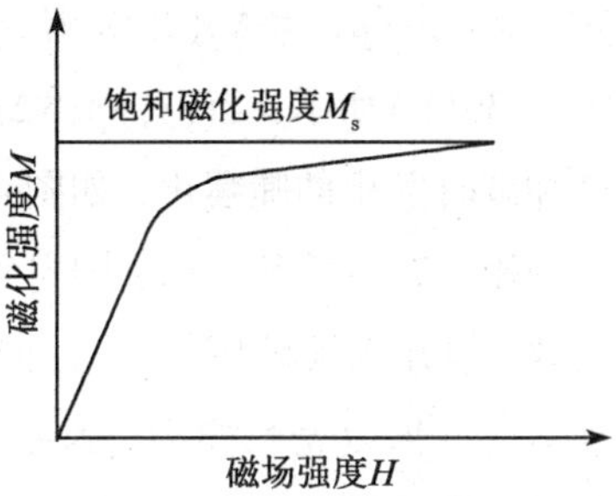

图 4-37　磁流体的磁化强度 M 随外加磁场强度 H 的变化

磁流体的黏度随磁场强度的增加而增加，典型情况下，饱和磁化强度下磁流体的黏度 μ_s是未磁化磁流体黏度 μ_0的 3 倍。因此在转轴速度较高的情况下，磁流体的黏性摩擦将产生较多的热量，磁流体密封的冷却将变得十分必要。

二、磁流体密封工作原理及特点

（一）磁流体密封工作原理

磁流体密封是利用磁场把磁流体固定在相对运动的间隙中，从而堵塞泄漏通道的一种密封方法。图 4-38 所示为一种简单的磁流体密封示意图。它由两块环形磁极和夹于磁极中央的环形永久磁铁组成。轴可由是磁性材料制成，也可由非磁性材料制成。永久磁铁可由马氏体钢（碳钢、铬钢、钴钢等）、铝镍钴磁性材料、铁氧体磁性材料、稀土钴磁性

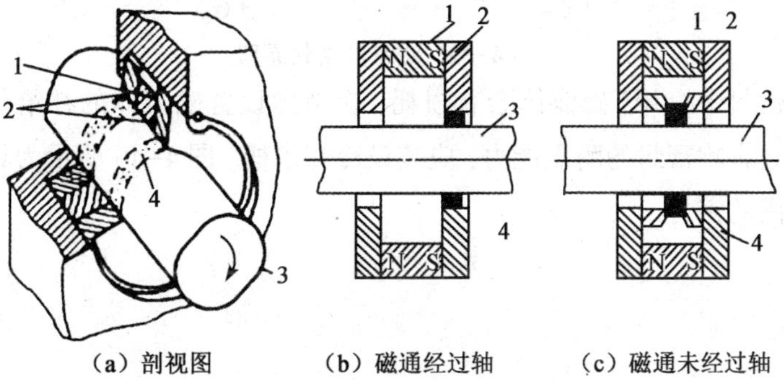

（a）剖视图　　（b）磁通经过轴　　（c）磁通未经过轴

图 4-38　磁流体密封示意图

1—永久磁铁；2—磁极；3—旋转轴；4—磁流体

等材料制成，其作用是产生外加磁场。外加磁场不但影响磁流体密封的磁路尺寸和外形尺寸，也影响其性能指标和使用效果。一般而言，外加磁场越强，密封能力越好。磁极起导磁场的作用。它由软磁性材料（如铁-硅合金、铁-镍合金及软钢等）制成。

磁流体密封原理如图 4-39 所示。首先，在静止部件与运动部件的间隙中形成外加磁场，将磁流体吸聚在其间，形成类似 O 形圈的液体环。然后，依靠磁流体本身的表面张力和磁场力阻止压力介质通过，进而起到密封作用。

当密封部位两侧的压力 p_1 与 p_2 相等时，磁流体处于平衡状态，如图 4-39(a)所示。当 $p_2<p_1$，$(p_1-p_2)\leqslant\Delta p$（单级密封能力）时，磁流体偏于压力低的一侧，密封能正常工作，如图 4-39(b)所示；当$(p_1-p_2>\Delta p)$时，磁流体液环即被吹出一些空隙，并可听到压力介质被冲破时发出的嗤嗤声，如图 4-39(c)所示。

磁流体有一特殊功能，即自愈合性能。在图 4-39(c)所示的情况下，磁流体密封虽然失效，但并未被破坏。当 p_1 下降至重新恢复$(p_1-p_2\leqslant\Delta p)$时，被吹出空隙的磁流体将自动愈合并恢复密封能力。因磁流体密封一般为多级，所以当第一级密封失效后，压力介质进入第二级，使 p_2 升高。当 $p_2-p_3\leqslant\Delta p$ 并达到 $p_1-p_2\leqslant\Delta p$ 时，则第一级自动恢复密封能力，此时，二级磁流体密封总压力 $p=2\Delta p$。以此类推，n 级总压力 $p_n=n\Delta p$。

多级磁流体密封同样具有自愈合能力。当压差超过整个密封装置的密封总压力$[p]$时，密封失效；若当压差下降到低于$[p]$时，则磁流体密封将自动愈合，恢复密封能力。值得注意的是，如果压差远大于$[p]$或者压差增加非常迅速并大于$[p]$时，磁流体就会如图 4-39(d)所示被吹走，脱离外加磁场的范围，导致密封失效。

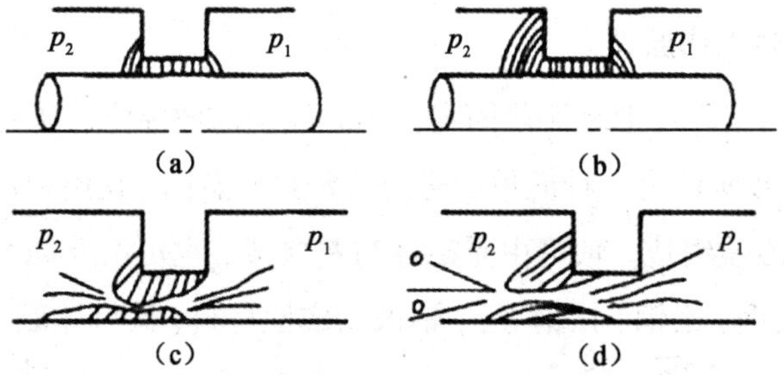

图 4-39　磁流体密封原理

在磁流体密封中，由于磁流体会有损耗，应考虑设置磁流体的补给装置。由于磁流体的温度升高会影响密封的耐压能力，应装设冷却水槽。图 4-40 所示为具有磁流体补充装置和水冷却槽的密封。

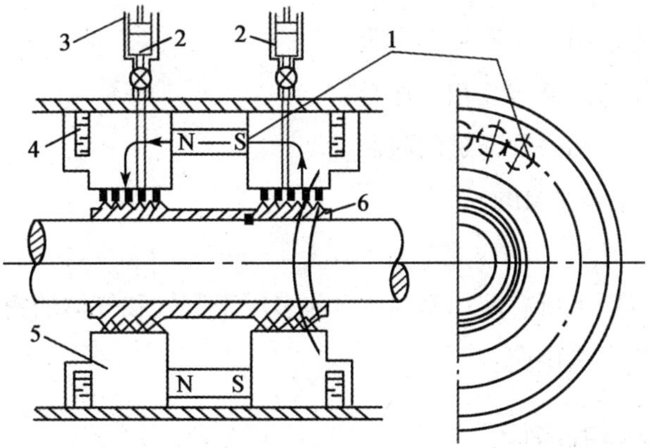

图 4-40　具有磁流体补充装置和水冷却槽的密封

1—永久磁铁；2—磁流体；3—加磁流体装置；4—水冷却槽；5—环形磁极；6—导磁轴套

（二）磁流体密封的特点

磁流体密封的主要优点如下。

①因为是由液体形成的密封，所以只要是在允许的压差范围内，磁流体密封即可以实现零泄漏。对于剧毒、易燃、易爆、放射性物质，特别是贵重物质及高纯度物质的密封，具有非常重要的意义。

②因为是非接触式密封，不存在固体摩擦，仅有磁流体内部的液体摩擦，因此功率消耗低，使用寿命长，易于维护。密封寿命主要取决于磁流体的消耗，而磁流体又可在不影响设备正常运转的情况下通过补加孔加入，以弥补磁流体的损耗。

③结构简单，制造容易，没有复杂的零部件，且对轴的表面质量和间隙加工要求不高。

④特别适用于含固体颗粒的介质。这是因为磁流体具有很强的排他性，在强磁场作用下，磁流体能将任何杂质都排出磁流体外，从而不至于出现因存在固体颗粒的磨损造成密封提前失效的情况。

⑤可用于往复式运动的密封。通常只需将导磁轴套加长，使导磁轴套在做往复运动的整个行程中都不脱离外加磁场和磁极的范围，使磁流体在导磁轴套上相对滑动，并始终保持着封闭式的密封状态。

⑥轴的对中性要求不高。

⑦能够适应高速旋转运动，特别是在挠性轴中使用。据一些资料介绍，磁流体密封用于小轴径时，其转速已达 5×10^4 r/min 左右，一般情况下也达 2×10^4 r/min 左右。不过在高速场合下使用，要特别注意加强冷却措施，并考虑离心力的影响。实验结果证明，当轴的线速度达 20 m/s 时，离心力就不可忽略了。

⑧瞬时过压，在压力回落时，磁流体密封可自动愈合。

磁流体也有以下不足之处。

①磁流体密封能适用的介质种类有限。

②要求工艺流体与磁流体互相不熔合。

③受工艺流体蒸发和磁铁退磁的限制。

④不耐高压差(小于 7 MPa)。

⑤耐温范围小。

⑥不能安全地应用于所有液体密封,目前多用于蒸气和气体的密封。

⑦磁流体尚无法大量供应。

三、磁流体密封的应用

磁流体密封被广泛应用于计算机硬盘的驱动轴上,以避免轴承润滑脂、水分和粉尘等可能对磁盘造成的危害。应用磁流体密封最早、最多、最成功的设备是真空设备,其中转轴或摆动杆的真空动密封已达标准化、通用化的程度。

磁流体密封在其他领域也得到了应用。图 4-41 所示为用作轴承密封的磁流体密封。在外界磁场作用下,润滑剂能准确地充填并吸附在摩擦润滑表面,减少磨损。这种用作轴承的磁流体密封,不仅起到了密封作用,而且兼具润滑作用。

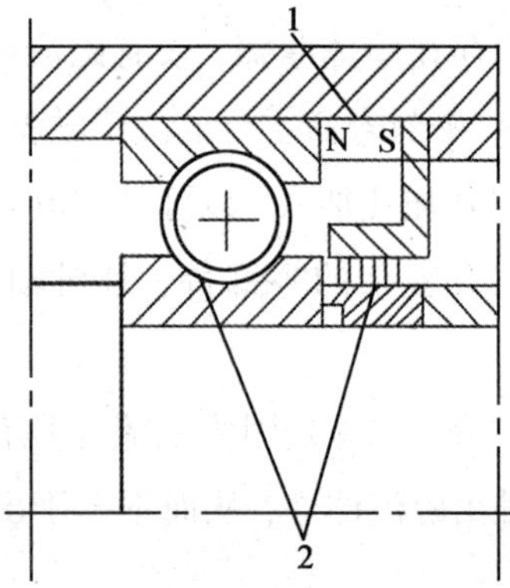

图 4-41　用于轴承密封的磁流体密封

1—永久磁铁;2—磁流体

磁流体密封不仅可以用作旋转轴动密封,而且可以用作往复式动密封。图 4-42 所示为磁流体用作活塞与汽缸间密封。在活塞环槽内设置永久磁铁,可以使磁流体吸附在活塞表面随之运动,起到密封和润滑的作用。

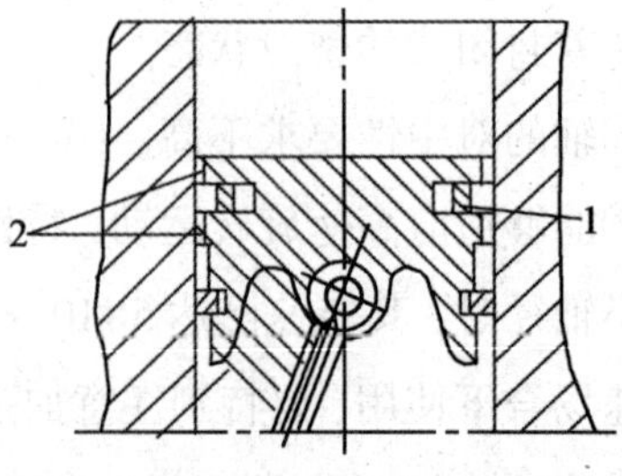

图 4-42　活塞和汽缸的磁流体密封

1—永久磁铁;2—磁流体

流体密封除单独使用外,还可以与其他密封组合使用,较常见的是离心密封与磁流体密封的组合密封。离心密封随转速的提高而具有增加密封压力的能力，但在转速较低时，由于离心力小，密封液体不能稳定地保持在密封间隙处，停车时由于不存在离心力，不能起密封作用，需采用停车密封。然而，将密封流体改用磁流体，停车时在原位置能保持住磁流体而达到密封。磁流体离心密封结构如图 4-43 所示，在低速和停车时，磁流体在强磁场的作用下保持在密封槽内，并具有要求的承压能力。在高速旋转时磁流体受到的离心力大于多极密封中的磁场引力，磁流体被集中到顶部的槽中，形成一个密封障碍，从而使磁流体离心密封在低速、高速及停车时均能起到密封作用。这种密封应用在转速不稳定的场合是非常有效的。

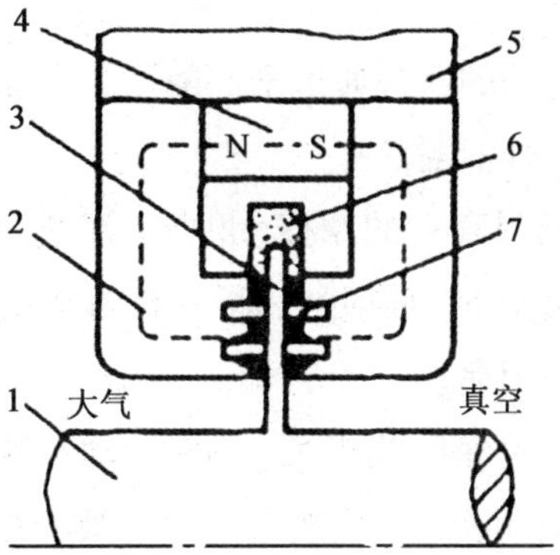

图 4-43　磁流体离心密封

1—转轴；2—磁极片；3—回转圆盘；4—磁铁；5—壳体；
6—磁流体；7—停车或低速回转时磁流体密封

另一种组合密封是螺旋密封与磁流体密封的组合。图 4-44 所示为磁流体密封与螺旋密封组合用于密封液体的情形。在设备运转时，螺旋密封起到了主密封的作用；在设备停车静止时，螺旋密封的作用丧失，磁流体密封起到了阻止介质泄漏的作用。

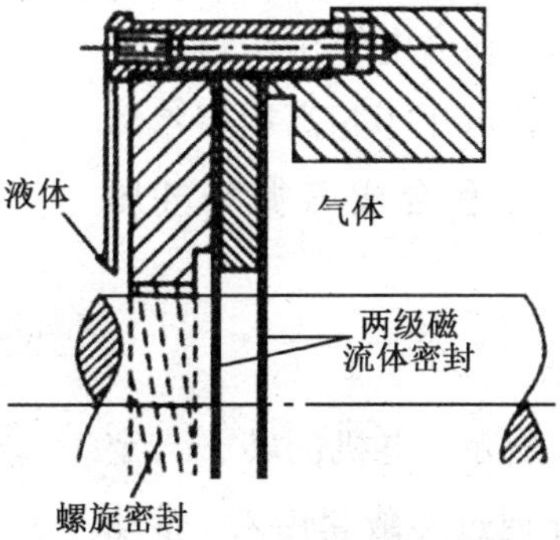

图 4-44　磁流体密封与螺旋密封的组合

磁流体密封用于液体环境时，应尽可能避免被密封液体对磁流体的乳化和稀释作用。

第七节　全封闭密封

随着石油化工工业和化学工业的快速发展，对无泄漏机泵的要求明显增长。当机泵用于有毒、易燃或放射性的介质时，这种要求更加强烈。

一、全封闭密封的原理

全封闭密封是将系统内、外的泄漏通道全部隔断，或者将工作机和原动机置于同一密闭系统内，完全杜绝介质向外泄漏。

全封闭密封没有一般动密封存在的摩擦、磨损、润滑及流体通过密封面的流动，是一种特殊类型的密封。在涉及剧毒、放射性和稀有贵重物质的生产等要求实现零泄漏的场合，全封闭密封具有重要的用途。

常见的全封闭密封的形式有密闭式机泵、隔膜传动和磁力传动。

磁流体密封是一种准全封闭密封，虽然它避免了被密封流体与大气的直接接触，但存在被密封流体与磁流体混合并通过磁流体扩散形成泄漏的可能。

二、密闭式机泵

密闭式机泵有筒袋密闭式搅拌机和屏蔽式鼓风机两种。

（一）筒袋密闭式搅拌机

筒袋密闭式搅拌机如图 4-45 所示。电动机的转子和定子均浸没于介质中。绝缘材料、导线对介质稳定，轴承为干式或靠介质润滑。动力电线用密封导线柱引入和引出。这种密闭形式也可用于超高压聚乙烯反应釜、全封闭氟利昂制冷机和合成氨循环气压缩机。

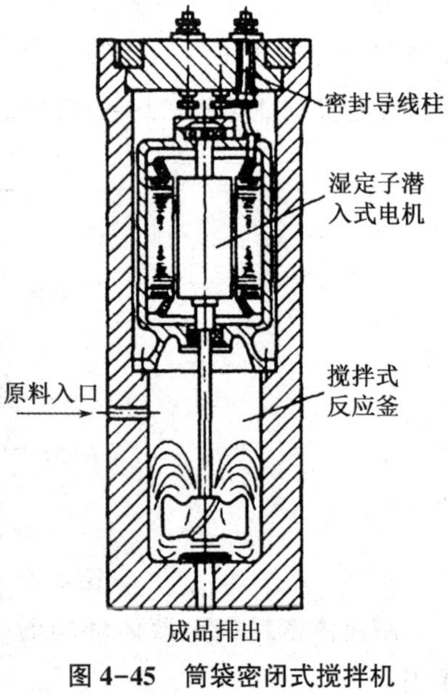

图 4-45　筒袋密闭式搅拌机

（二）屏蔽式鼓风机

屏蔽式鼓风机如图 4-46 所示。电机的转子与定子之间由屏蔽套隔开，电磁能通过屏蔽套传入，带动转子，可避免介质对定子绕组的侵蚀。这种密闭形式适用于输送各种化学介质的屏蔽泵、屏蔽风机、屏蔽搅拌釜等。但是用于高压时因屏蔽套较厚，其能耗大、效率低。

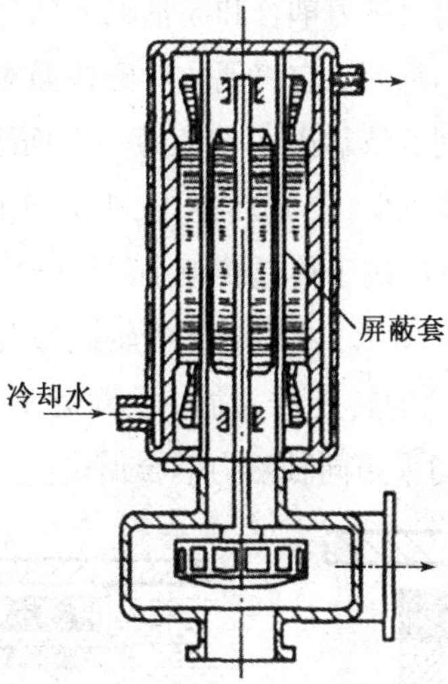

图 4-46　屏蔽式电机传动鼓风机

三、隔膜传动

隔膜传动是一种借助隔膜将压力能、机械运动传入机泵内部，以输送、压缩流体或带动机件的全封闭密封形式。图 4-47 所示为隔膜式压缩机的汽缸。通过柔性隔膜可以将往复运动传递给汽缸，由隔膜运动来吸气、压缩、排气。制造隔膜的材料有金属、聚四氟乙烯及各种橡胶。金属隔膜适应的压差较大，但行程很小。隔膜材料的选取主要取决于被密封流体的性质、压力及温度等。隔膜的总体设计要考虑运动方式、制造条件、结构空间等限制条件。

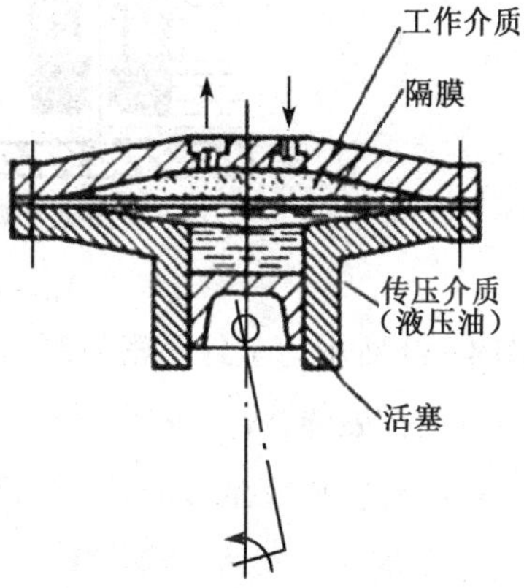

图 4-47　隔膜式压缩机的汽缸

在隔膜传动机构中，隔膜的疲劳破裂是影响机器寿命的主要因素。其传递往复运动、摇摆运动较为方便，主要用于隔膜泵、隔膜压缩机、隔膜阀、波纹管阀、波纹管泵等。

四、磁力传动

磁力传动是一种特殊的隔膜密闭传动。它利用永久磁体异极相吸、同级相斥的性质，通过气隙和隔离膜(套)将机械运动传递到密闭的空间内。磁力传动属于全封闭密封结构，可使动密封转变为静密封。磁力传动不存在接触和摩擦，因而无须润滑和冷却，且功耗小、效率高。超载时，内外转子相对滑动(脱滑)，可保护电机。磁力传动安装方便，允许有一定的对中偏差。但磁力传动使泵的外轴承转变为内轴承，需要有隔离套。内磁转子等材料要受到介质条件的限制，对于某些腐蚀、高温介质等不能应用。图 4-48 所示为两种基本的磁力传动方式，即端面磁力耦合和同轴磁力耦合。

端面磁力耦合如图 4-48(a)所示，它将偶数对磁体面对面地布置于隔离膜两侧的转子端面上，一个端面旋转运动时，依靠磁力带动另一端面运动。这种磁体的布置方式结构简单，但允许布置的磁极数量较少，传递转矩小，且由于两端磁体彼此强烈地吸引，从而对轴和轴承施加了轴向力，仅应用于传递转矩小的场合。

同轴磁力耦合如图 4-48(b)所示，它将磁体沿轴向布置，具有较大的磁体布置空间，可以布置较多的磁体以获得较大的转矩传递能力，同时不会产生不利的轴向力。因此，实际应用的磁力传动无密封泵均采用同轴磁力耦合形式。

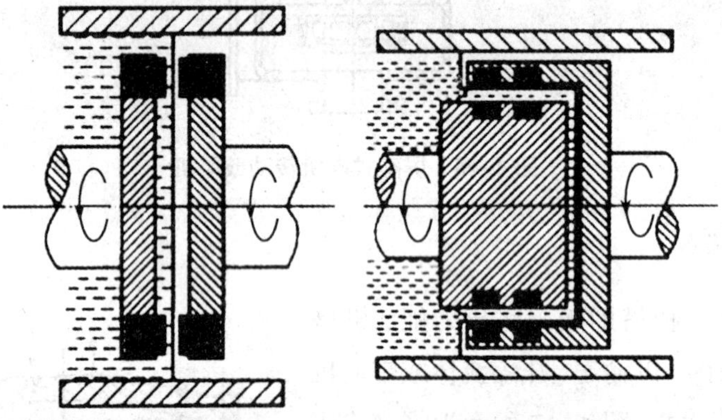

（a）端面磁力耦合　　（b）同轴磁力耦合

图 4-48　磁力传动的基本原理

图 4-49 所示为全封闭密封磁力传动离心泵。其内转子置于一筒形隔离套内侧，外圆周布置有两排磁体，置于隔离套外侧的外转子内侧圆周也相应地布置两排磁体。它通过隔离套将内外空间完全分隔开。隔离套由非磁性耐蚀材料制成。

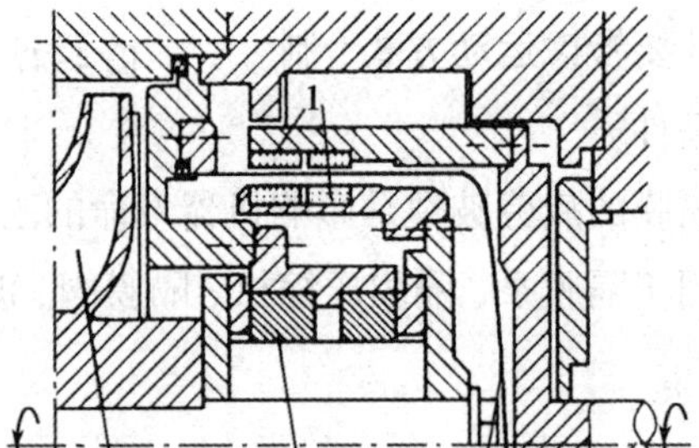

图 4-49　全封闭密封磁力传动离心泵

1—永久磁铁；2—驱动轴；3—隔离套；4—滑动轴承；5—叶轮

磁性材料的选择非常重要。现代磁力传动磁性材料为钐钴合金或钕铁硼(NdFeB)合金，它们能产生强磁场，传递大转矩。钕铁硼合金适用的温度为 100 ℃以内；较高温度范围(最高为 250 ℃)内，宜选用钐钴合金。

大型磁力传动耦合器能传递的转矩已达300 N·m。在静止时隔离套两侧的磁铁彼此吸引，磁极间对中排列。当转子旋转时，由于传递转矩的作用，引起耦合磁极间发生切向偏置，其偏置量随传递转矩的增大而增大，当偏置量达到偶对磁极周节的一半时，传递的转矩达到最大值。超过此极限，驱动件将发生打滑现象，传递转矩失效。当泵的叶轮被卡住时，就可能发生这种现象。当处于允许温度范围内时，磁性材料并不会产生退磁现象。可是由于冷却失效，隔离套由于涡流损失发热严重而发生打滑现象时，必须立即停车。如果温度和压力条件允许，隔离套可由高分子材料制造，以排除涡流损失。

对于磁力泵，一个不容忽视的重要问题是内转子的轴承问题。该轴承置于内部，必须依靠所输送的介质来进行冷却和润滑。磁力泵大多采用由碳化硅材料制成的滑动轴承，不允许干运转，必须保证切实有效的润滑冷却措施，因此，当介质中含有固体颗粒或磁性微粒时，必须过滤清除。

与双端面机械密封相比，全封闭磁力传动密封的成本要高，它最主要的优点是能实现零泄漏。密封形式的最终选择取决于特定的过程流体和操作条件。

第五章　填料密封

填料密封是在轴与壳体之间用弹性材料、塑性材料或具有弹性结构的元件堵塞泄漏通道的密封装置。按照其结构特点，可分为软填料密封、硬填料密封、成型填料密封及油封等。

第一节　软填料密封

软填料密封又叫压盖填料密封，俗称盘根(packing)。它是一种填塞环缝的压紧式密封，是世界上使用最早的一种密封装置，在我国已经有上千年的历史。它最早是以棉、麻等纤维填塞在泄漏通道内来阻止液体泄漏的，主要用作提水机械的密封。直到 1782 年，国外才开始使用填料，当时作为蒸汽机的轴封来密封压力为 0.05 MPa 的蒸汽。由于软填料密封结构简单、成本低廉、拆装方便，至今仍应用比较广泛。特别是近年来出现了一些新结构和新材料，使其又有了新的发展。

软填料密封通常用作旋转或往复运动的元件与填料函之间环形空间的密封，如离心泵、转子泵、往复泵、搅拌机及反应釜的轴封，还有阀门的阀杆密封，管线膨胀节、换热器浮头及其他设备的密封。它能适应各种旋转运动、往复运动和螺旋运动的元件密封。

一、基本结构及密封原理

图 5-1 所示为典型结构的软填料密封。软填料 6 装在填料函 3 内，压盖 2 通过压盖螺栓 1 的轴向预紧力的作用使软填料产生轴向压缩变形，同时引起填料产生径向膨胀的趋势；而填料的膨胀又受到填料函内壁与轴表面的阻碍作用，使其与两表面之间产生紧贴，间隙被填塞而达到密封的目的。可见，软填料是在变形时依靠合适的径向力紧贴轴和填料函内壁表面，以保证密封的可靠。

为了使沿轴向的径向力分布均匀，采用中间封液环 5 将填料函分成两段。为了使软填料得到足够的润滑和冷却，往封液环入口 4 注入润滑性液体(封液)。为了防止填料被挤出，采用具有一定间隙的底衬套 7。

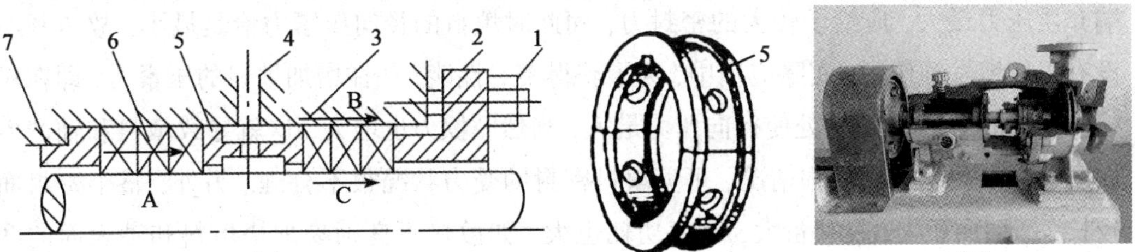

(a)　(b)　(c)

图 5-1　典型结构的软填料密封

1—压盖螺栓；2—压盖；3—填料函；4—封液环入口；5—封液环；6—软填料；7—底衬套；

A—软填料渗漏；B—靠填料函内壁侧泄漏；C—靠轴侧泄漏

在软填料密封中，液体可泄漏的途径有三条。

①液体穿透纤维材料编织的软填料本身的缝隙而出现渗漏，如图 5-1(a)中的 A 处渗漏。一般情况下，只要填料被压实，这种渗漏通道便可堵塞。高压下，可采用流体不能穿透的软金属或塑料垫片和不同编织填料混装的办法防止渗漏。

②流体通过软填料与填料函内壁之间的缝隙泄漏，如图 5-1(a)中的 B 处渗漏。由于填料与填料函内表面间无相对运动，压紧填料较易堵住泄漏通道。

③流体通过软填料与运动的轴(转动或往复)之间的缝隙而泄漏，如图 5-1(a)中的 C 处渗漏。

显然，填料与运动的轴之间因有相对运动，难免存在微小间隙而造成泄漏，此间隙即主要泄漏通道。填料装入填料函以后，当拧紧压盖螺栓时，柔性软填料受压盖的轴向压紧力作用产生弹塑性变形而沿径向扩展，对轴产生压紧力，并与轴紧密接触。但由于加工等原因，轴表面总有些粗糙度，其与填料只能是部分贴合，其他部分未接触，这就形成了无数个不规则的微小迷宫。当有一定压力的流体介质通过轴表面时，将多次起到节流降压作用，这就是迷宫效应。正是这种效应使流体沿轴向流动受阻而达到密封。填料与轴表面的贴合、摩擦也类似滑动轴承，故应有足够的液体进行润滑，以保证密封有一定的寿命，即所谓轴承效应。

因此，良好的软填料密封应是轴承效应和迷宫效应的综合。适当的压紧力使轴与填料之间保持必要的液体润滑膜，可减少摩擦磨损，提高使用寿命。若压紧力过小，则泄漏严重；而压紧力过大，则难以形成润滑液膜，密封面呈干摩擦状态，磨损严重，密封寿命将大大缩短。因此，如何控制合理的压紧力是保证软填料密封具有良好密封性的关键。

由于填料是弹塑性体，当受到轴向压紧后，产生摩擦力致使压紧力沿轴向逐渐减少，同时所产生的径向压紧力使填料紧贴于轴表面而阻止介质外漏。径向压紧力的分布图如图 5-2(b)所示，其由外端(压盖)向内端，先是急剧递减、后趋于平缓；被密封介质压力的分布如图 5-2(c)所示，由内端逐渐向外端递减，当外端介质压力为零时，泄漏很少；大于零时，则泄漏较大。由此可见，填料径向压力的分布与介质压力的分布恰恰相反，内端介质压力最大，应给予较大的密封力，而此时填料的径向压紧力恰是最小，故压紧力没有很好地发挥作用。实际应用中，为了获得密封性能，往往增加填料的压紧力，即在靠近压盖端的2~3圈填料处使径向压力最大，当然摩擦力也增大，这就导致填料和轴产生如图5-3所示的异常磨损情况，可见填料密封的受力状况很不合理。另外，整个密封面较长，摩擦面积大，发热量大，摩擦功耗也大，如散热不良则易加快填料和轴表面的磨损。因此，为了改善摩擦性能，使软填料密封有足够的使用寿命，则允许介质有一定的泄漏量，以保证摩擦面上的冷却与润滑。一般旋转轴用软填料密封的允许泄漏率见表5-1。

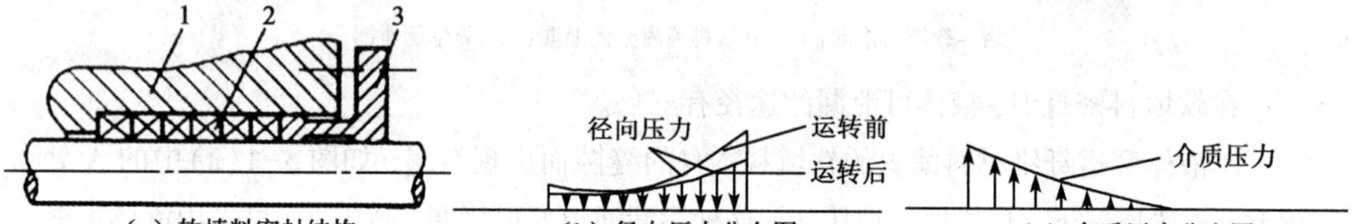

（a）软填料密封结构　（b）径向压力分布图　（c）介质压力分布图

图5-2　软填料密封的压力分布

1—填料函；2—填料；3—压盖

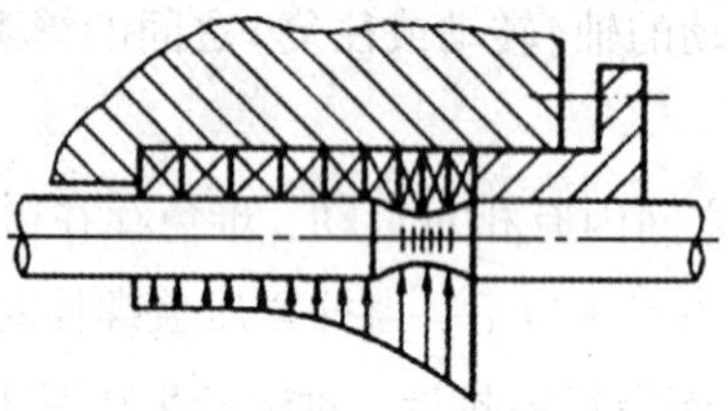

图5-3　填料的异常磨损

表5-1　旋转轴用软填料密封的允许泄漏率

允许泄漏量/(mL·min^{-1})	轴颈/mm			
	25	40	50	60
启动30 min内正常运行	24	30	58	60
	8	10	16	20

注：1.表中数据是在转速为3.6×10^3 r/min、介质压力为0.1~0.5 MPa的条件下测得；

2.1 mL泄漏量等于16~20滴液量。

当轴做往复运动时，填料受到周期性的脉冲压力，受力状况显然与回转轴不同。如图5-4(a)所示，当轴运动方向与压盖压紧力方向一致时，内端填料压紧力增加，填料受压缩，外端填料压紧力减小，即填料膨胀。该填料吸收介质，并充满其空隙。填料在轴向上压紧力分布变得均匀。当轴运动方向与压盖压紧力方向相反时，如图5-4(b)所示，内端填料压紧力减小(膨胀)，外端填料压紧力增加(压缩)，填料内已吸入的介质被挤压而泄漏。由受力分析可知，对于往复运动的密封，要求填料组织致密或进行预压缩，以提高密封性能。

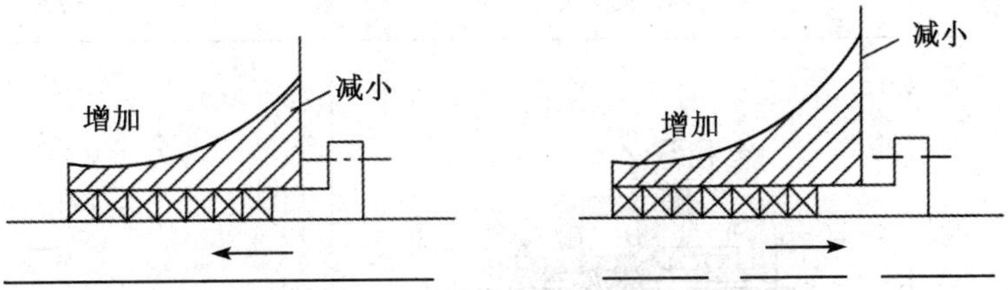

（a）轴运动方向与压盖压紧力方向一致　（b）轴运动方向与压盖压紧力方向相反

图 5-4　往复运动轴径向受力状态

二、填料函的结构形式与主要结构尺寸

(一)填料函的结构形式

为使用旨在减少沿轴表面泄漏的软填料而设计的圆柱形密封室称为填料函。在化工用旋转机械中，因温度、压力、介质各异，故填料密封的结构形式也有多种，如表5-2所列。

表 5-2　填料密封的结构形式

序号	名称	结构形式	特点
1	单填料函	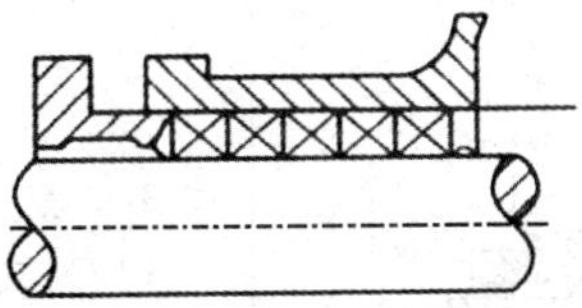 (a) 卧式 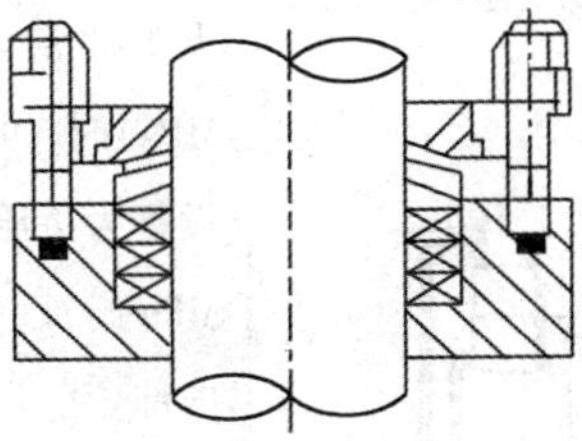 (b) 立式	结构最简单，无需任何辅助装置，适用于低温、低压、低真空度的情况，采用棉纱、石棉类填料居多

表 5-2(续)

序号	名称	结构形式	特点
2	夹套填料函	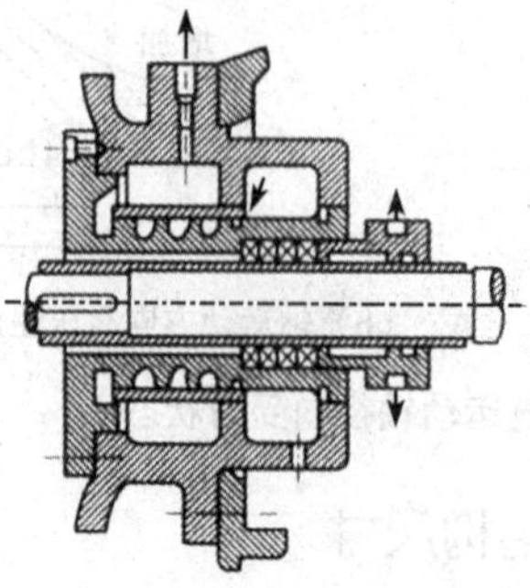 (a) 卧式 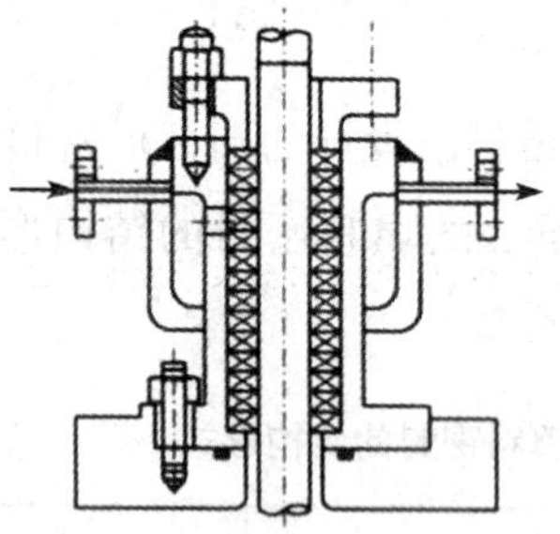 (b) 立式	填料外部有夹套通以冷却水或蒸气，以改善填料的工作条件，对于高温介质或低温易结晶的介质尤为适用
3	封液填料函	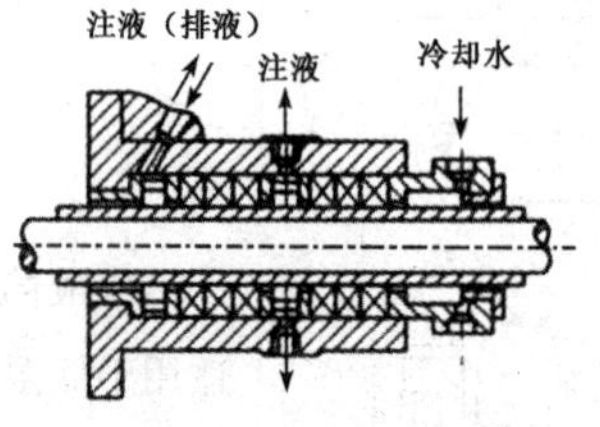 (a) 卧式 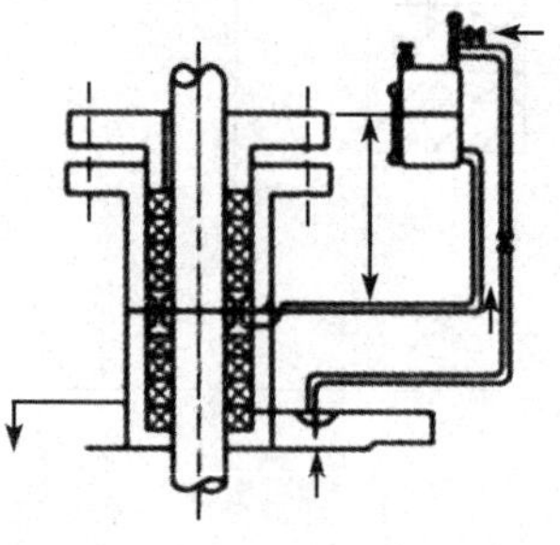 (b) 立式	在填料函中部或底部引入封液，通过封液环进入填料两侧，当封液压力大于被密封介质压力(0.05～0.10 MPa)时，可阻止被密封介质外漏。当设备为负压时，只需通入 0.05～0.10 MPa 封液，即可阻止空气进入设备内部。 在现有化工转动设备中，此结构形式的填料密封应用较多。其封液不仅可堵漏，还可对填料进行润滑和冷却

表 5-2(续)

序号	名称	结构形式	特点
4	带节流衬套填料函	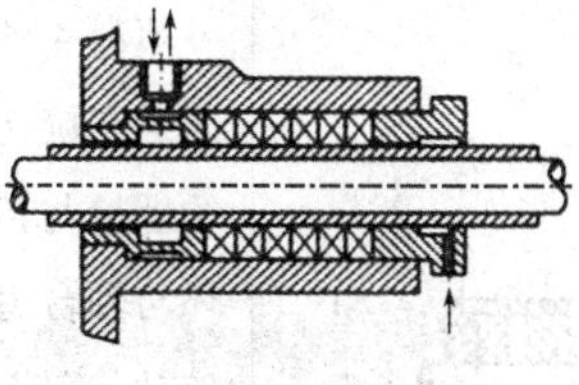 (a) 卧式 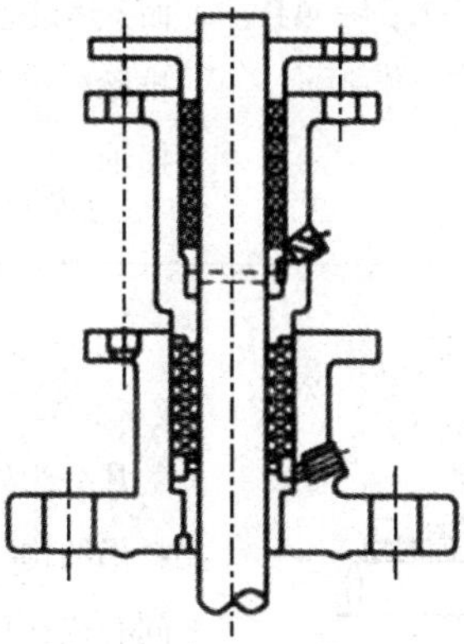 (b) 立式	填料的内端装一节流衬套，通以高于被密封介质压力(0.05～0.10 MPa)的清洁介质，防止含有固体颗粒的介质进入填料，或从节流衬套通向低压端(如泵的吸入口)，并使高压介质经过节流套后即降压，使填料处于低压状态下工作
5	双重填料函	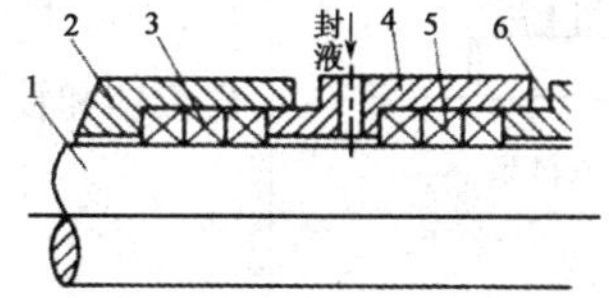 1—轴；2—内填料函；3—内侧填料； 4—外填料函；5—外侧填料；6—压盖	它由两个填料函组成。两个填料函重合，外填料函 4 的底部兼做内填料函的填料压盖，通过螺栓压紧内侧填料 3。外填料函 4 可引入封液，进行冲洗、冷却、稀释漏液并带走。 其适用于密封易燃、易爆介质或压力较高(高于 1.2 MPa)的场合
6	锥形填料函	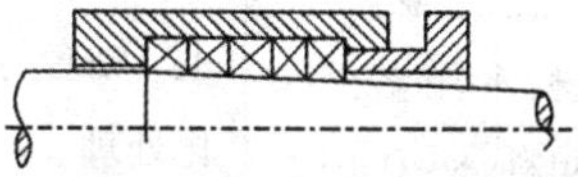	其用于比较特殊的场合，如用流体为动力密封的泵。当泵工作时，无需填料函起密封作用；而停车时，动力密封失效，则利用轴的轴向窜动装置，使填料与轴接触，起到密封作用

表 5-2(续)

序号	名称	结构形式	特点
7	填料旋转式填料函	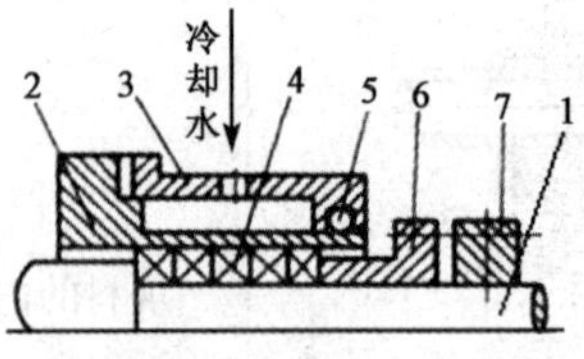 1—旋转轴；2—箱体；3—夹套；4—填料；5—O 形环；6—压盖；7—传动环	填料 4 的支撑面不是在填料函上，而是在旋转轴 1 的台肩上。压盖 6 上的螺栓与传动环 7 连接。填料靠传动环与轴台肩之间的压力产生的摩擦力随轴旋转。摩擦面位于填料函内表面，热量容易通过夹套 3 内的冷却水排除，可用于高速旋转设备，不磨损轴
8	浮动式填料函	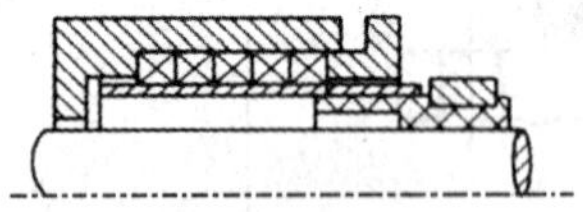 (a) 内圆浮动式填料函 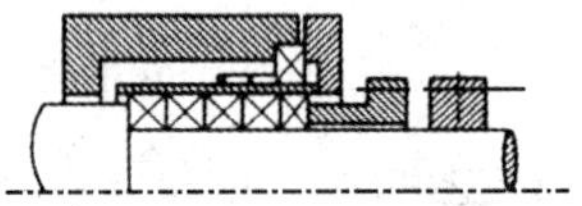 (b) 外圆浮动式填料函	其分为外圆和内圆两种可浮动的填料函结构。该结构适用于轴和壳体不同心或在转动时摆动、跳动较大的场合。该结构利用弹性或柔软性良好的材料(如橡胶)作过渡体，起吸振作用，使填料函或轴处于浮动状态，补偿壳体和轴的偏心
9	带轴套填料函	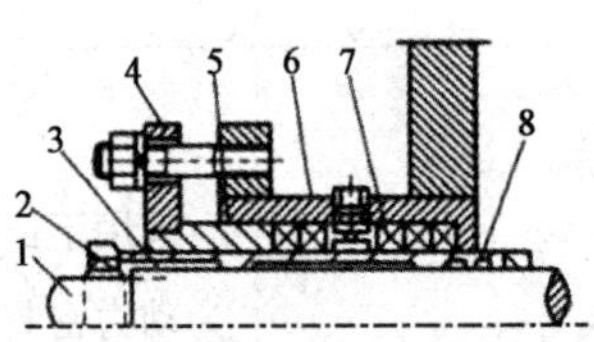 1—轴；2—螺母；3—键；4—压盖；5—轴套；6—填料函；7—填料；8—O 形圈	该结构的填料 7 与轴 1 之间装设轴套 5，轴套 5 与轴之间采用 O 形圈 8 密封，O 形圈材料应适合被密封介质的腐蚀及温度要求。轴套靠键 3 传动而随轴旋转，并利用螺母 2 固定到轴上。轴套与填料接触面的部位进行硬化处理。 这种结构的优点是当轴套磨损时，便于更换与维修

(二)填料函的主要结构尺寸

填料函的结构尺寸主要有填料厚度、填料总长度(或高度)、填料函总高度等，如图5-5所示。

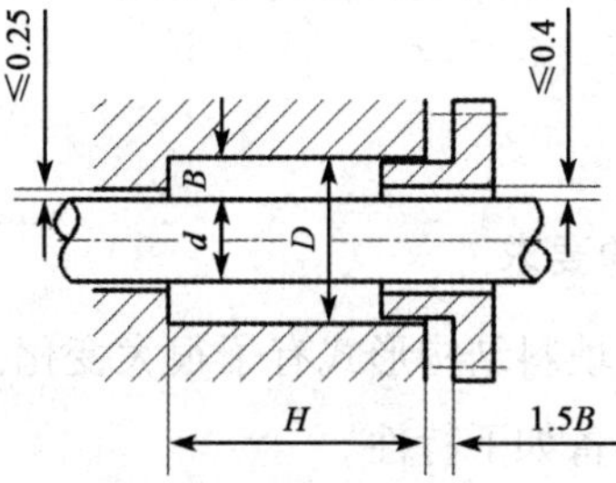

图5-5　填料函的主要结构尺寸

填料函结构尺寸的确定一般有两种方法：一是以轴(或杆)的直径 d 直接选取填料的厚度 B(如表5-3所列)，再由介质压力(如表5-4所列)来确定填料的环数，相关公式如下：

填料厚度：$B=(1.5\sim2.5)\sqrt{d}$(机器)；

$B=(1.4\sim2.0)\sqrt{d}$(阀门)

填料函内径：$D=d+2B$

填料函总高度：$B=(6\sim8)B+h+2B$(机器)；

$B=(5\sim8)B+2B$(阀门)

式中，h——封液环高度，$h=(1.5\sim2.0)B$。

填料函内壁的表面粗糙度值小于1.6 μm，轴(杆)的表面粗糙度值小于0.4 μm，除金属填料外，轴(杆)表面的硬度大于180 HBS。

表5-3　填料厚度与轴径的关系　　单位：mm

轴径	≤16	>16~25	>25~50	>50~90	>90~150	>150
填料厚度	3	5	6.5	8	10	12.5

表5-4　填料环数与介质压力的关系

介质压力/MPa	≤3.5	>3.5~7.0	>7.0~14.0	>14.0
填料环数	4	6	8	10

需要注意的是，填料环数过多和填料厚度过大，都会使填料对轴或轴套表面产生过大的压紧力，并导致散热效果降低，从而使密封面之间产生过大的摩擦和过高的温度，并且其作用力沿轴向的分布也会越来越不均匀，导致摩擦面特别是轴或轴套表面的不均

匀磨损，同时填料也可能被烧损。如果密封面间的润滑液膜也因此而被破坏，磨损就会随之加速，最后造成密封的过早失效，也会给后面的检修、安装、调整等工作带来很大的不便。由于实际起密封作用的仅仅是靠近压盖的几圈填料，因此除非密封介质为高温、高压、腐蚀性和磨损性，一般 4~5 圈填料已足够使用。

三、密封材料的选择

(一)对软填料密封材料的要求

随着新材料的不断出现，填料结构形式有了很大变化，也将促使填料密封应用更为广泛。用作软填料的材料应具备如下特性。

①有较好的弹性和塑性。当填料受轴向压紧时能产生较大的径向压紧力，以获得密封；当机器和轴有振动或偏心及填料有磨损后有一定的补偿能力(追随性)。

②有一定的强度，使填料不至于在未磨损前先损坏。

③化学稳定性高，即其与密封流体和润滑剂的适应性要好，不被流体介质腐蚀和溶胀，同时也不造成对介质的污染。

④不渗透性好。由于流体介质对很多纤维体都具有一定的渗透作用，则对填料的组织结构致密性要求高，因此填料制作时往往需要进行浸渍、充填相应的填充剂和润滑剂。

⑤自润滑性好，耐磨损，并且摩擦系数低。

⑥导热性能好，易于迅速散热，且当摩擦发热后能承受一定的高温。

⑦填料制造工艺简单，装填方便，价格低廉。

能同时满足以上要求的材料不多，如一些金属软填料、碳素纤维填料、柔性石墨填料等，它们的性能好，适应范围也广，但价格较贵。而一些天然纤维类填料，如麻、棉、毛等，价格虽然不高，但性能低，适应范围也比较窄。所以，在材料选用时应对各种要求进行全面、综合的考虑。

(二)常用软填料

1. 典型的软填料结构形式

按照不同的加工方法，可将软填料分为绞合填料、编织填料、叠层填料、模压填料等。其典型的结构形式见表 5-5。

表 5-5 典型的软填料结构形式

序号	名称		结构形式	特点
1	绞合填料			它是把几股纤维绞合在一起，将其填塞在填料腔内用压盖压紧，即可起到密封作用，常用于低压蒸气阀门，很少用于转轴或往复杆的密封。它是用各种金属箔卷成束再绞合的填料，并涂以石墨，可用于高压、高温阀门。若与其他填料组合，也可用于动密封
2	编织填料	发辫编织填料		它的断面呈方形，由八股绞合线束按照人字形编结而成。因编结断面尺寸过大，造成其结构松散、致密性差，但对轴的偏摆和振动有一定的补偿作用。一般情况下，它只用作规格不大（6 mm×6 mm 以下）的阀门等的密封填料
		套层编织填料		它的锭子个数为 12，16，24，36，48，60 等，均是在两个轨道上运行。编织的填料断面呈圆形，根据填料规格决定套层。断面尺寸大，所编织的层数多，如直径为 10～50 mm，一般编织 1～4 层，中间没有芯绒。编织后的填料，如需改为方形，可以在整形机上压成方形。 套层填料致密性好，密封性强，但由于是套层结构，层间没有纤维连接，容易脱层，故只适合低参数场合，如管道法兰的静密封或阀杆密封等

表 5-5(续)

序号	名称		结构形式	特点
2	编织填料	穿心编织填料		它的锭子个数为 16，18，24，30，36 等，在 3 个或 4 个轨道上运行。编织的填料断面呈方形，表面平整，尺寸有 6 mm×6 mm~36 mm×36 mm。 该填料弹性和耐磨性好，强度高，致密性好，与轴接触面比发辫编织填料大且均匀。其纤维空隙小，所以密封性能好，且一般磨损后整个填料也不会松散，使用寿命较长，是一种比较先进的编织结构，故应用广泛，适用于高速轴的密封，如转子泵、往复式压缩机等
		夹心编织填料		它以橡胶或金属为芯子，纤维在外，一层套一层地编织，层数视需要而定。类似于套层编织，编织后断面呈圆形。 这种填料的致密性、强度和弯曲密封性能好，一般用于泵、搅拌机和蒸气阀的轴封，很少用于往复运动密封
3	叠层填料		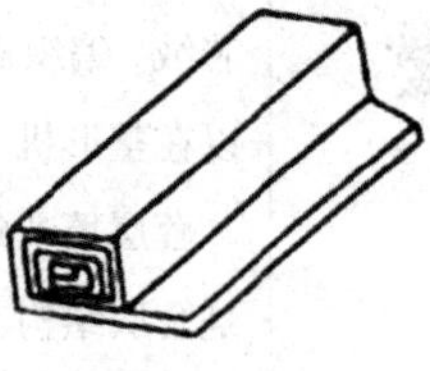	它是在石棉或其他纤维编织的布上涂抹黏结剂，然后再一层层叠合或卷绕，加压硫化后制成填料，并在热油中浸渍过。最高使用温度可达 120~130 ℃，密封性能良好。可用于 120 ℃以下的低压蒸气、水和氨液，主要用作往复泵和阀杆的密封，也可用于低速转轴轴封。当涂敷硬橡胶时，还可用于水压机的活塞杆。因它的润滑剂不足，所以在使用时必须另加润滑剂

表 5-5(续)

序号	名称	结构形式	特点
4	模压填料	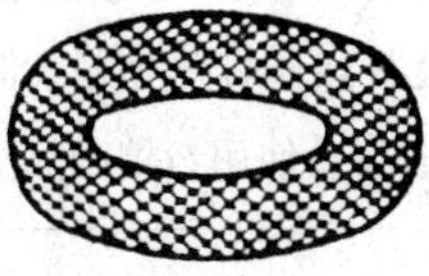	模压填料主要是将软填料材料经过一定形状的模压制成相应形状的填料环而使用。 柔性石墨模压填料是由柔性石墨带材料一层层绕在芯模上压制而成，且根据不同使用要求，采用不同的压制压力。这种填料致密性好，不渗透，自润滑性好，有一定弹塑性，能耐较高的温度，使用范围广。但柔性石墨抗拉强度低，使用中应予注意

由于编织的填料存在空隙，因此还需对其进行浸渍。浸渍时，除浸渍剂外，还需要加入一些润滑剂和填充剂，如混有石墨粉的矿物油或二硫化钼润滑脂，此外还有滑石粉、云母、甘油、植物油等，以提高填料的润滑性，降低摩擦系数。目前，在化工介质中使用的填料大部分浸渍聚四氟乙烯分散乳液。为使乳液与纤维有良好的亲和力，可在乳液中添加适量的表面活性剂和分散剂。经浸渍后的填料密封性能大大优于未经浸渍的填料。

2. 主要材料

目前软填料密封的主要材料有纤维质材料和非纤维质材料两大类。

(1)纤维质材料。

纤维质材料按照材质可分为天然纤维、矿物纤维、合成纤维、陶瓷和金属纤维四大类，如表 5-6 所列。

表 5-6　纤维质材料的材质分类及特点

材质分类	特点
天然纤维	天然纤维有麻、棉等。麻的纤维粗，摩擦阻力大，但在水中纤维强度增加，柔软性更好，一般用于清水、工业水和海水的密封。棉纤维比麻纤维软，但它与麻相反，在水中会变硬且膨胀，因此摩擦力较大，一般用于食品、果汁、浆液等洁净介质的密封

表 5-6(续)

材质分类		特点
矿物纤维		矿物纤维主要是石棉类纤维。由于石棉具有柔软性好、耐热性优异、强度高、耐酸碱和多种化学品及耐磨损等一系列优点，因而很适合做密封填料。它的缺点是编结后有渗透泄漏，故浸渍油脂和其他润滑剂能防止渗漏，并能保持良好的润滑性。一般适用于介质为蒸气、空气、工业用水和重油的转轴、往复杆或阀杆的密封。但由于石棉具有致癌性，国际上已制定出关于限制或禁止使用石棉制品的规定
合成纤维	聚四氟乙烯纤维	以聚四氟乙烯纤维为骨架，在纤维表面涂以四氟乳液，编织后再以四氟乳液进行浸渍，这种填料对酸、碱和溶剂等强腐蚀性介质具有良好的稳定性，使用温度为-200~260 ℃，摩擦系数较低，可以代替以前沿用的青石棉填料。其在尿素甲铵泵、浓硝酸柱塞泵上使用效果良好，尤其是在压力为 22.1 MPa、温度为 100 ℃、线速度为 14 m/s 并有少量结晶物的甲铵泵中应用，寿命可达 3000~4000 h，为石棉浸渍四氟乙烯填料的 2 倍。其缺点是导热性差，热胀系数大
	碳纤维	碳纤维是用聚丙烯腈纤维经氧化和碳化而成。根据碳化程度不同，可得到碳素纤维、耐焰碳纤维、石墨纤维三种产品。以碳纤维或加入四氟纤维编织填料，经聚四氟乙烯乳液浸渍后，可在酸、碱溶剂中应用，特别是其在尿素系统的高压甲铵泵、液氨泵上的成功应用，表明它是一种很有发展前途的适用于高温、高压、高速、强腐蚀场合的填料。目前，我国市售的碳纤维填料大多以耐焰碳纤维为主体，并经多次浸渍四氟乙烯乳液和特种润滑剂编织而成，其使用寿命比一般石棉填料高 5~10 倍，密度是石棉填料的 3/4，密封性能优于石棉填料，且随着工艺的成熟和完善及成本的降低，有可能逐渐取代石棉填料
	酚醛纤维	酚醛纤维是近几年发展起来的新型耐燃有机纤维，其表面浸渍性能好，因此可以编织成填料。经多次浸渍聚四氟乙烯乳液和表面处理之后，其摩擦系数相当低(0.148~0.165)，自润滑性能较好，加上它本身有一定的耐腐蚀性能(耐溶剂性能突出)，故而可在一般浓度的酸、强碱及各种溶剂中使用。酚醛纤维的强度比聚四氟乙烯纤维低，故不适合在高压动态密封中使用，一般使用压力为 4.9 MPa，最高使用温度不超过 180 ℃，长期使用温度在 150 ℃以下。虽然酚醛纤维的多数性能指标低于聚四氟乙烯纤维和碳纤维，但由于酚醛纤维价格远低于它们，在大量工况不是十分恶劣的情况下，其填料的使用效果大大超过石棉类填料

表 5-6(续)

材质分类		特点
合成纤维	芳纶纤维	芳纶纤维是聚芳酰胺塑料制成的纤维，由美国杜邦公司首先开发成功，并于 1972 年首次以“凯夫拉”为商品名称。这种纤维突出的特点是抗张强度非常高，模量高，质地柔软，富有弹性；耐磨性极佳，耐热性也是合成纤维中最好的，热分解温度为 430 ℃；还有较好的化学稳定性，除强酸、强碱不适用外，其他液体皆可使用。以芳纶纤维为主体材料与其他材料进行复合加工而制成的填料，可用于油田、化工等行业的高压、高速泵。对于固液混合物的密封，更能显示出其优异的技术性能。在市售的编织填料中，在耐高压、耐磨性方面，还没有优于芳纶纤维填料的填料
陶瓷和金属纤维		陶瓷纤维是一种耐高温纤维，主要有氮化硅、碳化硅、氮化硼纤维等，耐温达 1200 ℃，是制造耐高温新型编织填料的骨架材料。其本身质脆易断，曲绕性很差，须与耐高温的金属纤维混合编织。 金属类纤维有不锈钢丝、铜丝、铅丝及铝、锡、铝箔等。单独采用金属纤维作填料的并不多，大都与石棉纤维、合成纤维或陶瓷纤维混合编织，有时在编织填料过程中还夹入一些铝、锡、铅的粉末或窄带，它们可以在高压(≥20 MPa)、高温(≥450 ℃)、高速(≥20 m/s)的条件下使用

(2)非纤维质材料。

非纤维质材料中，柔性石墨应用范围较广。柔性石墨做成板材后再模压成密封填料使用。柔性石墨又称膨胀石墨，它是把天然鳞片石墨中的杂质除去，再经强氧化混合酸处理后成为氧化石墨。氧化石墨受热分解放出 CO_2，体积急剧膨胀，变成了质地疏松、柔软而又有韧性的柔性石墨。其特点主要有以下几个方面。

①优异的耐热性和耐寒性。从-270 ℃的超低温到 3650 ℃(在非氧化气体中)的高温，柔性石墨的物理性质几乎没有什么变化，在空气中也可以使用到 600 ℃左右。

②优异的耐化学腐蚀性。柔性石墨除在硝酸、浓硫酸等强氧化性介质中会被腐蚀外，其他酸、碱和溶剂中几乎都不会被腐蚀。

③良好的自润滑性。柔性石墨同天然石墨一样，层间在外力作用下容易产生滑动，因而具有润滑性，有较好的减磨性，摩擦系数小。

④回弹率高。当轴或轴套因制造、安装等存在偏心而出现径向圆跳动时，其具有足够的浮动性能，即使石墨出现裂纹，也能很好密合，从而保证贴合紧密，防止泄漏，密封性能明显增加。

柔性石墨可以用于编织填料和模压填料两种形式。编织填料是以其他纤维作为基本骨架，再结合柔性石墨编结成石墨绳填料，所以其强度、柔软性、弹性均比模压填料高，并且装填与拆除都较方便。为提高其强度和耐温性，编结时可以采用因科镍金属丝或其纤维加强编织填料，使其可在高压、高速条件下的密封场合使用。模压石墨填料是直接用柔性石墨薄板或带状材料经模压制而成的。其断面形式有矩形的，也有其他形式的环状结构，这种填料用于一般场合的密封，如阀门密封使用较多。在其他较高转速的轴封时，要与别的填料组合使用。组合使用时，填料所用的基本原材料价格较贵，增加了使用成本，但好在其有较长的寿命，可以减少对轴面的磨损，提高密封的可靠性，使原始费用相对降低。

（三）软填料密封材料的选择

材料的正确选用是保证密封装置密封性能的最基本条件之一。由于操作条件复杂，特别是不存在能适应所有工艺条件的通用的填料类型，因此填料材料的选择是没有特定规律的。软填料密封主要是根据介质的性质、工作温度、工作压力、滑动速度及填料的性质来选择密封材料。其中，介质的腐蚀性、压力、滑动速度和使用温度最为重要，此外，取材难易程度与价格也应适当考虑。选择软填料密封材料时可参考表 5-7 和表 5-8。

表 5-7　软填料密封材料的选择（一）

主要软填料材料	往复轴	旋转轴	阀门轴	水	蒸气	氨	空气	氧	其他气体	其他溶剂	泥浆	石油	合成油	辐射	pH值
石墨、石墨纤维		⊙		⊙	⊙	⊙	⊙	⊙		⊙	⊙		⊙	⊙	
柔性石墨组合环（泵用）		⊙		⊙	⊙	⊙	⊙	⊙	⊙	⊙		⊙	⊙	⊙	
柔性石墨组合环（阀用）			⊙	⊙	⊙	⊙	⊙	⊙	⊙	⊙		⊙	⊙	⊙	
柔性石墨编织		⊙	⊙	⊙	⊙	⊙	⊙	⊙	⊙	⊙		⊙	⊙	⊙	0～14
石墨、硅树脂/膨胀PTFE	⊙	⊙		⊙	⊙	⊙	⊙	⊙	⊙	⊙		⊙	⊙	⊙	
PTFE 纤维、PTFE 浸渍	⊙	⊙	⊙	⊙	⊙	⊙	⊙	⊙	⊙	⊙		⊙	⊙		
PTFE 纤维、油、石墨	⊙	⊙	⊙	⊙	⊙	⊙	⊙	⊙	⊙	⊙	⊙	⊙	⊙		
石墨、碳素纤维	⊙	⊙	⊙	⊙	⊙	⊙	⊙		⊙	⊙		⊙	⊙		1～12

表 5-7(续)

<table>
<tr><th>主要软填料材料</th><th>往复轴</th><th>旋转轴</th><th>阀门轴</th><th>水</th><th>蒸气</th><th>氨</th><th>空气</th><th>氧</th><th>其他气体</th><th>其他溶剂</th><th>泥浆</th><th>石油</th><th>合成油</th><th>辐射</th><th>pH 值</th></tr>
<tr><td>芳纶纤维、PTFE 浸渍润滑剂</td><td>⊙</td><td>⊙</td><td></td><td>⊙</td><td>⊙</td><td>⊙</td><td>⊙</td><td></td><td></td><td>⊙</td><td>⊙</td><td>⊙</td><td>⊙</td><td></td><td>2~12</td></tr>
<tr><td>石棉、石墨黏结剂</td><td rowspan="4">⊙</td><td rowspan="4">⊙</td><td rowspan="4">⊙</td><td>⊙</td><td>⊙</td><td>⊙</td><td>⊙</td><td></td><td>⊙</td><td></td><td></td><td>⊙</td><td>⊙</td><td></td><td>2~11</td></tr>
<tr><td>石棉、PTFE 浸渍</td><td>⊙</td><td>⊙</td><td>⊙</td><td>⊙</td><td></td><td>⊙</td><td>⊙</td><td></td><td>⊙</td><td>⊙</td><td></td><td>2~14</td></tr>
<tr><td>石棉、MoS_2、石蜡</td><td>⊙</td><td>⊙</td><td>⊙</td><td>⊙</td><td></td><td>⊙</td><td></td><td></td><td>⊙</td><td>⊙</td><td></td><td>4~10</td></tr>
<tr><td>石墨、黏结剂、金属丝增强石棉</td><td>⊙</td><td>⊙</td><td>⊙</td><td>⊙</td><td></td><td></td><td>⊙</td><td></td><td>⊙</td><td>⊙</td><td></td><td>2~11</td></tr>
</table>

表 5-8 软填料密封材料的选择(二)

<table>
<tr><th rowspan="2">主要软填料材料</th><th colspan="3">介质压力/MPa</th><th colspan="3">轴转速/($m \cdot s^{-1}$)</th><th rowspan="2">使用温度范围/ ℃</th></tr>
<tr><th>往复轴</th><th>旋转轴</th><th>阀门用</th><th>往复轴</th><th>旋转轴</th><th>阀门用</th></tr>
<tr><td>石墨、石墨纤维</td><td>5</td><td></td><td></td><td rowspan="11">2</td><td>30</td><td rowspan="11">2</td><td rowspan="3">-200~455
-200~650</td></tr>
<tr><td>石墨、碳素纤维</td><td>5</td><td>3.5</td><td>17</td><td>20</td></tr>
<tr><td>柔性石墨异型组合环(阀用)</td><td></td><td></td><td>69</td><td></td></tr>
<tr><td>柔性石墨异型组合环(泵用)</td><td></td><td>3.5</td><td></td><td>20</td><td>260</td></tr>
<tr><td>PTFE 纤维、PTFE 浸渍</td><td></td><td></td><td>37</td><td>10</td><td>-40~260</td></tr>
<tr><td>PTFE 纤维、油、石墨</td><td>20</td><td>2</td><td>35</td><td>18</td><td>-75~260</td></tr>
<tr><td>芳纶纤维、PTFE 浸渍润滑剂</td><td>10</td><td>1.5</td><td>20</td><td>15</td><td>-75~260</td></tr>
<tr><td>石棉、石墨、黏结剂</td><td>4</td><td>2</td><td>7</td><td>15</td><td>-40~450</td></tr>
<tr><td>石棉、PTFE 浸渍</td><td>4</td><td>2</td><td>7</td><td>10</td><td>-75~260</td></tr>
<tr><td>石棉、MoS_2、石蜡</td><td>4</td><td>1.5</td><td>7</td><td>12</td><td>-40~150</td></tr>
<tr><td>石墨、黏结剂、金属丝增强石棉</td><td>10</td><td>2</td><td>20</td><td>12</td><td>-40~540</td></tr>
<tr><td>柔性石墨编织</td><td colspan="7">由编织形式确定</td></tr>
</table>

四、软填料密封的安装、拆卸、使用与保管

(一)软填料的合理安装

1. 安装注意事项

填料的组合与安装是否正确对密封的效果及其使用寿命影响很大。不正确的组合和安装主要指：填料组合方式不当，切割填料的尺寸错误，填料装填方式不当，压盖螺栓预紧不够、不均匀或过度预紧，等等。这些往往会造成同一设备的结构形式、填料相同，密封效果却差别很大的情况。不正确的安装是导致软填料密封发生过量泄漏和密封过早失效的主要原因之一。软填料安装时要遵循以下几个方面的要求。

①填料函端面内孔边要有一定的倒角。

②填料函内表面与轴表面不应有划伤(特别是轴向划痕)和锈蚀，要求表面光滑。

③填料环尺寸要与填料函和轴的尺寸相协调，对不符合规格的应考虑更换。

④不能任意改变切割后的填料环的形状。安装时，将有切口的填料环轴向扭转，从轴端套于轴上，并用可对剖开的轴套圆筒将其往轴后端推入，且其切口应错开。

⑤安装完毕后，用手适当拧紧压盖螺栓的螺母，然后用手盘动，以手感适度为宜，再进行调试运转并允许有少量泄漏，但随后应逐渐减少，如果泄漏量仍然较大，可再适当拧紧螺栓，但不能拧得过紧，以免烧轴。

⑥已经失效的填料密封，如果原因在填料，可采用更换或添加填料的办法来处理，使之正常运转。

2. 泵用软填料的安装

(1)清理填料函。

在更换新的密封填料前，必须彻底清理填料函，清除失效的填料。在清除时要使用专用工具(如图5-6所示)，这样既省力，又可避免损伤轴和填料函的表面。清除后，还要进行清洗或擦拭干净，避免有杂物遗留在填料函内，影响密封效果。

(a)专用工具

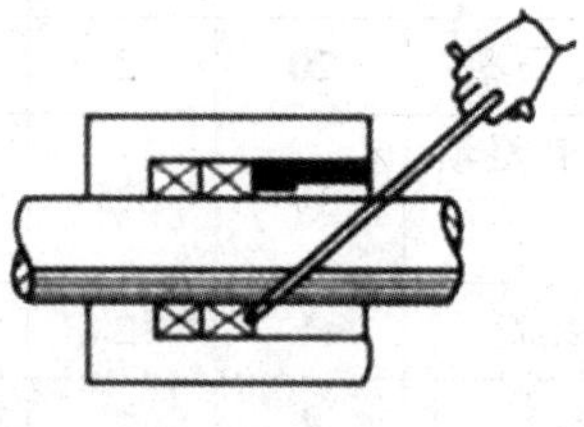

(b)清理方法

图5-6　用专用工具清理填料函

(2)检查。

用百分表检查旋转轴与填料函的同轴度和轴的径向圆跳动量，以及柱塞与填料函的同轴度、十字头与填料函的同轴度(如图 5-7 所示)。同时，要注意轴表面不应有划痕、毛刺。对修复的柱塞(如经磨削、镀硬铬等)，需检查柱塞的直径圆锥度、椭圆度是否符合要求。此外，还需检查填料材质是否符合要求，填料尺寸是否与填料函尺寸相符合，等等。

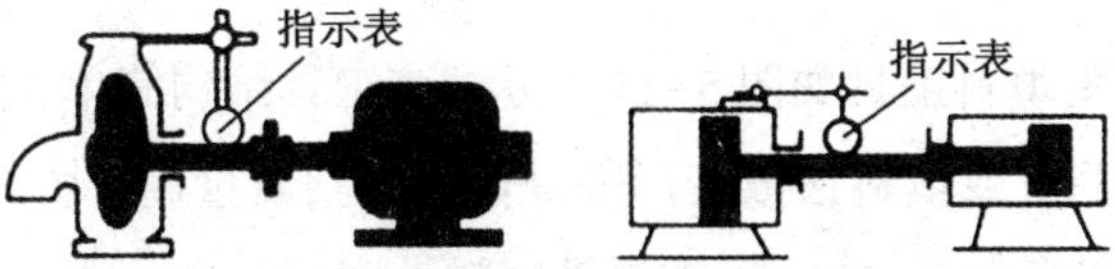

图 5-7　同轴度及径向圆跳动测量

填料厚度 B 过大或过小时，严禁用锤子敲打。因为这样会使填料厚度不均匀，且装入填料函后，与轴表面接触也将是不均匀的，很容易泄漏。同时需要施加很大的压紧力才能使填料与轴有较好的接触，但此时大多因压紧力过大而引起严重发热和磨损。正确的方法是将填料置于平整洁净的平台上用木棒滚压，如图 5-8 所示。但是最好采用图 5-9 所示的专用模具，将填料压制成所需的尺寸。

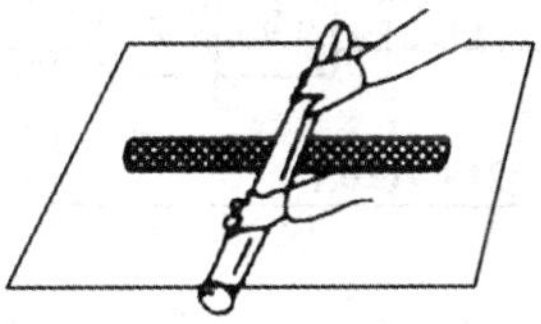

图 5-8　用木棒滚压填料

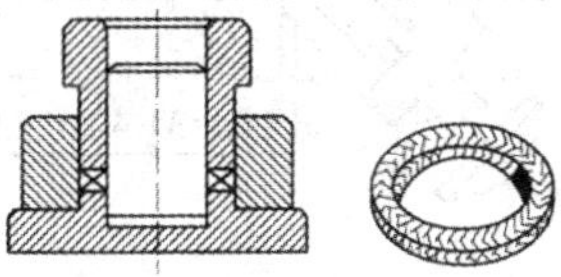

图 5-9　填料的模压改形

(3)切割密封填料。

对成卷包装的填料，使用时应沿轴或柱塞周长，用锋利刀刃将填料按照所需尺寸切割成环。填料的切割手法有手工切割和工具切割两种。

①手工切割。切割时，应使用一根与轴相同直径的木棒，但不宜过长，并把填料紧紧缠绕在木棒上，用手紧握住木棒上的填料，然后用刀切割，切成后的环接头应吻合(如图 5-10 所示)。切口可以是平的，但最好是与轴成 45°的斜口。切割的刀刃应薄而锋利，也可用细齿锯条锯割。用此方法切割的填料环，其角度和长度均能一致，精度和质量都较好。该方法的不足之处是需要专用木棒；切割线为弧形，切割不方便；切割方法不当时，缠绕在木棒上的填料容易松散。因此，最好采用小铁钉固定，切割时将其一起割断。对切割后的填料环，不应让它松散，更不应将它拉直，而应取与填料同宽度的纸带把每节填料呈圆环形包扎好(纸带接口应黏接起来)，置于洁净处。成批的填料应装成一箱。

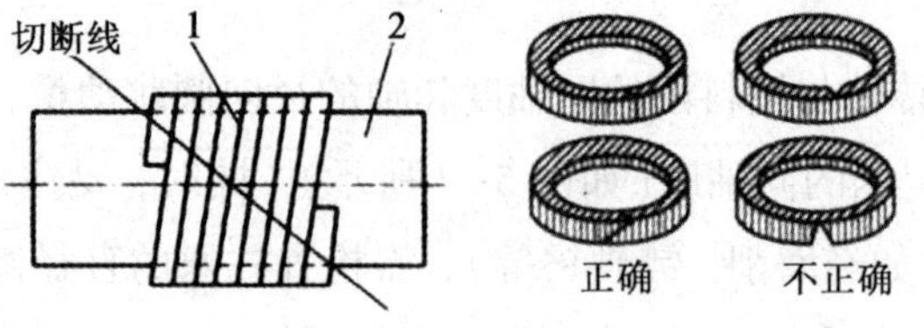

图 5-10　填料的手工切割

1—填料；2—木棒

② 工具切割。切割填料工具如图 5-11 所示。该工具结构简单，携带方便，切割角度和长度准确，无切口毛头或填料松散变形等缺陷，切割质量高。切割填料工具上的游标卡尺有刻度，每格刻度值为 3.14 mm，作测量填料长度用。游标可在标尺上滑动，上面有 45°或 30°的凹角，其顶点正好在看窗(对刻度用)刻度上。游标上的紧固螺钉作固定游标用。游标尺的截面为 L 形，凸边起校直填料的作用。刀架外形为 U 形，角度与游标上的角度对应相等。紧固螺钉 2 和夹板活络连接，作夹持填料用。

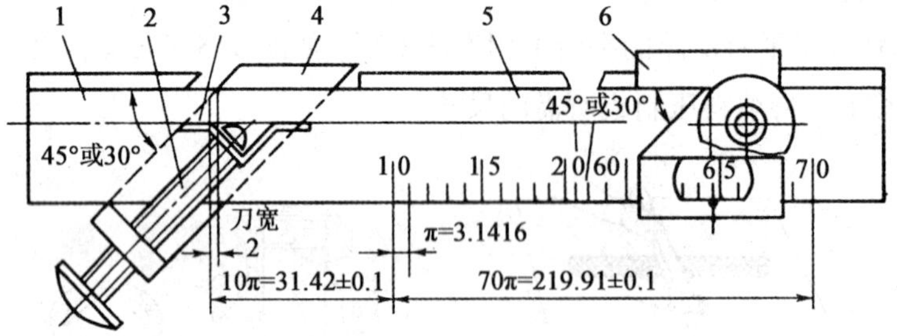

图 5-11　切割填料工具

1—填料；2—紧固螺钉；3—夹板；4—刀架；5—游标尺；6—游标

填料切割时，按照轴直径与填料宽度之和在游标尺上取相对值，再将游标滑动到该值上，对准看窗上的刻度线，并用紧固螺钉固定游标。例如，轴直径为 20 mm，填料宽度为 6 mm，其和为 26 mm，对准游标尺上 26 格，切下的填料长度即为所需长度，即 $26\pi=81.68$ mm。切割时将填料夹紧，用薄刀沿刀架边切断。然后将填料切角插入游标凹角内对准，填料靠在游标尺凸边校直，用夹板夹紧，再用薄刀沿刀架切断填料。

(4) 对填料预压成型。

用于高压密封的填料，必须经过预压成型。图 5-12 所示为填料的预压成型，即在油压千斤顶上进行预压(控制油压表读数)，预压后填料应及时装入填料函，以免填料恢复弹性。

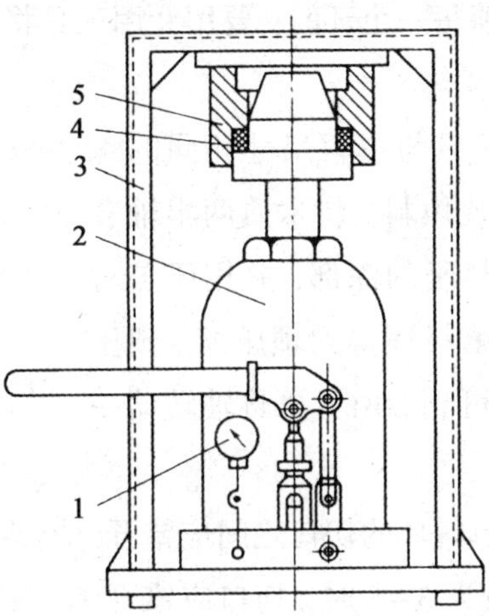

图 5-12 填料的预压成型

1—压力表；2—油压千斤顶；3—金属框架；4—填料；5—预压成型模具

油压表压力按下式计算：

$$p=\frac{1.2\,p_{\mathrm{i}}(D^2-d^2)}{d_0^2} \tag{5-1}$$

式中，p——千斤顶油压表读数，Pa；

p_{i}——介质压力，Pa；

D——填料函内径(填料外径)，m；

d——填料内径，m；

d_0——千斤顶柱塞直径，m。

(5)填料环的装填。

为使填料环具有充分的润滑性，在装填填料环前应涂敷润滑脂或二硫化钼润滑膏，如图 5-13(a)所示，以增加填料的润滑性能。

涂敷润滑脂后的填料环后，即可进行装填。装填时，如图 5-13(b)和图 5-13(c)所示，先用双手各持填料环切口的一端，沿轴向拉开，使之呈螺旋形，再从切口处套入轴上。注意不得沿径向拉开，以免切口不齐影响密封效果。

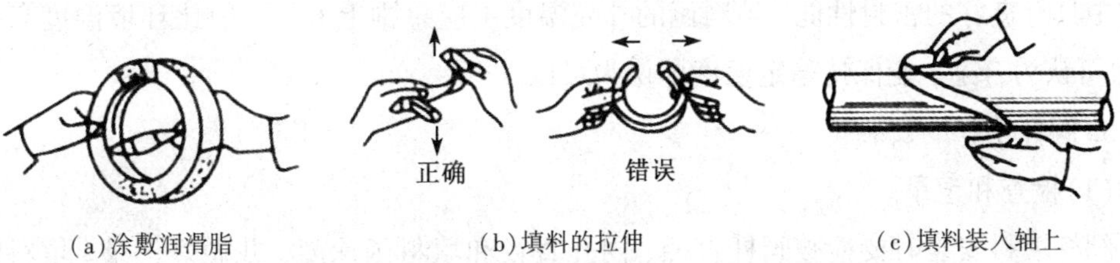

(a)涂敷润滑脂　(b)填料的拉伸　(c)填料装入轴上

图 5-13 填料环的装填

填料环装填时，应一个环一个环地装填。注意，当需要安装封液环时，应该将它安置在填料函的进液孔处。在装填每一个环时，要用专用工具将其压紧、压实、压平，并检查其与填料函内壁是否贴合。

如图5-14所示，可取一只与填料尺寸相同的木质两半轴套作为专用工具压装填料。将木质两半轴套合于轴上，把填料环推入填料函的深部，并用压盖对木轴套施加一定的压力，使填料环得到预压缩。预压缩量一般为5%~10%，最大可到20%。再将轴转动一周，取出木轴套。

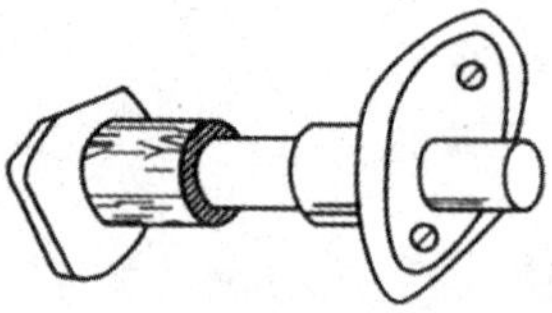

图5-14 用木质两半轴套压紧填料

装填时，必须注意相邻填料环的切口之间应错开。填料环数为4~8时，装填时应使切口相互错开90°；填料环数为3~6时，切口应错开120°；填料环数为2时，切口应错开180°。

装填填料时要仔细认真，严格控制轴与填料函的同心度，以及轴的径向圆跳动量和轴向窜动量，因为它们是填料密封具有良好密封性能的先决条件和保证。

密封填料环全部装完后，再用压盖加压。在拧紧压盖螺栓时，为使压力平衡，应采用如图5-15所示的对称拧紧法。压紧力不宜过大，先用手拧，直至拧不动时，再用扳手拧。

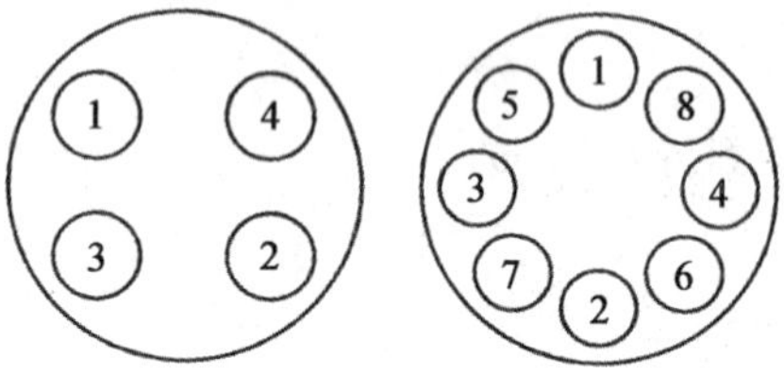

图5-15 对称拧紧螺栓示意图

(6)运行调试。

必须进行调试工作，目的是调节填料的松紧程度。用手拧紧压盖螺栓后，启动泵，然后用扳手逐渐拧紧螺栓，一直到泄漏减小至允许的最小泄漏量为止。设备启动时，重新安装和新安装后的填料发生少量泄漏是允许的。设备启动后的1 h内需分步将压盖螺栓拧紧，直到其滴漏和发热减小到允许的程度，这样做的目的是使填料能在以后长期运行工作中具有良好的密封性能。填料函的外壳温度不应急剧上升，一般比环境温度高30~40 ℃可认为合适，能保持稳定温度即认为可以。

3. 阀杆填料的安装

(1)检查和记录。

阀杆填料安装时要检查阀杆直径、内孔直径和填料函深度，并做好记录。填料的截面尺寸由阀的内孔直径和阀杆直径决定，即内孔直径减去阀杆直径，再将其差值除以2就可得到。

(2)清理和切割。

清理填料函和切割填料成环的方法与泵的填料安装步骤基本相同。

(3)安装和调试。

将切割好的填料环按照要求装填后，放下压盖，注意要使压盖下端与填料环端面接触。其他安装要求与泵的填料安装相同。

安装完成后，要进行调试。一种方法是：首先，对拧入压盖螺栓的螺母进行预紧，使整个软填料组件被压缩25%~30%，其目的是在预先确定阀门要达到密封时，填料被压缩至所必需的距离；然后，将阀门转动5个整圈，即使阀杆最终处于向下的位置。这种方法属于阀门压盖螺栓载荷确定的控制填料压缩量法。采用这种方法，对于不同的填料，压缩量数值也不同，并且当系统压力增高时，压缩量也应当相应地增加。如普通的编织软填料，其压缩量可取20%~25%。而对于柔性石墨模压类的软填料，其压缩量最高可达30%。所以，如果有条件，应当记录预紧条件下压盖螺母的转矩值，以后的每次转动都要将压盖螺母重新拧紧，并使其转矩值与先前记录的相同。另外一种方法是控制压盖螺栓转矩法，这是一种较为精确的方法。当螺栓与螺母都处于洁净而又都有良好的润滑状态时，可以通过系统压力、填料尺寸、螺栓尺寸和螺栓数目等来估算螺栓的预紧转矩，从而为控制填料的压缩量提供相应依据。

(二)软填料的合理拆卸

拆卸填料时，首先应松掉压盖螺栓或压套螺母，取出压盖或压套。有条件时，最好把轴或阀杆抽出填料函，这样拿出填料比较方便。如果轴或阀杆不能抽出填料函，可采用如图5-16所示的方法拆卸填料。拆卸时，拆卸工具应避免碰撞轴或阀杆。

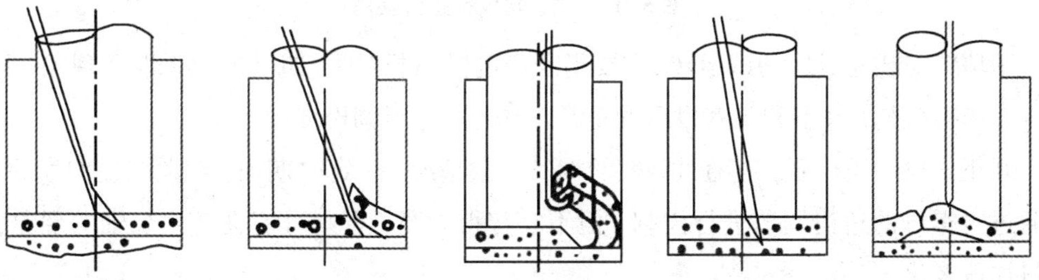

(a)接头拨松　(b)挑起　(c)钩起　(d)切口　(e)钻接提起

图5-16 填料拆卸的方法

(三)软填料的合理使用

环境、密封介质、密封结构，以及被密封件及软填料自身的材料、结构、性质和尺寸等因素，都会影响软填料密封的合理使用。因这些因素而引起的一些问题，诸如泄漏量过大、密封寿命过短、摩擦功耗过大、密封结构尺寸过大而复杂、造价太高等，都会使软填料密封的使用受到限制。只要认真分析上述因素的影响，合理使用填料，还是可以得到相对完善的软填料密封的。如何合理使用软填料，关系到软填料密封的密封性能、应用价值等许多方面。在此，就软填料的合理使用提出以下一些建议。

①根据相应的工况条件等主要因素，正确地设计填料函的尺寸，并合理地选用填料及其形式。

②填料安装时，对相关零部件进行仔细的检查和清理，软填料切割要根据填料函的尺寸要求来进行。

③密封要求高的，除考虑使用组合式填料外，还可考虑使用新型密封结构形式。

④特殊工况的密封，尽可能选用组合式填料。

⑤对于高压密封使用的软填料，必须经过预压成型后再装入填料函内。

⑥对蒸气和热流体的阀门密封，推荐使用柔性石墨填料密封环。

⑦装完填料后，应对称地拧紧压盖螺栓，以免填料歪斜。

⑧安装过程中，填料不能随意放置，以免其表面受到灰尘、泥沙等污物的污染。这些污物一旦沾上填料，就很难清除，当随填料装入填料函后，将会使轴表面产生剧烈的磨损。

⑨软、硬填料混合安装时，软填料应靠近压盖端，硬填料放在填料函底部，而且以软、硬交替放置为宜(如图 5-17 所示)。

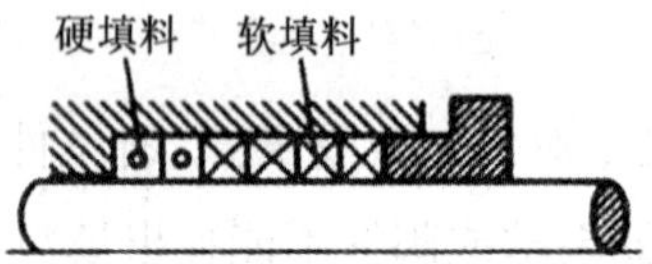

(a)不宜

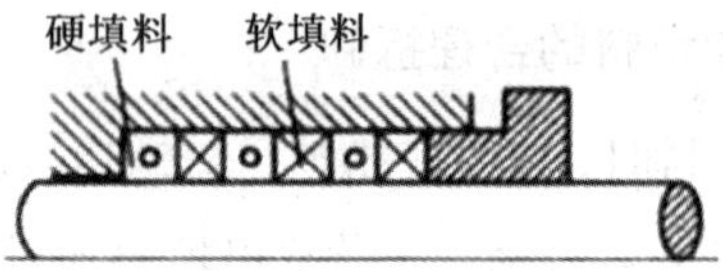

(b)宜

图 5-17　软、硬填料组合使用

⑩填料安装完成后的试运转(主要指开启电机)过程中，如果出现无泄漏现象，则说明压盖压得太紧，并不利于其以后的正常工作，应适当调松螺母。

⑪正式投入运行后，应随时观察掌握其泄漏情况。一定时期内，对泄漏量增大的，可以通过对螺母的适当调节进行控制。但不宜拧得太紧，否则可能会产生烧轴的现象，使填料加速老化。

⑫轴的磨损、弯曲或偏心严重是造成泄漏的主要原因，故应定期检查轴承是否损坏，并尽可能将填料函设在离轴承不远处。轴的允许径向跳动量最好在 0.03～0.08 mm 内(大轴径取大值)，最大为$\sqrt{d}/100$ mm。

⑬转动机械，转子的不平衡量应在允许范围内，以免振动过大。

⑭封液环的两侧(包括外加注油孔的两侧)应装同硬度的填料。当介质不洁净时，应注意封液环处不得被堵塞。

⑮当从外部注入润滑油和对填料函进行冷却时，应保证油路、水路畅通。注入的压

力只需略大于填料函内的压力即可，通常取其压差为 0.05~0.10 MPa。

(四)软填料的保管

①密封填料应存放在常温、通风的地方，防止日光直接照射，以免老化变质。不得在有酸、碱等腐蚀性物品附近处存放，也不宜在高温辐射或低温潮湿环境中存放。

②在搬运和储存过程中，要注意防止砂、尘等异物沾污密封填料。一旦黏附杂物，要彻底清除，避免装配后损伤轴的表面，影响密封效果。

③对于核电站所用密封填料的保管，除满足上述各点外，还要特别注意避免让填料接触含有氯离子的物质。

五、软填料密封常见故障及处理措施

泵用软填料密封常见故障、原因与处理措施见表 5-9。

表 5-9　泵用软填料密封常见故障、原因与处理措施

故障	原因	处理措施
泵压力不足	填料损坏	更换填料，检查轴或轴套表面粗糙度
泵打不出液体	泵不能启动(填料松动或损坏使空气漏入吸入口)	上紧填料或更换填料并启动泵
泵输送液体量不足	空气漏入填料函	运转时检查填料函是否泄漏，若上紧后无外漏，需要用新填料；密封液环被堵塞或位置不对，应与密封液接头对齐；密封液管线堵塞；填料下方的轴或轴套被划伤，将空气吸入泵内
	填料损坏	更换填料，检查轴或轴套的表面粗糙度
泵工作一段时间就停止工作	空气漏入填料函	更换填料，检查轴或轴套的表面粗糙度
泵功率消耗大	填料上得太紧	放松压盖，重新上紧，保持有泄漏液。如果没有泄漏，应检查填料、轴或轴套
泵填料处泄漏严重	填料损坏	更换磨损填料，更换由于缺乏润滑剂而损失的填料
	填料形式不对	更换安装不正确或运转不正确的填料，换成与输送液体相适应的填料
	轴或轴套被划伤	在车床上加工至光滑或更换

表 5-9(续)

故障	原因	处理措施
填料函过热	填料上得太紧	放松以减小压盖的压紧力
	填料无润滑	减小压盖压紧力，如果填料烧坏或损坏应予以更换
	填料种类不适合	检查泵或填料制造厂的填料种类是否正确
	夹套中冷却水不足	检查供液线上阀门是否打开或管线是否堵塞
	填料填装不当	重新填装填料
填料磨损过快	轴或轴套损伤或划伤	重新加工或更换
	润滑不足或缺乏润滑	重装填料，确认填料泄漏为允许值
	填料填装不当	重新正确安装，确认所有旧填料都已拆除并将填料函清理干净
	填料种类有误	更换为合适的填料
	外部封液线有脉冲压力	消除脉冲造成的原因

第二节　硬填料密封

硬填料密封依靠填料的弹性结构和流体压力作用使密封环与轴紧密贴合，以达到节流阻漏的目的。

硬填料密封中有开口环和分瓣环两类密封。开口环系金属自张性密封环，其用于活塞式机器中时称为活塞环，用于旋转机器中时称为胀圈。它依靠本身弹力或其他弹性元件的弹力与汽缸贴合造成预紧式密封，在介质压力和惯性力作用下，环的外圈与汽缸贴合而端面与活塞环槽贴紧达到密封。其工作压力可达 220 MPa，最高线速度可达 100 m/s。分瓣环系圆柱面接触型动密封，故又称圆周密封。它既可用作旋转动密封，广泛用于汽轮机、航空发动机中；又可用作往复动密封，用于蒸汽机、内燃机、活塞式压缩机（活塞杆与汽缸间的填料密封）中，工作压力可达 50 MPa，工作温度达 400 ℃，最高线速度达 110 m/s。

一、活塞环

活塞环是活塞式压缩机和活塞式发动机中主要易损件之一。其用途是密封汽缸工作表面和活塞之间的间隙，防止气体从压缩容积的一侧漏向另一侧。在活塞的往复运动中，它还在汽缸内起着“布油”和“导热”的作用。

（一）活塞环的结构形式和密封原理

如图 5-18 所示，活塞环是一个带开口的圆环，在自由状态下，其外径大于汽缸内径，装入汽缸后直径变小，仅在切口处留下一定的热膨胀间隙，靠环的弹力使其外圆面与汽缸内表面贴合，产生一定的预紧比压 p_k。

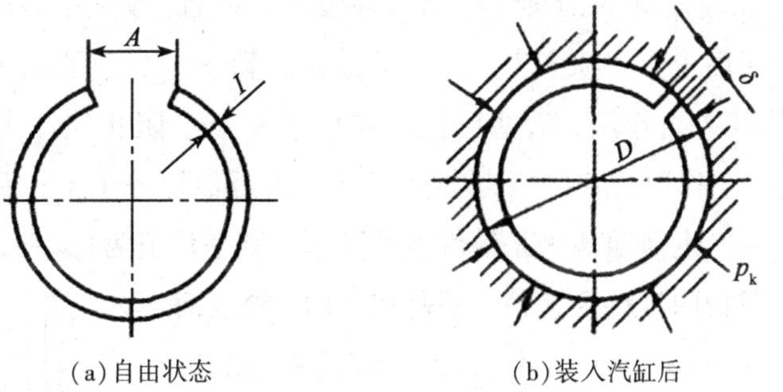

图 5-18　活塞环

活塞环截面多为矩形，其开口的切口形式如图 5-19 所示，有直切口、斜切口和搭切口三种。工作时，气体通过活塞环切口的泄漏是和切口横截面积成比例的。直切口形式泄漏横截面最大；在切口间隙相同时，斜切口泄漏面积较小；搭切口则不会造成直接通过切口泄漏。但从制造难易程度考虑，搭切口复杂，一般很少采用。最常用的活塞环切口形式是直切口和斜切口，尤其是对于大型压缩机，用斜切口更为普遍。

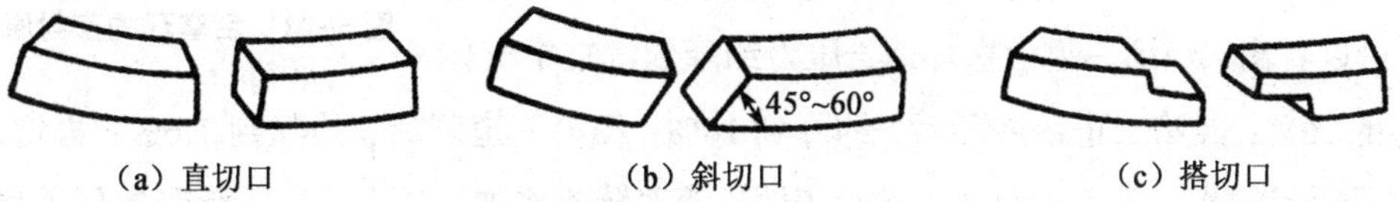

图 5-19　活塞环切口形式

活塞环的密封是依靠阻塞为主兼有节流来实现的。如图 5-20 所示是活塞环密封及泄漏通道简图，从图中可以看出，气体从高压侧泄漏到低压侧有以下三条可能的通道。

①经活塞环的开口间隙的泄漏。为了获得弹力，活塞环必须具有切口，而且装入汽

缸后还需留有一定热膨胀间隙，所以切口泄漏是不可避免的，并且它是造成泄漏的主要通道。

②经环的两侧面与环槽两壁面交替紧贴的瞬时出现的间隙造成的泄漏。

③活塞环外圆面与缸壁不能完全贴紧时造成的泄漏，当运转一段时间后，产生径向磨损，活塞环弹性降低，就会产生大面积通道，引起更大的泄漏。

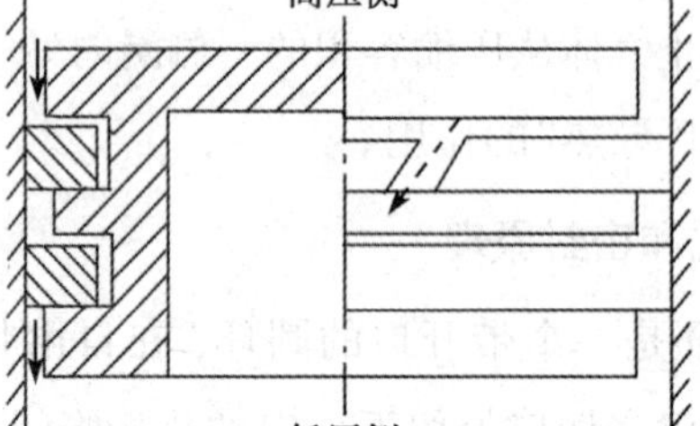

图 5-20　活塞环密封及泄漏通道

活塞环的密封原理如图 5-21 所示。活塞环装入汽缸后，预紧压力使其紧贴在汽缸内壁上。气体通过活塞环工作间隙产生节流，压力由 p_1 降至 p_2，于是在活塞环前后产生一个压差(p_1-p_2)。因压差力作用，活塞环被推向低压 p_2 方，阻止气体由环槽端面间隙泄漏。此时，环内表面上作用的气体压力(简称背压)可近似地等于 p_1，而环外表面上作用的气体压力是变化的，近似地认为是线性变化关系，其平均值为$(p_1+p_2)/2$。若近似地认为气环内、外表面积相同且均为 A 值，于是在环内、外表面便形成了压差作用力 $\Delta p\approx[p_1-(p_1+p_2)/2]A=(p_1-p_2)A/2$。在此压差力的作用下，环压向汽缸工作表面，阻塞了气体沿汽缸壁泄漏。汽缸内压力越大，密封压紧力也越大，这就表明活塞环具有自紧密封的特点，但活塞环开口而具有弹力是形成自紧密封的前提。

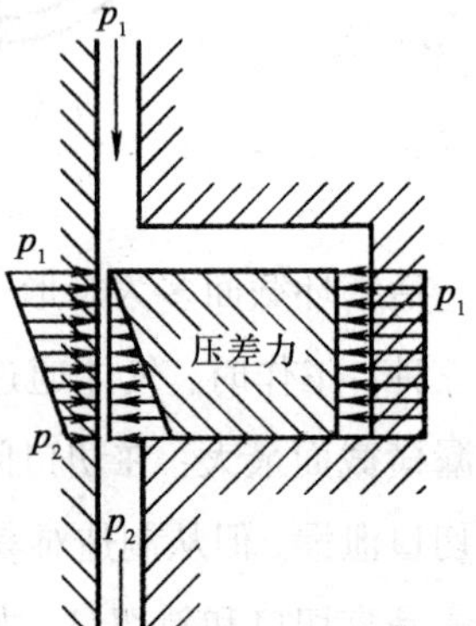

图 5-21　活塞环的密封原理

当活塞两侧压力差较大时，可以采用多道活塞环使气体经多次阻塞、节流，以达到密封要求。

图 5-22 所示是气体流经几个活塞环时的压力变化情况。可以看出，经第一道活塞环后，压力约降到汽缸中气体压力的 26%；经第二道活塞环后，约降到 10%；经第三道环后，约降到 7.6%；再增多环的数目所起的作用就不明显了。试验表明，随着转速增加，第一道环所承受的压差增加，其次各道降低。所以活塞环数不宜过多，过多反而增加摩擦功耗。不过在高压级中，第一道环因压差大而磨损也大。第一道环磨损后，缝隙增大而引起大量泄漏，即失去了密封作用，此时主要压力差由第二道环承担，第二道环即起第一道环的作用，其磨损也将加剧，以此类推。为了使高压级和低压级活塞环的更换时间大致相同，应在高压级中采用

较多的活塞环数。

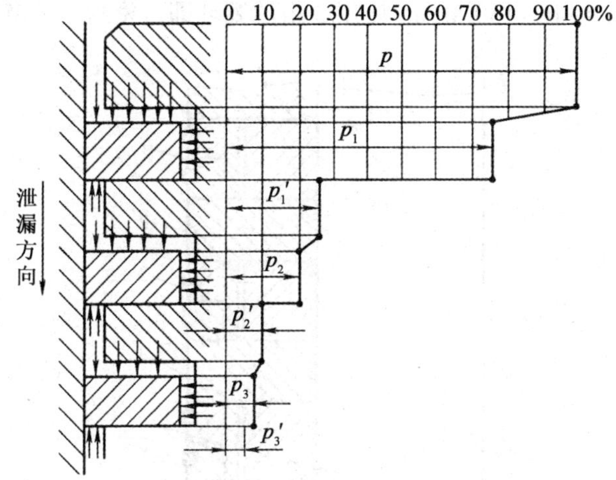

图 5-22　气体流经几个活塞环时的压力变化情况

还有一些特殊结构的活塞环，如微型高转速压缩机中，可用轴向高度仅 1.0~1.5 mm 的薄片活塞环，由 3~4 片装在同一环槽内，各片切口相互错开，如图5-23(a)所示。这种结构具有良好的密封性，易同汽缸镜面磨合，使汽缸不致拉毛。

如图 5-23(b)所示，在铸铁环上镶嵌填充聚四氟乙烯，能防止汽缸拉毛，并延长环的寿命，这种环在高压级中已被采用。还可以在铸铁环上镶嵌轴承合金或青铜，如图 5-23(c)和5-23(d)所示。青铜可以是一条或两条，而轴承合金则采用一条。在镶嵌的突出部分磨完之前，显然其实际比压是增加了。用镶嵌的方法虽能避免汽缸拉毛，使汽缸镜面与活塞环易于磨合，但工艺复杂，故应用不广泛。

铸铁环进行多孔性镀铬，有利于活塞环在环槽内的滑动和降低环接触表面的加工要求；由于孔隙内能存润滑油，因而也减少了环与汽缸镜面的磨损。

低压空气压缩机中直径不大的活塞环，将内圆的一个锐角加工成(1.5~2.0)×45°的倒角，如图 5-23(e)所示，以减弱活塞环倒角侧的弹力。在单作用活塞中，将这种环的倒角边装在汽缸盖侧，可防止活塞出现严重的窜油现象。

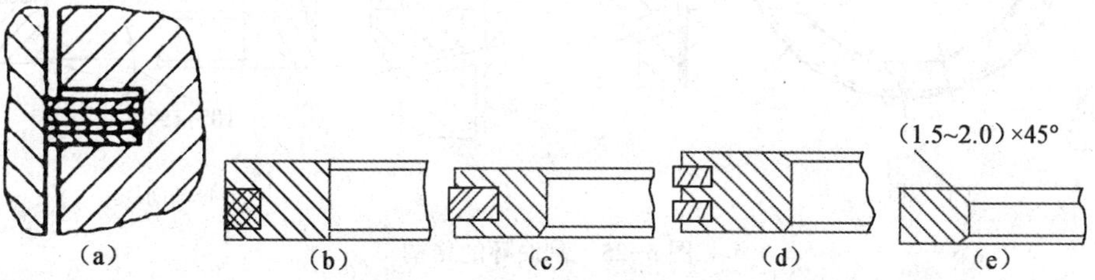

图 5-23　特殊结构的活塞环

在超高压压缩机中使用的活塞环结构如图 5-24 所示。它由两个中间镶有铜锡合金(Sn 质量分数为 4.8%，Cu 质量分数为 95.2%)的活塞环，以及共用的一个弹力环和隔距环组成。活塞环的基体是合金铸铁，弹力环和隔距环是用调质铬钢制成的，硬度为 300~350 HBS，强度为 $\sigma_b=110\sim130$ MPa。使用 5 组活塞环即可密封 175 MPa 的压力。

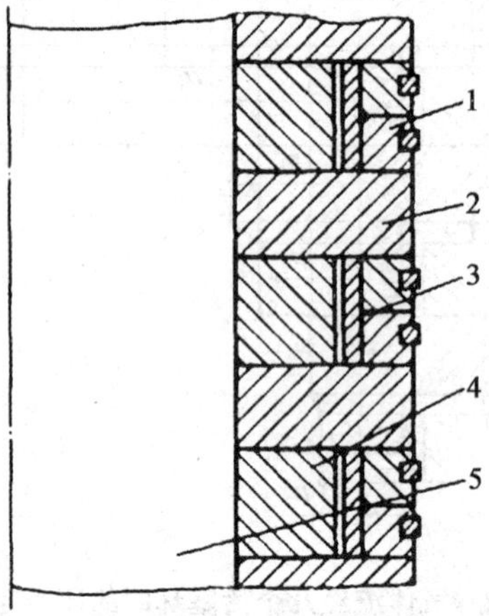

图 5-24　超高压压缩机汽缸密封用活塞环结构

1—活塞环；2—垫环；3—弹力环；4—隔距环；5—活塞

在一些小型、单作用汽缸中，活塞上除配有活塞环外，还配有刮油环，如图 5-25 所示。刮油环的工作面有刃边，用来刮掉汽缸中多余的润滑油。刮掉的油通过活塞体上导油通道流回曲轴箱。刮油环可以控制润滑油膜厚度，把油膜涂均匀，避免润滑油和污物窜入汽缸。刮油环应该安装在活塞环组的大气侧。刮油环也同活塞环一样，依靠本身的弹力压在汽缸工作面上。常用的刮油环是双唇的，如图 5-25(a)所示；而单唇的刮油环结构较简单，如图 5-25(b)所示。

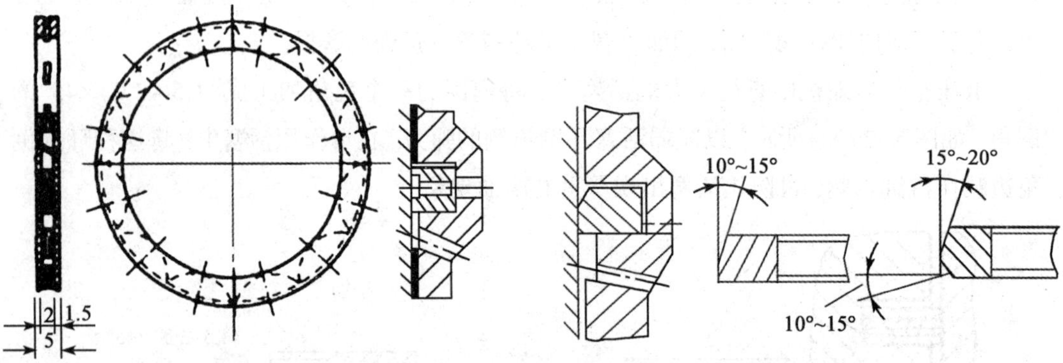

(a)双唇刮油环　　(b)单唇刮油环

图 5-25　刮油环的结构

(二)活塞环的环数及主要结构尺寸

1. 活塞环数

压缩机用活塞环数常用以下经验公式估算：

$$z=\sqrt{\Delta p/98} \tag{5-2}$$

式中，z——活塞环数；

Δp——活塞两边最大压差，kPa。

上述计算值应根据实际情况增减。如高转速，从泄漏考虑，环数可少些；高压级中，从寿命考虑，环数可多些；对于易漏气体，环数可多些；采用塑料活塞环时，因密封性能好，环数可比金属环少些。

活塞环数与所密封的压力差、环的耐磨性、切口形式等因素有关，所以在实际压缩机中环数很不一致。活塞环数还可参见表 5-10 所列选用。

表 5-10　压缩机用活塞环数参考表

活塞两边的压差/MPa	<0.5	0.5~3	3~12	12~24
活塞环数	2~3	3~5	5~10	12~20

2. 活塞环的主要结构尺寸

活塞环的主要结构尺寸有径向厚度、轴向高度、开口热间隙及自由开口宽度等。

(1) 径向厚度 t。

活塞环的截面形状一般为矩形，其径向厚度 t 对于铸铁环通常取

$$t=\left(\frac{1}{22}\sim\frac{1}{36}\right)D \tag{5-3}$$

式中，t——活塞环径向厚度，mm；

D——活塞环外径（即汽缸内径），mm。

对于大直径活塞环取下限；当 $D\leqslant 50$ mm 时，可取 $t=\left(\frac{1}{14}\sim\frac{1}{22}\right)D$。

(2) 轴向高度 h。

轴向高度选取时，应保证它在气体压力作用下具有足够的刚度，不至于发生弯曲和扭曲。而且为保持住油膜，h 值也不能太小，一般应大于 2 mm；但为了减少摩擦功耗及因活塞环质量过大而导致对环槽的冲击，又应尽量取小些。一般取

$$h=(0.4\sim1.4)t \tag{5-4}$$

式中，h——活塞环轴向高度，mm；

t——活塞环径向高度，mm。

其中，较小值用于大直径活塞环，压差较大时用较大值。

(3) 开口间隙 δ。

活塞环装入汽缸后，开口处留有环受热膨胀后的开口间隙，又称热膨胀间隙。其值可按照下式计算：

$$\delta=\pi D\alpha\Delta t \tag{5-5}$$

式中，δ——活塞环开口间隙，mm；

D——活塞环外径（即汽缸内径），mm；

α——活塞环材料的线膨胀系数，℃$^{-1}$；铸铁的线膨胀系数 $\alpha=1.1\times10^{-5}$ ℃$^{-1}$；

Δt——温差，℃，通常取排气温度与室温之差。

（4）活塞环自由开口宽度 A。

其值可由下式计算：

$$A=\frac{7.08D\left(\frac{D}{t}-1\right)^3 p_k}{E} \tag{5-6}$$

式中，A——活塞环自由开口宽度，mm；

D——活塞环外径（即汽缸内径），mm；

t——活塞环径向厚度，mm；

p_k——表示活塞环弹性作用而产生的预紧贴合比压，MPa，50 mm<$D\leqslant$150 mm，p_k=0.10～0.14 MPa；D>150 mm，p_k=0.038～0.100 MPa；小直径的高压级，p_k=0.2～0.3 MPa；刮油环，p_k=0.03～0.05 MPa；

E——密封环材料的弹性模量，MPa，可按照表 5-11 所列选取。

表 5-11　各种材料的弹性模量

材料	灰铸铁			球墨铸铁	合金铸铁	青铜	不锈钢
	$D\leqslant70$	$70<D\leqslant300$	$D>300$				
弹性模量/MPa	0.95×10^5	1×10^5	1.05×10^5	$(1.5\sim1.65)\times10^5$	$(0.9\sim1.4)\times10^5$	$(0.85\sim0.95)\times10^5$	2.1×10^5

（三）活塞环的基本技术要求

1. 材质要求

如果没有特殊要求，活塞环一般用灰铸铁或合金铸铁制造。不同活塞环直径宜选用的灰铸铁牌号见表 5-12。对于小直径活塞环或高转速压缩机用的活塞环，可选用合金铸铁制造，如铌铸铁、铬铸铁、铜铸铁等。

表 5-12　灰铸铁活塞环直径与铸铁牌号关系

活塞环直径/mm	$D\leqslant200$	$200<D<300$	$D\geqslant300$
灰铸铁牌号	HT300 或 HT250	HT250 或 HT200	HT200

当采用铸铁材料制造活塞环时，对铸铁材料的金相组织要求较高，即组织结构应均

匀，不容许有游离渗碳体存在。

2. 技术要求

活塞环外圆在端部的锐角应倒成小圆角，以利于形成润滑油膜，进而减小泄漏和磨损。内圆锐角倒成45°。活塞环内圆的倒角尺寸(*C*)，外圆的圆角尺寸(*R*)及端面粗糙度(*Ra*)，可根据活塞环的外径(*D*)按照表5-13所列选取。

表5-13 活塞环的技术要求

外径尺寸/mm	倒角尺寸/mm	圆角半径/mm	端面粗糙度/μm
$D\leqslant 250$	≤0.5	≤0.1	0.4
$250<D<500$	≤1.0	≤0.3	0.8
$D\geqslant 500$	≤1.5	≤0.5	1.6

为使活塞环具有良好的耐磨性，常用铸铁活塞环的表面硬度应不低于汽缸工作表面的硬度，并且约高10%~15%。如果用经过硬化处理的钢质缸套，或者是超高压压缩机的高硬度碳化钨缸套，则将合金铸铁活塞环的硬度提高到320~350 HBS。同一活塞环上的硬度不能相差4个布氏单位。

在活塞环的外表面上，不允许有裂纹、气孔、夹杂物、疏松和毛刺等缺陷；在活塞环的两端面上，不应有径向划痕；在活塞环的外圆柱面上，不应有轴向划痕。

活塞环的加工精度、表面粗糙度要求详见表5-14。

表5-14 活塞环的加工精度及表面粗糙度

要求	外圆面	内圆面	端面
加工精度	h6	H8	h6
表面粗糙度/μm	0.4~1.6	3.2~6.3	0.4~1.6

3. 检验要求

活塞环放在专用检验量规内，环的外圆柱面与量规之间的间隙应在规定范围内：外径$D\leqslant 250$ mm时，间隙不大于0.03 mm；外径$D=250\sim 500$ mm时，间隙不大于0.05 mm；外径$D>500$ mm时，间隙不大于0.08 mm。

用灯光检查时，漏光在整个圆周上不超过两处，最长的不超过25°的弧长，总长不得超过45°的弧长，且离切口处不小于30°。

环的端面翘曲度应在规定范围内：外径$D\leqslant 250$ mm时，端面翘曲度不大于0.04 mm；$150<D\leqslant 400$ mm时，端面翘曲度不大于0.05 mm；$400<D\leqslant 600$ mm时，端面翘曲度不大

于 0.07 mm；$D>600$ mm 时，端面翘曲度不大于 0.09 mm。

活塞环的径向弹力允差在±20%范围内。

活塞环在磁性工作台上加工之后，应进行退磁处理。

二、活塞杆填料密封

活塞杆穿出汽缸处的间隙，通常用一组密封填料来实现密封。填料是压缩机中易损件之一。在压缩机中，极少采用软质填料，通常采用硬填料。常用的硬填料有金属、金属与硬质填充塑料或石墨等耐磨材料。对填料的主要要求有：密封性好，耐磨性好，使用寿命长，结构简单，成本低，标准化、通用化程度高。

为了解决硬填料磨损后的补偿问题，往往采用分瓣式结构。在分瓣密封环的外圆周上，用拉伸弹簧箍紧，对柱塞杆表面进一步压紧贴合，建立密封状态。

硬填料的密封面有三个，它的内孔圆柱面是主密封面，两个侧端面是辅助密封面，均要求具有足够的精度、平直度、平行度和粗糙度，以保持良好的贴合。

压缩机中的填料都是借助于密封前后的气体压力差来获得自紧密封的。它与活塞环类似，也是利用阻塞和节流实现密封的。根据密封前后气体的压力差、气体的性质及对密封的要求，可选用不同的填料密封结构形式。

硬填料主要分为两类，即平面填料和锥面填料。

（一）平面填料

图 5-26 所示为常用的低、中压平面填料密封结构。它有五个密封室，用长螺栓 8 串联在一起，并以法兰固定在汽缸体上。由于活塞杆的偏斜与振动对填料工作影响很大，故在前端设有导向套 1，内镶轴承合金，压力差较大时还可在导向套内开沟槽起节流降压作用。填料和导向套 1 靠注油润滑，注油还可带走摩擦热且提高密封性。注油点 A，B 一般设在导向套 1 和第二组填料上方。填料右侧有气室 6，由填料漏出的气体和油沫自小孔 C 排出并用管道回收，气室的密封靠右侧的前置填料 7 来保证。带前置填料的结构一般用于密封易燃或有毒气体，必要时采用抽气或用惰性气体通入气室进行封堵，防止有毒气体漏出。

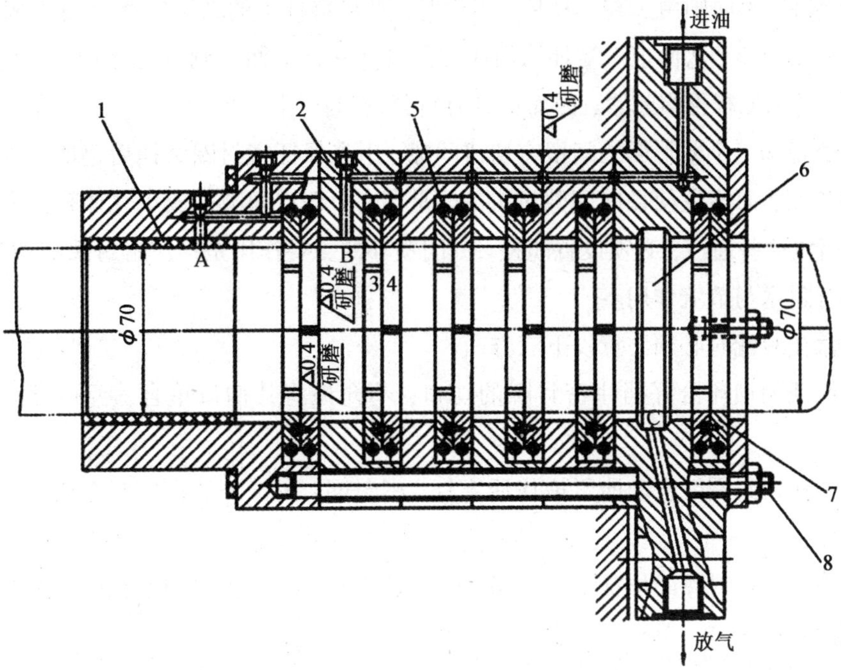

图 5-26　常用的低、中压平面填料密封结构

1—导向套；2—密封盒；3—闭锁环；4—密封圈；5—镯形弹簧；

6—气室；7—前置填料；8—长螺栓

填料函的每个密封室主要由密封盒、闭锁环、密封圈和镯形弹簧等零件组成。

密封盒用来安放密封圈及闭锁环。密封盒的两个端面必须研磨，以保证密封盒及其与密封圈之间的径向密封。图 5-27 所示为三、六瓣平面填料，在密封盒内装有两种密封环，靠高压侧是三瓣式闭锁环，有径向直切口；低压侧是六瓣式密封圈，由三个鞍形瓣和三月形瓣组成。两个环的径向切口互相错开，由定位销来保证。环的外部都用镯形弹簧把环箍紧在活塞杆上。切口与弹簧的作用是产生密封的预紧力，环磨损后，能自动紧缩而不致使圆柱间隙增大。其中，六瓣密封圈在填料函中起主要密封作用，其切口沿径向

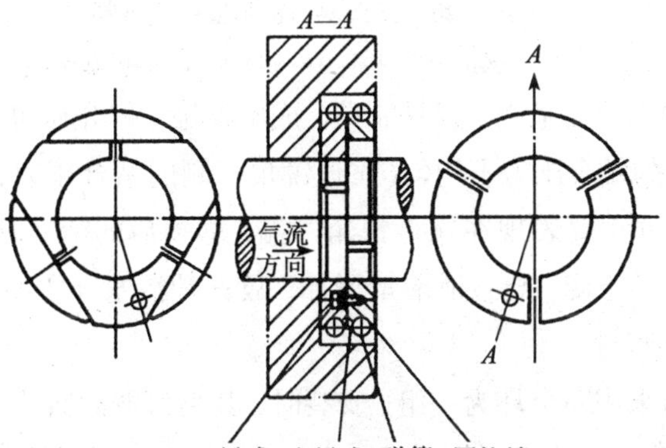

图 5-27　三、六瓣平面填料

被月形瓣挡住，轴向则由三瓣环挡住。工作时，沿活塞杆来的高压气体可沿三瓣环的径向切口导入密封室，从而把六瓣环均匀地箍紧在活塞杆上而达到密封作用。汽缸内压越高，六瓣环与活塞杆抱得越紧，因而也具有自紧密封作用。

六瓣密封圈三个鞍形瓣之间留有切口间隙，用来保证密封圈磨损后仍能在弹簧力作用下自动紧缩，而不致使径向间隙过大。但是，这个切口间隙构成了气体轴向泄漏的通道，为了挡住这些通道，必须设置闭锁环。闭锁环的主要作用是挡住密封圈的切口间隙，此外还兼有阻塞与节流作用。

密封盒在装配时必须注意以下三方面：

①应保证闭锁环恰好挡住密封圈的切口，不允许将其切口重合，否则泄漏将大大增加；

②为了让密封圈能自动地紧抱住活塞杆，密封圈、闭锁环装在密封盒内，应有适当的轴向间隙；

③闭锁环与密封圈的位置不可装错，闭锁环靠近汽缸，密封圈放在闭锁环外边，否则起不到密封作用。

三、六瓣式平面填料主要用于压差在 10 MPa 以下的中压密封。对压差在 1 MPa 以下的低压密封，也可采用如图 5-28 所示的三瓣斜口密封圈平面填料。

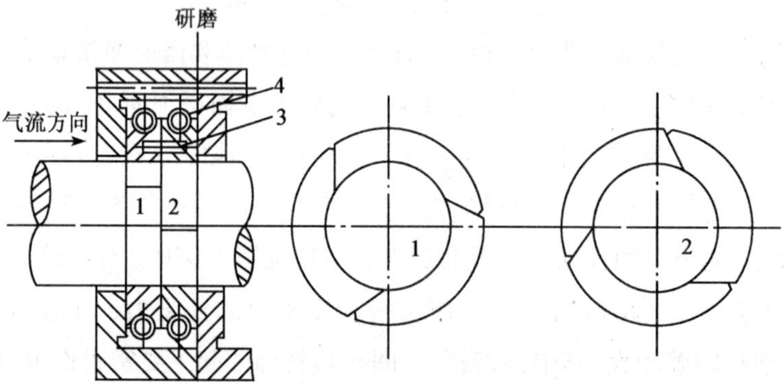

图 5-28　三瓣斜口密封圈平面填料

1，2—三瓣斜口密封圈；3—圆柱销；4—镯形弹簧

三瓣斜口环结构简单而坚固，容易制造，成本低廉。但介质可沿斜口结合面发生泄漏，而且环对活塞杆的贴合压力不均匀(靠近锐角一侧的贴合压力大)，因此，在工作过程中，磨损不会均匀并主要表现在靠近锐角一端。磨损后的活塞环内圆孔面不呈圆形，并使对磨损的补偿能力下降，导致泄漏量增加。故这种活塞环主要用于压差低于 1 MPa 的低压压缩机活塞杆密封。

三瓣斜口硬填料采用两个环为一组。安装时，其切口彼此错开，使之能够互相遮挡，阻断轴向泄漏通道，提高密封性能。

除上述两种形式的密封圈填料外，平面填料尚有活塞环式的密封圈。这种硬填料密封，每组由三道开口环组成，如图 5-29 所示。内圈 1，2 是密封环，用铂合金、青铜或填充聚四氟乙烯制成；外圈是弹力环，并用圈簧抱紧。装配时，三环的切口要错开，以免漏气。这种密封圈的结构和制造工艺都很简单，内圈可按照动配合 2 级精度或过渡配合公差加工，已成功地应用在压差为 2 MPa 的级中。

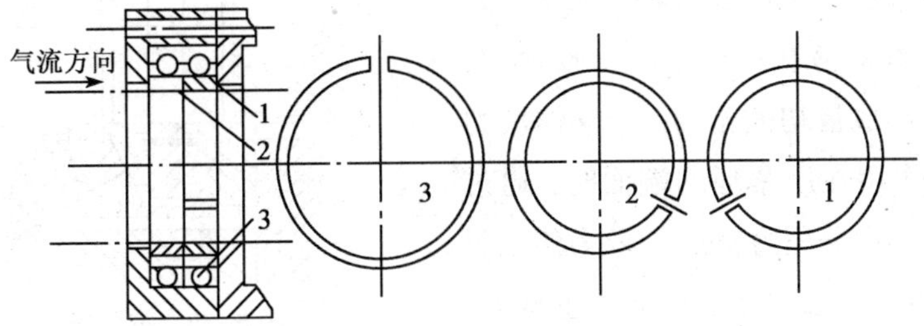

图 5-29 活塞环式填料密封

1，2—内圈；3—外圈

平面填料组数可参考表 5-15。

表 5-15 平面填料组数选定参考

活塞杆直径/mm	密封压力/MPa				
	1.0	2.5	4.0	6.4	10.0
	填料组数				
25~50	3	4	4~5	5~6	6~7
55~80	4	4~5	5~6	6~7	7~8
90~150	5	5~6	6~7	7~8	—

平面填料一般采用铸铁 HT200，特殊情况下，平面填料一般采用锡青铜 ZQSn8-12、轴承合金 ZChSnSb 11-6及高铅青铜等。当采用铸铁时，要求金相组织为片状及粗斑状珠光体，不允许有游离渗碳体存在。铸铁件硬度要求为 180~230 HBS。为保证密封性，密封圈的端面及内圆面应有较高表面粗糙度，端面应研磨，*Ra* 为 0.2 μm。密封圈的两端面应平行，不平行度在 100 mm 长度内不得大于 0.02 mm，内孔圆度及圆柱度不超过直径公差的一半。填料环在填料函内的轴向间隙为 0.035~0.150 mm。填料函深度按照 H8 或 H9 级公差加工。

（二）锥面填料

在高压情况下，如果仍采用平面填料，则由于气体压力很高，而填料本身又不能抵消气体压力作用，致使填料作用在活塞杆上的比压过大而加剧磨损。为降低密封圈作用在活塞杆上的比压，在高压密封中，可采用锥面填料。

如图 5-30 所示为锥面填料结构，其主要用于压差在 10~100 MPa 的高压压缩机的活塞杆密封。它也是自紧式的密封，既有径向自紧作用，又有轴向自紧作用。密封元件是由一个径向切口的T形外环和两个径向开口的锥形环组成。前、后锥形环对称地套在T形外环内，安装时切口互成120°，用定位销子来固定，并装在支承环和压紧环里面，最后放入填料盒内。填料盒内装有轴向弹簧，其作用是使密封圈对活塞杆产生一个预紧力，以便开车时能形成最初的密封。当气体压力 p 从右边轴向作用在压紧环的端面时，通过锥面分解成一径向分压力 $p\tan\alpha$，此力使密封环抱紧在活塞杆上。α 越大，径向力也越大，因此这种密封也是靠气体压力实现自紧密封的。在一组锥面填料的组合中，靠汽缸侧的密封环承受压差大，其径向分力也大。为使各组密封环所受径向分力较均匀，以使磨损均匀，可取前几组密封环的 α 较小，后面的各组 α 较大，常取 α 为10°，20°，30°的组合。

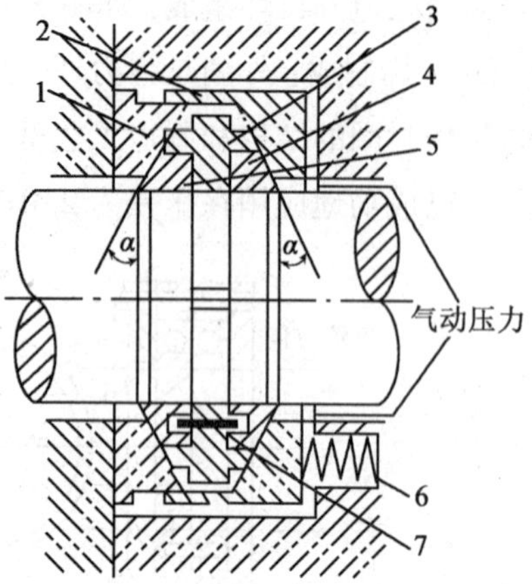

图 5-30　锥面填料结构

1—支承环；2—压紧环；3—T形环；4—前锥环；5—后锥环；6—轴向弹簧；7—圆柱销

为保证在运转时润滑油楔入密封圈的摩擦面，减轻摩擦，提高密封性能，应将锥形环的内圆外端加工成15°的油楔角。安装时油楔角有方向性，应在每盒的低压端。

锥面填料的组数可参考表5-16选定。当锥面填料组数确定之后，还要给各组规定不同的锥面角 α。不同锥面角锥面填料组数的搭配关系由表5-17确定。

表 5-16　锥面填料组数选定参考

密封压差/MPa	<10	10~40	40~80	80~100
填料组数	3~4	4~5	5~6	6~7

表 5-17　锥面填料的锥面角和组数

密封压差/MPa	α		
	10°	20°	30°
	组数		
4.0~10	—	1	3
10~20	—	2	3
20~32	1	2	2

锥面填料的T形环与锥形环常用锡青铜ZQSn8-12（用于 $p>27.4$ MPa时）或巴氏合金ChSnSb11-6（用于 $p\leqslant27.4$ MPa时）。当用锡青铜ZQSn8-12时，要求硬度为60~65 HBS。整体支承环与压紧环用碳钢。

锥面填料的技术要求：锥面填料的T形环及两个锥形环的锥面要同时加工；T形环、两个锥形环对支承环和压紧环之间的锥面要保持良好贴合，贴合面不少于总面积的75%；T形环及两个锥形环内孔按照J7级公差加工；两个锥形环的内孔直角部分，不允许倒角棱。

由于锥面填料密封圈结构复杂，且随着耐磨工程塑料的应用，其使用越来越少。

(三)填料函的使用和维护

在实际的工作过程中，填料函可能出现过早损坏及产生泄漏介质的不正常情况，其产生的主要原因及采取的维护处理措施如下。

(1)主要原因。

①由于固体颗粒等杂物进入密封面产生磨料磨损，并在填料环或活塞杆(或轴)的密封表面划出沟痕(特别是轴向沟痕)。

②活塞杆产生不均匀的磨损，以及出现不允许的圆柱度和圆度。

③填料环出现磨损过大、切口间隙减小的现象，导致其与活塞杆(或轴)的贴合能力下降或失去贴合作用。

④填料组件中填料环或弹簧发生损坏，引起整个填料函密封失效。

(2)维护处理措施。

针对以上问题，可采取以下处理措施。

①卸下所有密封件，并清洗；检查活塞杆(或轴)表面是否有毛刺、划伤、磨损沟痕等，必要时可采用细锉和油石修复。

②检查活塞杆(或轴)的几何尺寸并修复(满足其强度条件下)。

③检查填料环间隙并修复到原始尺寸。

④检查填料环和弹簧，如已损坏不能修复，则更换；弹簧一般需要更换。

填料的正常工作，离不开润滑。润滑是保证活塞杆(或轴)表面与填料环密封面间正常存在润滑油膜的根本所在。只有良好的润滑，才能使密封工作良好。

三、无油润滑活塞环、支承环及填料

活塞式压缩机实现无油或少油润滑，可减少气体污染，节约润滑油，改善操作环境，简化密封系统(如可以不设置冷却润滑等辅助系统)。19世纪60年代，我国就在活塞式压缩机上应用无油润滑技术。无油润滑，不仅是当前化工工艺发展的需要，而且在现代空间技术、国防、食品和医药等方面也是不可缺少的。

无油润滑压缩机中的主要元件是无油润滑的活塞环、支承环及填料。

(一)无油润滑活塞环

无油润滑活塞环用石墨或填充聚四氟乙烯等自润滑材料制成，可以在无油条件下运行，能防止润滑油掺杂气体。早期的自润滑材料采用石墨，但因其韧性差、易脆裂，故现在的自润滑材料主要采用填充聚四氟乙烯的方式。

1. 类型

无油润滑活塞环按照结构可分为整体开口式和分瓣式两种，如图 5-31 所示。整体开口式无油润滑活塞的形状与金属活塞环相同，也有直切口和斜切口之分。其中，直切口较简单，应用较普遍；斜切口尖端易断，应用较少。分瓣式无油润滑活塞环多用于石墨材料及大直径的塑料环，根据尺寸大小分为三瓣无油润滑活塞环(每段 120°)、四瓣无油润滑活塞环(每段 90°)，有时也做成六瓣无油润滑活塞环。

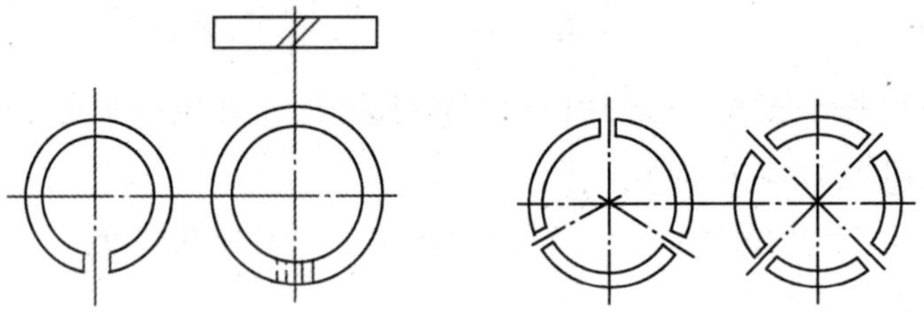

(a)整体开口式　　(b)分瓣式

图 5-31　无油润滑活塞环

无油润滑活塞环也可分为有背压和无背压两种。前面介绍的金属活塞环都是依靠本身弹力预紧，依靠环背气体的背压将活塞环与缸壁贴紧，都是有背压的。有背压的无油润滑活塞环是依靠弹力环的弹力预紧，然后工作时依靠气体背压压紧。图 5-32 所示为无背压活塞环，它是将整体(不开口)填充聚四氟乙烯活塞环以一定过盈量压入金属内衬环上，可以免除槽底进气的背压外张的作用。活塞环外圆加工成迷宫齿形，起节流作用。常温下将无背压填充聚四氟乙烯活塞环压入薄壁金属环上，在工作温度下具有内应力，能制止热膨胀。运行时外圆恰好与缸径在同一尺寸上，比石墨环式活塞环的容积效率有所提高，容积效率和绝热效率都取得不亚于给油润滑压缩机的较好效果。

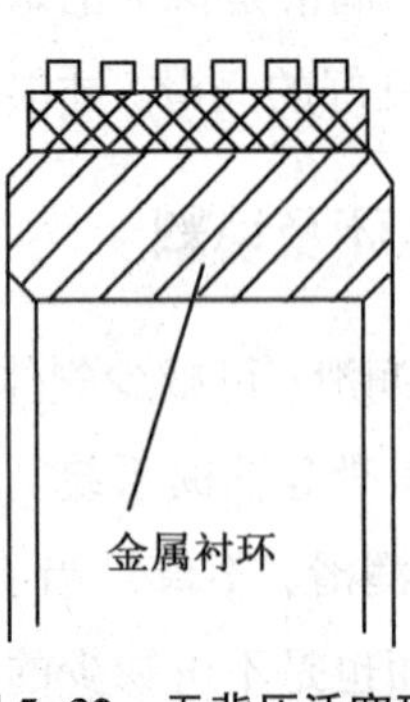

图 5-32　无背压活塞环

2. 无油润滑活塞环的特点

①石墨和填充聚四氟乙烯的弹性低，不能自然地产生预紧的比压，需要在环背上配置金属弹力环，或者采用无背压活塞环。弹力环一般要有 0.07 MPa 的弹力。弹力环的结

构形式有波浪式、扁弹簧式和圆弹簧式等，如图 5-33 所示。

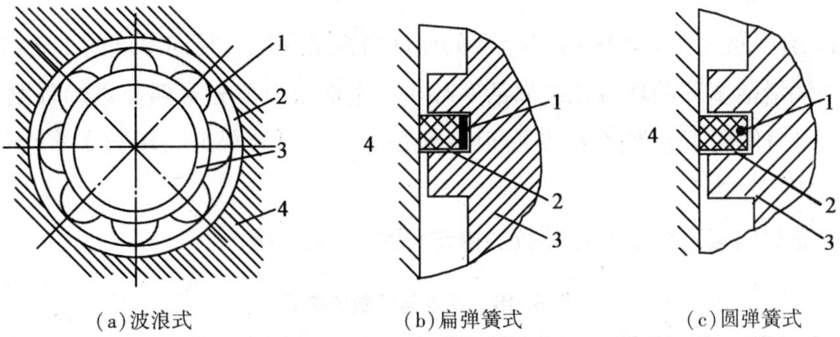

图 5-33　弹力环的结构形式

1—弹力环；2—活塞环；3—活塞；4—汽缸

②由于填充聚四氟乙烯材料的导热性差，热膨胀系数比金属的大，故设计时应考虑留出足够的间隙，其中包括周向开口间隙(e)、侧面间隙(δ)和径向间隙(f)，如图 5-34 所示。间隙值可根据膨胀系数和温升值计算，但实际运行中要获得准确膨胀系数和温升值有一定困难。

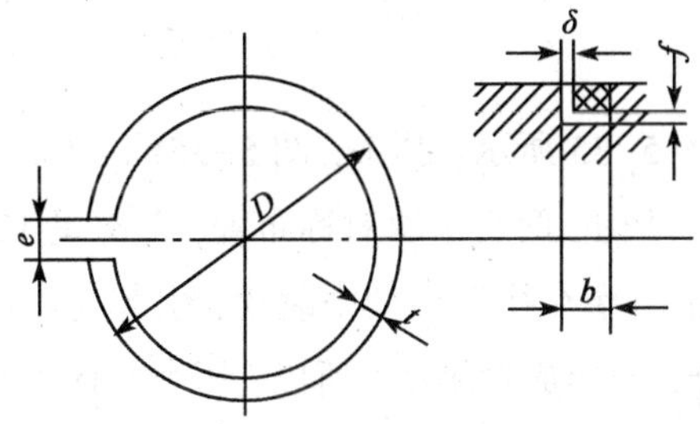

图 5-34　开口间隙(e)、侧面间隙(δ)和径向间隙(f)

对于填充聚四氟乙烯活塞环，现推荐下列经验数据供选用：

❖$e=(2.8\sim3.2)\%D$；

❖$\delta=(2.5\sim3)\%b$；

❖$f=1\%D$。

因为石墨的热膨胀系数比金属的小(约为铸铁的 1/3)，因此其环槽与环的轴向间隙应较金属环小。

③由于无油润滑材料硬度低、磨损量相对会大些，加之填充的聚四氟乙烯在高压下易变形(冷流)，故对缸壁的密封比压应远小于金属环，一般小于 0.01～0.02 MPa，因而轴向高度应比金属环大，有的甚至大 1 倍左右。环的断面尺寸可参照下列公式确定。

对于填充聚四氟乙烯环：$t=\sqrt{D}/1.5$，$h=(0.5\sim1.0)t$；

对于石墨环：$h=\sqrt{D}$，$t=1.2h$　　　　(5-7)

式中，t——活塞环径向厚度，mm；

h——活塞环轴向高度，mm；

D——活塞环外径，mm。

限制 pv 值不超过 0.5 MPa · m/s。环的允许磨损量一般为径向厚度的 1/3～1/2。

④无油润滑活塞环的环数比金属活塞环少。这是因为填充聚四氟乙烯环刚性差、易变形，在径向力作用下易和汽缸壁面很好地贴合，密封效果好，环数太多会增大摩擦功耗。

对于填充聚四氟乙烯活塞环环数的确定可参照表 5-18。

表 5-18　压差与环数的关系

压差/MPa	<0.3	<1.5	<8.6	<20
环数	2	3	4～5	6～8

(二)支承环

支承环的作用在于支承活塞质量和定中心，在立式压缩机中则起到导向环作用(在卧式压缩机上有时也称为导向环)。其正确使用能很大程度上提高活塞环的密封能力和使用寿命。

1. 支承环结构

常用的支承环结构如图 5-35 所示。其中，图 5-35(a)所示为分瓣式结构，用在大直径活塞上，又称为支承块式结构。两支承块对称布置，下部呈 120°的支承块起支承作用，上部一块起定位作用，防止活塞在往复运动中跳动，引起与汽缸壁摩擦。这种结构加工较复杂，环分上、下两部分，未形成封闭状，所以，压力气体可从活塞和缸壁间的间隙通过，避免了气体对支承环的附加力。图 5-35(b)所示为整圈式结构，用于组合式活塞。图 5-35(c)和图 5-35(d)所示为整圈开口式支承环，用在中等直径的整体活塞上。

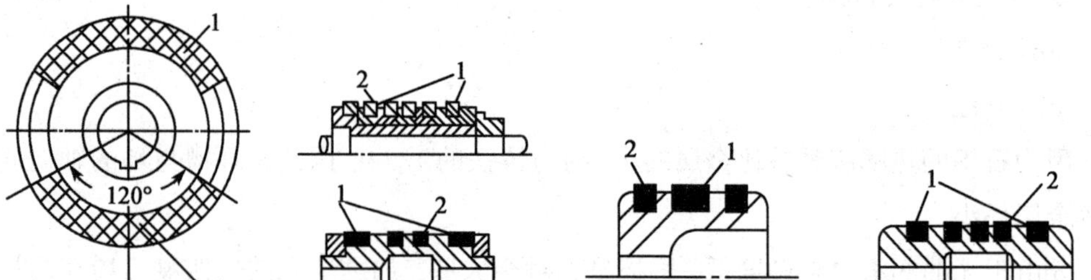

(a)分瓣式　(b)整圈式　(c)整圈开口，布置在活塞中间　(d)整圈开口，布置在活塞中间

图 5-35　支承环结构

1—支承环；2—活塞环

图 5-36 所示为带有卸荷槽的矩形断面支承环，气体可通过槽使环两侧压力平衡。槽与轴线有一定夹角，在气体压力作用下，支承环可做径向缓慢转动。使磨损均匀。如开成

人字槽则不产生转动。也可采用活塞开孔方式(如图5-37所示)，使两侧压力平衡。

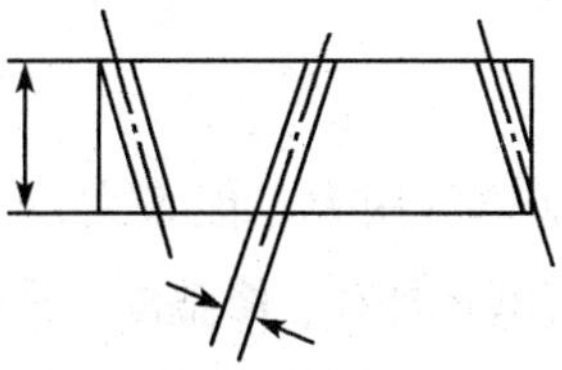

图5-36 带卸荷槽的支承环

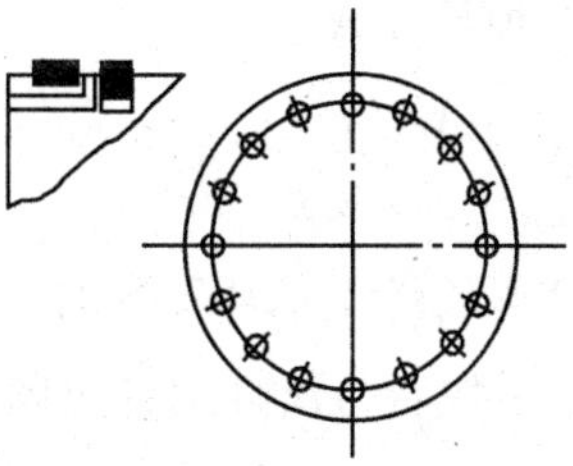

图5-37 活塞开孔卸荷

2. 支承环的结构尺寸

填充聚四氟乙烯支承环的结构尺寸参数如下。

①密封面比压(p_c)。

$p_c=0.03\sim0.05$ MPa，其值过大，容易磨损；其值过小，轴向尺寸大，无法布置。

②轴向长度(b)。

$$b=\frac{W}{p_c h} \tag{5-8}$$

式中，b——支承环轴向长度，mm；

W——活塞部件与1/2活塞杆质量之和，N；

p_c——密封面比压，MPa；

h——支承环外径底部120°弧长在水平方向上的投影，mm。

③径向厚度(t_z)。

t_z与活塞环径向厚度t有关。当$t<10$ mm时，$t_z=t$；当$t>10$ mm时，$t_z=(0.7\sim0.8)t$。

④周向开口间隙(s)。

$$s=(1.8\sim3.2)\%D \tag{5-9}$$

式中，s——支承环周向开口间隙，mm；

D——汽缸内径，mm。

⑤轴向热胀间隙(侧间隙,δ)。

$$\delta=(1.5\sim1.8)\%b \tag{5-10}$$

式中，δ——支承环轴向热胀间隙，mm；

b——支承环轴向长度，mm。

支承环轴向热胀间隙(侧间隙)比活塞环小，因为它只考虑热膨胀的余隙，而不必留气体通道间隙。

⑥配合尺寸。

支承环与活塞的配合可介于过渡配合与动配合之间，不宜太松。支承环外径与汽缸的配合可选用一般动配合，运转后升温可使配合紧些。若经短期跑合磨损，则可获得合适的配合。

⑦允许磨损尺寸 Δ。

一般取 $\Delta=\left(\frac{1}{3}\sim\frac{1}{2}\right)t_z$。

填充聚四氟乙烯支承环安装时，扳开切口套入活塞的用力不能太大，可以通过活塞端部即可。支承块若与汽缸配合过紧，可用细砂纸打磨环外径，修整配合尺寸。

检修时，如果支承环外圆局部磨损，可将环转过一个位置装配，继续使用；如果环沿圆周均匀磨损，则在与活塞配合的圆柱面上垫铜箔或铝箔，使支承环外径扩大，然后可以继续使用。

用垫片补偿磨损时，垫片总厚度不得大于0.5 mm，垫片层数不要多于2层。

与含乙炔气气体接触时，禁止使用铜垫。因为乙炔与铜生成的乙炔铜会引起爆炸。

(三)填料

目前，高、中及低压无油润滑填料密封件普遍采用填充聚四氟乙烯平面填料，其常用的结构形式如图5-38所示。

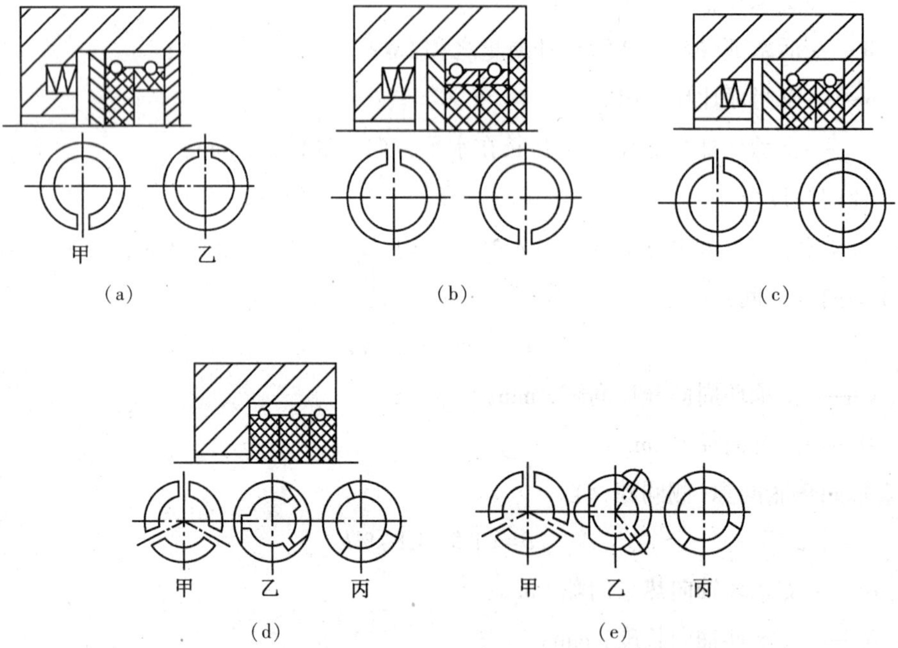

图5-38　常用平面填料函结构

如图5-38(a)所示，甲、乙密封环均为开口环。其中，而乙环径向切口用小帽盖住，结构简单，加工、安装方便；但磨损后径向补偿不够均匀，会使密封环产生变形，导致密封性能下降。

图5-38(b)中的两环结构相同，只是在两环外周增加围带(用铜材料制造)结构，可

以克服图 5-38(a)的不足。因为采用铜做围带，所以还可以降低其刚性。

图 5-38(c)所示为 O 形环结构。其主密封环无切口，活塞杆与塑料环的配合略有一定的过盈量，经过跑合和温升会使环内径稍有膨胀，使它们之间的配合趋于合理。这种结构比较简单，但环磨损后得不到补偿。如果操作条件较好、磨损速度又很小，这种结构仍能具有较长的使用寿命。

图 5-38(d)所示的结构较复杂，密封环甲、乙分别为不同形状的三瓣结构。丙环是阻流环，无轴向弹簧，一般用于中、低压密封。图 5-38(e)所示结构与图 5-38(d)所示结构相似，仅乙环为六瓣，磨损较为均匀。

填充聚四氟乙烯填料密封组数可按照表 5-19 选取。

表 5-19 聚四氟乙烯填料密封的组数

活塞杆直径/mm	压差/MPa					
	1.0	1.6	2.5	4.0	6.4	10.0
	填料组数					
30~35	3	3	4	4	5	5
55~80	4	4	4	5	5	6
90~150	4	4	5	5	6	6

第三节 成型填料密封及油封

成型填料密封泛指用橡胶、塑料、皮革及软金属材料经模压或车削加工成型的环状密封圈。

成型填料密封是依靠填料本身受到机械压紧力或同时受到介质压力的自紧作用下产生弹塑性变形而堵塞流体泄漏通道的密封。其结构简单紧凑，密封性能良好，品种规格多，工作参数范围广，是往复动密封及静密封的主要结构形式之一。部分成型填料也可作为旋转及螺旋运动密封件。

油封实质上也属于成型填料密封中的一种，但因其品种规格繁多，需求量大，故而另列一类。

一、成型填料密封

成型填料密封与软填料密封的区别在于前者不仅依靠密封圈预先被挤压(发生弹塑性变形)而产生预紧力，同时在工作时介质压力也挤压密封圈，使之变形产生压紧力。这就是说，成型填料密封属于自紧式密封。

(一) 成型填料类型及适用范围

成型填料按照工作特性分为挤压型和唇形两大类；按照材质分为橡胶类、塑料类、皮革类及软金属类，其中应用最广的是橡胶密封圈，约占50%左右，有“密封之王”之称。

1. 挤压型密封圈

在各种材质的挤压型密封圈中，橡胶挤压型密封圈应用最广，类型最多。以其截面形状命名，有O形、方形、D形、三角形、T形、心形、X形、角-O形及多边形等，见表5-20。

表5-20　挤压型密封圈的分类及特点

名称	类型图	特点
O形密封圈	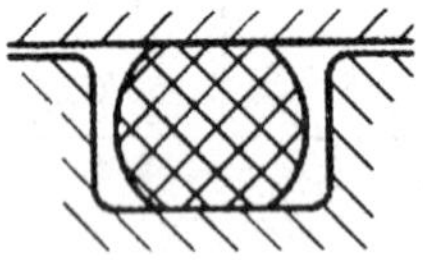	①一般用合成橡胶制成，其截面形状呈圆形； ②具有良好的密封性能，能在静止或运动条件下使用，可以单独使用，能密封双向流体； ③结构简单，尺寸紧凑，拆装容易，对安装技术要求不高； ④在工作面上有磨损，高压下需要采用挡环或垫环，防止被挤出而损坏； ⑤工作时，在内外径上、端面上或其他任意表面上均可形成密封； ⑥适用工作参数范围广，在静止条件下，工作压力可达400 MPa或更高，运动条件下，工作压力可达35 MPa，工作温度约为-60～200 ℃，线速度可达3 m/s，轴径可达3000 mm； ⑦用作往复动密封，启动摩擦阻力大，易产生扭曲，因此只是在轻载工况或内部往复动密封中使用较为合理
方形圈	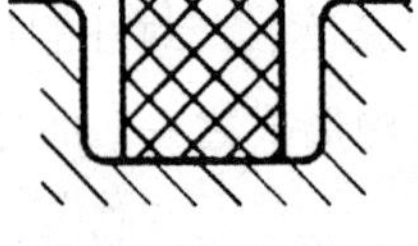	容易成型，装填不便，密封性较差，摩擦阻力比较大，常作为静密封件使用
D形圈	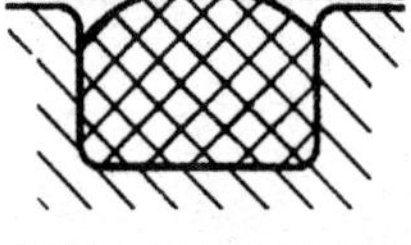	①为克服O形圈在沟槽内有滚动扭曲而改进的密封圈； ②工作时，其位置稳定，适用于变压力的场合； ③高压时要防止受到挤出破坏而引起密封失效
三角形圈	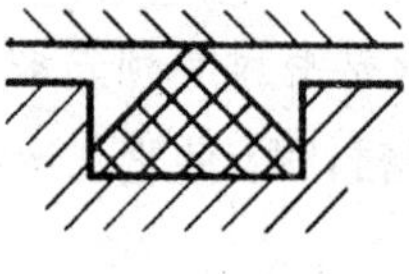	在沟槽中的位置与D形圈相同，摩擦阻力大，使用寿命短，一般只适用于特殊用途的密封

表 5-20(续)

名称	类型图	特点
T 形圈	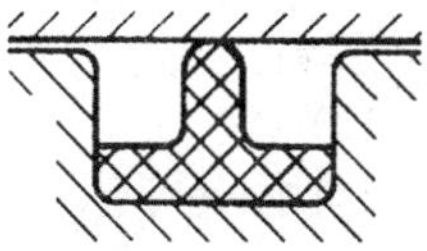	在沟槽中的位置与 D 形圈相同，耐振动、摩擦阻力小，采用 5%的沟槽压缩率即能达到密封，一般用于中低压有振动的场合，高压时要防止被挤出破坏
心形圈	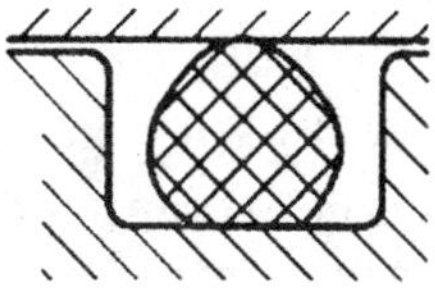	其断面与 O 形圈断面的相似，但摩擦系数比 O 形圈小，一般适宜用作低压旋转轴的密封件
X 形圈	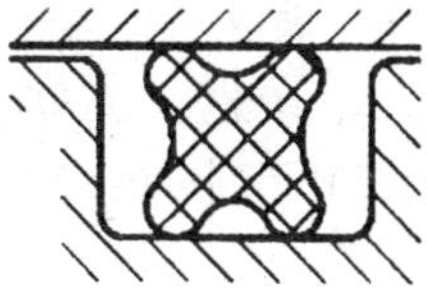	①形似两个 O 形圈叠加，有两个突起部分，在沟槽中位置稳定，摩擦阻力小，采用 1%的沟槽压缩率即可实现密封，允许工作线速度较高； ②可用于做旋转及往复运动而又要求摩擦阻力低的轴(或杆)的密封
角-O 形圈	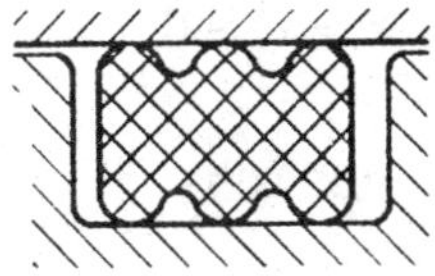	①相当于三个 O 形圈叠加，有三个突起部分，外侧两突起部分较高，使其在沟槽中位置稳定且压缩率大； ②工作压力可达 210 MPa
多边形圈	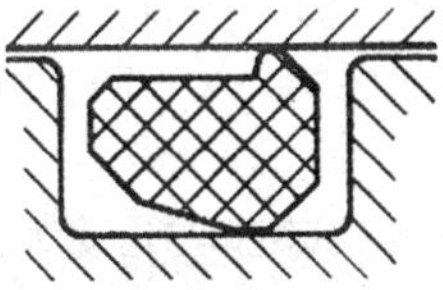	①摩擦阻力比 O 形圈小，泄漏量也比 O 形圈低； ②工作压力可达 14 MPa，在液压缸、气动缸的柱塞密封中经常使用

2. 唇形密封圈

唇形密封圈也有很多类型，通常有 V 形、U 形、L 形、J 形、Y 形等。其截面轮廓都包括一个或多个锐角形的带有腰部的部分，称为唇口。橡胶也作为唇形密封圈的一种主要材料而被广泛使用。为了提高橡胶唇形密封圈的耐压能力，也可在密封圈中增添纤维帘布，制成所谓“夹布橡胶密封圈”。唇形密封圈的分类及特点见表 5-21。

表 5-21　唇形密封圈的分类及特点

名称	类型图	特点
V 形圈	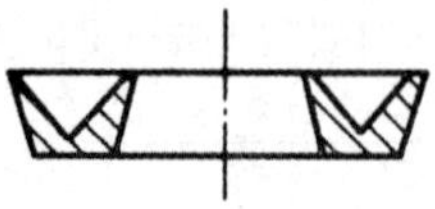	①工作压力：纯胶 V 形圈可达 30 MPa，夹布橡胶 V 形圈可达 60 MPa； ②工作温度可达 120 ℃； ③既可密封孔，又可密封轴； ④优点：耐压和耐磨性好，可根据压力大小重叠使用； ⑤缺点：体积大，摩擦阻力大； ⑥适用场合：一般用于液压、水压和气动等机器的往复运动部分，很少用于转动中或作静密封件
U 形圈	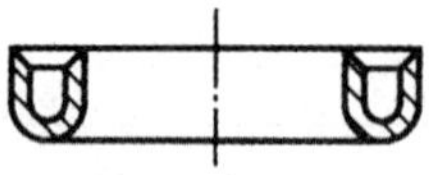	①类似于 V 形圈，一般单个使用即能密封； ②特点：结构简单，摩擦力小，耐磨性高，但唇口容易翻转，需加支承环，有纯胶和夹布胶环两种； ③工作压力：纯胶 U 形圈可达 10 MPa，夹布橡胶 U 形圈可达 32 MPa； ④适用于低速水压、油压的往复动密封，最大工作速度不超过 50 mm/s；超过此值，可采用两只密封圈，使每只圈的负荷降低，而且一个圈损坏，另一个还可继续工作，能提高密封可靠性，延长寿命，但采用两只圈摩擦力会增大； ⑤缓慢旋转时也可以使用； ⑥可密封孔或轴
Y 形圈	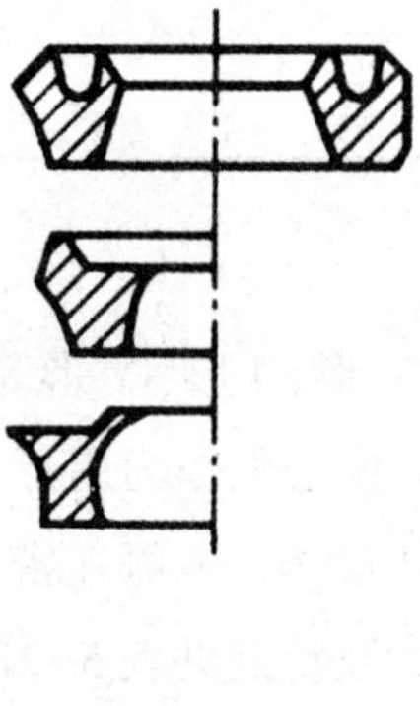	①图中最上面为等脚 Y 形圈（简称 Y 形圈），后两者为不等脚 Y 形圈（又称 YX 形圈，中间为轴用，最下面为孔用）； ②不等脚 Y 形圈，其短脚与运动面接触可以减少摩擦力，长脚与静止面接触有较大的预压缩量，增加了摩擦力而不易窜动，等脚 Y 形圈在沟槽内处于浮动状态； ③特点：使用中只用单个环就可以实现密封，可用于苛刻的工作条件；在压力波动很大时等脚 Y 形圈需用支承环，而不等脚 Y 形圈不需要用支承环； ④工作压力：丁腈橡胶圈在 14 MPa 以下，若在 14~30 MPa 下工作需要用支承环（挡环）；聚氨酯橡胶圈在 30 MPa 以下，若在 30~70 MPa 下工作要加挡环

表 5-21(续)

名称	类型图	特点
L 形圈	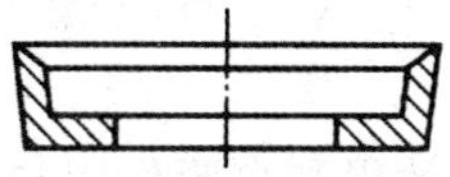	①常用于小直径的中低压气动或液动的往复运动密封； ②仅能密封孔
J 形圈	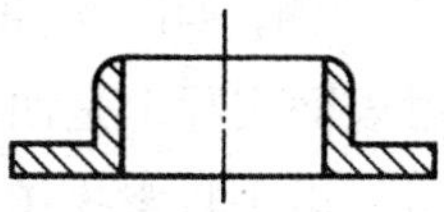	①形同反 L 形，主要用于中低压的气动或液动往复柱塞杆及旋转运动的密封，也可用作防尘密封件； ②仅能密封轴

(二)O 形密封圈

1. 工作特性

橡胶 O 形圈用作静密封元件时，密封圈受到沟槽的预压缩作用产生弹性变形，这一变形能就转变为对于接触面的初始压力，如图 5-39(a)所示，由此获得预密封效果。当作用介质压力 p_i 时，O 形圈被压到沟槽的一侧，并改变其截面形状，密封面上的接触压力也相应变化，如图 5-39(b)所示。当其最大值 p_{max} 大于介质压力 p_i 时，便能堵塞流体泄漏的通道，起到密封作用。介质压力越高，O 形圈的变形量越大，对于密封面的接触压力 p_{max} 也越大，这是 O 形密封圈的自紧作用。实践结果证明，这种自紧作用对防止泄漏是很有效的。目前一个 O 形圈可以封住高达 400 MPa 的静压而不发生泄漏。

同时，随着压力的增大，O 形圈的变形也增大，最后可能把密封圈的一部分挤出到与其接触侧的间隙中去，如图 5-39(c)所示。假如此间隙足够大，那么在一定的静压力作用下，密封圈就可能因被挤出而破坏(也称被咬伤或剪切断裂)，从而导致密封失效。因此，合理设计沟槽间隙尺寸至关重要。

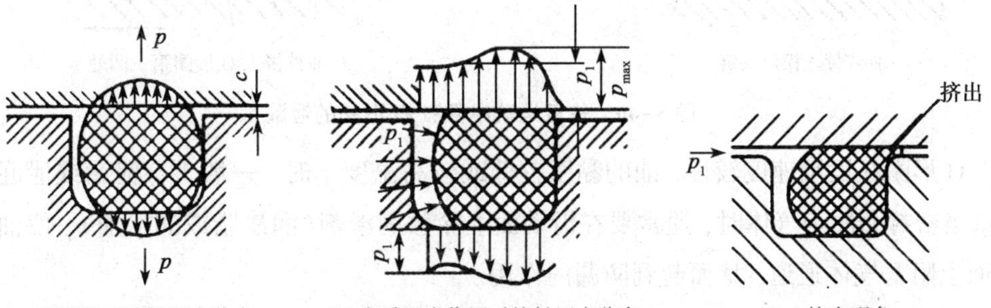

(a)预压缩时接触压力分布　(b)介质压力作用时接触压力分布　(c)挤出现象

图 5-39　O 形密封圈工作特性

从密封性来看，O 形圈是非常理想的静密封件。但是，当它的硬度和压缩变形率选择不当时，则可能发生泄漏。一般来讲，内压越高，应选用硬度更高的 O 形圈。如果硬度不够高，把它的压缩变形率取大一些，也能获得同样的密封效果。通常根据经验来确定压缩变形率，对圆柱面上的静密封，压缩变形率取 13%～20%；对平面或法兰上的静密封，压缩变形率取 15%～25%；对真空设备用的 O 形圈静密封，压缩变形率取 30%以上，但不能太大。

橡胶 O 形圈用作往复运动密封件时，其预密封效果和自紧作用与静密封一样。但由于轴运动时很容易将流体带到 O 形密封圈与轴之间，导致发生黏附泄漏，因而比静密封复杂。假设流体为润滑油，且压力只作用于 O 形圈的一侧，如图 5-40(a)所示。若将 O 形圈与轴的接触处放大，如图 5-40(b)所示，其接触表面实际上是凹凸不平的，并非每一点都与金属表面相接触。O 形圈左方作用着油压 p_1，由于自紧作用，O 形圈对轴产生的接触压力大于 p_1 而达到密封效果。但当轴开始向右运动时，黏附在轴上的油被带到楔形狭缝，如图 5-40(c)所示。由于流体动压效应，这部分油的压力比 p_1 大，当它大于 O 形圈对轴的接触压力时，油便挤入 O 形圈的第一凹处，如图 5-40(d)所示。轴继续向右滑动时，油又进入下一个凹处，依次向右推移，油便沿着轴运动的方向泄漏。当轴向左运动时，由于轴运动方向与油压力方向相反，故不易泄漏。泄漏量是随油的黏度和轴运动速度的提高而增大的。此外，其还与 O 形圈的尺寸、粗糙度、工作压力等因素有关。

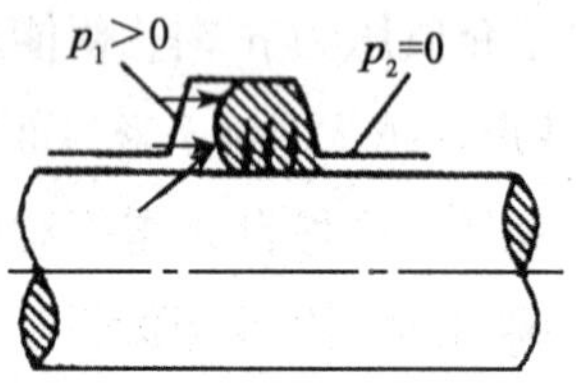

(a)介质压力作用于 O 形圈的一侧

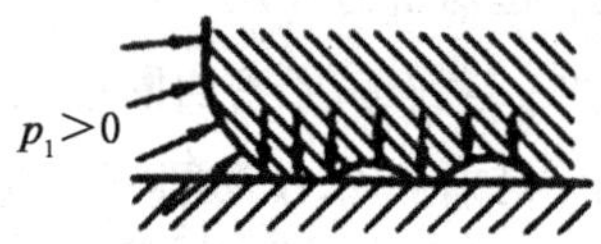

(b)接触部位放大图

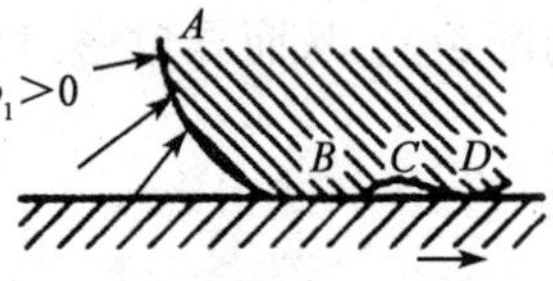

(c)油被带入楔形狭缝

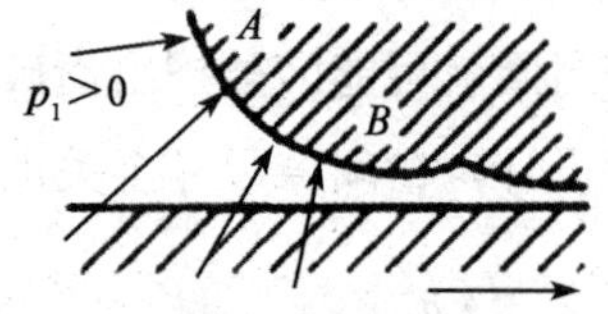

(d)油被挤入 O 形圈第一凹处

图 5-40 往复运动中橡胶 O 形圈的泄漏

O 形圈在运动速度较慢、油的黏度较低或较高温度下时，一般不会泄漏或泄漏量很小。当密封介质为气体时，通常要在滑动面上涂敷润滑剂(润滑脂或润滑油)，使油在滑动面上阻塞气体通道，从而起到防漏的作用。

2. 材料选择

由于橡胶 O 形圈的密封工作特性，要获得良好的密封性能，除了其他方面的严格要求外，正确合理地选用材料也十分重要。O 形圈对橡胶材质的具体要求如下：

①能抵抗介质的侵蚀作用（如腐蚀、溶胀、溶解等）；

②抗老化和耐热能力强，在工作温度下稳定可靠；

③有良好的机械性能，特别是具有良好的耐磨性；

④成型加工工艺性能好，材料来源广，价格低廉；

⑤具有良好的弹性和一定的硬度，寿命时间内压缩变形小，这对其在工作时降低泄漏、达到良好的密封性能非常重要；

⑥适用范围广。

橡胶是一种具有高弹性的材料，具有变形复原的能力，并且可贮存大量的变形能，能长时间保存极好的弹性。因此，它具备了作为成型填料所必需的优良弹性和较好的机械性能，还有一定的耐蚀性、耐油性和耐温性，其组织致密、容易模压成型，是一种很好的密封结构材料。就密封用途而言，由于天然橡胶的耐高温性、耐矿物油性及耐腐蚀性差，所以一般不能用作某些特殊用途的密封材料。然而，合成橡胶的开发与在密封件上的使用，可以说在很大程度上弥补了天然橡胶的不足。而且其模压成型容易，使之在成型填料中应用非常广泛。橡胶的品种很多，而且不断有新胶种出现，使用者应对它们的特性、价格、来源有所了解，以便合理进行选择。常用 O 形密封圈材料的使用范围见表 5-22。

表 5-22　常用 O 形密封圈材料的使用范围

材料	适用介质	使用温度/ ℃		备注
		运动用	静止用	
丁腈橡胶（NBR）	矿物油、汽油、苯	80	-30~120	
氯丁橡胶（CR）	空气、水、氧气	80	-40~120	运动时应注意
丁基橡胶（ⅡR）	动、植物油，弱酸，碱	80	-30~110	永久变形大，不适用于矿物油
丁苯橡胶（SBR）	碱，动、植物油，水，空气	80	-30~100	不适用于矿物油
天然橡胶（NR）	水、弱酸、弱碱	60	-30~90	不适用于矿物油
硅橡胶（Si）	高、低温油，矿物油，动、植物油，氧气，弱酸，弱碱	-60~260	-60~260	不适用于蒸气，运动部位避免使用
氯磺化聚乙烯（CSM）	高温油、氧气、臭氧	100	-10~150	运动部位避免使用
聚氨酯橡胶（AU）	水、油	60	30~80	耐磨，但要避免高速运动时使用

表 5-22(续)

材料	适用介质	使用温度/ ℃		备注
		运动用	静止用	
氟橡胶(FPM)	热油, 蒸气, 空气, 无机酸, 卤素类溶剂	150	-20~200	
聚四氟乙烯(PTFE)	酸, 碱, 各种溶剂	—	-100~260	不适用于运动部位

3. 沟槽

O 形密封圈的压缩量与拉伸量是由密封沟槽的尺寸来保证的。O 形密封圈选定后, 其压缩量、拉伸量及其工作状态就由沟槽决定, 所以沟槽对密封装置的密封性和使用寿命的影响很大。

(1)沟槽形式。

沟槽的形式有矩形、三角形、燕尾形、半圆形和斜底形等(如图 5-4 所示), 常用沟槽为矩形槽及三角形槽, 而应用最广的是矩形槽。

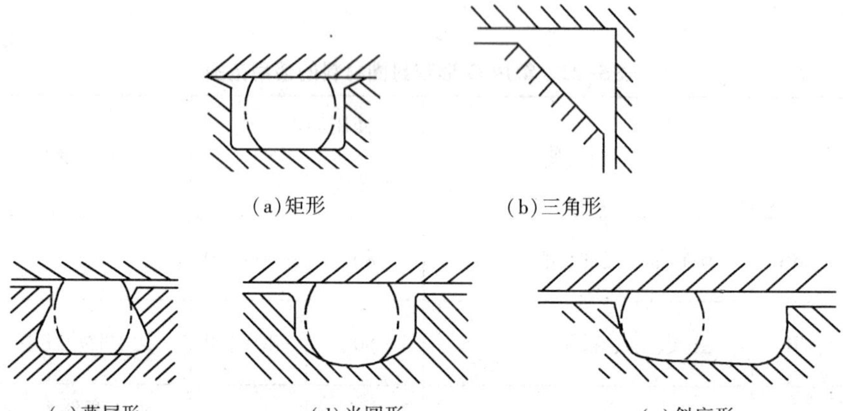

(a)矩形 (b)三角形

(c)燕尾形 (d)半圆形 (e)斜底形

图 5-41　O 形密封圈装填沟槽形式

矩形槽适用于静密封和各种运动条件的动密封场合。静密封中使用的矩形槽, 当流体压力较低时, 法兰面和压盖端面上可同时开槽; 在流体压力较高时, 槽应当开在圆筒上; 如果是内压设备, 设计的沟槽外壁直径应与所选用的 O 形密封圈外径相等, 以避免 O 形密封圈承受拉应力而使密封性能下降、寿命缩短; 若是外压设备(如真空装置), 应使沟槽内壁直径与 O 形密封圈的内径相等, 主要是避免在外压作用下 O 形密封圈产生不规则变形。

三角形槽尺寸紧凑, 容易加工, 能获得良好的密封性能, 原因是三角形槽能对 O 形密封圈产生较大的预压缩量, 使 O 形密封圈几乎完全填满沟槽的空间, 流体不易泄漏。

但安装使用后，O形密封圈的永久变形大，很难对拆后的密封圈进行重复使用，须更换，所以一般仅用于静密封条件。

燕尾槽内安装的O形密封圈不容易产生脱落，适合在特殊位置(如法兰面等)及要求摩擦阻力小的动密封场合安装使用，但其加工费用较其他形式高，不常用；半圆形槽一般仅用于旋转轴的密封；斜底形槽一般也很少使用，主要用于温度变化大、O形密封圈有较大体积变化的场合，如用于对燃料油有润滑条件的密封。有的时候，在某些场合，为了安装和加工制造的方便，可将矩形沟槽设计成组合形式，如图5-42所示。

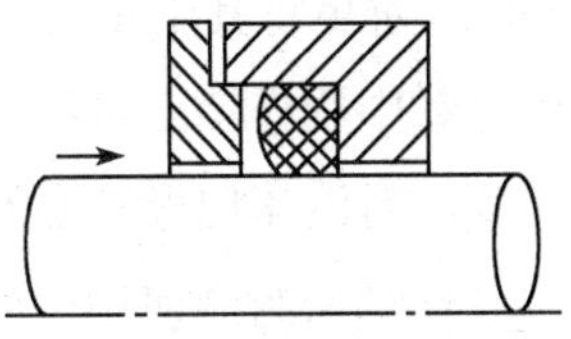

图5-42 组合式沟槽

(2)沟槽间隙和挡圈。

往复运动的活塞与缸壁之间必须有间隙，其大小与介质工作压力、O形密封圈材料的硬度有关。一般内压越大，间隙越小；硬度越大，间隙越大。

由于间隙的存在，当介质压力过大，且超过O形密封圈材料的强度极限之后，将使O形密封圈被挤出破坏。防止O形密封圈被挤出破坏的办法是正确选择胶料硬度及沟槽间隙，或当压力超过一定值时，采用保护用挡圈。挡圈是用比橡胶O形密封圈更硬的材料制成的一种支撑圈，须有足够的弹性，并在压力作用下产生变形以堵塞间隙。

对于动密封用O形密封圈，当工作压力高于10 MPa时：如单向受压，就在O形密封圈受压方向的对侧设置一个挡圈，如图5-43(a)所示；如双向受压，则在O形密封圈两侧各放一个挡圈，如图5-43(b)所示。

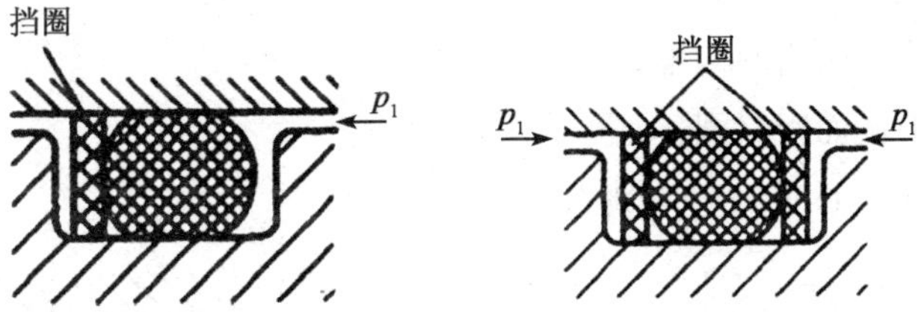

(a)单向挡圈　(b)双向挡圈

图5-43 O形密封圈的挡圈

对于静密封用的O形密封圈，当工作压力高于32 MPa时，也需要在O形密封圈受压方向的对侧设置一个挡圈。

O形密封圈使用挡圈后，工作压力可以大大提高。静密封压力能提高到200~700 MPa，动密封压力也能提高到40 MPa。

挡圈材料可用聚四氟乙烯塑料、皮革、尼龙、硬橡胶或者金属等。聚四氟乙烯塑料尤其适合于一些尺寸小的挡圈。同时，这种材料制成的挡圈在动密封的场合使用，具有非常低的摩擦阻力。对一个挡圈，除上述要求外，使用时还特别要求其不会被压扁或发生蠕变，但这在很大程度上又取决于挡圈与沟槽尺寸配用时本身的尺寸是否恰当。还取决于对挡圈材料的要求，因为它们要与O形密封圈接触，而材料的性能对O形密封圈的寿命有影响。一般来说，类似于黄铜、青铜和铝等一些软金属，在低压密封装置中是适用的，但应避免将其用于动密封场合。蒙乃尔合金和不锈钢材料通常也要避免在O形密封圈动密封中用作挡圈材料，但其使用也有些例外。

我国对液压用橡胶O形圈及其沟槽结构和尺寸等已制定了系列标准。

4. O形密封圈使用中应注意的问题

O形密封圈在安装及使用过程的前后，会因种种不当操作而造成密封失效，因此必须引起足够重视。

①首先应注意所使用的是旋转密封还是往复密封O形圈。由于旋转密封O形圈在受拉伸状态下摩擦受热不是膨胀而是收缩，即有焦耳热效应，应考虑采用压缩率较小的O形圈，圈内径应略大于轴径(约3%~5%)，以防O形圈旋转。

②在需要低摩擦运转用O形密封圈时，要注意减少O形密封圈的启动摩擦力。减少O形密封圈启动摩擦力可以采取下列措施：

❖采用压缩率较小的O形密封圈；

❖采用浮动密封，如图5-44所示，在沟槽底部O形密封圈呈浮动状态，采用浮动密封可使启动摩擦力降低为正常情况的1/5；

❖采用低摩擦橡胶配方(加入二硫化钼、石墨等减磨剂和润滑剂)，可降低摩擦力；

❖涂敷填充四氟乙烯，橡胶O形密封圈表面喷涂或包敷聚四氟乙烯；

❖采用滑环式O形密封圈组合密封，如图5-45所示；

❖采用燕尾槽形密封圈沟槽；

❖采用三角形截面密封圈；

❖采用楔形截面O形密封圈挡圈。

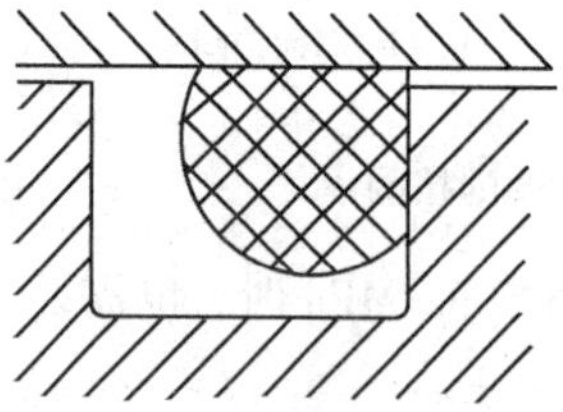

图5-44　O形密封圈浮动密封结构

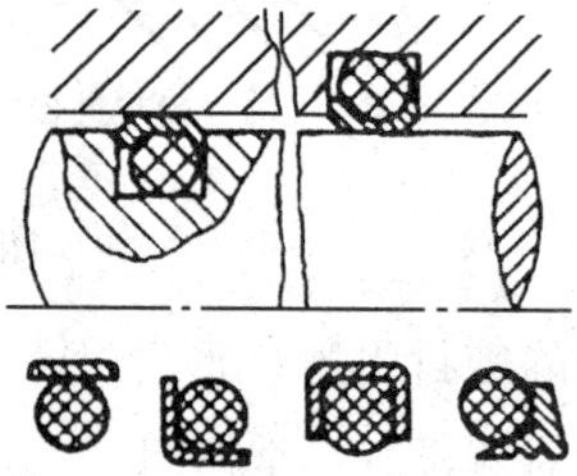

图5-45　滑环式结构

③在使用真空密封用O形密封圈时应注意：降低密封接触表面粗糙度，密封沟槽的表面也要达到 Ra 为0.16~0.32 μm；要选用硬度低、透气性小、不升华的O形密封圈材料。

④在使用O形密封圈时应避免发生故障失效。

❖O 形密封圈的永久变形和弹力消失。O 形密封圈失去密封能力的重要原因是永久变形和弹力消失。这是由于压缩率和拉伸量大，长时间产生橡胶应力松弛而造成失弹，工作温度高使 O 形密封圈产生温度松弛，且工作压力高，这样长时间作用后就导致永久变形。为此，在设计上应尽量保证 O 形密封圈具有适宜的工作温度，并选择适当耐高压、高温、高硬度或低温的 O 形密封圈材料。此外，采用增塑剂可以改善 O 形密封圈的耐压性能，增强弹性(特别是增加低温下的弹性)。

❖O 形密封圈的间隙挤出破坏。O 形密封圈的材质越软，工作压力越高，O 形密封圈间隙挤出的现象就越严重。当压力超过一定限度时，O 形密封圈就会损坏，从而发生泄漏。为了消除这种故障，应注意 O 形密封圈的硬度和间隙，必要时可以采用挡圈。

❖O 形密封圈扭转切断。密封沟槽偏心、O 形密封圈截面直径过小且不均匀、润滑不足等都会使 O 形密封圈的局部摩擦过大从而造成 O 形密封圈扭转。为了防止 O 形密封圈扭转切断，可以采取措施，如限制沟槽的偏心度、模具加工和 O 形密封圈压制保证截面直径均匀、装 O 形密封圈前涂油脂润滑、降低缸壁或杆的表面粗糙度、加大 O 形密封圈截面直径和采用低摩擦系数的材料做 O 形密封圈等。

❖O 形密封圈发生飞边。O 形密封圈在分模面上留有溢出余胶所形成的飞边是不可避免的，但这会影响 O 形密封圈的密封性。为此，采用 45°分模要比 90°分模好。我国规定，飞边高度应小于 0.10 mm，厚度应小于 0.15 mm。此外，可以采用冷冻滚修法、冷冻喷修法或液氮冷冻修边法来修整。

⑤密封装置应适当润滑并设置防尘装置。

⑥O 形密封圈应保证合适的尺寸精度。

⑦O 形密封圈安装时应注意安装质量。

❖安装 O 形密封圈时应具有引入角和导向套，以防 O 形密封圈被尖角螺纹等锐边切伤或划伤。一般引入角为 15°~30°。在通过外螺纹时应备有薄壁金属导向套。

❖注意 O 形密封圈挡圈的安装位置，特别是单侧受压力时应将挡圈朝向压力的对侧。

❖切勿漏装或装入使用报废的 O 形密封圈。

⑧O 形密封圈的保管。

❖避免放在阳光直射、潮湿及空气流通的地方，应存放在温度适宜的地方，温度为 0~20 ℃，湿度为 70%以上。

❖存放在离加热设备 1 m 以外且不允许有酸、碱的室内。

❖O 形密封圈应在自由状态下存放，不应加压，以免压缩引起永久变形。

❖放置 O 形密封圈的口袋应标有规格、出厂日期，有效期一般为 2~5 年。

O 形密封圈常见故障、原因与纠正措施见表 5-23。

表 5-23 O 形密封圈常见故障、原因与纠正措施

故障	原因	纠正措施	备注
O 形密封圈急剧磨损	活塞杆表面粗糙	降低活塞杆表面粗糙度	密封件的磨损与表面凹凸头部是否光滑有关
	材质不良	选用耐压、耐油、耐温性能好的密封材质	
	密封橡胶硬度与工作压力不适应	采用硬度与工作应力相适应的密封橡胶	工作压力下选用硬度高的橡胶，反之则用硬度低的橡胶
	O 形密封圈的内径小	选用内径适当的 O 形密封圈	
	活塞杆表面有伤痕	修补或更换活塞杆	高温修补需防止活塞杆变形
O 形密封圈单侧磨损	O 形密封圈槽的加工有偏心量	车削时，O 形密封圈槽尽可能与活塞杆的滑动面一次进行加工	尽可能不改变工作时的装夹位置
	活塞杆衬套的间隙大，密封件的压缩量不均匀	提高设计和加工质量	
	衬套有偏磨损	避免活塞杆承受径向载荷	O 形密封圈随着衬套的偏磨而偏磨损
	活塞杆局部有伤痕	及时排除伤痕，或更换新活塞杆	如电镀层剥离
O 形密封圈安装时造成伤痕	活塞杆头部螺纹的外径比 O 形密封圈内径大	改动活塞杆头部的螺纹	
	活塞杆滑动部分的台肩加工不良	活塞杆上台肩应排除尖角，加工圆滑或采用专门过渡装置	
	扳手槽损伤	将扳手槽加工成平缓的无棱斜面	大直径活塞杆无扳手槽，而采用钻孔
	O 形密封圈槽的深度过浅，密封圈因压缩量大而损坏	将 O 形密封圈槽适当加深	
	大直径 O 形密封圈垂直安排，因自重从上侧下垂，如强行安装，则造成破损	应将 O 形密封圈置于水平位置安装	

表 5-23(续)

故障	原因	纠正措施	备注
O形密封圈被挤出	衬套的间隙大	适当缩小间隙	活塞杆与衬套间隙可由活塞杆倾斜而产生的滑动面压力来调整
	O形密封圈槽的倒角过大	适当缩小倒角	倒角不允许有毛刺或尖角
	忘记装保护支承环	解体补装支承环	衬套与活塞杆之间间隙大时，采用保护支承环
	O形密封圈硬度不符合要求	采用硬度适当的O形密封圈	一般是硬度低的O形密封圈容易被挤出
	工作压力超过预计值	调节好压力控制阀	
O形密封圈老化	材质恶化	制造时需加防老化剂，保管和使用时要避免强光、高温及与氧气、水等活性物质接触	存放期不要太长
	材质与工作液性质不合适	选用适应于工作介质的O形密封圈材质，或采用合适的工作介质	
O形密封圈无异常现象但产生泄漏	O形密封圈的槽底直径比规定尺寸大，压缩余量不足	按图施工，加强工序间检查	也可能是衬套有问题
	O形密封圈槽底夹有杂物	加强工作液的过滤，降低O形密封圈槽的粗糙度	

(三)橡胶唇形密封圈

1. V形密封圈

(1)工作特性。

V形密封圈的受压面为唇口，在压力作用下，易与密封面紧密贴合。因此，其较挤压型密封圈具有更强的自紧作用。

使用时可根据不同的工作压力，将几个V形密封圈重叠，如图5-46所示。重叠个数越多，泄漏量越小，但数量过多，泄漏量的降低并不显著，摩擦阻力反而急剧升高，因此一般选 3~6 个即可。因所有唇形密封圈都只有单向密封能力，故在双向压力中使用时(如双作用缸)须成对装填，分别以唇口朝向压力方向，切勿反装。

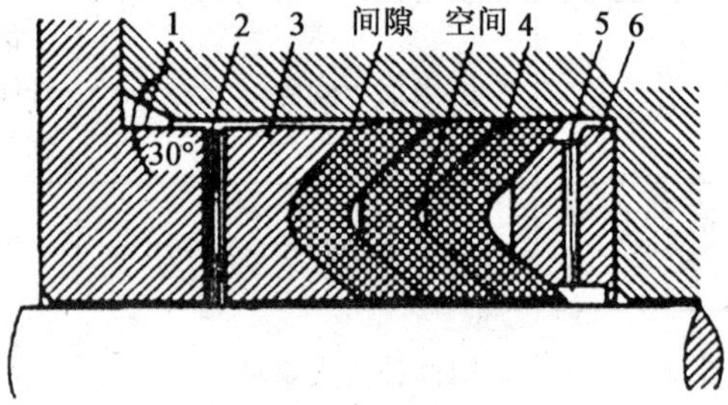

图 5-46　V 形密封圈

1—压盖；2—调节垫；3—压环；4—V 形圈；5—连通环；6—撑环

使用一段时间后，由于密封圈的磨损或变形而产生泄漏时，可增加密封圈的压紧力来消除。

V 形密封圈既可密封缸的内表面(如活塞密封)，也可密封轴杆的外表面(如活塞杆密封圈)。

(2)使用注意事项。

为保证 V 形密封圈达到良好的密封效果，在使用中应注意以下事项。

①考虑偏心载荷对 V 形密封圈的影响。通常情况下，V 形密封圈对较小的偏心载荷不敏感，运转中轴有稍微振动或偏摆对其密封性并不影响。但因为 V 形密封圈本身承受径向载荷的能力有限，如果偏摆等因素引起的径向载荷过大，则势必增加 V 形密封圈的偏磨，并影响密封圈的密封性能，此时应把密封机构布置在轴承附近，以减小轴偏心对密封的影响。在有较大的径向载荷影响时，还可通过安装塑料或软金属材料的导向环来承受此作用，以减小偏磨对密封的影响，如图 5-47 所示。导向环半径方向厚度为 2~3 mm，长径比为 1/3~1/4。

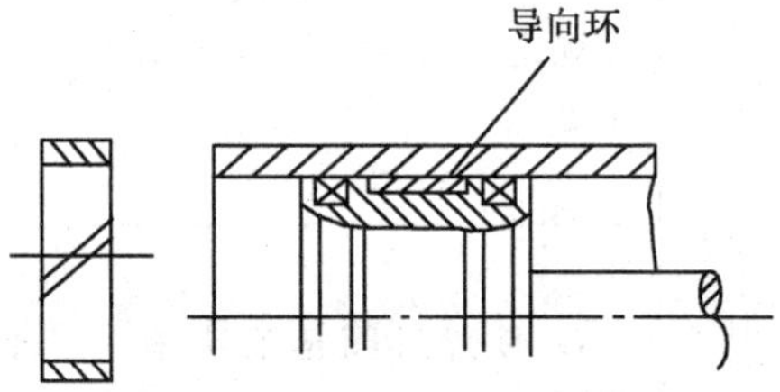

图 5-47　导向环及沟槽

②如图 5-46 所示，V 形圈一般需与压环、撑环成套安装，并且安装在撑环凸面和压环凹面之间，并用压盖压紧。也可通过在安装 V 形圈的沟槽两侧加工出压环和撑环的外形轮廓来替代。

撑环对 V 形圈的位置起决定性作用，同时维护唇的机能。它的形状和尺寸精度直接影响唇的工作性能，所以必须对它精加工，并与密封圈同角度。为了充分发挥唇的功能，并考虑到 V 形圈的膨胀及膨胀以后仍有效地工作，其外径应小于唇的外径，内径应大于唇的内径，且其间各有 0.25~0.40 mm 间隙，如图 5-48(a)所示。

当需要 V 形圈的内、外唇同时起密封作用时，应在撑环上开几个连通孔，如图 5-48(b)所示，使作用在内、外唇上的压力相等。此外，V 形圈顶端的小圆弧形槽安装时夹有空气，工作时应设法排除，方法是在撑环底部钻几个小孔。

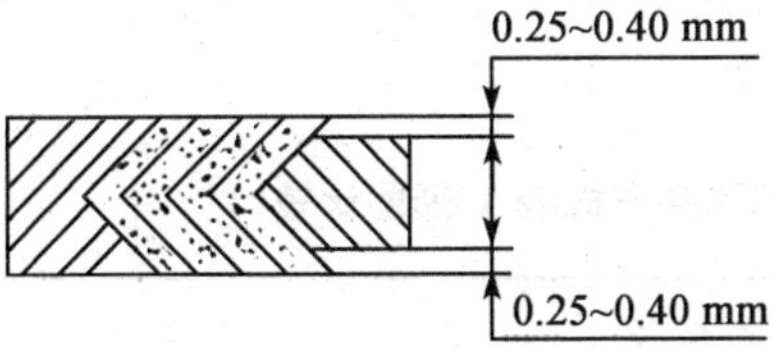

(a)撑环的间隙

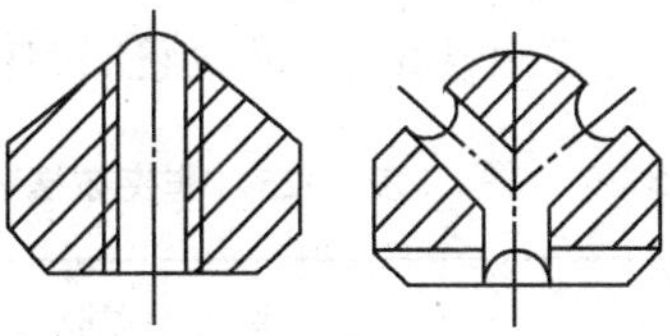

(b)撑环的连通孔

图 5-48　压环、撑环结构及间隙

压环具有调节压力的作用，同时也对 V 形圈起定位作用。通常它的凹部与填料同角度，也需要精加工。当内压低、要求摩擦小时，凹部的角度可以比密封圈的角度大一些，其角度最大可到 96°。为防止密封圈发生挤出现象，压环的内、外径必须有精确的尺寸，并取一定的配合方式。与撑环不同，它与滑动面之间不能有较大的间隙，压环间隙根据压力、速度、V 形圈硬度等因素来确定。一般情况下，压环间隙一定时，V 形密封圈材料硬度值与其能承受的介质压力高低成正比。如当压环间隙不小于 0.1 mm，V 形圈材料的邵氏硬度为 70，80，90 时，其能承受的压力分别为 15，17，20 MPa。

③在高压场合，V 形圈用多个重叠装填。此时既要使泄漏量尽可能低，又不使摩擦阻力过高，这两个方面均需兼顾。V 形圈装填数量过多，不但对降低泄漏量的作用不显著，反而使摩擦阻力急剧上升。当多个 V 形圈重叠装填时，在各个 V 形圈之间，可使用隔环来改善密封面的润滑。V 形圈装填数量与压环、撑环及隔环材料可按照表 5-24 选取。

表 5-24　V 形圈装填数量与压环、撑环及隔环材料

压力/MPa	装填数量		压环、撑环材料					隔环材料		
	橡胶V 形圈	夹布橡胶V 形圈	酚醛塑料	夹布橡胶	锡青铜	铝青铜	不锈钢	酚醛塑料	硬铝	锡青铜
<4	3	3	○	○	○	○	△	○	○	○
4~8	4	4	○	○	○	○	△	○	○	○
8~16	5	4	×	○	○	○	△	×	○	○
16~30	5	5	×	△	○	○	○	×	○	○
30~60		6	×	×	△	◎	○	×	△	○
>60		6	×	×	×	◎	○	×	△	○

注：1.压力大于 60 MPa 后，增加 V 形圈数量无明显效果，使用隔环效果较好。

2.符号说明：“◎”表示最合适；“○”表示合适；“△”表示考虑其他使用条件后选用；“×”表示不可用。

④ V 形圈仅能密封单向介质压力。装填时，应使 V 形圈的两唇部朝着压力方向。对双向介质压力，V 形圈应装填两组，分别密封一向介质压力。

⑤ 必要时可对 V 形密封圈给予补充润滑。

⑥ 橡胶 V 形圈分为非夹布橡胶 V 形圈和夹布橡胶 V 形圈两类，它们的性能比较及使用场合见表 5-25。非夹布橡胶 V 形圈和夹布橡胶 V 形圈可混合装填，非夹布橡胶 V 形圈放置在中间，夹布橡胶 V 形圈放置在前后两侧。对非夹布的和夹布的其他橡胶唇形密封圈，也可参照表 5-25 确定它们的使用场合。

表 5-25　非夹布橡胶 V 形圈和夹布橡胶 V 形圈比较

<table>
<tr><th colspan="3">V 形圈材料</th><th>非夹布橡胶</th><th>夹布橡胶</th><th>备注</th></tr>
<tr><td colspan="2" rowspan="2">介质</td><td>气体</td><td>◎</td><td>△</td><td>需要引入润滑剂</td></tr>
<tr><td>液体</td><td>◎</td><td>◎</td><td></td></tr>
<tr><td colspan="2" rowspan="5">压力/MPa</td><td>0~8</td><td>◎</td><td>◎</td><td></td></tr>
<tr><td>8~16</td><td>○</td><td>◎</td><td>需注意橡胶 V 形圈被挤出破坏</td></tr>
<tr><td>16~30</td><td>△</td><td>◎</td><td>注意橡胶 V 形圈被挤出破坏，尽量减少压环间隙</td></tr>
<tr><td>3~60</td><td>×</td><td>○</td><td>最好使用隔环</td></tr>
<tr><td>>60</td><td>×</td><td>○</td><td>使用隔环</td></tr>
<tr><td rowspan="6">速度/(m·s⁻¹)</td><td rowspan="3">旋转</td><td><0.05</td><td>○</td><td>○</td><td></td></tr>
<tr><td>>0.05</td><td>×或○</td><td>×或○</td><td>如冷却和润滑充分，则可使用</td></tr>
<tr><td><0.05</td><td></td><td>◎</td><td></td></tr>
<tr><td rowspan="3">往复</td><td>0.05~0.10</td><td>○</td><td>◎</td><td></td></tr>
<tr><td>0.1~0.5</td><td>△</td><td>○</td><td>介质黏度大时，泄漏量增加</td></tr>
<tr><td>>0.05</td><td>△</td><td>○</td><td>使用隔环，考虑冷却</td></tr>
<tr><td colspan="2" rowspan="8">其他特征</td><td>抗挤出破坏</td><td>弱</td><td>强</td><td>在高速、高压场合要特别注意</td></tr>
<tr><td>间隙</td><td>尽量减小</td><td>减小</td><td></td></tr>
<tr><td>摩擦阻力</td><td>中等偏大</td><td>较大</td><td></td></tr>
<tr><td>耐磨性</td><td>优</td><td>优</td><td></td></tr>
<tr><td>耐冲击性</td><td>差~好</td><td>优</td><td></td></tr>
<tr><td>轴容许偏心量</td><td>很好</td><td>小</td><td></td></tr>
<tr><td>承受径向载荷</td><td>弱</td><td>尚强</td><td></td></tr>
<tr><td>材料种类</td><td>范围广</td><td>大体限定</td><td></td></tr>
</table>

注：1. 符号说明：“◎”表示最合适；“○”表示合适；“△”表示考虑其他使用条件后选用；“×”表示不可用。

2.选用的判断：在压力、速度两项使用条件中，若一项是“△”，另一项是“○”或“◎”，则可用；若两项都是“△”，则不可用。

3.表中所列压力数值适于压力脉动较小的场合，如压力脉动大，会令使用条件苛刻数倍。

⑦V 形圈允许剖切使用。每个圈的切口只允许有一个，呈 45°夹角斜切。各个圈的切口应错位 90°~180°装填。

⑧轴或缸壁的表面质量(包括精度、表面粗糙度、硬度、耐腐蚀能力等)对 V 形圈密封寿命影响很大。条件允许时，应把它们的表面质量适当提高，表面粗糙度一般为1.6。高压、高速条件的轴杆表面硬度不得低于 60 HRC。

⑨为避免 V 形圈唇部受到伤害，凡是装填途径上可能触及的台肩，填料函端面圆孔及轴肩等都要进行倒角或倒圆，如图 5-49(a)所示。必要时，可使用带有圆滑导锥的专用套筒进行装填，如图 5-49(b)所示。

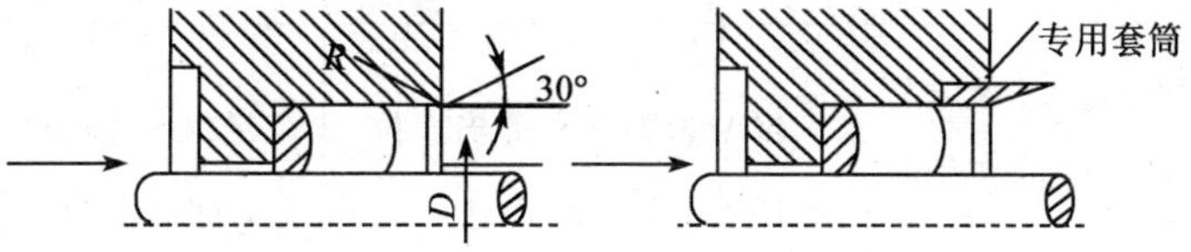

(a)倒角或倒圆　　(b)专用套筒

图 5-49 填料函的结构设计

在结构设计上，应尽可能避免 V 形圈装填途径上触及螺纹、键槽、径向孔等。必要时用薄铜皮包裹遮盖螺纹进行装填。

V 形圈常见故障、原因与纠正措施见表 5-26。

表 5-26 V 形圈常见故障、原因与纠正措施

故障	原因	纠正措施	备注
V 形圈磨损大	活塞杆表面粗糙	降低活塞杆表面粗糙度	对有接触的零件表面可粗糙些，磨损后 V 形圈的自紧作用可以补偿
	V 形圈的自紧作用	调整自紧程度	
	油缸的工作时间长，往复次数多	不开或减少开空车	
	材质选用不当	根据活塞的往复速度和工作压力，正确选用密封圈材质	根据硬度和是否有夹布层，采用不同的使用方法
	活塞杆有伤痕	修补或更换活塞杆	高温修补，需防止变形
	压紧件的角度大	把压紧件的角度加工到符合要求	压紧件角度大时，密封圈伸展余量大，磨损加剧
	衬套磨损大，助长了密封圈的磨损	选用良好的衬套材质，加强润滑工作	

表 5-26(续)

故障	原因	纠正措施	备注
V形圈磨损大	压紧件有别劲处，使V形圈的锁紧力增大	解体检查	
	工作介质无润滑性，V形圈的滑动阻力大	应避免V形圈承受横向载荷，其锁紧力应控制在允许稍有泄漏的程度	滑动阻力增大可能引起密封圈滑动，导致锁紧力过大
V形圈偏磨损	衬套的间隙过大，活塞杆承受的横向载荷都集中在V形圈上	将V形圈摆在适当部位，不使其承受偏向载荷	活塞杆挠曲，常引起衬套别劲，而发生偏向载荷
	活塞杆划伤	消除活塞杆上局部伤痕	
V形圈划伤	安装程序有误	应避免采用先将密封件装入填料箱，再将活塞杆穿过去的办法	发现安装程序有误，应返工，不能强行安装
	V形圈装入时被划伤	采用压勺状安装工具进行安装，其头部必须平滑	装V形圈时，唇部先过去，如不排除空气，难以装进
	V形圈唇部有伤痕	换用良好的V形圈	带夹布层的V形圈在成型时常出现唇部处的布层外露
V形圈损坏	密封圈发生开裂	带夹布层的V形圈在成型时要有良好的加工合成橡胶圈；避免异常高压或避免锁紧力过大	常在V形槽底部开裂
	锁紧力过大或工作压力过高	采取避免的措施，如调整压紧件、调整压力控制阀等	此工况下常引起丁腈橡胶圈结块炭化，有时完全失去弹性
V形圈老化	V形圈发生龟裂、变硬、发脆	制品中加入防老化剂、采取防老化措施，如避免高温、高压、强光，缩短保管期，避免与氧气、水等活性物质接触，等等	

表 5-26(续)

故障	原因	纠正措施	备注
凹形压紧环损坏	凹形压紧环槽底裂纹	按照压力和密封件材质的不同，综合考虑适当加大槽底半径或加大槽到压紧环底面的距离	当加压力时，环形压紧环上作用有均布载荷，对槽底起撕裂作用
	V 形角被撑开，唇部发生磨损	改变凹形压紧环的材质；多采用黄铜，在特殊情况下可用钢材	在高压下，V 形槽的头部承受不住均布载荷，形成弯曲应力而撑开，与活塞杆摩擦
	由于受到滑动阻力作用而发生异常磨损	设计合适的密封结构，即使衬套磨损，也不至于影响到压紧环	
外观上没有异常现象但发生泄漏	V 形圈的锁紧力不足	排除压板不能压到规定位置的因素，如螺纹不完整、螺纹长度不够、螺纹孔攻丝过浅等	V 形圈对其接触面的压力不足，则附着在活塞杆上并被带出的油增多
	填料箱的内径尺寸大，而 V 形圈的外形张力不足	扩大轴封箱内孔并加衬套，以减少内径，或重新设计	要保证 V 形圈对轴封箱内表面有一定的压紧力，否则工作流体会浸渗出来
	V 形圈装反	安装留心，多检查	安装 V 形圈时，因空气堵在里面，常使密封圈翻到
	压紧环的角度小	适当加大其角度	压紧环角度过小，V 形环的唇部不能张开

2. 橡胶 U 形圈

U 形圈有圆底和平底之分，如图 5-50 所示。圆底 U 形圈的材质有橡胶、夹布橡胶和牛皮等；而平底 U 形圈是用夹布橡胶制成的，它有较低的摩擦力和较高的耐磨性，强度和寿命均比橡胶、牛皮高。

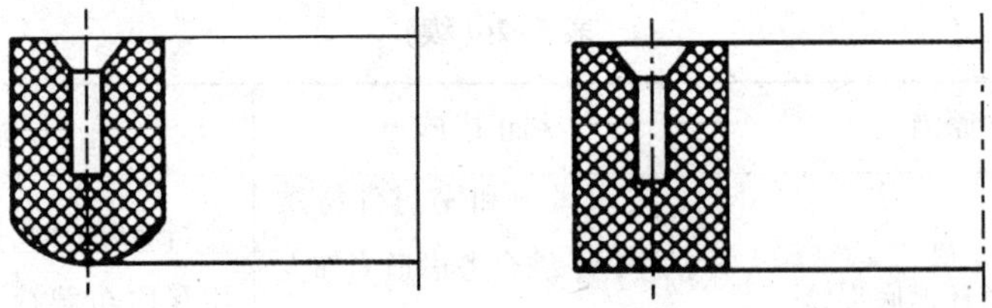

(a)圆底　　(b)平底

图 5-50　U 形密封圈

U 形圈主要靠液体压力把它的唇边紧压在运动件的表面上而起密封作用，随着运动速度的增加密封能力有所下降。这是由于密封圈横截面形状恢复能力较差，密封不易填充在工作表面的微小低凹处所致，但随着液体的压力增高将有所改善。

橡胶 U 形圈的基本特点如下。

①可单个使用，不用压环，撑环可用也可不用，尺寸较紧凑，摩擦阻力较低。

②U 形圈除唇部工作面的磨耗外，兼有一种特殊磨损形式，即根部磨损，如图 5-51(a)所示。压力较高时，为减轻 U 形圈的这种磨损，可采用塑料或金属增强其根部，如图 5-51(b)所示；采用带有弹性体 O 形圈的改良型 U 形圈，以补偿其密封唇部的磨损，改善初始密封效果，其主要用于静密封或旋转轴运动的密封，如图 5-51(c)所示。

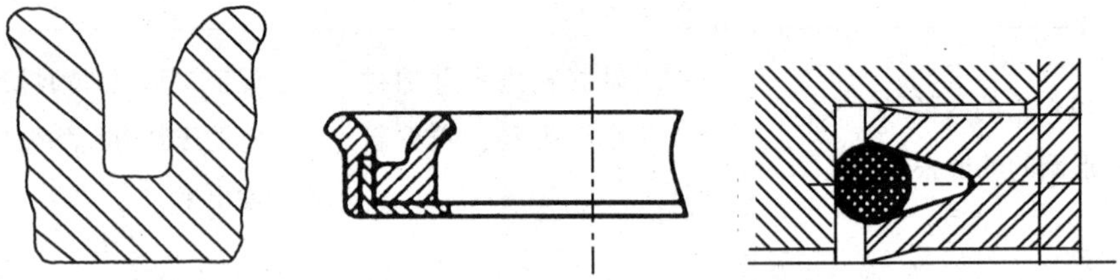

(a)根部磨损　　(b)根部增强　　(c)唇部增强

图 5-51　U 形圈根部磨损及增强

③撑环及挡圈的使用。U 形圈用于往复动密封时(如活塞与缸之间)，常常使用 L 形撑环，如图 5-52 所示。其不但能消除回程压力，又能防止 U 形圈被压坏或产生扭曲，还能保持 U 形圈的工作位置不变。当工作压力较高时，为防止密封圈被挤出破坏，除相应地减小沟槽根侧间隙外，还可在密封圈根侧底部的沟槽内设置挡圈(与 O 形圈相似)。

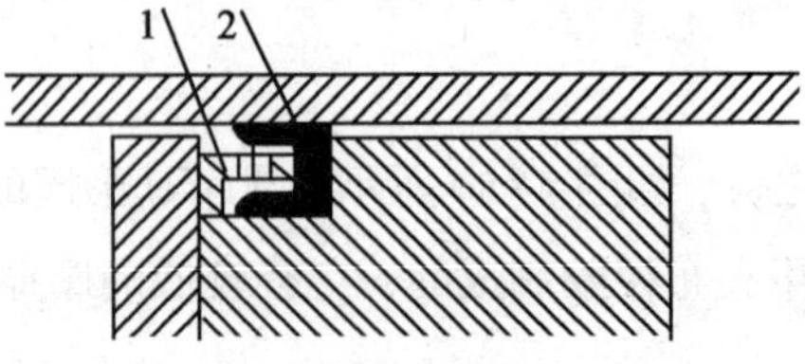

图 5-52　采用 L 形撑环

1—L 形撑环；2—U 形圈

④同 V 形圈安装一样，必要时，安装 U 形圈时也需使用导向环。其目的是减轻径向载荷对密封圈的偏磨。导向环尺寸要求与 V 形圈的一样，结构形式如图 5-47 所示。装填导向环的沟槽外径根据 U 形圈尺寸而定，沟槽内径及公差等于导向环的内径和公差，沟槽长度等于导向环长度，沟槽两侧的半径间隙一般为 0.25～0.40 mm。

⑤沟槽尺寸的确定。安装 U 形圈的沟槽内、外壁直径以 U 形圈的公称尺寸确定；沟槽轴向长度应大于 U 形圈高度 1.5～3.0 mm；而沟槽的根侧径向间隙(密封圈根侧的沟槽外壁与壳体密封面之间)一般按 H8/f8 或 H9/d9 配合间隙确定，沟槽的唇侧径向间隙(密封圈唇侧的沟槽外壁与壳体密封面之间)则为：当 U 形圈公称内径分别为小于 30 mm、在 30～80 mm 及大于 80 mm 时，沟槽唇侧径向间隙分别取 1.0，1.5，2.0 mm。

⑥在 U 形密封圈的空气侧安装防尘密封，以提高工作寿命。

⑦U 形圈的安装有时需用专用圆滑导锥。

⑧其余参见 V 形圈使用的有关内容。橡胶 U 形圈及夹布橡胶 U 形圈的尺寸规格可查阅相关标准。

3. 橡胶 Y 形圈

橡胶 Y 形圈包括两个唇等长度的 Y 形圈及两个唇一长一短的 YX 形圈。其主要用于压力在 32 MPa 以下的往复密封。

Y 形密封圈的使用特点如下。

①Y 形圈及 YX 形圈的结构特点是具有一个柄状的根部，可视为用 U 形圈附加一柄状根部而成，既增高了密封圈的高度(YX 形圈高度可达径向厚度的 2 倍)，又提高了根部抗磨损能力，同时避免在装填沟槽中翻滚扭曲，使装填位置及工作性能保持稳定。以柄状根部代替压环，简化了结构，也方便装填。

YX 形圈可视为 Y 形圈的改进形式，把等长的双唇改为长短唇，在往复运动中，YX 形圈在沟槽内做正常的小量窜动时，它以根部或长唇抵紧沟槽侧壁，保护短唇(工作唇)不被沟槽间隙咬伤。

②YX 形圈仅有一个工作唇(短唇)，根据唇在外径或内径的位置可分为孔用或轴用两类，二者不可互换。Y 形圈有两个工作唇，孔或轴密封通用。

③往复气动专用 Y 形圈在润滑充分和滑动表面光滑的条件下使用时，其寿命很长。

④安装密封圈的沟槽长度一般比所用的 Y 形圈或 YX 形圈的高度长 0.5～2.0 mm；沟槽的根侧径向间隙及唇侧径向间隙，都按 H8/f8 或 H9/f9 确定；而沟槽的内壁与外壁直径，则分别根据所用的 Y 形圈或 YX 形圈的公称外径或内直径确定。一般，沟槽内壁直径公差按照 d10 选定，外壁直径公差选为 H10。

⑤在滑动速度高、工作脉动压力大的条件下使用 Y 形密封圈时，应使用 L 形撑环。

⑥其余特点可参考 U 形圈使用的有关内容。橡胶 Y 形圈及 YX 形密封圈的尺寸规格可查阅相关标准。

4. 橡胶L形及J形圈

橡胶L形密封圈及橡胶J形密封圈主要用于工作压力小于1 MPa的往复运动密封。J形圈还可用于低压条件的旋转运动密封。

L形圈及J形圈使用特点如下。

①与YX形圈一样，L形圈和J形圈也只有一个工作唇，L形圈仅用于密封孔，J形圈仅用于密封轴。它们一般都在密封直径较小的场合下使用。

②L形圈与J形圈的抗挤出破坏能力比较强，因此，沟槽间隙尺寸可稍大些。但其有根部磨损的破坏形式存在，如图5-53所示。

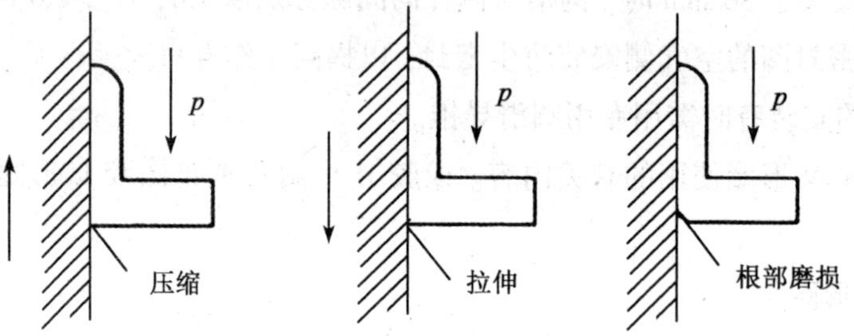

图5-53　L形圈的根部磨损

③为改善L形圈工作唇部的摩擦条件，可以在其唇的工作面上按照相应的设计要求加工出润滑沟槽。

④安装L形圈和J形圈时应对其环垫部分夹紧，以防止介质在此处产生泄漏。工作时，密封圈接触介质后可能有溶胀现象，特别是其唇部的非工作面的溶胀，它需要有相应的沟槽空间容纳，所以，安装时需要考虑。

⑤其他情况参见V形圈、U形圈的有关内容。橡胶L形圈及橡胶J形圈的尺寸规格可查阅相关标准。

(四)塑料密封圈及皮革密封圈

1. 塑料密封圈

在石油、化工、机械等行业中，当温度较低或较高、压力较高、腐蚀性较强时，不能使用橡胶密封圈。这时，可考虑选用塑料密封圈。

塑料密封圈的形式有O形、V形及楔形，材料有聚四氟乙烯、尼龙、聚乙烯、聚氯乙烯等，成型方法主要是车削或模压成型。塑料密封圈弹性不如橡胶圈，且热膨胀系数大(聚四氟乙烯约为钢的7倍以上)，导热能力差(聚四氟乙烯约为钢的3/1000)，作为成型填料材料不如橡胶、皮革等适宜。但因它在其他方面的优良特性，仍然在某些场合中作为唇形密封圈应用。以聚四氟乙烯为例，它具有优异的化学稳定性、耐溶胀性和自润滑性，较好的耐热耐寒性，极低的摩擦系数等优点。其工作压力可达32 MPa以上，工作温度为-100~250 ℃，密封面线速度为3 m/s。

2. 皮革密封圈

皮革密封圈一般用丹宁革、铬革或混合革制造，皮革是做密封圈最古老的材料，它有良好的韧性和耐磨性，对于油和水有一定浸润性，所以在油、水中工作时有良好的润滑作用，使用寿命长且耐高压。另外，皮革密封圈还能用于轴表面粗糙度和精度较差的环境中。皮革密封圈的缺点是工作温度极限低，在高温热油中易变形变质，皮革密封圈弹力较差，有时需采取补充弹力措施。

皮革仅适宜制作唇形密封圈。皮革唇形密封在必要时采用橡胶板垫片、菊花形板簧、钢丝圈补充弹力。皮革密封圈适宜在压力小于 100 MPa，温度为 -70～100 ℃的油、水和空气中使用。

二、油封

油封即润滑油的密封，多作为油泵的轴承密封用于润滑油系统中。其功用是把油腔和外界隔离，对内封油，对外防尘。但它有时也可以用来密封水或其他弱腐蚀性介质和低压往复杆或摇动球面的密封件。油封实际上也是一种唇形密封，又称为旋转轴唇形密封圈。因它与其他唇形密封相比有明显的特点，且品种规格繁多，所以另列为一类。

(一) 油封的基本结构及工作原理

1. 油封的基本结构

油封的密封圈都是由各种合成橡胶制成的，其基本结构如图 5-54 所示。它主要由油封本体、加强用骨架 6 及自紧用弹簧 3 组成。油封本体各部位又分为底部 5、腰部 4、冠部 2 和唇口 1。

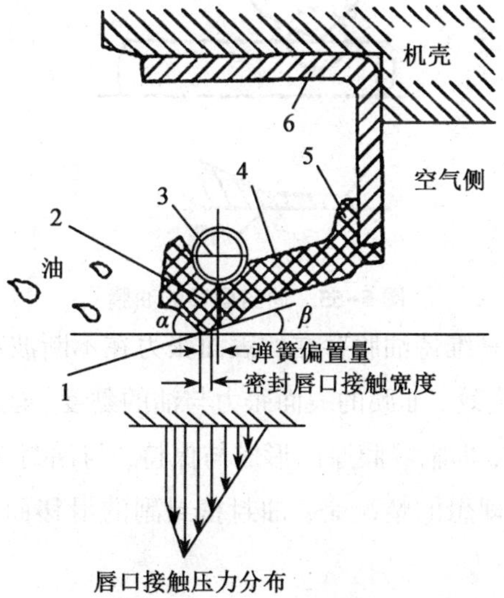

图 5-54 油封的基本结构及接触压力分布

1—唇口；2—冠部；3—弹簧；4—腰部；5—底部；6—骨架

油封在自由状态下，内径比轴径小，即具有一定的过盈量。当油封装到油封座和轴上以后，即使没有弹簧也有一定的径向力作用在轴上。为了保证密封的可靠性，减少或者弥补因轴在运转时产生的振动而造成的唇口与轴颈产生的局部间隙，应在油封冠部的上方加装一个弹簧。依靠弹簧对轴的抱紧力来克服轴在旋转状态下因振摆、跳动所造成的间隙，使油封的唇口能始终紧贴于轴的表面。这样，油封能以较小的径向力获得良好的密封效果。

油封与其他唇状密封不同，因为它具有更大回弹能力的密封唇部，密封面接触宽度很窄(小于0.5 mm)，而且接触压力的分布图形呈尖角形，如图5-54所示。径向力大小并不是油封结构最佳设计方案的唯一因素。径向力分布应保证有“峰值”状态，且尖峰越锐，密封效果越好。最理想的情况应当是尽量采用最小的径向力而得到最尖锐的“峰值”压力分布，以获得最佳的密封效果。

2. 油封的工作原理

目前比较普遍地认为油封唇口与轴接触面之间存在一层很薄的黏附油膜，如图5-55所示。这层油膜的存在一方面起到密封流体介质的作用，另一方面还可以起到唇与轴之间的润滑作用。但是在使用过程中，因为油封唇的作用，轴表面及其转动情况、密封介质性质的不同，以及三者的相互作用和相互配合条件的不同，油封会经常发生变化。因此在轴旋转的动态过程中，油膜的厚度也在不断变化，其变动量一般在20%~50%。油膜过厚，容易泄漏；油膜过薄，则会导致干摩擦。

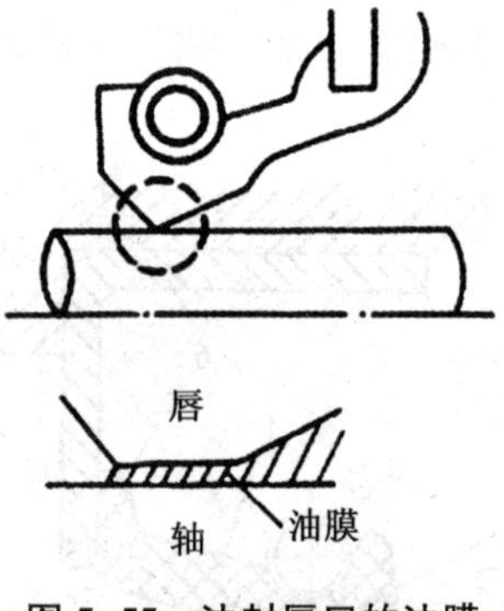

图5-55　油封唇口的油膜

油膜厚度变化的原因是维持油膜存在的表面张力在不断波动。当表面张力大于某一值时，油膜将破裂，密封失效。油膜的表面张力与油的黏度、运动速度等因素有关。油封工作时最理想的油膜厚度，即临界膜厚的形成与保持，与油封对轴的径向力的大小及其分布状况有直接关系。最理想的情况是：油封密封副的滑移面始终保持临界润滑状态，即保持“临界油膜厚度”。

(二)油封的特点及类型

油封一般以橡胶为主体材料，有的带金属骨架和弹簧。其结构简单、尺寸紧凑、装卸容易、成本低廉，对工作环境条件及维护保养的要求不苛刻，密封性能较好，适宜大批量生产。油封广泛地应用在起重运输机械、工程矿山机械、船舶、飞机、机床及多种油压装置上。它的工作参数一般为：普通油封的工作压力不超过 0.05 MPa，国外耐压油封产品的工作压力可达 10 MPa，国内耐压油封产品的工作压力为 1～3 MPa；低速型油封的密封面线速度小于 4 m/s，高速型油封的密封面线速度为 4～15 m/s；工作温度范围为-40～+120 ℃（与橡胶种类有关）；适用介质为油品、水、弱腐蚀性介质；寿命约为半年。

油封的类型很多，按照工作原理可分为普通型和流体动压型油封；按照允许工作线速度可分为低速型和高速型；按照材质可分为橡胶油封、皮革油封和塑料油封；按照结构形式可分为黏接结构、装配结构、骨架结构和全胶结构；按照唇口密闭方向可分为内向油封、外向油封（或称封孔油封）、端面油封；此外，还有断面形状特殊的各种异型油封。各类型油封具有不同特点，用于不同场合的油封类型有二十多种。其中，以骨架式有簧橡胶油封应用最广。图5-56所示为不同结构形式的油封。

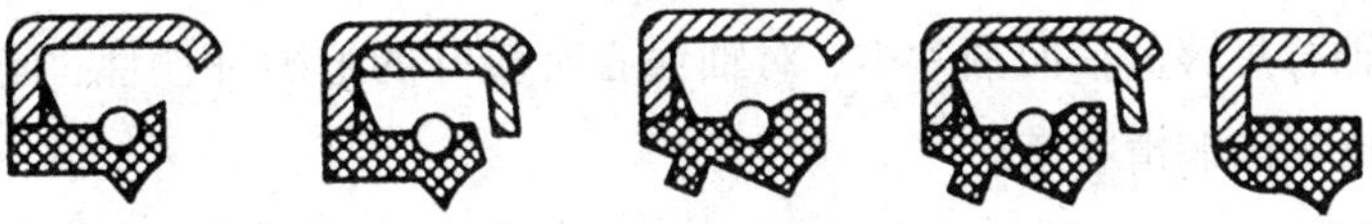

（a）黏接结构油封

（b）装配结构油封

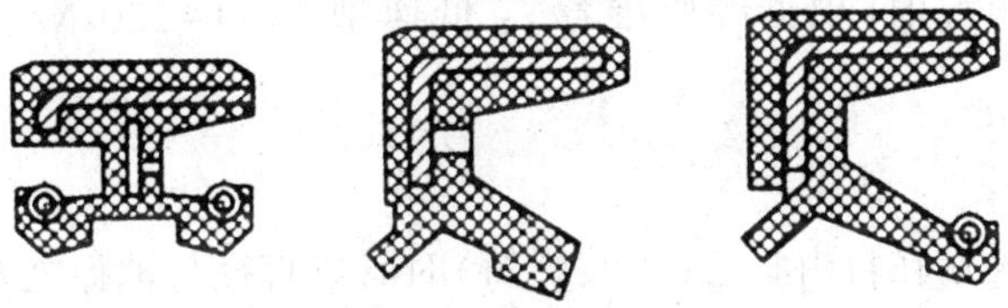

（c）橡胶包骨架结构油封

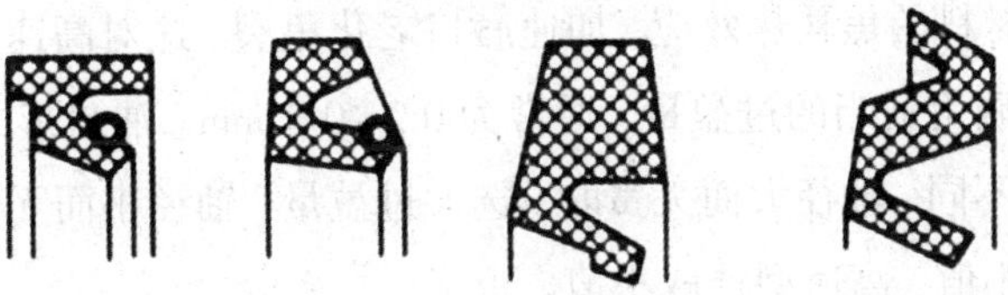

（d）全胶结构油封

图 5-56　不同结构形式的油封

①黏接结构。这种结构的特点在于橡胶部分和金属骨架可以分别加工制造，再用胶黏接在一起，成为外露骨架型。其有制造简单、价格便宜等优点。美国、日本等国家多采用此种结构。它们的截面形状如图 5-56(a)所示。

②装配结构。它是把橡胶唇部、金属骨架和弹簧圈三者装配起来而组成油封，如图 5-56(b)所示。它由内、外骨架把橡胶唇部夹紧，通常还有一挡板，以防弹簧脱出。

③橡胶包骨架结构。它是把冲压好的金属骨架包在橡胶之中，成为内包骨架型，如图 5-56(c)所示。其制造工艺较复杂，但刚度好、易装配，且对钢板材料要求不高。

④全胶结构。这种油封无骨架，有的甚至无弹簧，整体由橡胶模压成型，如图 5-56(d)所示。其缺点是刚度差，易产生塑性变形。但是它可以切口使用，对于不能从轴端装入而又必须用油封的部位，这是仅有的一种形式。

(三)油封的主要性能参数

要使油封在理想状态下工作，不仅要保证油封的泄漏量少、磨损量小、工作寿命长，还要使油封对轴有足够的径向箍紧力，对轴偏心有较好的追随补偿性，同时使唇口与轴的接触面处于良好的润滑状态。

1. 唇口比压

唇口比压是指在单位圆周上的油封唇口对轴的箍紧力，是表征唇口摩擦面上线接触应力大小的重要特性参数。它对于唇口摩擦工况及密封寿命有直接影响。所以，必须有足够的唇口比压，才能获得密封效果。但唇口比压过大，唇口把轴箍得过紧，会使摩擦面上的油膜遭到破坏，油封的寿命将会大大缩短。因此，必须将油封的唇口比压控制在适当的范围内，其常用数值(根据经验推荐)：低速型，150~220 N/m；高速型，95~130 N/m。

2. 过盈量

油封的过盈量是指在自由状态(未装弹簧)时唇口直径与轴径之差。过盈量可产生一部分径向比压，并能补偿轴的偏心，过盈量过小会降低密封性，过大会产生大量的摩擦热，从而引起橡胶材料的焦耳热效应，加速唇口老化龟裂。这对高速型油封更加明显。一般应根据使用条件确定适当的过盈量，通常为 0.2~0.5 mm。油封形式及轴径的不同，使得过盈量的取值也不同。轴径大而无簧时，选大过盈量；轴径小而无簧时，可选稍大过盈量；低速型选用稍小值，高速型选取小值。

3. 弹簧的工作载荷

弹簧的工作载荷主要取决于密封介质的压差，当压差小于 0.1 MPa 时，可不必设置弹簧，采用无弹簧型油封。由于油封在运转中唇部胶料会因摩擦发热而软化，增大热变形及磨损，造成应力松弛，单靠唇口的过盈和弹性变形难以保证足够的唇口径向力，因此当密封介质压力大于 0.1 MPa 时，需加设弹簧来维持一定的径向压力，使油膜稳定且对轴的偏心起一定的补偿作用。对于有弹簧的油封，由弹簧产生的径向力约占整个径向力的60%，说明弹簧力的大小对油封的密封性有很大的影响。

4. 唇口结构尺寸

为了使唇口径向接触压力呈尖角形分布，减小唇口摩擦热，利于润滑油膜的稳定，油封唇口应与轴呈线接触状态。密封唇口接触宽度典型值为0.10~0.15 mm，经500~1000 h的跑合运转后，接触宽度增至0.2~0.3 mm。在含磨粒性的介质环境中，接触宽度可能进一步增加至0.5~0.7 mm，甚至更多。如果密封介质的压力增大，则唇口的接触面宽度应适当增大。

为了使油封获得良好的密封效果，油侧的接触角$\alpha=40°\sim60°$，空气侧的接触角$\beta=20°\sim35°$，弹簧中心与密封唇口中心要有一轴向偏置量，其值一般为0.4~0.7 mm，弹簧偏向腰部侧，如图5-54所示。

（四）油封的使用

油封的合理选用和正确安装，是保证油封密封性能的两个重要因素。

1. 油封的合理选用

制作油封的主要材质是橡胶，常用的是丁腈橡胶、聚氨酯橡胶、丙烯酸酯橡胶，其他还用到氟橡胶、硅橡胶、聚四氟乙烯塑料等。使用中，应根据工作温度、线速度（轴转速）等条件对油封材质进行选择。

油封形式的主要选择依据是主机的工作特性、工作条件与环境、介质性质，另外还需考虑材料来源及成本费用等。

2. 油封的正确安装

安装油封时应注意以下几点。

（1）安装前的检查与清理。

根据所需密封部位的具体工况，包括介质性质等，检查油封胶料与结构的选择是否合适。轴径应等于油封公称内径，公差按f9选取，表面粗糙度为0.6~0.2 μm，一般不大于1.6 μm；轴表面宜淬硬或镀铬，表面硬度要求达到30~50 HRC，壳体上的装填孔等于油封公称外径，公差按H8选取，表面粗糙度约为3.2 μm，装填孔与轴的同轴度应小于0.1 mm。清理工作主要包括清洗、被安装件的合理归位等，这与其他密封装置的安装要求相似。

（2）油封的安装。

①安装时，油封可能触及的轴肩或安装孔的端面等应加工成倒角或倒圆，即加工成圆滑导锥结构；否则，需另外使用加工有圆滑导锥的套筒协助装填。

油封唇口可能接触轴的键槽、螺纹等，应包裹薄铜皮，以方便油封顺利通过。对安装油封的孔壁，应尽可能避免开孔或槽，以免损伤油封外圆面。对于装填孔壁上必须开的孔或槽应尽可能径向开设，且需避免触及油封的外圆面。

②为防止油封在油压作用下发生位移，可采用在油封座孔后端装设挡环，或直接制作台肩。

③油封前后压差大于 0.05 MPa 时，需用垫圈支撑增强，如图 5-57 所示。油封用于圆锥滚柱轴承部位时，应在轴承外径处钻减压孔，如图 5-58 所示。

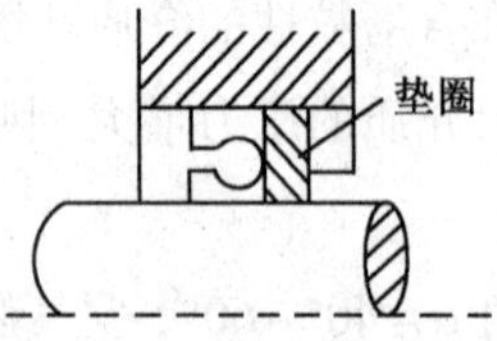

图 5-57　支撑垫圈增强

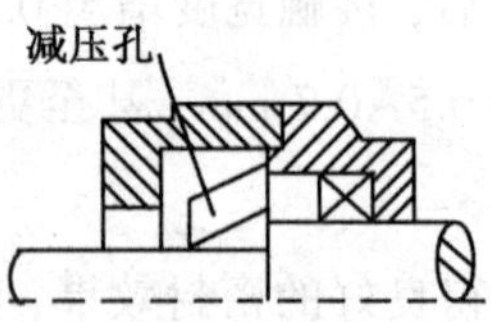

图 5-58　带加压孔的轴承座

④通常情况下，不能装设挡油器、甩油环等，避免阻挡润滑油液流入油封部位。但若有激溅油流冲刷油封时，则油封前应装设挡油环（如图 5-59 所示），或选用带挡油片的异型油封。

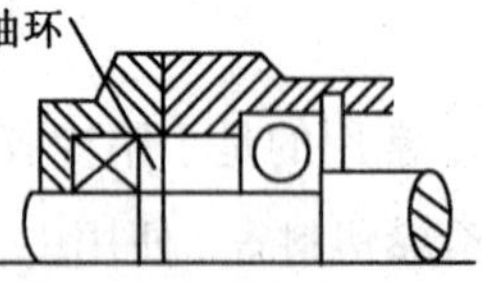

图 5-59　挡油环的安装

⑤轴的终加工痕迹应尽可能不呈螺纹状，以避免与油封唇口共同产生泵送效应而影响密封性能。

3. 油封常见故障、原因及排除方法

对油封密封性能的影响因素很多，它们都可能引起油封的故障。因此，在油封的保存、选型、安装、使用等诸多方面必须给予高度重视。油封常见故障、原因与纠正措施参见表 5-27。

表 5-27　油封常见故障、原因与纠正措施

故障		原因	纠正措施
油封不良	唇口不良，早期泄漏	制造质量差，唇口有毛刺或缺陷	去除毛刺或更换油封
	弹簧质量不好或失效，早期泄漏	制造质量差	更换油封弹簧
	径向压力过小，早期泄漏	弹簧过松，抱紧力太小	调整油封质量

表 5-27(续)

故障		原因	纠正措施
装配不良	唇口有明显伤痕，早期泄漏	装配时油封通过键槽或螺纹划伤唇口	更换油封或重新装油封时，要用护套保护油封唇口
	油封呈蝶状变形	油封安装工具使用不当	正确使用油封安装工具
	油封唇口装反，方向侧转或弹簧脱落，发生泄漏	轴端倒角不合适、粗糙度值过大或装配用劲过大使油封唇部翻转或弹簧脱落	用细砂纸打磨轴端侧角，涂敷油脂，小心安装
	油封唇部与轴表面涂敷油脂过多，早期泄漏	装配时，油封唇部与轴表面涂敷油脂过多	待轴运转一定时间后，油脂即可减少而恢复正常工作
唇口磨损	润滑不良，唇口工作面磨损严重，超过 1/3 的宽度呈现无光泽	润滑不良，唇口发生干摩擦	保证润滑
	轴表面较粗糙，唇口磨损严重，早期泄漏	轴表面粗糙度大于 0.32~0.63 μm	降低轴表面粗糙度
	润滑油含有灰尘、杂质，或无防尘装置，或灰尘异物等侵入	用油不洁净、液压系统太脏；灰尘侵入唇部，引起异常磨损；轴上黏附粉尘硬粒；装配时铁屑等刺入唇口；轴上或油封唇口误涂漆料	保证润滑油洁净，加强管路系统清理；为了防止灰尘等侵入唇部，可增设防尘装置；装配时注意清洁，去除误涂的漆料
	唇口径向压力过大，油膜中断，发生干摩擦	油封弹簧抱得过紧	调整油封弹簧
	安装偏心，唇口滑动而出现异常磨损，最大与最小磨损呈对数分布；主唇与副唇滑动产生磨损，两者的痕迹大小两者虽各自呈现对称分布，但大小、位置相反	箱体、端盖、轴不同心，致使油封偏心运转；油封座孔过小，不适当地压入油封以致倾斜	保证箱体、端盖、轴的同心度要求，保证油封座孔尺寸要求

表 5-27(续)

故障		原因	纠正措施
油封与介质不相容	油封与工作介质相容性不良，唇口软化、溶胀或硬化、龟裂	工作介质不适当	根据油封材料选用适宜的工作介质，或根据工作介质选用合适的油封材料
橡胶老化	唇部过热、硬化或龟裂	工作介质温度高于设计值，超过橡胶的耐用温度	降低工作介质温度或换用耐热橡胶油封
	润滑不良使唇部硬化、龟裂	润滑不良发生干摩擦	保证润滑
	唇部溶胀、软化	橡胶对工作介质的相容性差；油封长时间浸泡于洗油或汽油中，使唇口溶胀	选用相容于工作介质的橡胶材料；不得用洗油或汽油清洗油封
轴的故障	表面粗糙度使用不当，$Ra>0.63\sim0.32$ μm 或 $Ra<0.08\sim0.04$ μm；表面硬度不当，高于 40 HRC	表面粗糙，磨损严重；表面太光滑，润滑油难以形成油膜或保持，发生干摩擦；表面硬度高于 40 HRC 时反而会加速轴的磨损(表面镀铬除外)	控制表面粗糙度和硬度在合适值；表面镀铬最好
	润滑油含有杂质，表面磨损严重	润滑油不洁净	保证润滑油洁净
	偏心过大，轴径向摆动时有响声	轴承偏心；轴本身偏心	换轴承；改用耐偏心油封
	唇口处有灰尘，轴表面磨损严重	轴表面不洁净，黏附有灰尘颗粒，侵入油封唇口，磨损轴表面；侵入铸造型砂磨损轴表面；外部侵入灰尘，磨损轴表面；润滑油老化，生成氧化物，侵入油封唇口，磨损轴表面	保证轴表面及油封洁净，为了防止外部侵入灰尘，设置防尘装置；改用优质润滑油

表 5-27(续)

故障		原因	纠正措施
轴的故障	轴的滑动表面有伤痕或缺陷	轴表面有工艺性龟裂或麻点，加剧磨损而泄漏；轴表面的伤痕、缺陷等与油封唇口之间形成间隙而泄漏；轴表面划伤或碰伤	保证轴表面质量，切勿磕碰
	轴表面的滑动部分有方向性的加工痕迹	轴表面留有细微螺旋槽等车削或磨削加工痕迹，形成泵送效应而泄漏	注意轴表面精加工工艺；采用直径为 0.05 mm 的小玻璃球进行喷丸处理最佳

参考文献

[1] 魏龙.密封技术[M].2版.北京:化学工业出版社,2009.
[2] 魏龙.密封技术[M].3版.北京:化学工业出版社,2019.
[3] 蔡仁良,顾伯勤,宋鹏云.过程装备密封技术[M].2版.北京:化学工业出版社,2006.
[4] 冯子明.过程装备密封技术[M].北京:中国石化出版社,2015.
[5] 郝木明,李振涛,任宝杰,等.机械密封技术及应用[M].2版.北京:中国石化出版社,2014.
[6] 朱立新,王汝美.实用机械密封技术问答[M].3版.北京:中国石化出版社,2014.
[7] 蔡仁良.流体密封技术:原理与工程应用[M].北京:化学工业出版社,2013.
[8] 西田隆仁.现代垫片概论[M].东京:日本华尔卡工业株式会社,2015.
[9] 顾永泉.机械密封实用技术[M].北京:机械工业出版社,2001.
[10] 顾永泉.流体动密封[M].东营:石油大学出版社,1990.
[11] 成大先.机械设计手册润滑与密封[M].单行本.北京:化学工业出版社,2004.
[12] 黄志坚.现代密封技术应用:使用、维修方法与案例[M].北京:机械工业出版社,2008.
[13] 魏龙.泵运行与维修实用技术[M].北京:化学工业出版社,2014.
[14] 萨默-史密斯 J D.实用机械密封[M].沈锡华,白杰茹,邹凯,译.北京:机械工业出版社,1993.
[15] 李继和,蔡纪宁,林学海.机械密封技术[M].北京:化学工业出版社,1988.
[16] 陈德才,崔德容.机械密封设计制造与使用[M].北京:机械工业出版社,1993.
[17] 付平,常德功.密封设计手册[M].北京:化学工业出版社,2009.
[18] 中国石油和化工勘察设计协会组织全国化工设备设计技术中心站.钢制管法兰、垫片、紧固件:HG/T 20592~20635—2009[S].北京:化工出版社出版.北京:中国计划出版社,2009.
[19] 全国机械密封标准化技术委员会.机械密封名词术语:GB/T 5894—2015[S].北京:中国标准出版社,2015.
[20] 全国机械密封标准化技术委员会.机械密封 第1部分:技术条件 JB/T 4127.1—2013[S].北京:中国标准出版社,2013.
[21] 全国机械密封标准化技术委员会.机械密封 第2部分:分类方法 JB/T 4127.2—

2013[S].北京:中国标准出版社,2013.

[22] 全国化工施工标准化管理中心站,北京巨业华能科技开发有限责任公司.带压密封技术规范:HG/T 20201—2007[S].北京:中国标准出版社,2007.

[23] 全国锅炉压力容器标准化技术委员会.承压设备带压密封技术规范:GB/T 26467—2011[S].北京:中国标准出版社,2011.

[24] 全国锅炉压力容器标准化技术委员会.承压设备带压密封夹具设计规范:GB/T 26468—2011[S].北京:中国标准出版社,2011.

[25] 全国锅炉压力容器标准化技术委员会.承压设备带压密封剂技术条件:GB/T 26556—2011[S].北京:中国标准出版社,2011.

[26] 化学工业专用密封标准化技术委员会.釜用机械密封类型、主要尺寸及标志:HG/T 2098—2011[S].北京:化学工业出版社,2011.

[27] 化学工业专用密封标准化技术委员会.釜用机械密封辅助装置:HG/T 2122—2003[S].北京:化学工业出版社,2003.

附　录

附录一　常用垫片密封标准

[1]　GB/T 539—2008　耐油石棉橡胶板

[2]　GB/T 540—2008　耐油石棉橡胶板试验方法

[3]　GB/T 3985—2008　石棉橡胶板

[4]　GB/T 4622.1—2009　缠绕式垫片　分类

[5]　GB/T 4622.2—2008　缠绕式垫片　管法兰用垫片尺寸

[6]　GB/T 4622.3—2007　缠绕式垫片　技术条件

[7]　GB/T 5574—2008　工业用橡胶板

[8]　GB/T 9126—2008　管法兰用非金属平垫片　尺寸

[9]　GB/T 9128—2003　钢制管法兰用金属环垫　尺寸

[10]　GB/T 9129—2003　管法兰用非金属平垫片　技术条件

[11]　GB/T 9130—2007　钢制管法兰用金属环垫　技术条件

[12]　GB/T 12385—2008　管法兰用垫片密封性能试验方法

[13]　GB/T 12621—2008　管法兰用垫片应力松弛试验方法

[14]　GB/T 12622—2008　管法兰用垫片压缩率及回弹率试验方法

[15]　GB/T 13403—2008　大直径钢制管法兰用垫片

[16]　GB/T 13404—2008　管法兰用非金属聚四氟乙烯包覆垫片

[17]　GB/T 14180—93　缠绕式垫片试验方法

[18]　GB/T 15601—2013　管法兰用金属包覆垫片

[19]　GB/T 17727—2008　船用法兰非金属垫片

[20]　GB/T 19066.1—2008　柔性石墨金属波齿复合垫片　尺寸

[21]　GB/T 19066.3—2003　柔性石墨金属波齿复合垫片　技术条件

[22]　GB/T 19675.1—2005　管法兰用金属冲齿板柔性石墨复合垫片　尺寸

[23]　GB/T 19675.2—2005　管法兰用金属冲齿板柔性石墨复合垫片　技术条件

[24]　GB/T 20671.1—2006　非金属垫片材料分类体系及试验方法　第1部分:非金属

垫片材料分类体系
[25] GB/T 20671.2—2006 非金属垫片材料分类体系及试验方法 第2部分:垫片材料压缩率回弹率试验方法
[26] GB/T 20671.3—2006 非金属垫片材料分类体系及试验方法 第3部分:垫片材料耐液性试验方法
[27] GB/T 20671.4—2006 非金属垫片材料分类体系及试验方法 第4部分:垫片材料密封性试验方法
[28] GB/T 20671.5—2006 非金属垫片材料分类体系及试验方法 第5分:垫片材料蠕变松弛率试验方法
[29] GB/T 20671.6—2006 非金属垫片材料分类体系及试验方法 第6部分:垫片材料与金属表面粘附性试验方法
[30] GB/T 20671.7—2006 非金属垫片材料分类体系及试验方法 第7部分:非金属垫片材料拉伸强度试验方法
[31] GB/T 20671.8—2006 非金属垫片材料分类体系及试验方法 第8部分:非金属垫片材料柔软性试验方法
[32] GB/T 20671.9—2006 非金属垫片材料分类体系及试验方法 第9部分:软木垫片材料胶结物耐久性试验方法
[33] GB/T 20671.10—2006 非金属垫片材料分类体系及试验方法 第10部分:垫片材料导热系数测定方法
[34] GB/T 20671.11—2006 非金属垫片材料分类体系及试验方法 第11部分:合成聚合材料抗霉性测定方法
[35] GB/T 22208—2008 船用垫片用非石棉纤维增强橡胶板试验方法
[36] GB/T 22209—2008 船用垫片用非石棉纤维增强橡胶板
[37] GB/T 22307—2008 密封垫片高温抗压强度试验方法
[38] HG 20519.40—92 垫片密封代号
[39] HG/T 2700—95 橡胶垫片密封性的试验方法
[40] HG/T 20606—2009 钢制管法兰用非金属平垫片(PN系列)
[41] HG/T 20607—2009 钢制管法兰用聚四氟乙烯包覆垫片(PN系列)
[42] HG/T 20609—2009 钢制管法兰用金属包覆垫片(PN系列)
[43] HG/T 20610—2009 钢制管法兰用缠绕式垫片(PN系列)
[44] HG/T 20611—2009 钢制管法兰用具有覆盖层的齿形组合垫(PN系列)
[45] HG/T 20612—2009 钢制管法兰用金属环形垫(PN系列)
[46] HG/T 20627—2009 钢制管法兰用非金属平垫片(Class系列)
[47] HG/T 20628—2009 钢制管法兰用聚四氟乙烯包覆垫片(Class系列)

[48] HG/T 20630—2009 钢制管法兰用金属包覆垫片(Class 系列)

[49] HG/T 20631—2009 钢制管法兰用缠绕式垫片(Class 系列)

[50] HG/T 20632—2009 钢制管法兰用具有覆盖层的齿形组合垫(Class 系列)

[51] HG/T 20633—2009 钢制管法兰用金属环形垫(Class 系列)

[52] HG/T 21609—96 管法兰用聚四氟乙烯—橡胶复合垫片

[53] JB/T 87—2015 管路法兰用非金属平垫片

[54] JB/T 88—2014 管路法兰用金属齿形垫片

[55] JB/T 89—2015 管路法兰用金属环垫

[56] JB/T 90—2015 管路法兰用缠绕式垫片

[57] JB/T 4704—2000 非金属软垫片

[58] JB/T 4705—2000 缠绕垫片

[59] JB/T 4706—2000 金属包垫片

[60] JB/T 4718—92 管壳式换热器用金属包垫片

[61] JB/T 4719—92 管壳式换热器用缠绕垫片

[62] JB/T 4720—92 管壳式换热器用非金属垫片

[63] JB/T 6369—2005 柔性石墨金属缠绕垫片 技术条件

[64] JB/T 6612—2008 静密封、填料密封 术语

[65] JB/T 6613—2008 柔性石墨板、带 分类、代号及标记

[66] JB/T 6618—2005 金属缠绕垫用聚四氟乙烯带 技术条件

[67] JB/T 6628—2016 柔性石墨复合增强(板)垫

[68] JB/T 7052—1993 高压电器设备用橡胶密封件 六氟化硫电器设备用橡胶密封件技术条件

[69] JB/T 7758.1—2008 柔性石墨板 氟含量测定方法

[70] JB/T 7758.2—2005 柔性石墨板 技术条件

[71] JB/T 7758.3—2005 柔性石墨板 硫含量测定方法

[72] JB/T 7758.4—2008 柔性石墨板 氯含量测定方法

[73] JB/T 7758.5—2008 柔性石墨板 线膨胀系数测定方法

[74] JB/T 7758.6—2008 柔性石墨板 肖氏硬度测试方法

[75] JB/T 7758.7—2008 柔性石墨板 应力松弛试验方法

[76] JB/T 8559—2014 金属包垫片

[77] JB/T 9141.1—2013 柔性石墨板材 第 1 部分：密度测试方法

[78] JB/T 9141.2—2013 柔性石墨板材 第 2 部分：抗拉伸强度测试方法

[79] JB/T 9141.3—2013 柔性石墨板材 第 3 部分：压缩强度测试方法

[80] JB/T 9141.4—2013 柔性石墨板材 第 4 部分：压缩率、回弹率测试方法

[81]　JB/T 9141.5—1999　柔性石墨板材　灰分测定方法
[82]　JB/T 9141.6—1999　柔性石墨板材　固定碳含量测定方法
[83]　JB/T 9141.7—2013　柔性石墨板材　第7部分：热失重测定方法
[84]　JB/T 9141.8—2016　柔性石墨板材　第8部分：滑动摩擦系数测试方法
[85]　JB/T 9141.9—2014　柔性石墨板材　第9部分：取样方法
[86]　JB/T 10537—2005　冷冻空调设备用复合密封垫片
[87]　JB/T 10688—2006　聚四氟乙烯垫片　技术条件
[88]　JC/T 69—2000　石棉纸板
[89]　JC/T 555—2010　耐酸石棉橡胶板
[90]　SH/T 3401—2013　石油化工钢制管法兰用非金属平垫片
[91]　SH/T 3402—2013　石油化工钢制管法兰用聚四氟乙烯包覆垫片
[92]　SH/T 3403—2013　石油化工钢制管法兰用金属环垫
[93]　SH/T 3407—2013　石油化工钢制管法兰用缠绕式垫片
[94]　CB/T 3514—2015　船用机座环氧浇注垫片
[95]　CB/T 3589—94　船用阀门非石棉材料垫片及填料
[96]　CB/T 3766—2004　排气管钢法兰

附录二　带压密封标准(中国)

[1]　GB/T 26467—2011　承压设备带压密封技术规范
[2]　GB/T 26468—2011　承压设备带压密封夹具设计规范
[3]　GB/T 26556—2011　承压设备带压密封剂技术条件
[4]　HG/T 20201—2007　带压密封技术规范
[5]　TSG R6003—2006　压力容器压力管道带压密封作业人员考核大纲

附录三　常用机械密封标准(中国)

[1]　GB/T 5661—2013　轴向吸入离心泵　机械密封和软填料用空腔尺寸
[2]　GB/T 5894—2015　机械密封名词术语
[3]　GB/T 6556—2016　机械密封的型式、主要尺寸、材料和识别标志
[4]　GB/T 10444—2016　机械密封产品型号编制方法
[5]　GB/T 14211—2010　机械密封试验方法

[6] GB/T 24319—2009 釜用高压机械密封技术条件

[7] HG/T 2044—2003 机械密封用喷涂氧化铬密封环技术条件

[8] HG/T 2057—2017 搪玻璃搅拌容器用机械密封

[9] HG/T 2098—2011 釜用机械密封类型、主要尺寸及标志

[10] HG/T 2099—2003 釜用机械密封试验规范

[11] HG/T 2100—2003 液环式氯气泵用机械密封

[12] HG/T 2122—2003 釜用机械密封辅助装置

[13] HG/T 2269—2003 釜用机械密封技术条件

[14] HG/T 2477—2016 砂磨机用机械密封技术条件

[15] HG/T 2478—1993 搪玻璃泵用机械密封技术条件

[16] HG/T 2479—2003 机械密封用波形弹簧技术条件

[17] HG/T 2734—1995 中压反应釜用机械密封技术条件

[18] HG/T 3124—2009 焊接金属波纹管釜用机械密封技术条件

[19] HG 21571—95 搅拌传动装置—机械密封

[20] HG 21572—95 搅拌传动装置—机械密封循环保护系统

[21] JB/T 1472—2011 泵用机械密封

[22] JB/T 4127.1—2013 机械密封 第1部分：技术条件

[23] JB/T 4127.2—2013 机械密封 第2部分：分类方法

[24] JB/T 4127.3—2011 机械密封 第3部分：产品验收技术条件

[25] JB/T 5966—2012 潜水电泵用机械密封

[26] JB/T 6372—2011 机械密封用堆焊密封环技术条件

[27] JB/T 6374—2006 机械密封用碳化硅密封环技术条件

[28] JB/T 6614—2011 锅炉给水泵用机械密封技术条件

[29] JB/T 6615—2011 机械密封用碳化硼密封环技术条件

[30] JB/T 6616—2011 橡胶波纹管机械密封技术条件

[31] JB/T 6619—1993 轻型机械密封 试验方法

[32] JB/T 6619.1—2018 轻型机械密封 第1部分：技术条件

[33] JB/T 6629—2015 机械密封循环保护系统及辅助装置

[34] JB/T 6630—1993 机械密封系统用压力罐型式、主要尺寸和基本参数

[35] JB/T 6631—1993 机械密封系统用螺旋管式换热器

[36] JB/T 6632—1993 机械密封系统用过滤器

[37] JB/T 6633—1993 机械密封系统用旋液器

[38] JB/T 6634—1993 机械密封系统用孔板

[39] JB/T 7055—93 机械密封系统用增压罐型式、主要尺寸和基本参数

[40]　JB/T 7369—2011　机械密封端面平面度检验方法

[41]　JB/T 7371—2011　耐碱泵用机械密封

[42]　JB/T 7372—2011　耐酸泵用机械密封

[43]　JB/T 7757.1—1995　机械密封用圆柱螺旋弹簧

[44]　JB/T 7757.2—2006　机械密封用 O 形橡胶圈

[45]　JB/T 8547—2010　液力传动合金铸铁密封环

[46]　JB/T 8723—2008　焊接金属波纹管机械密封

[47]　JB/T 8724—2011　机械密封用反应烧结氮化硅密封环

[48]　JB/T 8725—2013　旋转接头

[49]　JB/T 8726—2011　机械密封腔尺寸

[50]　JB/T 8871—2002　机械密封用硬质合金密封环毛坯

[51]　JB/T 8872—2016　机械密封用碳石墨密封环技术条件

[52]　JB/T 10706—2007　机械密封用氟塑料全包覆橡胶 O 形圈

[53]　JB/T 10874—2008　机械密封用氧化铝陶瓷密封环技术条件

[54]　CB/T 3345—2008　船用泵轴机械密封装置

[55]　CB 3346—1988　船用泵轴的变压力机械密封

[56]　YS/T 60—2006　硬质合金密封环毛坯

[57]　SH/T 3156—2009　石油化工离心泵和转子泵用轴封系统工程技术规定

附录四　常用填料密封标准(中国)

(一)软填料

[1]　GB/T 23262—2009　非金属密封填料试验方法

[2]　HG/T 2048.1—2012　搪玻璃填料箱

[3]　HG/T 2048.2—1991　带冷却水夹套　填料箱

[4]　HG 21537—92　填料箱

[5]　HG 21537.1—92　碳钢填料箱(PN0.6)

[6]　HG 21537.2—92　不锈钢填料箱(PN0.6)

[7]　HG 21537.3—92　常压碳钢填料箱(PN<0.1)

[8]　HG 21537.4—92　常压不锈钢填料箱(PN<0.1)

[9]　HG 21537.5—92　管用碳钢填料箱(PN0.6)

[10]　HG 21537.6—92　管用不锈钢填料箱(PN0.6)

[11] HG 21537.7—92 搅拌传动装置—碳钢填料箱
[12] HG 21537.8—92 搅拌传动装置—不锈钢填料箱
[13] JB/T 1708—2010 阀门零部件填料压盖、填料压套和填料压板
[14] JB/T 1712—2008 阀门零部件填料和填料垫
[15] JB/T 6370—2011 柔性石墨填料环 物理机械性能测试方法
[16] JB/T 6371—2008 碳化纤维编织填料 试验方法
[17] JB/T 6617—2016 柔性石墨填料环技术条件
[18] JB/T 6620—2008 柔性石墨编织填料 试验方法
[19] JB/T 6626—2011 聚四氟乙烯编织盘根
[20] JB/T 6627—2008 碳(化)纤维浸渍聚四氟乙烯编织填料
[21] JB/T 7370—2014 柔性石墨编织填料
[22] JB/T 7759—2008 芳纶纤维、酚醛纤维编织填料 技术条件
[23] JB/T 7760—2008 阀门填料密封 试验规范
[24] JB/T 7852—2008 编织填料用聚丙烯腈预氧化纤维 技术条件
[25] JB/T 8558—1997 石棉/聚四氟乙烯编织填料
[26] JB/T 8560—2013 碳化纤维/聚四氟乙烯混编填料
[27] JB/T 9142—1999 阀门用缓蚀石棉填料 技术条件
[28] JB/T 9143—1999 缓蚀石棉填料 腐蚀试验方法
[29] JB/T 10819—2008 聚丙烯腈编织填料 技术条件
[30] JC/T 332—2006 油浸棉、麻密封填料
[31] JC/T 1019—2006 石棉密封填料
[32] JT/T 263—2013 船舶中间轴隔舱填料函

(二)成型填料密封

[1] GB/T 2879—2005 液压缸活塞和活塞杆动密封沟槽尺寸和公差
[2] GB 2880—81 液压缸活塞和活塞杆窄断面动密封沟槽尺寸系列和公差
[3] GB/T 3452.1—2005 液压气动用O形橡胶密封圈 第1部分:尺寸系列及公差
[4] GB/T 3452.2—2007 液压气动用O形橡胶密封圈 第2部分:外观质量检验规范
[5] GB/T 3452.3—2005 液压气动用O形橡胶密封圈 沟槽尺寸
[6] GB/T 5719—2006 橡胶密封制品 词汇
[7] GB/T 5720—2008 O形橡胶密封圈试验方法
[8] GB/T 5721—93 橡胶密封制品标志、包装、运输、贮存的一般规定
[9] GB 6577—86 液压缸活塞用带支撑环密封沟槽型式、尺寸和公差
[10] GB/T 6578—2008 液压缸活塞杆用防尘圈沟槽型式、尺寸和公差

［11］ GB/T 9877—2008　液压传动旋转轴唇形密封圈设计规范

［12］ GB/T 10708.1—2000　往复运动橡胶密封圈结构尺寸系列　第1部分：单向密封橡胶密封圈

［13］ GB/T 10708.2—2000　往复运动橡胶密封圈结构尺寸系列　第2部分：双向密封橡胶密封圈

［14］ GB/T 10708.3—2000　往复运动橡胶密封圈结构尺寸系列　第3部分：橡胶防尘密封圈

［15］ GB/T 15242.1—2017　液压缸活塞和活塞杆动密封装置尺寸系列　第1部分：同轴密封件尺寸系列和公差

［16］ GB/T 15242.2—2017　液压缸活塞和活塞杆动密封装置尺寸系列　第2部分：支承环尺寸系列和公差

［17］ GB/T 15242.3—94　液压缸活塞和活塞杆动密封装置用同轴密封件安装沟槽尺寸和公差

［18］ GB/T 15242.4—94　液压缸活塞和活塞杆动密封装置用支承环安装沟槽尺寸和公差

［19］ GB/T 15325—94　往复运动橡胶密封圈外观质量

［20］ GB/T 17604—1998　橡胶　管道接口用密封圈制造质量的建议　疵点的分类与类别

［21］ GB/T 19228.3—2012　不锈钢卡压式管件组件　第3部分：O形橡胶密封圈

［22］ GB/T 21873—2008　橡胶密封件　给、排水管及污水管道用接口密封圈　材料规范

［23］ GB/T 23658—2009　弹性体密封圈 输送气体燃料和烃类液体的管道和配件用密封圈的材料要求

［24］ HG/T 2021—2014　耐高温润滑油O形橡胶密封圈

［25］ HG/T 2579—2008　普通液压系统用O形橡胶密封圈材料

［26］ HG/T 2809—2009　浮顶油罐软密封装置橡胶密封带

［27］ HG/T 2810—2008　往复运动橡胶密封圈材料

［28］ HG/T 2812—2005　软木橡胶密封制品　第一部分　变压器及高压电器类用

［29］ HG/T 2813—2005　软木橡胶密封制品　第二部分　机动车辆用

［30］ HG 2943—1984　日用压力锅橡胶密封圈

［31］ HG/T 3088—1999　车辆门窗橡胶密封条

［32］ HG/T 3089—2001　燃油用O形橡胶密封圈材料

［33］ HG/T 3091—2000　橡胶密封件　给、排水管及污水管道用接口密封圈　材料规范

[34] HG/T 3092—1988(1997) 燃气输送管及配件用橡胶密封圈胶料
[35] HG/T 3093—1988(1997) 石油基油类输送管道及连接件用橡胶密封制品胶料
[36] HG/T 3094—1988(1997) 液压气动用多层唇形密封组件测量叠层高度的方法
[37] HG/T 3096—2011 水闸橡胶密封件
[38] HG/T 3097—2006 橡胶密封件——110 ℃热水供应管道的管接口密封圈——材料规范
[39] HG/T 3326—2007 采煤综合机械化设备橡胶密封件用胶料
[40] HG/T 3612—1999 汽车液压盘式制动缸用橡胶密封圈
[41] HG/T 3653—1999 椭圆截面塑性密封圈
[42] HG/T 3784—2005 减压器唇形密封圈用橡胶材料
[43] HG/T 3980—2007 汽车轴承用密封圈
[44] JB/T 1090—2018 真空技术 J 型真空用橡胶密封圈 型式及尺寸
[45] JB/T 1091—2018 真空技术 JO 型和骨架型真空用橡胶密封圈 型式及尺寸
[46] JB/T 1092—2018 真空技术 O 型真空用橡胶密封圈 型式及尺寸
[47] JB/T 2001.4—1999 水系统 U 型夹织物橡胶密封支承环 型式与尺寸
[48] JB/T 6639—2015 滚动轴承 骨架式橡胶密封圈 技术条件
[49] JB/T 6656—1993 气缸用密封圈安装沟槽 型式、尺寸和公差
[50] JB/T 6657—1993 气缸用密封圈尺寸系列和公差
[51] JB/T 6658—2007 气动用 O 型橡胶密封圈沟槽尺寸和公差
[52] JB/T 6659—2007 气动用 O 型橡胶密封圈尺寸系列和公差
[53] JB/T 6660—1993 气动用橡胶密封圈 通用技术条件
[54] JB/T 6994—2007 V_D 型橡胶密封圈
[55] JB/T 6997—2007 U 形内骨架橡胶密封圈
[56] JB/T 7052—1993 高压电器设备用橡胶密封件 六氟化硫电器设备用橡胶密封件技术条件
[57] JB/T 8241—1996 同轴密封件词汇
[58] JB/T 8448.1—2018 变压器类产品用密封制品技术条件 第 1 部分：橡胶密封制品
[59] JB/T 8448.2—2018 变压器类产品用密封制品技术条件 第 2 部分：软木橡胶密封制品
[60] JB/T 9669—2013 避雷器用橡胶密封件及材料规范
[61] JC/T 748—2010 预应力与自应力混凝土管用橡胶密封圈
[62] JC/T 749—2010 预应力与自应力混凝土管用橡胶密封试验方法
[63] JC/T 946—2005 混凝土和钢筋混凝土排水管用橡胶密封圈

[64]　JT/T 342.1—1995　船舶尾轴及密封装置　薄套轴承翻边橡胶密封系统　基本直径 40~100 mm

[65]　JT/T 342.2—1995　船舶尾轴及密封装置　J 型橡胶密封圈　基本直径 70~120 mm

[66]　JT/T 342.3—1995　船舶尾轴及密封装置　橡胶密封环　基本直径 130~280 mm

[67]　QC/T 639—2004　汽车用橡胶密封条

[68]　YB/T 4059—2007　金属包覆高温密封圈

(三)硬填料密封

[1]　GB/T 1149.1—2008　内燃机　活塞环　第 1 部分:通用规则

[2]　GB/T 1149.2—2010　内燃机　活塞环　第 2 部分:术语

[3]　GB/T 1149.4—2008　内燃机　活塞环　第 4 部分:质量要求

[4]　GB/T 1149.5—2008　内燃机　活塞环　第 5 部分:检验方法

[5]　GB/T 1149.6—2008　内燃机　活塞环　第 6 部分:铸铁刮环

[6]　GB/T 1149.8—2008　内燃机　活塞环　第 8 部分:矩形钢环

[7]　GB/T 1149.9—2008　内燃机　活塞环　第 9 部分:梯形铸铁环

[8]　GB/T 1149.13—2008　内燃机　活塞环　第 13 部分:油环

[9]　GB/T 1149.14—2008　内燃机　活塞环　第 14 部分:螺旋撑簧油环

[10]　JB/T 5447—2011　往复活塞压缩机铸铁活塞环

[11]　JB/T 6016.1—2008　内燃机　活塞环　金相检验　第 1 部分:单体铸造活塞环

[12]　JB/T 6016.3—2008　内燃机　活塞环　金相检验　第 3 部分:球墨铸铁活塞环

[13]　JB/T 6016.4—2008　内燃机　活塞环　金相检验　第 4 部分:中高合金铸铁活塞环

[14]　JB/T 6290—2007　内燃机　简体铸造活塞环　金相检验

[15]　JB/T 9102.1—2013　往复活塞压缩机　金属平面填料　第 1 部分:三斜口密封圈

[16]　JB/T 9102.2—2013　往复活塞压缩机　金属平面填料　第 2 部分:三斜口刮油圈

[17]　JB/T 9102.3—2013　往复活塞压缩机　金属平面填料　第 3 部分:三、六瓣密封圈

[18]　JB/T 9102.4—2013　往复活塞压缩机　金属平面填料　第 4 部分:径向切口刮油圈

[19]　JB/T 9102.5—2013　往复活塞压缩机　金属平面填料　第 5 部分:密封圈和刮油圈用拉伸弹簧

[20]　JB/T 9102.6—2013　往复活塞压缩机　金属平面填料　第 6 部分:密封圈和刮油圈技术条件

[21] JB/T 9745—1999 内燃机 硼铸铁单体铸造活塞环 金相检验
[22] JB/T 10628—2006 内燃机 活塞环 矩形钢环
[23] JG/T 99—1999 筒式柴油打桩锤用活塞环
[24] JT/T 541—2004 船用小型柴油机活塞环与环槽分级修配尺寸
[25] QC/T 284—1999 汽车、摩托车发动机球墨铸铁活塞环金相标准
[26] QC/T 39—1992 汽车摩托车发动机活塞环检测方法
[27] QC/T 554—1999 汽车、摩托车发动机 活塞环技术条件
[28] QC/T 555—2000 汽车、摩托车发动机单体铸造活塞环 金相标准
[29] QC/T 737—2005 轿车发动机铸铁活塞环技术条件

(四)旋转轴唇形密封

[1] GB/T 9877—2008 液压传动 旋转轴唇形密封圈设计规范
[2] GB/T 13871.1—2007 密封元件为弹性体材料的旋转轴唇形密封圈 第1部分:基本尺寸和公差
[3] GB/T 13871.3—2008 密封元件为弹性体材料的旋转轴唇形密封圈 第3部分:贮存、搬运和安装
[4] GB/T 13871.4—2007 密封元件为弹性体材料的旋转轴唇形密封圈 第4部分:性能试验程序
[5] GB/T 15326—94 旋转轴唇形密封圈外观质量
[6] GB/T 21283.1—2007 密封元件为热塑性材料的旋转轴唇形密封圈 第1部分:基本尺寸和公差
[7] GB/T 21283.2—2007 密封元件为热塑性材料的旋转轴唇形密封圈 第2部分:词汇
[8] GB/T 21283.3—2008 密封元件为热塑性材料的旋转轴唇形密封圈 第3部分:贮存、搬运和安装
[9] GB/T 21283.4—2008 密封元件为热塑性材料的旋转轴唇形密封圈 第4部分:性能试验程序
[10] GB/T 21283.5—2008 密封元件为热塑性材料的旋转轴唇形密封圈 第5部分:外观缺陷的识别
[11] HG/T 2069—91 旋转轴唇形密封圈两半轴式径向力测定仪技术条件
[12] HG/T 2811—1996 旋转轴唇形密封橡胶材料
[13] HG/T 3880—2006 耐正负压内包骨架旋转轴 唇形密封圈
[14] JB/T 6059.7—92 机械压力机锻模 导套油封圈
[15] JB/T 8397—96 粉末热锻浮动油封密封环 技术条件

[16] FZ/T 92010—91 油封毡圈
[17] MT/T 580—1996 采煤机油封技术条件

（五）其他

[1] GB/T 25017—2010 船艉轴油润滑密封装置
[2] GB/T 25018—2010 船艉轴水润滑密封装置
[3] GB/T 27800—2011 静密封橡胶制品使用寿命的快速预测方法
[4] GB/T 32292—2015 真空技术 磁流体动密封件 通用技术条件
[5] HG/T 2809—2009 浮顶油罐软密封装置 橡胶密封带
[6] HG/T 3087—2001 静密封橡胶零件贮存期快速测定方法
[7] HG/T 4074—2008 贮气柜用橡胶密封膜
[8] HG/T 4169—2011 非接触金属蜂窝密封
[9] JB/T 6612—2008 静密封、填料密封 术语
[10] JB/T 8725—2013 旋转接头
[11] JB/T 10463—2016 真空磁流体动密封件
[12] JB/T 13406—2018 离心压缩机一体式蜂窝密封 技术条件